Annette Gebauer

Kollektive Achtsamkeit organisieren

Strategien und Werkzeuge für eine proaktive Risikokultur

2017
Schäffer-Poeschel Verlag Stuttgart

Reihe Systemisches Management

Bibliografische Information der Deutschen Nationalbibliothek
Die Deutsche Nationalbibliothek verzeichnet diese Publikation in der Deutschen Nationalbibliografie; detaillierte bibliografische Daten sind im Internet über <http://dnb.d-nb.de> abrufbar.

Print: ISBN 978-3-7910-3165-1 Bestell-Nr. 20193-0001
ePDF: ISBN 978-3-7992-6611-6 Bestell-Nr. 20193-0150
epub: ISBN 978-3-7510-4045-5 Bestell-Nr. 20193-0100

www.schaeffer-poeschel.de
service@schaeffer-poeschel.de

Umschlagentwurf: Goldener Westen, Berlin
Umschlaggestaltung: Kienle gestaltet, Stuttgart
Lektorat: Friederike Moldenhauer, Hamburg
Satz: kühn & weyh Software GmbH, Satz und Medien, Freiburg

Juni 2017

Schäffer-Poeschel Verlag Stuttgart
Ein Tochterunternehmen der Haufe Gruppe

Geleitwort

Kathleen M. Sutcliffe

In jeder Organisation werden wir früher oder später mit Ereignissen konfrontiert, die wir nicht kommen gesehen haben. Diese Vorfälle stellen unsere Resilienz auf die Probe. Dabei kommt es darauf an, wieweit wir in der Lage sein werden, adäquat zu reagieren und unsere Leistungsfähigkeit aufrechtzuerhalten.

Annette Gebauer zeigt in diesem klugen und sehr lesenswerten Buch zahlreiche Wege auf, wie Unternehmen mit unerwarteten Ereignissen erfolgreich umgehen können. Neben einem umfassenden Überblick über organisationale Strategien, um unter schwierigsten Bedingungen Tag für Tag Spitzenleistungen zu erbringen werden die wichtigsten Konzepte anhand von Fallbeispielen und Interventionen aus der Praxis dargestellt. Nur wenige Bücher bieten sowohl eine zeitgemäße Darstellung achtsamen Organisierens, das auf ein wirksames Managen des Unerwarteten zielt, als auch eine Hilfestellung, wie diese Praktiken im organisationalen Alltag umgesetzt werden können. Ansprechend und lesbar geschrieben können verschiedene Berufsgruppen davon profitieren – vom Topmanagement über mittlere Führungskräfte und Linien-Manager bis zu denjenigen, die in der Organisation an vorderster Front tätig sind. Nur wenig Vordenker haben sich bisher mit diesem Thema intensiv beschäftigt und die Konzepte erfolgreich in die Praxis umgesetzt. Und nur wenige Experten haben ein so tief greifendes Verständnis für die Feinheiten von Unternehmen und Abläufen entwickelt und engagieren sich dafür, dass Organisationen die notwendigen Veränderungen nachhaltig umsetzen und somit besser werden.

Antizipation und Resilienz

Das Buch folgt der Einsicht, dass um eine äußerst zuverlässige Organisation zu entwickeln, die ihr anspruchsvolles Leistungsversprechen auch unter sich verändernden Bedingungen einlösen kann, die Fähigkeit erforderlich ist, auch angesichts von Mehrdeutigkeiten und Unsicherheit Sinn herzustellen. Leadership und Strategie beeinflussen das Denken von Führungskräften hinsichtlich zukünftiger Organisationsziele.

Operative Exzellenz erfordert zum einen ein profundes Verständnis für die Beziehungen im System und die Art und Weise, wie die Arbeit erledigt wird. Darüber hinaus müssen die Organisationsmitglieder modernste Analysetools und -methoden einsetzen, um Ereignisse, die nicht passieren dürfen, vorwegzunehmen sowie ihre kausalen Vorläuferereignisse auszumachen und entsprechende Vorsichtsmaßnahmen zu ergreifen. Leistungsfähigkeit entsteht dann durch die Abwesenheit von Varianz (z. B. indem man Aufgaben mithilfe von Routinen, Prozessen und Strategien immer gleich ausführt).

Wie dargelegt sind hochzuverlässige Organisationen besessen von dieser Logik der Vorwegnahme. Sie nutzen moderne Analysemethoden, um das Verhalten der Organisationsmitglieder zur effektiven Sicherung der Leistung zu kontrollieren. Diese Form der Antizipation reduziert Unsicherheit und die Fülle an Informationen, die verarbeitet werden muss. Ebenso reduziert sie die Gefahr, dass Erinnerungslücken, Fehleinschätzungen oder andere Verzerrungen passieren, die zu Störungen und Versagen beitragen können. Diese Vorwegnahme leitet Lernprozesse ein, schützt den Einzelnen vor Schuldzuweisungen, wirkt idiosynkratischen informellen Anpassungen entgegen und bietet Anlass für mögliche Verfahrensänderungen und Prozessanpassungen.

Doch wie Annette Gebauer unterstreicht, können die existierenden Verfahrensabläufe nicht verarbeiten, was sie nicht antizipieren können. Antizipation ist nur ein Teil der Story. Um angesichts unerwarteter Überraschungen wirklich zuverlässig zu funktionieren, gehen die meisten hochzuverlässigen Organisationen einen Schritt weiter: Sie stärken ihre Resilienz, ihre Fähigkeit, in Echtzeit flexibel zu reagieren, Ressourcen zu reorganisieren und Maßnahmen zu ergreifen, um trotz unvorhergesehener Überraschungen, Variationen oder umfassendem Versagen funktionstüchtig zu bleiben. Dazu braucht es kollektive Achtsamkeit.

Kollektive Achtsamkeit

Kollektive Achtsamkeit, so zeigt Annette Gebauer im ersten Teil, kann uns davor schützen, von Überraschungen überwältigt zu werden. Kollektive Achtsamkeit ist mehr als ein kognitiver Zustand oder die Möglichkeit, Aufmerksamkeit zu bündeln. Sie besteht in einem umfassenden Gewahrsein für Details und der Fähigkeit, unerwartete Ereignisse zu entdecken und sie zu managen. Kollektive Achtsamkeit ist ein Weg, klarer zu sehen, nicht klarer zu denken. Es geht um die Qualität der Aufmerksamkeit, die in der Organisation praktiziert wird, ihre Stabilität, Dauerhaftigkeit und Lebendigkeit. Achtsam zu sein bedeutet, auf eine bestimmte Weise aufmerksam zu sein: Statt sich auf Dinge zu konzentrieren, die das eigene Denken bestätigen, lautet das Ziel, Hinweise zu suchen, die das Gedachte infrage stellen oder unangenehm sind.

Organisationen, die achtsam agieren, schaffen durch ihre Prozesse eine Aufmerksamkeitsqualität, die es ermöglicht, Signale dafür, dass die Dinge nicht wie erwartet laufen, deutlicher und früher wahrzunehmen. Zudem können die Betroffenen resilienter agieren, sobald unerwünschte Prozesse auftreten. Unfälle und Versagen sind in den seltensten Fällen das Resultat von Einzelhandlungen (auch wenn es natürlich die Tendenz gibt, die Schuld Einzelnen zuzuschreiben) und lassen sich nicht auf eine einzige Ursache zurückführen. Oft verbinden sich kleine Vorfälle miteinander und weiten sich dann aus. Deswegen müssen Organisationen lernen, früh kleine Irrtümer und Fehler zu entdecken und zu korrigieren, bevor sie sich zu größeren auswachsen. Solange Probleme klein sind, bestehen oft vielfältige Lösungsoptionen. Werden sie größer, tendieren Probleme dazu, sich mit anderen Schwierigkeiten zu verstricken, was die Auswahl an Lösungsmöglichkeiten deutlich einschränkt.

Gestaltung einer kollektiv achtsamen Organisation

In den letzten beiden Teilen ihres Buches zeigt Annette Gebauer, wie jede Organisation kollektive Achtsamkeit durch entsprechende Führungs- und Teambildungspraktiken erzeugen kann und wie Unternehmen adäquate Umsetzungsprozesse anstoßen können. Diese Vorgehensweisen gehören mit der Zeit natürlich zu der Art und Weise, wie die Organisation agiert – der Stoff, aus dem ihre Kultur gemacht ist.

Oft hört man in Organisationen: »Wenn wir nur eine bessere Kultur hätten, wäre die Leistung bei uns auch besser und sehr viel zuverlässiger.« Ob das stimmt, ist schwer zu beurteilen, denn oft bleiben solche Aussagen eher vage und nur in den seltensten Fällen greifen sie konkrete Themen auf, wo etwas falsch läuft. Kulturwandel ist ein langer, beschwerlicher Weg. Wer sich mit dem Thema Organisationskultur beschäftigt, weiß, dass der Wunsch, die Kultur zu ändern, nie am Anfang stehen sollte. Man fängt immer mit den bestehenden Problemen an, für die eine Organisation eine Lösung sucht. Es geht darum, eingehender zu analysieren, um diese Probleme besser verstehen zu können. Wie verhalten sich die Mitarbeiter, wie sie sich ihrer eigenen Meinung nach nicht verhalten sollten? Was tun sie nicht, was sie ihrem Ermessen nach aber tun sollten? Und warum ist das so? Um einen Kulturwandel zu erreichen, muss man zunächst damit anfangen, sich mit den operationalen Problemen zu beschäftigen, die direkt vor einem liegen. Wenn es gelingt, Menschen dazu zu bringen, sich anders zu verhalten, entsteht eine neue Kultur. Sie nimmt die Form eines neuen Sets von Erwartungen und Standards (Normen) an, mit neuer Dringlichkeit werden die Mitarbeiter diesen Erwartungen und Standards auch gerecht. Sowohl Mitarbeiter als auch Führungskräfte übernehmen neue Werte, Überzeugungen, Einstellungen und Gewohnheiten im Tun.

Eine wirksame Organisationskultur wird von ihren Führungskräften durch ihre Handlungen und die von ihnen gestalteten Systeme ermöglicht, sie wird von Organisationsmitgliedern hervorgebracht, indem sie vorhandene Instrumente und Technologien nutzen und die Prozessrichtlinien und Verfahrensvorgaben in der Praxis anwenden. Mit der Zeit werden diese kontinuierlich weiterausgebaut und gestärkt, weil die Mitarbeiter dazu angeregt werden, über die erbrachte Leistung und andere Feedback-Indikatoren nachzudenken.

Das Schöne an dem vorliegenden Buch ist, dass es uns nicht nur zeigt, was erforderlich ist, um kollektive Achtsamkeit zu entwickeln, sondern auch, wie Organisationen dieses Ziel erreichen können. Die Empfehlungen, die Annette Gebauer ihren Lesern an die Hand gibt, können in ihrem Wert nicht hoch genug geschätzt werden.

Inhaltsverzeichnis

Teil I: Theoretische Grundlagen – Einen gemeinsamen Kompass entwickeln

1 Einführung: Warum kollektive Achtsamkeit?

Seit mehr als zehn Jahren beschäftigt uns die Frage, wie zuverlässigkeitsorientierte Organisationen angemessene Formen für den Umgang mit Risiken und hoher Komplexität entwickeln können: Unternehmen der chemischen oder der Schwerindustrie, Krankenhäuser, Banken, Automobilhersteller, Dienstleister oder Pharmakonzerne. Wenn diese Unternehmen sich an uns wenden, stellen sie sich meistens folgenden Fragen: Wir tun so viel für Sicherheit, Qualität oder für das Risikomanagement – teilweise tun wir sogar zu viel und trotzdem passieren noch immer unerwartete und unerwünschte Vorfälle, die wir uns in Zukunft aber nicht mehr leisten können. Tun wir überhaupt die richtigen Dinge? Und wie tun wir die Dinge, die wir tun?

Viele dieser Unternehmen erwägen einen grundlegenden Musterwechsel im Umgang mit Risiken, denn das Prinzip »mehr Systeme und mehr Vorgaben« funktioniert für sie nicht mehr. Sie erleben, wie ihr bisheriges Muster, Unsicherheit ausschließlich durch Kontrolle und immer weiter ausufernde Vorgaben zu bearbeiten, an eine Grenze stößt.

Dieses Buch widmet sich der Frage, wie alternative, angemessenere Formen des Organisierens für die Bewältigung von Risiken und Komplexität aussehen und wie sie in der Praxis nachhaltig umgesetzt werden können. Wir stützen uns dabei auf die Erkenntnisse besonders zuverlässiger Organisationen, die es geschafft haben, ihre Leistungsfähigkeit durch das gezielte Organisieren ihrer kollektiven Achtsamkeit zu steigern.

Steigende Anforderungen an die Bearbeitung von Komplexität und Risiken

So unterschiedlich die Anforderungen der genannten Unternehmen sind – sie alle stehen vor der Herausforderung, ein steigendes Ausmaß an Risiken, Komplexität und Dynamik bewältigen zu müssen, sei es durch den zunehmenden Einsatz hoch spezialisierter Technologien, der digitalen Transformation oder aufgrund fortschreitender Globalisierung. Neue Risiken entstehen zudem durch einen reflexiven Umgang mit Gefahren: Risikoerwartungen führen zu unerwarteten Verhaltensveränderungen, die neue Risiken und Ungewissheiten produzieren.

Zeitgleich steigen die Erwartungen der Außenwelt an die Zuverlässigkeit dieser Organisationen. Kunden, Patienten, Mitarbeiter, Regulierungsbehörden und die mediale Öffentlichkeit beobachten sie kritisch und verlangen von ihnen Berechenbarkeit und Transparenz. Krankenhäuser stehen zum Beispiel zunehmend in der Pflicht, Auskunft über Patientensicherheit und Behandlungsqualität zu geben und müssen sich mit den Leistungskennzahlen anderer Häuser vergleichen. Banken müssen die Auflagen der Mindestanforderungen an das Risikomanagement (MaRisk) der Finanzaufsichtsbehörde erfüllen, ebenso wird ihr Umgang mit operationellen Risiken kontrolliert. Produzierende Unternehmen sind verpflichtet, über ihre Performance in der Arbeits- und Umweltsicherheit oder im Risikomanagement zu berichten und werden danach bewertet. Weil sie in einem riskanten Umfeld tätig sind, dürfen sich diese Unternehmen nur eine minimale Anzahl an unerwarteten, unerwünschten Ereignissen leisten.

Sicherheit als Trend

Nicht das Thema Risiko, sondern das Thema Sicherheit hat Hochkonjunktur. Das Institut für Zukunftsstudien wertet Sicherheit bereits als neuen Megatrend (vgl. Seitz, 2015). Anders als der Begriff Risiko ist der Wunsch nach mehr Sicherheit mit der Vorstellung verbunden, dass es einen bereits erreichten »sicheren« Zustand zu erhalten und zu schützen gilt. In Zeiten erlebter Unsicherheit ist es offenbar naheliegender, den Schutz der Sicherheit zu fordern, statt sich mit selbst produzierten Risiken auseinanderzusetzen. Der Ruf nach mehr Sicherheit führt allerdings häufig zu einer sich selbstverstärkenden Spirale: Die Sensibilität für erlebte Unsicherheit steigt und damit wiederum der Anspruch an Sicherheit.

Sinnvoller wäre es, der Tatsache ins Auge zu blicken, dass wir mit jeder unternehmerischen Entscheidung zwangsläufig Risiken produzieren und dass die Aufgabe darin besteht, für diese Risiken angemessene Bewältigungsformen zu entwickeln. Wir behandeln Sicherheit deshalb nicht als eine Frage von Security oder geeigneten Schutzmaßnahmen, wie es auch das Institut für Zukunftsstudien sieht. Es geht darum, wie Organisationen die notwendige Resilienz oder gar Antifragilität (vgl. Taleb, 2012) entwickeln, um mit unerwarteten Veränderungen, Brüchen und Krisen umgehen zu können.

Alte Bewältigungsmuster reichen nicht mehr aus

Geht es um die Bearbeitung von Sicherheits- bzw. Risikofragen, verfolgen viele Unternehmen immer noch vor allem kontrollorientierte Strategien. All diesen Bemühungen ist der Versuch gemein, das »Problem der Komplexität« durch Regulierung und Technisierung zu lösen. Das Unbeherrschbare soll beherrschbar, das Unerwartbare erwartbar gemacht werden.

Mit diesem Vorgehen haben viele Unternehmen einiges erreicht. Sie haben zum Beispiel umfangreiche Systeme für das Risiko-, das Sicherheits- oder das Qualitätsmanagement eingeführt und haben sich zertifizieren lassen. Konzerne schulen ihre Mitarbeiter vorschriftsmäßig und führen regelmäßig Initiativen zu ihrer zusätzlichen Motivierung durch. Diese Sicherheitsstrategien haben in den ersten Jahren zu einer kontinuierlichen Verbesserung der Kennzahlen geführt. Doch mittlerweile klagen viele Unternehmen, sie kämen über ein bestimmtes Niveau in der Risikobewältigung nicht hinaus, während die Komplexität ihrer Sicherheitsherausforderungen sowie der Anspruch an Sicherheit steige.

Es lässt sich beobachten, dass in besonders sicherheitsorientierten Unternehmen die formalen Systeme aus Vorschriften, Regeln, Checklisten und Prozessvorgaben, Ampelsystemen, Dokumentationspflichten, Statistiken oder Wahrscheinlichkeitsrechnungen ein Eigenleben entwickeln und als wenig effektiv und extrem zeitaufwendig erlebt werden. Banken und Chemieunternehmen gehören zum Beispiel zu den am stärksten regulierten Branchen. Neue Vorgaben für das Risikomanagement in Krankenhäusern lassen vermuten, dass diese Systemlogik nun auch auf das Gesundheitswesen übertragen wird. Kontrollorientierte Strategien im Umgang mit Komplexität, Risiko und Unsicherheit führen dazu, dass Mitarbeiter nur noch Systembefriedigung betreiben. Damit wird ihre Aufmerksamkeit von den eigentlichen Problemen und Risiken abgelenkt. Die Bereitschaft Verantwortung zu übernehmen sinkt. Mitarbeiter sichern sich lieber in alle Richtungen ab, bevor sie eine Entscheidung treffen.

Entwicklung einer Sicherheits- bzw. Risikokultur als Lösung?

Weil die Erfolge etablierter Managementsysteme für den Arbeits- und Umweltschutz, das Risikomanagement oder die Qualitätssicherung ausbleiben, sehen viele Entscheider die Lösung in einer neuen Kultur. Hinter der Forderung steckt häufig der Wunsch nach einem »ganzheitlichen Ansatz«. Dieser soll sich zum Beispiel in den Unternehmenswerten, im Verhalten und den Einstellungen der Führungskräfte und Mitarbeiter sowie der Zusammenarbeit in der Organisation niederschlagen. So definiert die Bundesanstalt für Finanzdienstleistungsaufsicht in ihren Mindestanforderungen an das Risikomanagement für Banken (MaRisk) einen unternehmensweiten Ansatz zum Risikomanagement (ERM) sowie die Entwicklung der Risikokultur. In einem Rundschreiben fordert der Exekutivdirektor der Bankenaufsicht Röseler die Unternehmensführung aller Banken auf, die Entwicklung dieser Risikokultur aktiv voranzutreiben (vgl. Rundschreiben der Bafin vom 18.02.2016). Auch Krankenhäuser, Chemie- und Industrieunternehmen suchen verstärkt nach Wegen, ihre Sicherheits- bzw. Risikokultur weiterzuentwickeln. Ebenso hat die Deutsche Gesellschaft für Unfallversicherung (DGUV) jüngst eine zehnjährige Kampagne zur Entwicklung der Präventionskultur für

Sicherheit und Gesundheit ins Leben gerufen, die nun von den Berufsgenossenschaften umgesetzt werden soll (DGUV, 2016).

Organisieren kollektiver Achtsamkeit

Wenn man Führungskräfte oder Experten fragt, wie die geforderte neue Sicherheits- oder Risikokultur aussehen soll, gehen die Meinungen schnell auseinander. Ein erster wichtiger Schritt in der Kulturentwicklung ist deshalb, mit der Unternehmensführung ein gemeinsames Zielbild zu entwickeln und die damit verbundenen, meist impliziten Steuerungs- und Interventionsvorstellungen zu reflektieren: Wie stellen wir uns zuverlässiges Organisieren vor? Wie entsteht »Sicherheit« bzw. wie sieht aus unserer Sicht eine angemessene Bearbeitung von Risiken und Unsicherheit aus? Was sind aus unserer Sicht erfolgsversprechende Hebel, um Zuverlässigkeit gezielt zu beeinflussen?

Aufschlussreiche Erkenntnisse zur Bearbeitung dieser Frage liefern die Forschungsergebnisse über sogenannte *high reliability organizations*, also Organisationen wie Feuerwehren oder Flugzeugträgermannschaften der US Navy, die durch eine überraschend hohe Zuverlässigkeit aufgefallen sind – trotz der hohen Risiken und Unberechenbarkeiten, mit denen sie es zu tun haben.

Bereits 2003 veröffentlichten Weick und Sutcliffe das Buch *Managing the Unexpected*, das bei Führungskräften und Beratern in den USA und Europa auf große Aufmerksamkeit stieß – vor allem nach aktuellen Krisen (vgl. Weick u. Sutcliffe, 2003). Eine grundlegende Erkenntnis dieses Buches und der vorausgegangenen Forschung ist, dass Zuverlässigkeit, Sicherheit und hohe Leistungsfähigkeit unter Bedingungen von Unsicherheit, Komplexität und hohem Risiko weder allein durch ein wohlgestaltetes System aus Regeln und Prozessen noch durch das Kontrollieren und Beseitigen von Störfaktoren und Fehlern erreicht werden kann. Zuverlässigkeit entsteht den Forschungserkenntnissen zufolge vielmehr durch die organisationale Fähigkeit, sich immer wieder an neue Bedingungen anzupassen. Wenn es um das Überleben im unsicheren Terrain geht, müssen Organisationen und ihre in diesem Umfeld agierenden Teams in der Lage sein, sich auf neue, sich permanent wandelnde Bedingungen einzustellen. Notwendige Voraussetzung für diese »resilienten« Anpassungsleistungen ist das Vermögen einer Organisation, Sinn zu produzieren, um die entwickelten Erwartungen regelmäßig gegen den Strich zu bürsten und eingespielte Routinen im entscheidenden Moment geistesgegenwärtig auf ihre Brauchbarkeit zu überprüfen. So beobachteten die Forscher in überraschend zuverlässigen Unternehmen wiederkehrende Formen eines *high reliability organizing,* das bestimmten Prinzipien folgte. Es handelt sich dabei nicht um festgelegte Abläufe oder Handlungsanweisungen. Vielmehr waren es eher kollektive kognitive Routinen, die strukturieren, wie Mitarbeiter und Führungskräfte in unbekannten, hochkomplexen Situationen oder Krisen gemeinsam

Sinn produzieren, also ein im Moment tragfähiges Bild von der Wirklichkeit erzeugen. So entsteht die notwendige kollektive Aufmerksamkeit, die es für einen angemessenen Umgang mit Unerwartetem und zuverlässige Leistungen braucht.

Damit rücken Fragen der kontinuierlichen Verbesserung, Agilität und Lernfähigkeit in den Vordergrund. Zuverlässigkeit und Sicherheit sind aus dieser Sicht das Ergebnis permanenter Selbsterneuerung und kontinuierlichen Lernens der Organisation und bilden die Grundlage für die allgemeine, organisationale Leistungsfähigkeit. Weick und Sutcliffe nennen diese neue Qualität der Sinnproduktion auch das Organisieren kollektiver Achtsamkeit (*organizing collective mindfulness*). Diese zukunftsweisende Form des Organisierens haben wir als Titel für dieses Buch gewählt. Er markiert bereits drei wichtige Aspekte:

- *Organisieren* Es geht um einen fortwährenden Prozess der Selbstorganisation, um eine bestimmte Aufmerksamkeitsqualität für einen proaktiven Umgang mit Risiken zu erreichen (und nicht um das Erreichen und Schützen eines bestimmten Zustandes).
- *Kollektiv* Ziel ist die gemeinschaftliche Sinnproduktion (und es ist nicht einfach mit dem Bündeln individueller Einzeleindrücke getan).
- *Achtsamkeit* Der sinnlichen Wahrnehmungs- und Urteilsfähigkeit der Mitglieder kommt wachsende Bedeutung zu. Unternehmen müssen sie als wertvolle Ressource für den Umgang mit Risiken künftig besser nutzen.

Herausforderungen bei der Übersetzung in die Praxis

In unserer Beratungspraxis nutzen wir die in der Folge diskutierten Prinzipien für das Organisieren kollektiver Achtsamkeit für die Entwicklung einer proaktiven Risiko- bzw. Sicherheitskultur. Obwohl das theoretische Wissen und die empirischen Befunde vordergründig überzeugend klingen, tun sich insbesondere sicherheitsorientierte Unternehmen in der Praxis schwer, auf diese Erkenntnisse zu reagieren und ihre Form des Organisierens zu überdenken:

- Ein Problem besteht darin, dass die Bereitschaft, einen nachhaltigen Umdenk- und Veränderungsprozess anzustoßen, in vielen Unternehmen noch fehlt. Meistens wird die Unternehmensführung durch konkrete Krisen- oder Unfallerfahrungen zwar kurzfristig aufgeschreckt, aber diese reaktive Energie reicht nur selten aus, die bisherigen Prämissen in der Risikobewältigung infrage zu stellen und einen nachhaltigen Veränderungsprozess anzustoßen. Nach Krisen neigen Unternehmen deshalb eher zu Aktionismus. Sie entscheiden sich entweder für symbolische, kurzfristige Initiativen, die schnell im Sande verlaufen, weil alle Beteiligten bereits erwarten, dass sich nur wenig ändern wird. Nur wenige Unternehmen schaffen es, die Ernsthaftigkeit und das Durchhaltevermögen für den notwendigen grundlegenden Musterwechsel aufzubringen, um kollektive Achtsamkeit zu entwickeln.

- Eine weitere Herausforderung besteht darin, dass oft unklar ist, wie eine nachhaltige Kulturentwicklung eigentlich erreicht werden kann. Häufig entscheidet sich die Unternehmensführung für Sensibilisierungsaktionen wie Sicherheitstage, Mitarbeiterschulungen, Kommunikationsoffensiven oder die Arbeit an Leitbildern oder Wertekatalogen. Aber häufig handelt es sich dabei eher um Absichtsbekundungen für die Kommunikation nach außen, die wenig Einfluss auf die organisationale Wirklichkeit im Inneren haben und von der Belegschaft eher als Widerspruch zu den eingespielten Mustern in der Praxis erlebt werden.
- Erschwerend hinzu kommen Übersetzungsprobleme. Die konzeptionellen Überlegungen, kollektive Achtsamkeit zu organisieren, erscheinen Praktikern abstrakt und fremd, sie werden entweder als zu theoretisch abgelehnt oder im Sinne der bestehenden Systemlogik »verstanden«. Sie sind über Jahre mit einer kontrollorientierten, mechanistischen Steuerungslogik sozialisiert und sind damit auch gut gefahren. Warum sollten sie das Bisherige grundlegend infrage stellen? Es ist nachvollziehbar, dass die alte Systemlogik zunächst verteidigt wird: »Bei uns passiert nicht so viel Unerwartetes, man kann auch vieles festlegen. Wenn unsere Mitarbeiter die Regeln und Vorschriften richtig anwenden würden, wären wir einen ganzen Schritt weiter.«
- Darüber hinaus stehen sicherheitsorientierte Unternehmen häufig unter hohem öffentlichen Druck. Medien und Politik reagieren höchst sensibel auf die kleinsten Hinweise, dass diese Organisationen etwas nicht im Griff haben und deshalb müssen sie die Illusion von Kontrolle nach Außen aufrechterhalten. Die Auseinandersetzung mit dem Organisieren kollektiver Achtsamkeit bedeutet einen bescheideneren Umgang mit sicherheitsstiftenden Berechenbarkeitsvorstellungen und stellt damit erst einmal selbst ein Risiko dar. Zum einen geht es um das Eingeständnis, dass die alten Verfahren nicht mehr ausreichen, Sicherheit herzustellen. Zum anderen aber geht es auch um die Erkenntnis, dass künftig weniger mit Sicherheit bzw. *zero accidents*, sondern mit prinzipieller Unsicherheit zu rechnen ist.
- Ein weiterer Fallstrick bei der Umsetzung ist, dass wichtige Kompetenzen in den Unternehmen fehlen, um den grundlegenden Wandel zu vollziehen. Das betrifft zum einen die Expertise für einen reflektierten Umgang mit Risiken sowie die Erfahrungen in der Begleitung des notwendigen Veränderungsmanagements. Und auch das Rollenverständnis der Führungs- und Expertenfunktionen muss weiterentwickelt werden. Führungsteams müssen überhaupt erst einmal ein gemeinsames Zielbild entwickeln und zugrunde liegende Vorstellungen über Organisation, ihre Steuerung und Gestaltbarkeit hinterfragen. Auch die Risikomanager, Sicherheits- oder Qualitätsexperten müssen ihre Rolle grundlegend überdenken. Statt als Fachexperte vorzugeben, was richtig

und was falsch ist, müssen sie einen gemeinsamen, fortwährenden Suchprozess begleiten, um bestehende Formen der Sinnproduktion kritisch zu prüfen mit dem Ziel, diese gegebenenfalls zu optimieren.

- Als letzter Punkt ist die in der Regel stark ausgeprägte Orientierung an den Sicherheitskennzahlen, also den Ergebnissen, zu nennen. Die Entwicklung der kollektiven Achtsamkeit zielt auf die Qualität der Zusammenarbeit und das Organisieren ab und bedeutet erst einmal einen Zusatzaufwand, der sich nicht sofort in den Kennzahlen bemerkbar macht. Oft dauert es ein bis zwei Jahre, bis sich die Ergebnisse verbessern. Dies erfordert im Veränderungsprozess viel Durchhaltevermögen. Für Führungskräfte ist das keine leichte Aufgabe, wenn die Belohnungssysteme auf die Ergebniskennzahlen und nicht auf die Prozessqualität ausgerichtet sind.

Ziel und Aufbau dieses Buches

Die Entwicklung einer proaktiven Risiko- oder Sicherheitskultur ist ein anspruchsvoller Veränderungsprozess. Das vorliegende Buch bietet Hilfestellung auf diesem Weg. Die Ausführungen basieren auf unseren Praxiserfahrungen, den Erkenntnissen aus der Forschung zum *high reliability organizing* und *resilience engineering*, die wir mit Ansätzen des systemischen Managements und Beratung kombinieren.

Das Buch gliedert sich in drei Teile:

1. Ziel des ersten Teils ist die Entwicklung eines gemeinsamen Kompasses für das Organisieren kollektiver Achtsamkeit für eine proaktive Sicherheits- bzw. Risikokultur: Wir erörtern, was wir unter kollektiver Achtsamkeit verstehen und wo wir geeignete Ansatzpunkte für ihre Entwicklung sehen. Es geht uns in diesem Teil vor allem um das Herausarbeiten des Unterschieds zwischen einer traditionellen und einer angestrebten neuen Logik, wie sie Ansätze zum Organisieren kollektiver Achtsamkeit nahelegen. Dafür setzen wir uns mit dem Begriff der Sicherheit und Risiko auseinander und diskutieren vier verschiedene Spielarten im Umgang mit Sicherheit bzw. Risiko. Wir geben Hinweise, wie sich die beiden Logiken im Unternehmensalltag bemerkbar machen und bieten Hilfestellungen, wie sie beobachtet und bearbeitet werden können.
2. Im zweiten Teil stellen wir einige ausgewählte und bewährte Methoden und Werkzeuge für das bewusste Organisieren kollektiver Achtsamkeit vor. Die Methoden sind nach drei Aspekten geordnet: Zum einen erläutern wir Vorgehensweisen, um das Lernen von unerwarteten Ereignissen in der Organisation zu fördern. Zweitens stellen wir Methoden vor, die die Sinnproduktion im Unternehmensalltag fördern. Drittens zeigen wir Methoden und Instrumente auf, die der kontinuierlichen Selbstbeobachtung zur nachhaltigen Kulturentwicklung dienen.

3. Im dritten Teil diskutieren wir schließlich unsere Überlegungen, einen nachhaltigen Veränderungsprozess zu gestalten und schildern konkrete Erfahrungen mit seiner Durchführung. Wir zeigen die notwendigen Schritte für die Entwicklung einer Interventionsstrategie und stellen mithilfe zweier Beispiele aus der Praxis einen evolutionären und einen top-down gesteuerten Entwicklungsverlauf dar.

Dank

Ideen entstehen zwischen den Köpfen. Viele der Überlegungen, Ansätze, Methoden und Erfahrungen sind in Diskussionen und gemeinsamen Projekten in einem Netzwerk von geschätzten Experten entstanden, ohne die dieses Buch nicht denkbar gewesen wäre. Ich möchte mich vor allem bei denen bedanken, mit denen ich in den letzten Jahren intensiv zusammen gearbeitet habe, um die Theorie in die Praxis zu bringen: Bert Slagmolen, Stefan Günther, Fabian Brückner, Marc Otten, Beth Lay, Ursula Kiel-Dixon, Kathleen Sutcliffe, Henning Breuer, Torsten Groth, Athanasios Karafillidis, Wolfgang Dehm, Stephan Kasperczyk, Peter Pawlowsky, Daved van Stralen, Robert Taen, Bert van Dalen, Francois Smith, Silvia Puhani, Thomas Makait, Ralph Diener, Gerard Uittenhout, Jörg Arnold, Rainer Nielinger, Ulrich Schwalm, Just Mields, Gundolf Lange, Rudolf Wimmer, Fritz Simon, Dirk Baecker u.v.m.

Mein besonderer Dank gilt Oliver Ziegenbalg, Sandra Schaede und Anja Wollenberg, die mir als Partner und Freunde wertvolle, kreative und reflektierte Impulsgeber und Sparringspartner für meine Arbeit sind.

2 Was bedeutet Organisieren kollektiver Achtsamkeit?

Das Organisieren kollektiver Achtsamkeit ist eine Antwort auf die Frage eines angemessenen Umgangs mit dem Unerwarteten. Kollektive Achtsamkeit beschreibt eine besondere Qualität der Aufmerksamkeit, die es Unternehmen ermöglicht, trotz hoher Komplexität, Risiken und Unsicherheiten ein hohes Maß an Zuverlässigkeit und Sicherheit zu erzeugen. Das Organisieren kollektiver Achtsamkeit beschreibt eine bestimmte Qualität der Systemfitness. Eine Organisation entwickelt Routinen, um bisherige Erwartungen und Routinen zu hinterfragen und immer wieder auf ihre Brauchbarkeit im Hier und Jetzt zu überprüfen.

Diese Fähigkeit ist immer dann gefragt, wenn man sich nicht mehr darauf verlassen kann, dass die bisherigen Routinen und Vorstellungen von den Zusammenhängen noch zur erlebten Wirklichkeit passen. Dieses permanente »Fitnesstraining« – der Abgleich unserer Konzepte mit unseren Erfahrungen im Hier und Jetzt – ist die Essenz einer proaktiven Risiko- bzw. Sicherheitskultur.

Organisieren kollektiver Achtsamkeit bedeutet aus unserer Sicht

- gezielt Antizipations- und Resilienzfähigkeiten in der Organisation zu entwickeln, um unerwartete Entwicklungen früher zu erahnen und schneller auf sie reagieren zu können (Abschnitt 2.3).
- die Art und Weise des Konstruierens von Wirklichkeit in der Organisation bewusst zu gestalten und zum Führungsthema zu machen, um auf neue Entwicklungen schnell Antworten zu finden. Wir sprechen in der Folge von Sinnproduktion (Abschnitt 2.4 und Abschnitt 2.5).
- der Gestaltung von unmittelbaren Interaktionen in Besprechungen, OP-Räumen, Kontrollräumen, Krisensitzungen usw. eine höhere Aufmerksamkeit zu schenken. Interaktionen sind ein wichtiges Einfallstor für individuelle Wahrnehmungsleistungen, die bei der Kommunikation von Entscheidungen effektiver und effizienter genutzt werden müssen (Abschnitt 2.6).

2.1 Zum Begriff der Achtsamkeit: Individuelle und kollektive Achtsamkeit

Zu Beginn und für eine bessere Orientierung kommen hier einige Anmerkungen zum Begriff der Achtsamkeit und wie wir ihn verwenden. »Achtsamkeit« bzw. *mindfulness* ist in aller Munde und wird in unterschiedlichen Kontexten verwendet – angefangen vom Buddhismus und der darauf gründenden Yogabewegung, in Ansätzen der Work-Life-Balance oder in Ratgeberliteratur für eine achtsamere Lebensführung, in Therapieformen zur Stressreduktion und Behandlung von Burn-out.

Achtsamkeit wird definiert als eine bestimmte Form der Aufmerksamkeit, die absichtsvoll ist, sich auf den gegenwärtigen Moment bezieht und nicht wertend ist (vgl. Kabat-Zinn, 1982).

Gemeint ist damit in der Regel eine bestimmte Form der individuellen Aufmerksamkeit, die sich stärker auf das Hier und Jetzt bezieht und sich nicht durch Erwartungen ablenken oder beeinflussen lässt. Die Idee dahinter ist, dass eine größere persönliche Ausgeglichenheit, Erfülltheit und Sensibilität einen positiven Effekt auf die Leistungsfähigkeit hat und damit auch der Organisation zugute kommt.

Unternehmen versuchen diese individuelle Achtsamkeit bei ihren Mitarbeitern gezielt zu fördern, zum Beispiel mit bewusstseinserweiternden Meditationstrainings, wie etwa in dem »Search-Inside-Yourself-Programm« von Google (vgl. Chade-Meng Tan, 1982) oder das an dieses Konzept angelehnte Achtsamkeitstrainingsprogramm bei SAP, die auf mehr »Klarheit im Kopf« abzielen (vgl. Falk, 2016).

Wir vertreten hier die These, dass Organisationen auch auf kollektiver Ebene ihre Achtsamkeit erhöhen können und müssen, um zukunftsfähig zu bleiben. Ein mentales Training für individuelle Achtsamkeit ist aus unserer Sicht dabei jedoch nur eine Seite der Medaille. Bewusstseinserweiternde Trainings erhöhen die Wahrnehmungsfähigkeit und Denkfähigkeit des Einzelnen. Sie beantworten jedoch noch nicht die Frage, wie diese erhöhte individuelle Aufmerksamkeit von der Organisation genutzt werden kann. Daraus entstehen wichtige Führungsfragen: Wie kann die erweiterte Aufmerksamkeit zum Beispiel im Sinne der Organisationsziele und -herausforderungen gelenkt werden? Was hilft den Organisationsmitgliedern zu unterscheiden, was für das Unternehmen relevant ist und was nicht? Und wie kommen die individuellen Eindrücke dann in der Entscheidungskommunikation ins Spiel? Wie werden sie ausgewertet und interpretiert?

Wir konzentrieren uns deshalb hier vorrangig auf die andere Seite der Medaille und beschäftigen uns mit der Frage, wie kollektive Praktiken, Rituale und Prozesse auf der Ebene der Organisation gestaltet werden sollten. Wie müssen Unternehmen sich organisieren, damit aus individuellen Wahrnehmungen im sozialen Miteinander die gewünschte Qualität einer kollektiven Achtsamkeit entstehen kann, die es ihnen ermöglicht, trotz volatiler Bedingungen zuverlässige Leistungen zu erbringen?

2.2 Erste Beispiele für kollektive Achtsamkeitspraktiken

Das Organisieren kollektiver Achtsamkeit kann in unterschiedlichen Facetten und Kontexten beobachtet werden. Folgende Beispiele illustrieren kollektive Achtsamkeitspraktiken, die wir in der theoretischen Einordnung immer wieder aufgreifen werden:

Meerkat Board in der Produktion

In einem Zementunternehmen in Südafrika kommen die Werksmitarbeiter einer Schicht einmal täglich zusammen und tauschen sich am sogenannten Meerkat Board über ihre Eindrücke aus. Meerkats sind Erdmännchen und in Südafrika weit verbreitet. Die Tiere haben eine besondere Rollenteilung: Sie positionieren Wächter an ihren Höhlen, die nach unerwünschten Feinden und Bewegungen Ausschau halten. So können die anderen Tiere sicher Nahrung suchen. Die Teams treffen sich regelmäßig in »Höhlen-Meetings«, um ihre Beobachtungen in geschützter Atmosphäre zu teilen. Speziell dafür ausgebildete »Wächter«, zumeist der Schichtleiter, moderieren den Prozess und verfolgen die Umsetzung der beschlossenen Maßnahmen: Was haben wir Ungewöhnliches in der letzten Schicht bemerkt, wo vermuten wir Schwierigkeiten, wo haben sich neue Risiken ergeben oder wo haben sich riskante Arbeitsweisen eingespielt? Der Wächter überlegt gemeinsam mit seinen Kollegen, wie man am besten darauf reagiert und wer welche Aufgabe übernimmt.

Foreign Object Damage Walk auf Flugzeugträgern (FOD Walks)

Auf dem Flugzeugträger Carl Vinson kann man beobachten, wie sich die gesamte Crew einmal täglich auf dem Deck zu einem Foreign Object Damage Walk trifft. Betanker, Piloten, Techniker und Sicherheitsexperten u. a. suchen gemeinsam das Deck ab, um überraschende, fehlerhafte Kleinstpartikel aufzuspüren: Wie ist dieser kleine Ölfleck entstanden? Wo kommt diese Schraube her? Warum liegt hier ein kleines, abgebrochenes Teilchen? Was könnte passieren, wenn das hier liegen bleibt? Was wissen wir noch nicht über unsere Arbeit hier? Vom Betanker, den Signalgebern über die Piloten bis zum Offizier – jeder Blick und jede Meinung ist hier gefragt. Manchmal treten mehr als hundert Personen an. Die verschiedenfarbigen Uniformen kennzeichnen ihre unterschiedlichen Funktionen und Ränge an Bord: Weiß für das medizinische Personal, rot für die Feuerwehr und andere Kontrollfunktionen, grün für die Mechaniker und Deckoperatoren, gelb für die Sicherheitsexperten auf dem Deck, braun für die Chefingenieure und lila für die Betanker. Alle Beteiligten bilden eine Linie und laufen das Deck von vorne bis hinten ab. Nicht, weil etwas Ungewöhnliches passiert ist, das sie näher untersuchen müssten, vielmehr *suchen* sie bewusst nach Ungewöhnlichem und Unklarheiten – ohne einen bestimmten Anlass zu haben. Sie werden erst wissen, was sie suchen, wenn sie es gefunden haben. Jede kleinste Abweichung kommt ins Visier der zahlreichen Augenpaare. Alle wissen, dass sie so etwas über mögliche Zusammenhänge im System lernen können, besser zu verstehen: Wie können wir flexibel auf Überraschendes reagieren, bevor etwas Schlimmeres geschieht?

Cold Readings bei der Filmproduktion

Der Austausch mit Filmteams ermöglicht Einblicke, wie sich Filmproduktionen auf die anspruchsvollen, unter Hochdruck stattfindenden Dreharbeiten vorbereiten (vgl. Gebauer, 2014). Zum Beispiel führen viele von ihnen sogenannte Cold Readings durch. Zu Beginn des Drehs sitzen alle Abteilungen – Regisseur, Schauspieler, Kamera, Garderobe, Kostüm, Schnitt, Produzent, Ausstattung, Herstellungsleitung etc. – für einen oder mehrere Tage zusammen. Viele von ihnen treffen sich bei der Leseprobe zum ersten Mal und lernen sich an diesem Tag erst kennen. Doch es geht in diesem Treffen nicht darum, den Produktionsplan durchzugehen, damit jeder genau weiß, was von ihm erwartet wird. Das Cold Reading hat einen anderen Zweck: Alle Beteiligten lesen das Drehbuch und entwickeln so eine Idee und vor allem eine gemeinsame Haltung zum Film. Der kollektive Geist, die Story, die so in den Köpfen beim Lesen und Reden entsteht, hilft den Beteiligten später, wenn es hektisch wird. Sie können dann besser einschätzen, was für wen wichtig ist und was nicht, wie die Dinge ineinandergreifen und wie sie ihre Aufgabe im Sinne des kollektiven Ziels am besten erfüllen. Und später, wenn die Dinge dann wie immer anders kommen als gedacht, haben sie zwar kein fixes Rezept, das ihnen genau vorgibt, was zu tun ist, aber sie haben eine einvernehmliche Haltung und ein Gespür für die Zusammenhänge. Beides dient als Kompass, mit dem sie Schwierigkeiten gemeinschaftlich umschiffen können und die einmal angefangene Idee spontan weiterentwickeln, häufig sogar verbessern können.

Ad-hoc-Teams zur Problemlösung bei der Boeing 737-Produktion

Ähnliche Beobachtungen machten wir beim Besuch der Fertigungsstätte der Boeing 737 in Seattle. Auch Boeing verbessert das Zusammenspiel seiner zahlreichen Gewerke und Partner. Jeder externe Mitarbeiter erhält Schulungen über die Produktionsabläufe und Arbeitsweisen im Werk, unabhängig davon, ob er direkt mit ihnen zu tun hat oder nicht. Dazu gehören auch detaillierte Begehungen vor Ort, damit die Beteiligten sich besser vorstellen können, wie was zusammenhängt und welche wechselseitigen Abhängigkeiten und Erwartungen es gibt. Dieses Vorgehen zeigt, wie es durch intelligentes Organisieren auch bei standardisierten Arbeiten am Fließband (*moving line*) möglich ist, flexibel auf Unerwartetes reagieren zu können.

Ein weiteres Beispiel dafür ist das Andon-Cord-Prinzip, ein bekanntes Element des Toyota Produktionsprozesses, das auch Boeing verwendet. Bemerkt ein Mitarbeiter eine kleine Störung am Band, ist er berechtigt, den Produktionsfluss eigenmächtig zu stoppen. Jetzt hat er genau vier Minuten Zeit, das Problem zu erörtern. Kann er es selbst in dieser Zeit nicht lösen oder ist er sich unsicher über die Folgen der Störung, ruft er ein Ad-hoc-Team an einem dafür vorgesehenen Besprechungstisch zusammen, um das Problem aus verschiedenen Perspektiven zu beleuchten und um gemeinsam zu entscheiden, wie es weitergeht. Das alles ist nur möglich, weil sowohl die Kollegen als auch das Management nahe an der Produktion sitzen, schnell verfügbar sind und ihr Wissen einbringen können. Über Monitore und Leuchtsysteme erfahren die Kollegen über die Störung und was die Verzögerung für sie bedeutet.

Debriefings im Cockpit

Ein anderes Beispiel für sind sogenannte Debriefings, wie sie ein wichtiges Element des Crew-Ressource-Managements darstellen. Auch an Tagen, an denen die Dinge richtig und scheinbar nach Plan gelaufen sind, analysieren Teams nach getaner Arbeit in einem Tagesrückblick die eigenen Bewältigungsmuster sowie den Umgang mit Komplexität und unvermeidbaren Überraschungen: Was wollten wir heute erreichen? Wann ist etwas Unerwartetes geschehen? Wie haben wir das bemerkt und wie sind wir damit umgegangen? Was wäre fast schiefgegangen und was hat dazu beigetragen, dass es doch noch geklappt hat? Was daran war hilfreich, was eher riskant oder fragwürdig? Was hat uns in der Zusammenarbeit geholfen? Was war schwierig …

Unterschiedliche Kontexte, vergleichbare Herausforderungen

So unterschiedlich die Arbeitsbedingungen und die Anforderungen auf einem Flugzeugträger, der Arbeit am Filmset, beim Bau und beim Fliegen eines Flugzeugs, einer Zementfabrik oder in einem Kraftwerk sein mögen – in allen Beispielen stehen die Teams in ihren Organisationen strukturell vor ähnlichen Herausforderungen:

- Sie müssen komplexe, hochanspruchsvolle Aufgaben unter riskanten, widrigen und schwer durchschaubaren Bedingungen erledigen.
- Sie stehen unter äußerem Druck und werden von Behörden, der Öffentlichkeit oder Politik kritisch auf ihre Berechenbarkeit hin beobachtet.
- Sie müssen die Aufgaben einerseits mit höchster Zuverlässigkeit aber auch mit einem hohen Maß an Effizienz bewältigen.
- Sie dürfen sich keine gravierenden Fehler leisten und es gibt wenig Raum für Versuch- und Irrtumslernen.

2.3 Entwickeln von Antizipations- und Resilienzfähigkeiten

Die Beispiele machen deutlich: Bei der Entwicklung kollektiver Achtsamkeit geht es vor allem um das Ausbilden von zwei zentralen organisationalen Fähigkeiten: Eingeübte kollektive Rituale wie die beschriebene Arbeit am Meerkat Board oder die Durchführung eines FOD Walk helfen den Organisationsmitgliedern, früh zu registrieren, dass sich potenzielle Probleme aufbauen und diese Beobachtungen im Hinblick auf die eigene Lage auszuwerten (Antizipation). Zum anderen fördern übergreifende Ziele sowie der gezielte Einbau von Entscheidungsspielräumen in Standardprozesse die Fähigkeit, sich im Falle einer Störung schnell an die neuen Bedingungen anzupassen, um leistungsfähig zu bleiben (Resilienz).

2.3.1 Antizipation: Zukunft im Hier und Jetzt konstruieren

Antizipation bedeutet, sich schon in der Gegenwart vorzustellen, was in der Zukunft potenziell geschehen könnte. Antizipation beschreibt also unsere Erwartungshaltung im Hier und Jetzt gegenüber der Zukunft. Wir beobachten etwas im Hier und Jetzt (zum Beispiel eine Entwicklung, eine Entscheidung etc.) und überlegen, wie sich diese Gegebenheit in der Zukunft entwickeln könnte, um unser Verhalten darauf auszurichten.

Wir können uns Zukunft gar nicht frei von Erwartungen vorstellen. Antizipation läuft in der Gegenwart immer mit, denn wir konstruieren in der Gegenwart unsere Zukunft. Dabei spielen unsere Erfahrungen aus der Vergangenheit eine entscheidende Rolle – zumindest die, an die wir uns im Moment erinnern. Allerdings ist das, was wir als Vergangenheit erinnern, keine fixe Größe. Ebenso wie unsere Zukunft konstruieren wir auch unsere Vergangenheit, wir erfinden unsere Geschichte also jeden Moment neu. Die Art und Weise, wie wir unsere »gegenwärtige« Vergangenheit und unsere »gegenwärtige« Zukunft konstruieren, beeinflusst, was wir im Hier und Jetzt wahrnehmen, wie wir es erklären und wie wir es bewerten. Vor der Finanzkrise etwa galten die sogenannten Subprime-Kredite bei Anlegern als attraktiv, ihr hohes Risiko erschien als Chance auf eine hohe Rendite. Die Zukunft, also die Fortschreibung des Immobilienbooms, schien sicher. Nach der Finanzkrise werden die Ereignisse anders beschrieben, erklärt und bewertet. Die ehemals hochattraktiven Kredite erscheinen als faule Kredite und das Vertrauen in die Finanzbranche im Hier und Jetzt erodiert. Nunmehr konstruieren wir unsere gegenwärtige Zukunft und gegenwärtige Vergangenheit in einem anderen Licht.

Die Herausforderung beim Antizipieren besteht darin, dass wir dazu neigen, Erfahrungen aus der Vergangenheit linear in die Zukunft fortzuschreiben. Wenn ein Vorgang lange funktioniert hat, tendieren wir zu der Annahme, dass er es auch in Zukunft tun werde, bis wir durch unerwartete Geschehnisse aus dem Konzept gebracht werden. Michael Lewis (2011) beschreibt in seinem Buch *The Big Short* anschaulich, wie Investmentbanken, Rating-Agenturen und Immobilienmakler auch nach dem Fallen der Immobilienpreise und dem Öffentlichwerden der notleidenden Kredite noch einige Monate an ihrer Konstruktion festhielten. Man orientierte sich weiterhin an den gut eingespielten Vorstellungen von Vergangenheit und Zukunft, ignorierte frühe Hinweise und sprach von einer vorübergehenden Abkühlung. Diese Tendenz, die Kognitionsforscher heuristisches Denken nennen (vgl. Kahnemann et al., 1982; Gigerenzer, 1991) hat eine wohltuende sowie komplexitätsreduzierende Wirkung, und ermöglicht es, sich zu konzentrieren. Allerdings birgt diese Erfolgsblindheit auch das Risiko des Scheiterns, wenn die Bedingungen sich unbemerkt verändern.

Die Entwicklung von Antizipationsfähigkeiten bedeutet, zum einen das Bewusstsein für die Unberechenbarkeit der Zukunft zu fördern. Es bleibt ungewiss, ob die gegenwärtig vorgestellte Zukunft in der »künftigen« Zukunft tatsächlich auch eintreten wird. Zudem geht es darum, das Irritationspotenzial im Hier und Jetzt zu vergrößern, um zu angemesseneren und weniger fixen Konstruktionen der gegenwärtigen Zukunft zu kommen.

Antizipation bedeutet, dass wir uns im Hier und Jetzt ein Bild von der Zukunft machen. Das von uns entwickelte Bild von der (gegenwärtigen) Zukunft ist eine Konstruktion und ist unmittelbar mit unserer (gegenwärtigen) Konstruktion der Vergangenheit verbunden. Die künftige Zukunft ist und bleibt ungewiss. Antizipationsfähigkeiten helfen uns, ein möglichst brauchbares Bild von der gegenwärtig denkbaren Zukunft zu entwickeln, um im Hier und Jetzt besser einschätzen zu können, was wichtig ist und was nicht.

2.3.2 Resilienz: Geistesgegenwart üben

Im Gegensatz zu Antizipation beschreibt Resilienz die Anpassungsfähigkeit eines Systems im Umgang mit unerwarteten Ereignissen bzw. Abweichungen. Die Resilienzforschung reicht weit zurück und interessiert sich schon lange und eher auf individueller Ebene für die Frage, warum einige Menschen oder Organisationen, mit Störungen und Krisen besser zurechtkommen als andere. So fand etwa Emmy Werner in einer Längsschnittstudie aus dem Jahr 1977 zur psychologischen Entwicklung hawaiianischer Kinder, die bestimmten Risikofaktoren in der Lebensführung wie Armut, soziale Ausgrenzung, Arbeitslosigkeit der Eltern etc. ausgesetzt waren, dass sich ein Drittel von ihnen besser entwickelte als der Rest. Offenbar konnten diese Kinder mit den Widrigkeiten der äußeren Lebensbedingungen besser umgehen als ihre Kameraden – sie waren resilient. Die Gründe dafür sah das Forscherteam vor allem in den Sozialisationsbedingungen: Resiliente Kinder hatten besseren Zugang zu Bildung, die Eltern waren häufiger berufstätig und seltener geschieden. Zudem hatten die Kinder weniger Geschwister und verfügten über sinnstiftende Orientierungsschemata, wie zum Beispiel Religion.

Auf Ebene der Organisation beschäftigt sich die Tradition des *resilience engineering* mit der Frage, wie Organisationen ein Handlungsrepertoire entwickeln können, um sich schnell auf unterschiedlichste und unerwartete Situationen einzustellen, ohne dass das Funktionieren des Systems beeinträchtigt wird. Wie schaffen Teams es, Aufgaben zu erledigen, obwohl die dafür vorgesehenen Pläne versagen oder die Bedingungen anders sind, als man dachte?

Resilienz beschreibt dabei aber nicht einfach eine Vermeidungsstrategie für erwartbare oder wahrscheinliche Störungen, mit denen zu rechnen ist. Das Treffen von Schutzmaßnahmen wie »wo Funken sprühen, müssen Schutzbrillen getragen werden«; »in volatilen Märkten müssen wir Reserven für Preisschwankungen haben« oder »bei kurzem Time-to-Market müssen wir Vorsorge für Qualitätsprobleme treffen« ist natürlich notwendig und sollte nicht unterlassen werden. Als Bewältigungsmuster für Komplexität sind solche Maßnahmen aber nur begrenzt brauchbar und können nicht das einzige Mittel sein, denn das Problem besteht ja gerade darin, dass man nicht alle möglichen Entwicklungen vorausahnen kann.

Wir verstehen Resilienz als die Vorbereitung auf völlig unerwartbare Situationen. Diese Vorbereitung ist blind dafür, worauf sie sich einstellt. Es müssen generelle Problemlösekompetenzen entwickelt werden, wie zum Beispiel Denken in Alternativen, Praktiken für kollektive Reflexion, individuelles Training für den Umgang mit Stresssituationen oder interpersonelle Kompetenzen, um in kritischen Situationen schnell handlungsfähig zu sein.

Hollnagel definiert Resilienz als »the intrinsic ability of a system to adjust its functioning prior to, during, or following changes and disturbances, so that it can sustain required operations under both expected and unexpected conditions.« (Hollnagel et al., 2010, S. XXIX). Resilienz ist aus dieser Sicht nicht nur eine Fähigkeit, die benötigt wird, um auf große Krisen oder »schwarze Schwäne« (vgl. Taleb, 2012) zu reagieren, während im Normalbetrieb alles nach Plan läuft. Vielmehr gleichen organisationale Resilienzfähigkeiten aus, dass Pläne, Systeme und Vorgaben die ungleich komplexere, operative Wirklichkeit nicht abbilden können. Resilienz beschreibt die Fähigkeit, den eigenen Zustand immer wieder an neue, unerwartete Bedingungen anpassen zu können, um im Ergebnis leistungsfähig zu bleiben. Zuverlässigkeit oder Sicherheit sind diesem Verständnis nach also keine festen Zustände, die gegen widrige Außeneinflüsse verteidigt werden müssen. Vielmehr wird der stabile Zustand in jedem Moment und in Auseinandersetzung mit der sich wandelnden Umwelt neu hergestellt. Dies geschieht mithilfe kollektiver, aufeinander abgestimmter Anpassungsleistungen. Die beschriebenen Antizipationsfähigkeiten sind dabei eine wichtige Voraussetzung für resilientes Verhalten. Nur wenn wir Abweichungen wahrnehmen und für bedeutsam halten, können wir uns an die neue Situation anpassen.

Resilienz beschreibt die Fähigkeit, sich flexibel an veränderte Bedingungen anzupassen, um die Leistungsfähigkeit des Systems aufrechtzuerhalten. Resilienzfähigkeit entsteht nicht durch Schutzmaßnahmen vor bekannten Störungen, sondern durch die Entwicklung von Reaktions- und Anpassungsfähigkeit auf noch unbekannte Entwicklungen. Sie ist nicht nur in Ausnahmesituationen gefragt, sondern es handelt sich um eine generell notwendige Leistung, die den unvermeidbaren Unterschied zwischen »Konzepten« und operativen »Erfahrungen« ausgleicht.

2.4 Kollektive Achtsamkeit als Frage der Sinnproduktion

»Leute wissen, was sie denken, wenn sie sehen, was sie sagen«
Karl E. Weick

Anders als formale Routinen wie Pläne, Vorschriften oder Standards geben die geschilderten Achtsamkeitspraktiken wie ein FOD Walk, Beobachtungsrituale wie das Meerkat Board oder Briefing-Routinen nicht vor, was richtig und was falsch ist. Es handelt sich um Festlegungen, wie die Organisationsmitglieder jenseits bereits existierender Routinen in der gegenwärtigen Situation Sinn erzeugen. Unter unsicheren Bedingungen wird dieses geistesgegenwärtige Erzeugen von Sinn zu einer überlebenskritischen Fähigkeit. Diese Rituale aktivieren das kollektive Sensorium, sie regen jeden Einzelnen an, seine Eindrücke einzubringen und im Team aus diesen neuen Befunden Sinn zu machen. Sie geben vor, wie das Team in komplexen und hochriskanten Situationen neues Wissen erzeugt und zu brauchbaren Entscheidungen kommt.

Sinn und Produktion von Sinn
Der Begriff Sinn ist in diesem Zusammenhang erklärungsbedürftig. Sinn wird hier nicht verstanden als eine feste und eindeutig zu bewertende Größe, zum Beispiel, das etwas Sinn ergibt oder keinen Sinn ergibt. Wir begreifen Sinn als ein Konstrukt, das von einem Beobachter erzeugt wird. Was für die einen Sinn macht, kann sich für andere als völlig sinnlos darstellen. Luhmann definiert Sinn als ein laufendes Aktualisieren von Möglichkeiten (vgl. Luhmann, 1984). Jedes soziale System wie zum Beispiel ein Unternehmen, produziert in Auseinandersetzung mit seinen Umwelten fortlaufend Sinn und entwickelt diese selbst konstruierten Sinnhorizonte weiter. Die Funktion der Produktion von Sinn – und das werden wir in den folgenden Abschnitten ausführlicher erörtern – ist immer eine Komplexitätsreduktion. Weil die Welt viel zu komplex ist, als dass sie von einem System vollständig erfasst werden könnte, muss Komplexität reduziert werden, zu *sinnvollen* Wirklichkeitskonstruktionen.

2.4.1 Sinnproduktion als überlebenskritische Fähigkeit

Organisationen, die ihre kollektive Achtsamkeit weiterentwickeln möchten, müssen sich intensiver mit der Frage beschäftigen, wie sie Sinn erzeugen bzw. wie sie ihre Wirklichkeit konstruieren. Ihr Bild von der Welt ist nichts Gegebenes, Objektives, sondern es entsteht durch einen sozialen Prozess der Sinnerzeugung, den sie selbst gestalten können. Karl Weick nennt diesen Prozess *sensemaking*, also wie sich Menschen im sozialen Miteinander in ihrem Organisationsalltag mit all seinen Widrigkeiten, Mehrdeutigkeiten, unvorhergesehenen Entwicklungen, Überraschungen und Unsicherheiten ein brauchbares Bild von der Wirklichkeit machen. Organisationen sind sinnverarbeitende Systeme, deren besondere Qualität darin besteht, Unbestimmtes und Widersprüchliches einen Sinn beizumessen und damit Komplexität auf ein Maß zu reduzieren, das Entscheidungen ermöglicht. Die besondere Qualität beim Organisieren kollektiver Achtsamkeit besteht darin, dass der Prozess der Sinnerzeugung nicht einfach dem Zufall überlassen oder so getan wird, als gäbe es eine objektiv bestimmbare Wirklichkeit. Das Organisieren kollektiver Achtsamkeit bedeutet, den Prozess der Sinnerzeugung aktiv und bewusst zu gestalten, um so die beschriebene Qualität im Umgang mit Risiken zu erreichen.

Neue Selektionsstrategien für den Umgang mit Unerwartetem

Aber auch das geregelte Gestalten der Sinnerzeugung ermöglicht kein vollständiges Bild. Die Herausforderung für die beschriebenen Rekruten, Filmteams, Schichtmitarbeiter und Crews besteht ja nicht darin, dass sie zu wenig oder unzureichende Fakten haben. Vielmehr stehen sie vor der Frage, wie sie aus der Flut von widersprüchlichen Daten und Eindrücken die wichtigen *auswählen*. Die Dinge sind zu verwickelt, dynamisch und vielfältig, als dass die Betroffenen in jedem Moment alles berücksichtigen und auswerten könnten.

Organisieren kollektiver Achtsamkeit führt deshalb auch nicht dazu, dass wir am Ende endlich mehr oder alles sehen. Die kollektiven Ver- bzw. Erarbeitungskapazitäten in der Organisation sind und bleiben begrenzt (ebenso wie für den einzelnen Mitarbeiter). Deshalb liegt die Herausforderung darin, gemeinsame *Selektionsstrategien* zu entwickeln: Was ist relevant und was können wir vernachlässigen? Wie vereinfachen wir auf angemessene Art und Weise, ohne zu trivialisieren, ohne zuzulassen, dass wir wichtige oder riskante Entwicklungen übersehen? Die Bewältigung komplexer Aufgaben zwingt zu einer Auswahl, die immer das Risiko birgt, sich als falsch zu erweisen. Denn im Moment ist noch nicht klar, ob sie angesichts der künftigen Entwicklungen angemessen sein wird. Die Teams können nur versuchen, sich einen momentan tragfähigen Eindruck von den Dingen im Fluss zu verschaffen. Dabei helfen ihnen gemeinsame Rituale, wie wir sie oben beispielhaft skizziert haben.

Notwendige Geistesgegenwärtigkeit im Moment

Kollektives Sensemaking bekommt einen wichtigen Stellenwert, wenn Unsicherheit und Risiken im Inneren und Äußeren der Organisation steigen. Weil für ausführliche Analysen selten die Zeit da ist, steigt der Bedarf, sich geistesgegenwärtig im Moment ein Bild von der Situation zu machen und auf dieser Grundlage zu entscheiden. Wenn sich die Bedingungen schnell verändern, müssen wir auf die Idee, uns auf eine sichere Landkarte verlassen zu können, verzichten. Je schneller sich die Landschaft entwickelt, umso mehr fällt auf, dass Landschaft (was um uns herum geschieht und wie wir es im Moment erfahren) und Landkarte (wie wir unsere Wirklichkeit sehen und beschreiben) nicht dasselbe sind (vgl. Simon, 2007).

Organisationen brauchen weniger Gewissheiten bzw. ein *big picture*, ein umfassendes Bild, das durch ausgiebige Analysen und Planung entsteht. Vielmehr müssen sie die Fähigkeit entwickeln, schnell und gemeinsam eine *big story* zu konstruieren (vgl. Weick, 2009), um mit jenen Sinnüberschüssen umzugehen, die für unsere gegenwärtige Gesellschaft charakteristisch ist (vgl. Baecker, 2008). Diese kollektive Geschichte kann und muss im Laufe der Zeit und auf der Grundlage neuer Informationen über die sich ständig ändernden Bedingungen fortlaufend weitergeführt werden. Beim Dreh eines Films sind die unterschiedlichen Abteilungen wie Kostüm, Kamera, Ausstattung mit dem Regieassistenten per Headset verbunden, um sich im Hier und Jetzt über den Stand der Dinge zu informieren. Das Konstruieren von Sinn in Echtzeit steht hier im Vordergrund. Zuverlässige Leistungen entstehen dann weniger durch Vorhersagen und Akkuratesse, sondern durch fortlaufendes Updating und Plausibilisierung. Sensemaking unter unsicheren Bedingungen erfordert deshalb eine selbstkritische Haltung gegenüber den eigenen Erwartungen, Routinen und Vorschriften. Diese sind immer nur ein vereinfachender Prototyp für die komplexe Realität im Fluss, der in der Vergangenheit funktioniert hat, aber für die Zukunft keine Garantie bietet.

2.4.2 Sinnproduktion als blinder Fleck

Jedes Unternehmen hat im Laufe seiner Geschichte seine ganz eigene Art entwickelt, wie es Sinn produziert: Wie es sich mit Entwicklungen in seiner Umwelt auseinandersetzt, mit Risiken und Unsicherheiten umgeht, Informationen kanalisiert und Entscheidungen trifft. Sinnproduktion und Adaption finden permanent statt. Sie werden aber in Organisationen, die einer mechanistischen Steuerungslogik folgen, zu großen Teilen sich selbst überlassen. Ein Geschäftsführer eines großen Versicherers bemerkte uns gegenüber kürzlich in einer Diskussion: »Wenn wir uns beim Aufbau unseres Geschäfts im Osten nach der Wende an die Regeln gehalten hätten, dann hätten wir da gar nichts hinbekommen.« Die organisationalen Routinen passten nicht zu der neuen Situation und nur durch die Ablehnung der bestehenden Regeln konnte es vorwärtsgehen. Auch operative Mitarbeiter können ein Lied davon singen: Weil die konkreten Situationen auf der Arbeitsebene immer anders sind als ursprünglich geplant, bleibt ihnen nichts anderes übrig, als die Vorschriften zu beugen. Wie sie dies tun, bleibt aber häufig ihnen selbst überlassen, dann entstehen informelle Umgangsformen (die wir, wenn sie sich wiederholen, in der Regel als Kultur bezeichnen).

Von entwicklungstauglich zu entwicklungsfähig

Das Organisieren kollektiver Achtsamkeit bedeutet, die eigenen, eingespielten Formen des Organisierens nicht als gegeben hinzunehmen, sondern sie bewusst auf den Prüfstand zu stellen und auf ihre Brauchbarkeit hin zu untersuchen. Wie erfolgsversprechend sind unsere Bewältigungsmuster für den Umgang mit zunehmender Unsicherheit, Mehrdeutigkeiten, unvorhersehbaren Entwicklungen, Unwägbarkeiten und den damit verbundenen Risiken? Es sollen nicht nur entwicklungs*taugliche*, sondern entwicklungs*fähige* Bewältigungsmuster im Umgang mit Komplexität und Risiko entstehen. Die kritische Beobachtung und Reflexion der eingespielten Formen des Organisierens ist dafür ein erster Schritt. Dies ist im Übrigen nicht nur eine Aufgabe für besonders sicherheitsorientierte Unternehmen. Die Prüfung der eigenen Entwicklungs- und Lernmechanismen ist eine überlebenskritische Notwendigkeit für alle Organisationen in der »nächsten Gesellschaft« (vgl. Baecker, 2008).

Sinnproduktion nicht länger sich selbst überlassen

Die Entwicklung der organisationalen Interpretationsleistungen und das bewusste Organisieren eines Neins zu sich selbst (also den eigenen Erwartungen, Selbstbeschreibungen etc.) war lange kein Thema für die Unternehmensführung, auch heute ist es noch häufig ein blinder Fleck. Solange die Bedingungen einigermaßen stabil sind, ist die bewusste Gestaltung der kollektiven Achtsamkeit auch nicht so wichtig. Solange die Dinge nicht ständig aus dem Ruder laufen und man nur selten mit dem eigenen Unwissen konfrontiert wird, funktionieren triviale Selbstbeschreibungen der Organisation als eine mehr oder weniger berechenbare Maschine. Der Eindruck, man habe die Zusammenhänge durchschaut, verfestigt sich. Diese Erfahrungen prägen das Selbstverständnis und beruhigen alle Beteiligten. Wir kennen die Formel: Wir haben das richtige Bild von der Welt. Wir haben unter Kontrolle, was passiert. Man kann es sich leisten, Anpassungsleistungen eher subversiv, also unbemerkt und im Verborgenen bearbeiten zu lassen.

Mehr desselben funktioniert nicht mehr

Wir befinden uns noch in einer Übergangsphase, in der wir dazu neigen, neue Probleme mit erprobtem Werkzeug zu bearbeiten. Zwar bemerken wir, dass unsere Routinen zunehmend versagen, aber in Ermangelung gesicherter Alternativen halten wir an den in der Vergangenheit tauglichen Selbstbeschreibungen fest. Wir tun so, als sei es prinzipiell möglich, die Dinge vollständig zu erfassen und richtige Lösungen zu finden. Misslingt dies wieder einmal, führen wir dies auf individuelle Fehlinterpretationen oder mangelnde Achtsamkeit Einzelner zurück und versuchen, an dieser Stellschraube etwas zu verändern.

Oft erleben wir, dass Unternehmen im Vorfeld von komplexen Projektvorhaben wie Großbaustellen, komplexe IT-Projekte, Großabstellungen in der Chemie oder anspruchsvollen Reparaturarbeiten von Anlagen zwar viel Aufwand in die Planung stecken, sie machen sich aber wenig Gedanken, wie sie das soziale Miteinander und kollektive Sensemaking gestalten müssen, um mit der gegebenen Komplexität, den Risiken und unabsehbaren Entwicklungen angemessen umzugehen: Wie halten wir uns gemeinsam über die Schnittstellen hinweg informiert? Wie spüren wir systematisch Warnsignale auf der Arbeitsebene auf und verständigen uns darüber? Wie erzeugen wir bei den Beteiligten das notwendige Wissen über die Zusammenhänge, um zu besseren Einschätzungen der aktuellen Situation zu kommen? Wie erzeugen wir im Ausnahmefall eine gemeinsame Einschätzung und wie treffen wir Entscheidungen? Stattdessen heißt es: Das müssen wir dann im Moment entscheiden, dafür haben wir ja erfahrene Mitarbeiter. Das zusätzliche Investment in kollektive Achtsamkeit erscheint vielen Unternehmen noch als unnötig. Sensemaking wird in dieser Logik nicht zu einer Frage der Gestaltung der sozialen Interaktionen, sondern zu einer der individuellen Kompetenz der Beteiligten. Sie sind dafür verantwortlich, zu den »richtigen« Schlüssen, den »richtigen« Entscheidungen zu kommen. Die dafür notwendigen kollektiven Interpretations- und Entscheidungsprozesse werden dem natürlichen Drift überlassen und bekannte Schwierigkeiten beim Entscheiden in komplexen Situationen stillschweigend in Kauf genommen.

2.5 Gestalten der Sinnproduktion

Everything simple is false.
Everything which is complex is unusable.
Paul Valéry

Wollen Organisationen die Art und Weise ihrer Sinnproduktion bewusst gestalten, müssen sie den Unterschied zwischen den von ihnen konstruierten Plänen *von* der Wirklichkeit und ihrem Erleben *in* der Wirklichkeit stärker in den Blick nehmen und die Ko-Evolution dieser »Konzepte« und »Erfahrungen« bewusst fördern. Dafür ist es hilfreich, in der Entscheidungskommunikation stärker zwischen Beschreiben, Erklären und Bewerten zu unterscheiden.

2.5.1 Konzepte und Erfahrungen als Grundlage

Das Organisieren kollektiver Achtsamkeit setzt voraus, den Unterschied zwischen »der Wirklichkeit« und unseren Konzepten von dieser Wirklichkeit anzuerkennen. Die tatsächlichen, operativen Ereignisse sind immer viel komplexer, als dass wir in der Läge wären, sie vollständig zu erfassen.

Konzepte und Erfahrungen

Konzepte und Erfahrungen bzw. unsere Landkarte und die konkrete Wahrnehmung der Landschaft sind wechselseitig miteinander verbunden. Unsere Erfahrungen ohne Konzepte sind blind und unsere Konzepte ohne Erfahrungen sind leer (vgl. Weick u. Sutcliffe, 2016). Wir brauchen Konzepte von der Welt, damit unsere Erfahrungen bedeutungsvoll werden können. Auf der anderen Seite benötigen wir Erfahrungen, damit Konzepte mit Inhalten gefüllt werden und wir sie weiterentwickeln können. Dabei ist es müßig zu fragen, was zuerst da war, unsere Konzepte von der Welt oder unsere Erfahrungen. Beide stehen in einem zirkulären, wechselseitigen Verhältnis, sie beeinflussen sich gegenseitig. Organisationen konstruieren auf der Grundlage ihres Wissens und ihrer Vorerfahrungen ihr Bild von sich selbst und von ihren relevanten Umwelten. Die Umwelt beeinflusst Organisationen also nicht direkt, sondern durch die Art, wie sie wahrgenommen wird (vgl. Weick, 2001).

Gezielte Koevolution

Die wechselseitige Beeinflussung unserer Konzepte von der Wirklichkeit und unseren konkreten Erfahrungen in der Wirklichkeit ist ein zentraler Ansatzpunkt für die Sinnproduktion und damit für das Organisieren kollektiver Achtsamkeit: »Basic to any attempt at managing the unexpected are changes either make empty concepts fuller by anchoring them in perceptions or make blind perceptions more meaningful by linking them with plausible, differentiated concepts.« (Weick u. Sutcliffe 2015, S. 31 f.).

Sensemaking beschreibt den Prozess, wie wir aus dem Ereignisstrom einige Ereignisse selektieren und diesem retrospektiv eine Bedeutung zuzuschreiben. Gerade wenn wir in eine unbekannte Situation hineingeworfen werden, fangen wir zuerst an zu handeln und danach schreiben wir unserem Tun eine Bedeutung zu. Dies wiederum beeinflusst unser Handeln. Wir entwickeln also eine Vorstellung von der Welt, indem wir etwas tun, die Wirklichkeit erfahren und diesen Erfahrungen erst im Nachhinein Sinn geben. Sensemaking geschieht also immer in der Retrospektive. Die entstehenden Vorstellungen bzw. Konzepte dienen uns dann als Landkarte, mit der wir die Welt wiederum »lesen«, also was wir im operativen Ereignisfluss als bemerkenswert erachten und wie wir es einordnen.

Kollektive Achtsamkeitspraktiken, wie die Leseprobe, ein FOD Walk oder ein Reflexionsgespräch im operativen Alltag, schaffen gezielt Gelegenheiten im sozialen Miteinander, um aktuelle Wirklichkeitskonstruktionen absichtlich und im Hier und Jetzt gegen den Strich zu bürsten. Unternehmen, die ihre Sicherheits- oder Risikokultur entwickeln möchten, müssen sich immer wieder folgende Fragen stellen:

- Passen unsere Landkarten noch zum Gelände?
- Gibt es angemessenere Beschreibungen für unsere Situation?
- Welche Entscheidung ist auf der Grundlage dieser Situationsbeschreibung angemessen?

Die Entwicklung einer erfolgsversprechenden Sicherheits- bzw. Risikokultur bedeutet deshalb, den Unterschied zwischen Konzepten und Erfahrungen immer wieder bewusst zu reflektieren. Insbesondere sicherheitsorientierte Unternehmen stehen dabei vor der widersprüchlichen Herausforderung, dass sie einerseits ihr in der Vergangenheit erworbenes und in ihre Routinen und Standards eingeflossenes Wissen nutzen müssen, denn ständig alles neu zu erfinden wäre viel zu unsicher. Gleichzeitig müssen sie aber auch die Neugier für Neues, Ungewöhnliches, Widersprüchliches im Hier und Jetzt gezielt fördern, um die bestehenden Konzepte wenn nötig anzupassen. Die im Teil II skizzierten Methoden geben Anregungen, wie dieser schwierige Balanceakt gemeistert werden kann (vgl. zum Beispiel die Methoden Musteranalyse in Abschnitt 9.1 oder Briefing/Debriefing in Abschnitt 10.1).

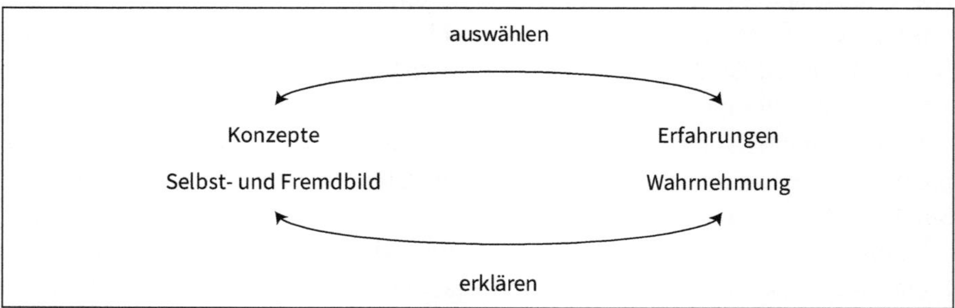

Abb. 1: Reziprokes Verhältnis von Konzepten und Erfahrungen

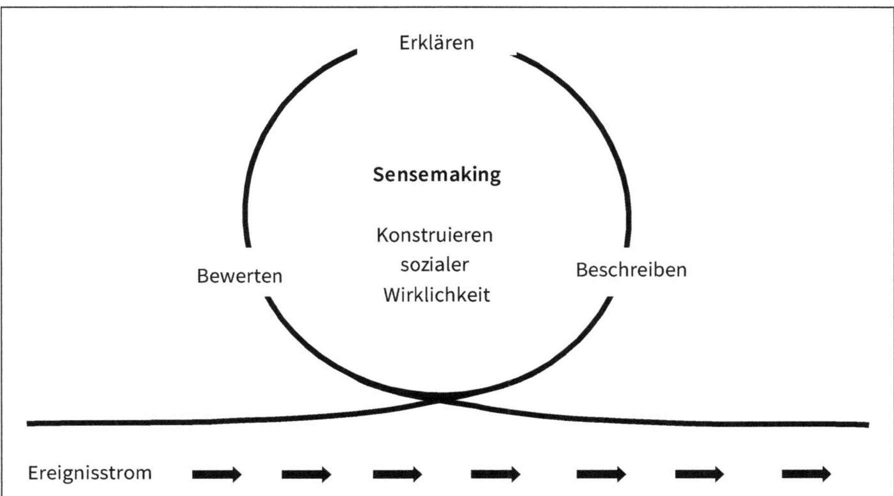

Abb. 2: Dreischritt von Beschreiben, Bewerten und Erklären

2.5.2 Beschreiben, Erklären und Bewerten

Das Konstruieren von Wirklichkeit bzw. die Produktion von Sinn entsteht in einem Dreischritt von Beschreiben, Erklären und Bewerten (vgl. Simon, 1995). Dieser Mechanismus ist zentral für die Konstruktion sozialer Wirklichkeit und wird uns im Verlauf des Buches immer wieder begegnen. Im Alltag läuft dieser Dreischritt automatisch ab und wir arbeiten selbstverständlich mit den entstehenden, verdichteten Wirklichkeitskonstruktionen, die uns als Realität erscheinen. In einer Organisation schwingen sich Mitarbeiter und Führungskräfte gemeinsam auf bestimmte Muster ein, also zum Beispiel was sie beachten, wie sie sich die Dinge erklären und wie sie sie bewerten. Das bewusste Unterscheiden von Beschreiben, Erklären und Bewerten hilft, ein facettenreicheres Bild von der Wirklichkeit zu bekommen und ist deshalb ein wichtiges Gestaltungsprinzip für kollektive Achtsamkeitspraktiken (vgl. auch die Methoden in Teil II).

1. *Beschreiben* meint die zunächst interpretations- und bewertungsfreie Bezeichnung eines Zustands, einer Gegebenheit, eines Gegenstandes, einer Sinneswahrnehmung usw. Ein Beobachter wählt bestimmte Ereignisse aus dem Ereignisstrom aus und bezeichnet diese. Jede Beschreibung fokussiert die Aufmerksamkeit auf bestimmte Aspekte und schließt zwangläufig immer »Anderes« aus, das ausgeblendet, vergessen, nicht erkannt oder verleugnet wird.

2. In einem zweiten Schritt werden nun *Erklärungen* für das Bezeichnete gesucht. Dieser Zuschreibungsprozess geschieht immer aus der Perspektive des Beobachters auf der Basis seiner Konzepte und seiner Erfahrungen. Er formt Kausalketten, also Beziehungen zwischen Ursachen und Wirkungen. Was als Ursache und was als Wirkung erscheint, entsteht im Auge des Betrachters bzw. ist Ergebnis seiner Zuschreibungen, die ihm in diesem Moment als sinnvoll erscheinen. Für jedes Phänomen kann es unterschiedlichste Erklärungen geben, abhängig von der Perspektive.
3. Das Erklärte wird bewertet, also positiv oder negativ eingeschätzt. *Bewertungen* beeinflussen, wie man sich in der Folge positioniert bzw. welche Verhaltensweisen als nächster Schritt angemessen erscheinen. Auch die Bewertungen finden auf der Grundlage der Voreinstellungen, Deutungsgewohnheiten und Vorerfahrungen des Beobachters statt.

Die drei Aspekte von Wirklichkeitskonstruktionen sind voneinander abhängig: Die Erklärungen, die wir konstruieren, beeinflussen unsere Bewertungen. Erklärungen und Bewertung bestimmen wiederum, was wir als relevant erachten. Wird eine beobachtete Fehlleistung eines Mitarbeiters als Regelverstoß und individueller Fehler interpretiert, so führt dies zum Beispiel zu einer anderen Bewertung, als wenn wir das beschriebene Verhalten als einen Versuch interpretieren, das System am Laufen zu halten. Und diese Interpretation wiederum beeinflusst, was wir für relevant erachten …

2.5.3 Gestalten der Entscheidungskommunikation

Die bewusste Gestaltung der kollektiven Sinnproduktion ist eine wichtige Voraussetzung, um Entscheidungen unter Unsicherheit zu treffen. Die Frage, wie sich Teams im Miteinander ein Bild von der Situation machen und wie sie bestimmen, ob und was es überhaupt zu entscheiden gibt, wird in der klassischen Betriebswirtschaftslehre nicht gestellt. Es wird unterstellt, dass es möglich sei, rationale Entscheidungen zu treffen, für deren Richtigkeit der Entscheider (in der Regel die Führungskraft) verantwortlich ist und der sie zwangsläufig verteidigen muss.

FALLBEISPIEL

Quantifizieren von Risiken

Brückner und Wolf haben Risikomanager bei dem Versuch beobachtet, operationelle Risiken objektiv zu quantifizieren. Das Team von Risikoexperten musste sich für eine Zahl entscheiden, auf der die Risikoberechnungen basieren sollten.

Die Autoren beschreiben das von ihnen beobachtete Vorgehen folgendermaßen: »So stand z. B. einmal die ›duration‹ eines Ereignisses zur Debatte (d. h. der durchschnittliche Zeitraum bis etwas passiert). Im Raum standen 2 oder 12 Jahre. Einem Experten war das eine zu niedrig, dem zweiten das andere zu hoch. Man einigte sich schließlich folgendermaßen: Nehmen wir die Mitte von 12, das ist 6. Als nächstes wurde eine mögliche Schadensumme zwischen 9 und 20 Millionen verhandelt; es bekam derjenige in dieser ›Auktion von Wahrscheinlichkeiten‹ den Zuschlag, der zuvor nicht Recht bekommen hatte. Und kann einmal eine Summe nicht oder nur sehr mühselig ausgehandelt werden, wird schnell schon mal spöttisch die bewährte Methode ›Stein, Papier, Schere‹ vorgeschlagen. Schere hat gewonnen, hieß es zynisch am Ende einer langwierigen Diskussion.« (Wolf u. Brückner, 2014, S. 148)

Organisationen finden offenbar nicht die *besten* Lösungen, sondern sie finden – so anrüchig das klingen mag – *irgendwelche* Lösungen (vgl. Simon, 2007). Aus einem Meer von Möglichkeiten werden einige wenige Optionen als Alternativen ausgewählt und in einem komplexen sozialen Prozess, der neben der inhaltlichen Dimension auch von sozialen und zeitlichen Faktoren abhängig ist, entschieden: Wer sitzt mit welchem Wissen, mit welchen Voreinstellungen am Tisch, wer sagt etwas, wer nicht, was findet zufällig Gehör, was fällt unter den Tisch? Welche Vorabsprachen gab es bereits, welche Tabus, was liegt im blinden Fleck?

Das Anerkennen der sozialen Konstruktion von Wirklichkeit schärft das Bewusstsein dafür, dass Entscheidungen die unvermeidbaren Mehrdeutigkeiten und Ungewissheiten unserer komplexen Wirklichkeit nur in temporäre Gewissheiten überführen können. Wir müssen zwangsläufig damit rechnen, dass die entschiedenen Unsicherheiten sich in Zukunft wieder bemerkbar machen – auf diese Weise produziert jede Entscheidung auf ihrer Kehrseite ein Risiko.

In der Praxis gerät diese Tatsache häufig aus dem Fokus, weil sich nach der Entscheidung häufig alle so verhalten, als sei sie eindeutig richtig und die Zukunft damit gesichert. Rational werden Entscheidungen aber erst im Nachhinein, wenn ihnen ex post Rationalität bzw. Richtigkeit zugeschrieben wird.

Die Annahme, man könne inhaltlich richtige Entscheidungen treffen und Qualität hinge nur vom Wissen und der Erfahrung des Entscheiders ab, setzt Führungskräfte unter Druck, an einmal getroffenen Beschlüssen festzuhalten. Die Prämisse der rationalen Entscheidung verringert damit die Bereitschaft, einmal getroffene Entscheidungen zu revidieren – ein Muss, wenn sich die Bedingungen schnell ändern. Weick zitiert gerne einen Feuerwehrmann, der diesen Zusammenhang in einem Gespräch mit ihm 1996 treffend formulierte: »If I make a decision it is a possession. I take pride in it, I tend to defend it and do not listen to those who question it. If I make sense, then this is more dynamic, and I listen, and I can change it. A decision is something you polish. Sensemaking is a direction for the next period« (Weick, 2007, S. 14).

2.6 Neuer Stellenwert von Interaktionen

Kollektive Achtsamkeit wird erzeugt, indem die direkte Interaktion gezielt strukturiert wird. Interaktionen unter Anwesenden oder im Team bekommen für die Bearbeitung von Unsicherheit und Risiko einen neuen Stellenwert.

2.6.1 Interaktion als Einfallstor für Irritation

Aus theoretischer Sicht sind Interaktionen das Einfallstor für Irritationen. In der direkten Interaktion können Mitglieder ihre Wahrnehmungen, Urteile, Meinungen und Intuitionen kommunizieren und die Organisation mit neuen Impulsen versorgen. Dies kann von Angesicht zu Angesicht, per Telefon, in Besprechungen oder durch digitale Medien gestützt geschehen.

Einbau loser Kopplungen

Interaktionen haben im Vergleich zu den formalen Regelwerken, Systemen und den festgeschriebenen Kommunikations- und Entscheidungsstrukturen der Organisation (vgl. dazu ausführlicher Abschnitt 3.1) den Vorteil, dass sie freier sind, denn sie sind nur lose an die Strukturen und Vorgaben der Organisation gekoppelt. Zum Beispiel können in der direkten Interaktion Eindrücke, Urteile und Ideen eingebracht werden, die von den Vorgaben abweichen. Zudem wird in der Interaktion unter Anwesenden auch die Relativität der eigenen Wahrnehmung beobachtbar. Dies ermöglicht ein mehrdimensionales Bild sowie den Austausch über Widersprüche und Mehrdeutigkeiten. Die Teammitglieder beobachten sich gegenseitig beim Wahrnehmen und entdecken die Unterschiede in den Perspektiven. So entsteht die notwendige Vielfalt, die es braucht, um sich ein angemessenes Bild von komplexen Situationen zu machen. Fördern von Gelegenheiten zur Interaktion ermöglicht folglich Entwicklung, Lernen und Veränderung. Die Organisation versorgt sich mit den notwendigen Irritationen, die es für die Bearbeitung des Unerwarteten braucht.

Das Nein zu sich selbst organisieren

Das Potenzial bei der Interaktion unter Anwesenden liegt darin, organisationale Festlegungen flexibel auf die Situation anzupassen, was die Bedingung dafür ist, mit Unerwartetem adäquat umzugehen. Interaktionen sind eine zentrale Ressource für die Organisation, um zu den eigenen bestehenden Routinen Nein zu sagen. Das ist natürlich kein Selbstläufer. Wir kennen aus der Psychologie und Soziologie zahlreiche individuelle und soziale Wahrnehmungsverzerrungen, die die Sicht auf die Situation und das Verhalten beeinflussen und die Verneinung etablierter Abläufe verhindern. Das sind zum Beispiel die Tendenz, eigene Erwartungen zu bestätigen (vgl. Kahnemann et al., 1982), die Tendenz zum Gruppendenken (vgl. Janis, 1982), oder das Entwickeln eines Tunnelblicks in Stresssituationen (vgl. Dörner, 1989). Das Organisieren kollektiver Achtsamkeit bedeutet, Interaktionen bewusst zu gestalten, um den Widerspruch zu sich selbst wahrscheinlicher zu machen. Das Nein zum Bestehenden wird explizit, systematisch und nicht länger subversiv und zufällig bearbeitet.

Ansatzpunkte für die Interaktionsgestaltung

Die genannten Beispiele geben erste Hinweise, welche Ansatzpunkte es zur Gestaltung der Interaktionen gibt:

- Rituale wie ein FOD Walk sorgen für eine *Fokussierung der individuellen Wahrnehmung* der beteiligten Personen. Sie richten die Aufmerksamkeit der Mitarbeiter auf Abweichungen, die sonst angesichts des schwergewichtigen Geräts, der gewohnten Alltagsroutinen oder weil sich jeder auf seine ihm zugewiesene Aufgabe konzentriert vielleicht eher übersehen oder als irrelevant eingeschätzt worden wären. So gelangen neue Eindrücke ins Spiel, die im Sinne der gemeinsamen Ziele ausgewertet werden. Die Organisation versorgt sich mit individuellen Wahrnehmungen: Was bedeutet dies für die nächsten Schritte? Welche möglichen Folgeentwicklungen sind denkbar?
- Für die Selektion und Auswertung braucht es hinreichend *flexible gemeinsame Orientierungspunkte*, die zum Beispiel mit Ritualen wie einer Leseprobe bewusst entwickelt und gepflegt werden. Das gemeinsame Nachempfinden der Story und das Gespür für die Haltung des Films helfen den Teammitgliedern in kritischen Situationen, Impulse zu sortieren: Was aus dem überwältigenden Strom von Eindrücken und Ereignissen ist für das Gelingen der Aufgabe relevant und was können wir ungestraft ignorieren?
- Schließlich helfen gezielte und im Vorfeld geübte *Entscheidungsrituale*, wie in kritischen Momenten Situationseinschätzungen und Beschlüsse herbeigeführt werden und wie das verfügbare Wissen und die relevanten Perspektiven für eine adäquate Einschätzung genutzt werden können. Gerade wenn die Produktionsprozesse so straff getaktet sind wie bei der Boeing 737, braucht es Möglichkeiten der Unterbrechung, um auf unerwartete Ereignisse reagieren zu können. Der feste Ablauf wird im Falle einer Störung unterbrochen und im Moment und vor Ort in der konkreten Interaktion entschieden, wie es weitergeht.

2.6.2 Nahtstelle zwischen Organisation und Psyche

Wenn wir von kollektiver Achtsamkeit sprechen, stellen wir uns in der Regel eine Leistung vor, die vom einzelnen Mitarbeiter erbracht werden muss und im Wesentlichen von seinem Leistungsvermögen und seiner Einstellung abhängen. Diese Annahme ist in gewisser Weise naheliegend, denn Achtsamkeit erscheint als eine psychische Qualität.

Kollektive Achtsamkeit als soziale Qualität
Aber kollektive Achtsamkeit entsteht nicht einfach durch eine möglichst hohe Anzahl achtsamer Organisationsmitglieder. Schon allein der Begriff deutet auf eine Kopplung von zwei unterschiedlichen Systemtypen hin: Das Wort Achtsamkeit verweist auf eine aufmerksame Wahrnehmung, also eine psychische Fähigkeit, die nur Mitarbeiter mitbringen und sozialen Systemen zur Verfügung stellen können. »Kollektiv« zeigt hingegen das soziale Miteinander im Team oder in der Organisation an, also die Art und Weise, wie sinnliche Wahrnehmungen auf der sozialen Ebene aufgegriffen werden.

Einbringen von Wahrnehmung in die Kommunikation
Kollektive Achtsamkeit entsteht folglich an der Nahtstelle von Organisation und Psyche. Dafür muss man sich klarmachen, dass es zwischen der Organisation und ihren Mitgliedern eine natürliche Grenze gibt. Die besondere Qualität von einzelnen Mitarbeitern besteht darin, dass sie ein Bewusstsein besitzen und in der Lage sind, Eindrücke sinnlich wahrzunehmen. Im Gegensatz dazu reproduzieren sich Organisationen durch fortwährende Kommunikation. Sie sind weder etwas Dingliches wie ein Gebäude noch bestehen sie aus ihren Mitgliedern. Vielmehr handelt es sich bei Organisationen um ein soziales Phänomen, das durch einen fortwährenden Prozess des Organisierens entsteht (vgl. Weick, 1995). Für Organisationen ist charakteristisch, dass sie über Entscheidungen kommunizieren. Es geht immer um eine Einschätzung der Situation und die Entscheidung über den nächsten Schritt. Diese Kommunikation spielt sich *zwischen* den Personen ab und kann deshalb nicht von den einzelnen Beteiligten gesteuert werden. Niemand kann sich sicher sein, wie seine eigene Mitteilung von seinem Gegenüber verstanden wird. So entsteht eine neue Ebene des Systems, das sich selbst steuert – ein soziales System. Es stellt sich also die Frage, wie die individuellen Eindrücke kommuniziert werden.

Nutzen der sinnlichen Wahrnehmungsfähigkeit der Mitglieder
Die Grenze zwischen Organisation und Psyche hat den Vorteil, dass nicht ständig alle Eindrücke, Gedanken, Gefühle, Urteile und Einstellungen mitgeteilt werden und in die (soziale) Kommunikation gelangen. Nur so schafft man es in der Orga-

nisation, sich auf bestimmte Aufgaben zu konzentrieren. Und auch für die Mitglieder bedeutet das, dass nicht alles, was sie gerade in ihrem Leben beschäftigt, Eingang in die Organisation findet.

Die Grenze zwischen der Organisation und ihren Mitgliedern bedeutet aber auch, dass individuelle Wahrnehmungen nicht einfach kollektiv gebündelt werden können. Die Sinnproduktion im sozialen Miteinander ist deshalb ein eigener, in sich geschlossener Konstruktionsprozess, der sich aus den Wahrnehmungen der Organisationsmitglieder lediglich speist. Und ähnlich wie beim Kochen haben sowohl das Rezept als auch die ausgewählten Zutaten Einfluss auf die Qualität des Gerichts.

Für Organisationen in einem dynamischen Umfeld hat all dies besondere Relevanz, weil Organisationen zwar über Veränderungen kommunizieren können, selbst aber nicht in der Lage sind, Veränderungen in ihrer Umwelt sinnlich wahrzunehmen (sehen, hören, tasten, fühlen, riechen oder schmecken). Dafür sind sie auf die Wahrnehmungsfähigkeit ihrer Mitglieder angewiesen. Nur so können sie auf Veränderungen, wie zum Beispiel unerwartete Entwicklungen oder Reaktionen von Kunden, veränderte Abläufe und Technologien oder Wandel bei ihren Zulieferern aufmerksam werden.

Zusammenspiel von Organisation und Psyche gestalten

Durch dieses Verständnis von Organisation und Individuum bzw. Psyche als unterschiedliche Systemtypen, die verschiedene Fähigkeiten haben und für einander eine relevante Umwelt darstellen, ist es möglich, genauer zu fassen, was die

Abb. 3: Zusammenspiel von Organisation und Psyche

Herausforderung bei der Entwicklung der kollektiven Achtsamkeit ist. Es geht um das Gestalten des Zusammenspiels bzw. der strukturellen Kopplung von Organisation und Individuum: Wie können Organisationen Einfluss auf die Qualität der individuellen Wahrnehmung ihrer Mitglieder nehmen? Und wie können deren Wahrnehmungen von der Organisation als Impulse ausgewählt und genutzt werden, um Veränderungen in den relevanten Umwelten zu registrieren und entsprechend zu reagieren?

Erarbeiten von Informationen

Impulse von außen werden in der Organisation also nicht *ver*arbeitet sondern *er*arbeitet. Genau um den Prozess der Erarbeitung von Informationen geht es, wenn wir von kollektiver Achtsamkeit sprechen. Das Ritual eines FOD Walk fordert Mitarbeiter zum Beispiel dazu auf, ihre Wahrnehmungsfähigkeit zu nutzen, nach Abweichungen zu suchen und zu kommunizieren. Mithilfe der Leseprobe investieren Filmteams Zeit in die intersubjektive Vernetzung der Mitglieder und die Entwicklung ihres Gespürs für die Gesamtzusammenhänge, damit sie in kritischen Situationen besser aussieben können, welche Daten wichtig sind und welche nicht und was für die Erledigung der Aufgabe den anderen vermittelt werden muss.

Gestalten der Nahtstelle durch Kommunikationsrituale

Das Verhältnis von Organisation und ihren Mitgliedern ist geprägt durch wechselseitige Beobachtungen, die von keiner Seite aus direkt gesteuert werden kann.

Als Mitglied einer Organisation kann ich zwar bestimmen, welche Gedanken, Einfälle, wahrgenommenen Veränderungen, Konflikt- oder Stimmungslagen ich der Organisation zur Verfügung stelle, d. h. mitteile und welche nicht. Ich kann aber nicht steuern, ob und wie meine Wahrnehmungen im Kollektiv, also vom sozialen System, aufgegriffen und weiterverarbeitet werden. Auf Organisationsseite ist man umgekehrt auf die Kooperation und die Einschätzung der Mitglieder angewiesen, welche Wahrnehmungen sie in die Kommunikation einspeisen und was sie lieber für sich behalten oder für irrelevant halten.

Weil in der Organisation nicht alle Wahrnehmungen zu jeder Zeit berücksichtigt werden können, braucht es bewusst gestaltete Spielregeln und Rituale, welche Wahrnehmungen ausgewählt und wie sie mitgeteilt werden.

Achtsamkeit eine Frage der persönlichen Einstellung?

Geht es um die Veränderung der Achtsamkeit, stellen sich Führungskräfte oft die Frage, wie sie die Einstellung ihrer Mitarbeiter beeinflussen können. Wie kann es gelingen, dass sie besser aufpassen, früher bemerken, dass etwas anders ist und dies auch bereitwillig mitteilen? Die vorangegangenen Ausführungen zeigen, dass ein alleiniges Einwirken auf die Einstellung oder Motivation der Mitarbeiter dieses Ziel zwangsläufig verfehlen muss. Man wirkt streng genommen »nur« auf die Umwelt der Organisation ein und lässt die Frage außen vor, wie eingebrachte Eindrücke verarbeitet werden.

Einstellungen und Motivationen sind unsichtbar

Aber generell ist der Versuch, auf die Einstellungen der Mitarbeiter einzuwirken, kritisch zu sehen. Denn wenn es um Einstellung oder Motivation geht, stochert man zwangsläufig im Dunkeln, weder das eine noch das andere lässt sich beobachten. Das Einzige, was augenscheinlich ist, ist das sichtbare Verhalten von Organisationsmitgliedern und wiederum kommt es auf den Beobachter an, wie er dieses interpretiert und welche Einstellung oder welches Motiv er dem beobachteten Verhalten zuschreibt. Dieser Beobachter kann entweder eine andere Person oder er selbst sein, die sich beim Verhalten wahrnimmt und diesem Verhalten rückwirkend Sinn zuschreibt. So konstruieren und reproduzieren wir das, was wir »sind« und was uns im Nachhinein als fixe Identität oder Persönlichkeit erscheint.

Aus unserer Sicht ist es deshalb sinnvoller, zu versuchen auf das Verhalten von Mitarbeitern einzuwirken. Und dieses Verhalten wird, wie wir in den letzten Abschnitten erörtert haben, in hohem Maße über die Erwartungen, die eine Organisation an ihre Mitglieder richtet sowie die kollektiven Routinen und Rituale, die diese Verhaltenserwartungen nahelegen, beeinflusst. Der Weg zu den Einstellungen kann folglich nur über eine bewusste Gestaltung und Vereinbarungen auf der Ebene des sozialen Systems gelingen.

ZUSAMMENFASSUNG

- Achtsamkeit beschreibt eine bestimmte Form der Aufmerksamkeit, die absichtsvoll ist, sich auf den gegenwärtigen Moment bezieht und nicht wertend ist. Kollektive Achtsamkeit ist nicht durch psychische Bewusstseinserweiterung zu erreichen, sondern durch die bewusste Gestaltung der Zusammenarbeit und Entscheidungskommunikation in der Organisation.
- Für die Entwicklung der kollektiven Achtsamkeit müssen in der Organisation Fähigkeiten zur Interpretation früher Signale (Antizipation) sowie Fähigkeiten zum schnellen Reagieren und Entscheiden auf unerwartete Situationen (Resilienz) entwickelt werden.
- Dies erfordert, den Prozess der kollektiven Sinn- bzw. Wirklichkeitsproduktion aktiv zu gestalten und ihn nicht dem Zufall zu überlassen. Es geht darum, angemessene Selektionsstrategien im Umgang mit Komplexität zu finden und den Prozess der Informations*er*arbeitung bewusst zu gestalten.
- Soziale Wirklichkeit entsteht durch Wechselwirkungen zwischen unseren Vorstellungen von der Welt und unseren Erfahrungen in der Welt. Kollektive Achtsamkeit bedeutet, diesen Unterschied zwischen Landkarte und Land-

schaft stärker in den Blick zu nehmen. Zentrales Gestaltungselement von Achtsamkeitspraktiken ist deshalb bewusst zwischen beschreiben, erklären und bewerten zu unterscheiden.

- Interaktionen sind für das Organisieren kollektiver Achtsamkeit ein wichtiger Stellhebel. Achtsamkeitspraktiken zielen auf die Gestaltung der Nahtstelle zwischen Individuum und Organisation: Wie können individuelle Wahrnehmungen in der Organisation als Sensorium genutzt werden, um sich für Veränderungen in der Umwelt zu sensibilisieren?
- Interventionen, die lediglich auf individuelles Verhalten, Einstellung und Motivation abheben, sind nicht vielversprechend, weil sie wichtige Weichenstellungen im sozialen System auslassen.

3 Kultur als Ansatzpunkt für kollektive Achtsamkeit?

Insbesondere dann, wenn Unternehmen bemerken, dass sie mit ihren formalen Systemen, Regeln und Vorschriften vorhandene Unsicherheiten und Risiken nicht mehr angemessen bearbeiten können, wächst der Wunsch nach einer Kulturveränderung: Wir brauchen eine andere Sicherheits-, Risiko-, Präventions- oder Achtsamkeitskultur, so das Credo. Hätten wir eine andere Kultur, dann wären unsere Leute auch achtsamer und dann würde hier auch weniger passieren …

Diese Überlegungen sind aus Sicht des Praktikers auch sinnvoll, vor allem wenn man bedenkt, dass die Bearbeitung des Unerwarteten in vielen Unternehmen bisher eher informell abläuft (vgl. Abschnitt 2.3.4). Was liegt näher, als in der (informellen) Kultur nun auch den Schlüssel für einen achtsameren Umgang mit Unerwartetem zu vermuten?

Aus organisationstheoretischer Sicht sind solche Vorhaben wenig vielversprechend. Warum dies so ist, erläutern wir im folgenden Kapitel.

Wir beschäftigen uns deshalb mit der Frage, was geeignete Ansatzpunkte für die Entwicklung kollektiver Achtsamkeit sind. Dafür gehen wir einen Schritt zurück und setzen uns mit der Gestaltbarkeit von Organisationen auseinander. Wir zeigen auf, dass Kultur eine indirekte Variable ist, die nur »über Bande«, durch die bewusste Gestaltung des formalen Systems und immer nur mit ungewissem Ausgang angespielt werden kann.

3.1 Systemtheoretisches Organisationsverständnis

Organisationen als nicht-triviale Maschinen

Wir müssen uns klarmachen, dass wir Organisationen nicht einfach wie eine Maschine gestalten können. Es sind lebende Systeme, die lernfähig und deshalb nicht-trivial sind (vgl. von Foerster, 1985). Das bedeutet, dass sie nicht einem einfachen Input-Output-Schema folgen. Darüber hinaus sind Organisationen in ihrem Verhalten nicht berechenbar und können aus diesem Grund auch nicht einfach durch eine Führungskraft oder einen Außenstehenden beliebig gestaltet oder »achtsamer gemacht« werden.

Paradoxer Auftrag an Führung
Führungskräfte stellt dies vor eine paradoxe Aufgabe. Ihnen wird die Verantwortung für die Organisationsgestaltung zugeschrieben, die sie aber gar nicht gezielt steuern können. Doch es gibt indirekte Wege, auf die Entwicklung der Organisation und damit auf die Entwicklung der kollektiven Achtsamkeit Einfluss zu nehmen. Denn Führung kann über die Art und Weise, wie Organisationen entscheiden, entscheiden. Entscheidungen über sogenannte Entscheidungsprämissen stellen deshalb wichtige Ansatzpunkte für die Entwicklung der kollektiven Achtsamkeit dar.

Reproduktion durch Entscheidungen
Entscheidungen sind das wesentliche Element von Organisationen. Sie reproduzieren sich, indem sie fortlaufend entscheiden, wie es weitergehen soll (vgl. Luhmann, 2000). Antrieb dafür erhalten sie durch die prinzipiell gegebene Unsicherheit: Die Außenwelt und ihr Innenleben sind komplex, es kann nicht vorhergesagt werden, wie die Zukunft aussehen wird. Indem Organisationen entscheiden, reduzieren sie Unsicherheit und schaffen damit temporäre Sicherheiten. Auf Basis ihres Wissens aus der Vergangenheit und ihres Unwissens über die Zukunft entscheiden sie sich im Hier und Jetzt für eine im Moment plausibel erscheinende Zukunft. Damit handeln sie sich zwangsläufig das Risiko ein, dass sich im Nachhinein herausstellt, sich für eine falsche Zukunft entschieden zu haben (vgl. Simon, 2007). So reduzieren Organisationen Unsicherheiten (zumindest für eine Zeit) – darin besteht eine ihrer wichtigen gesellschaftlichen Funktionen.

Abweichungen sind enttäuschte Erwartungen
Entscheidungen prägen auch die Erwartungen, was in Zukunft passieren wird. Abweichungen, die mithilfe kollektiver Praktiken aufmerksamer fokussiert werden sollen, sind aus dieser Sicht nichts anderes als enttäuschte Erwartungen. Das Unerwartete ist mit anderen Worten das Risiko, dass sich die möglichen, unzähligen anderen Optionen bemerkbar machen, die wir in unseren bisherigen, erwartungsbildenden Entscheidungen nicht berücksichtigt haben (dazu später mehr).

Entscheidungsprämissen
Damit nicht ständig neu entschieden werden muss, entwickeln Organisationen im Laufe der Zeit Entscheidungsprämissen. Es sind Festlegungen, an denen sich die konkreten Entscheidungen im Organisationsalltag orientieren können. Sie begeg-

nen uns in Form von Regeln, Plänen, Strategien oder sie zeigen sich in der jeweiligen Organisationsstruktur – wiederum eine Entscheidung der Organisation –, die Einfluss auf alle weiteren Entscheidungen hat. Mit diesen Prämissen werden die Entscheidungsspielräume festgelegt, die Mitglieder im Alltag haben. Die Gestaltung von Entscheidungsprämissen beeinflusst das Irritationspotenzial der Organisation.

Lose Kopplung von Prämissen und konkreten Entscheidungen

Natürlich müssen einmal festgelegte Regeln nicht zwingend eingehalten werden. Wir alle wissen, dass Regeln und Vorschriften missachtet oder vorgegebene Entscheidungswege unterwandert werden können. Die Prämissen können von unterschiedlichen Personen oder Abteilungen je nach Situation auch unterschiedlich gedeutet werden. Es gibt also immer einen Ermessensspielraum, den man in offiziellen Besprechungen, Krisensitzungen oder informell in der Kaffeeküche ausloten kann.

Entscheidungsprämissen und die darauf bezogenen Entscheidungen sind folglich lose miteinander gekoppelt. Dies lässt sich am Beispiel Fußball verdeutlichen (vgl. dazu Simon, 2009). Die Spielregeln sind festgelegt, aber wie die konkreten Spielpässe, die Interaktionen zwischen den Spielern, ausgeführt werden, ist offen und hängt von der Einschätzung vor Ort, der Fitness der einzelnen Spieler sowie der konkreten Begegnung mit dem Gegner ab. Unsicherheiten und Unklarheiten im Moment sind zugleich Risiko und Ressource für das Spiel. Sie eröffnen Chancen und erhöhen das Risiko, eine Entscheidung zu treffen, die sich im Verlauf des Spiels als Fehler erweist.

Lose Kopplung als Bedingung für Resilienz

Für unsere Frage nach der kollektiven Achtsamkeit ist diese Einsicht zentral: In der losen Kopplung von Vorgaben und den konkreten Entscheidungen sowie der dafür notwendigen Sinnproduktion liegt das Potenzial für die Organisation, sich auf neue, unbekannte Situationen einzustellen und sich weiterzuentwickeln. Lose Kopplungen sind damit die notwendige Voraussetzung für Anpassungsleistungen und damit für Resilienz (vgl. dazu Abschnitt 2.6.1). Kollektive Achtsamkeitspraktiken setzen deshalb genau an dieser Stelle an. Sie strukturieren die Interpretationsleistungen der Beteiligten vor Ort, ohne die inhaltliche Ausrichtung vorzugeben. Diese Strukturierung hilft dem Team, zwischen formalen Vorgaben und konkreten Bedingungen angemessen zu entscheiden.

Genau umgekehrt funktioniert hier die Logik klassisch-kontrollorientierter Ansätze der Sicherheitsarbeit: Folgen Unternehmen ihr, versuchen sie, ihre Entscheidungsprämissen kausal zu schließen. Sie differenzieren ihre Regelsysteme immer weiter aus, eliminieren lose Kopplungen und ersetzen sie durch feste.

Irgendwann einmal, so die Hoffnung, haben wir ein perfektes System, in dem es keine losen Kopplungen mehr gibt und deshalb auch nichts Unerwartetes mehr geschehen kann. Entscheidungen unter Unsicherheit sind dann – so die klassische Logik – unnötig. Die notwendige Auseinandersetzung mit Unbekanntem und Unerwartetem und auch die Gestaltung der Sinnproduktion zwischen Vorgaben und operativer Wirklichkeit findet dann wie bereits beschrieben irgendwie im Verborgenen statt. Wenn sich diese Umgangsformen etablieren, können wir sie als kulturelle Muster beobachten.

3.1.1 Vier Entscheidungsprämissen als Landkarte

Kollektive Achtsamkeit wird also nicht nur durch die Gestaltung der Interaktion, sondern auch durch die Entscheidungsprämissen bzw. das formale System der Organisation beeinflusst. Die Entscheidungsprämissen sind, wenn man so will, das kondensierte Wissen im Umgang mit Unsicherheit. Alle Interaktionen und konkreten Entscheidungen, die wir im Unternehmensalltag treffen, orientieren sich (wenn auch nicht steuerbar) an den formalen Vorgaben.

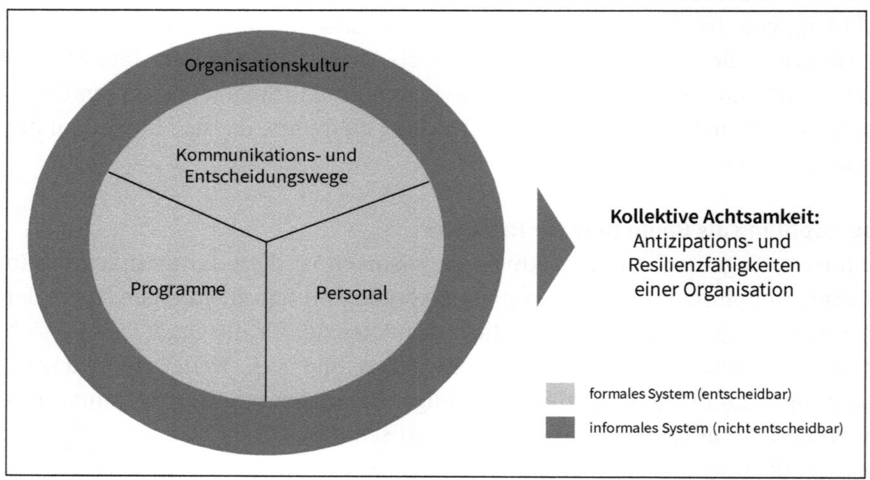

Abb. 4: Entscheidbare und unentscheidbare Entscheidungsprämissen in der Organisation

Dabei kann zwischen formalen und informalen Prämissen unterschieden werden – mit anderen Worten zwischen »formalem System« und »Kultur« (s. Abbildung 4). Das formale System wird bestimmt durch Entscheidungen über Programme, Kommunikationswege sowie über die Frage, welche Stellen mit welchen Personen besetzt werden. Während man sich für die formalen Prämissen explizit entscheiden kann (es handelt sich um sogenannte entscheidbare Entscheidungsprämissen), entwickelt sich Kultur immer evolutionär als Reaktion auf Veränderungen im formalen System. Luhmann bezeichnet Kultur deshalb als eine nicht-entscheidbare Entscheidungsprämisse (vgl. Luhmann, 2000).

3.1.2 Programme, Kommunikationswege, Personen

Programme

Programme legen fest, wie die Aufgaben in der Organisation bearbeitet werden. Entweder wird die Abfolge von Tätigkeiten über definierte Wenn-Dann-Beziehungen festgelegt (Konditionalprogramme) oder es werden übergreifende Ziele vorgegeben, an denen die Mitarbeiter ihre eigenen Entscheidungen ausrichten können (Zweckprogramme): Welche Arbeitsschritte sind nacheinander zu erledigen, wenn eine Großbaustelle eingerichtet wird? Welche Vertriebsziele setzen wir uns und mit welcher Strategie bzw. Vorgehensweise wollen wir diese Ziele erreichen?

Die Festlegung von Abläufen durch Wenn-Dann-Beziehungen sind ein wichtiger Ansatzpunkt für die kollektive Achtsamkeit. Regeln, Standard Operating Procedures bzw. Betriebsanweisungen, Checklisten, Handbücher oder Nutzermanuale legen fest, was wann wie gemacht werden muss: Bevor eine Reparaturarbeit durchgeführt werden darf, muss ein Erlaubnisschein ausgefüllt werden. Wenn die Kundenanfrage kommt, dann ist für die Bearbeitung der dafür vorgesehene Leitfaden zu nutzen. Wenn die Anlage ausfällt, muss die Checkliste abgearbeitet werden. Hält man sich nicht an die Vorgaben, so riskiert man, im Nachhinein dafür zur Verantwortung gezogen zu werden. Die Gestaltung der Wenn-Dann-Beziehungen legt fest, wie viel Eingriffs- bzw. Entscheidungsmöglichkeiten in einen Arbeitsablauf eingebaut werden. Erinnern wir uns an die Produktion der Boeing 737. Je mehr lose Kopplungen in ein Standardprogramm eingelassen sind, umso mehr Möglichkeiten haben die Mitarbeiter vor Ort, auf unerwartete Situationen frühzeitig zu reagieren.

Programmieren der Sinnproduktion

Beim Organisieren der kollektiven Achtsamkeit fällt auf, dass hier auch Interaktionen, die der Verständigung oder dem Einbringen von Wahrnehmungen dienen, zunehmend »programmiert« und nicht dem Zufall überlassen werden. Der beschriebene FOD Walk oder das Meerkat Board sind festgeschriebene Rituale, um die Sinnproduktion im jeweiligen Moment oder das Artikulieren von Widerspruch zu fördern. Das Besondere ist, dass es sich nicht um die Wiederholung einer bestimmten Lösung bzw. einer bestimmten Wirklichkeitskonstruktion handelt, sondern um eine Programmierung, die vielfältige Eindrücke erzeugt und die vorgibt, wie die Beteiligten aus dieser Vielfalt (und damit einhergehender Verunsicherung) auf effiziente Art und Weise Sinn erzeugen können.

Programmieren über Ziele

Programme können aber auch Ziele festlegen und dabei den Weg zum erwarteten Ergebnis hinreichend offenlassen. Ein Ziel kann die angestrebte Marktführerschaft sein, Qualität oder Sicherheit, persönliche Entwicklung aber auch Nahziele wie zum Beispiel ein fristgerechter Umzug oder das reibungslose Veranstaltungsmanagement eines Workshops. Für den Umgang mit Unerwartetem hat die Orientierung an Zielen den Vorteil, dass Mitarbeiter mehr Entscheidungsspielraum haben, um den Weg dem Ziel anzupassen, wenn sich die Bedingungen ändern. Es kommt auf den Kontext an, ob man den Weg zum Ziel eher offenlässt oder strikt vorgibt. Entscheidend ist immer die Zielerreichung. Werden die Ziele nicht erreicht, so müssen sich die Beteiligten dafür rechtfertigen.

Die Orientierung an Zielen ist für sicherheitsorientierte Unternehmen eine wichtige Gestaltungsoption im Umgang mit Unerwartetem. Statt eine einseitige Formulierung von Zielen (»Wir müssen diese Aufgabe bis morgen erledigt haben«) kommt es auf eine ausgewogene Formulierung an, die auch Interessenskonflikte mitkommuniziert (»Unser Ziel ist es, diese Aufgabe fristgerecht und gleichzeitig sicher zu erledigen.«). Mit dem Beispiel der Methode Cold Reading bei der Filmproduktion haben wir gezeigt, wie übergreifende Ziele vermittelt und gemeinsam als vielschichtiges Narrativ entwickelt werden können. Die entstehenden Freiräume in der Umsetzung ermöglichen, im Moment auf Unerwartetes zu reagieren. Die beschriebene Debriefing-Praktik wäre eine Methode, um im Rückblick zu untersuchen, wie der gemeinsame Weg zum Ziel aussah und was man darüber über die künftige Zusammenarbeit und Entscheidungspraxis lernen kann (mehr dazu in Teil II).

Kommunikationswege

Natürlich kann nicht alles über Programme abgewickelt werden. Insbesondere, wenn sich die Bedingungen schnell ändern, muss entschieden werden, wie auf neue Impulse reagiert werden soll. In der Regel gibt es dann noch kein Programm, denn diese basieren ja immer auf Wissen und Erfahrungen aus der Vergangenheit. Häufig gilt es zu entscheiden, ob von einem Programm aufgrund neuer Erkenntnisse abgewichen werden darf – sei das nun das Auslassen bestimmter Arbeitsschritte oder die Korrektur von Zielerwartungen. Kommunikationswege legen fest, wer mit wem wann sprechen muss, um zu einer Entscheidung zu kommen. Gemeint ist der Weg, der eingehalten werden muss, damit im sozialen Miteinander eine Entscheidung auch als solche anerkannt wird.

Kommunikationswege sind darüber hinaus ein wichtiger Ansatzpunkt für die Entwicklung kollektiver Achtsamkeit. Hier geht es zum einen um die Frage, wie mit wem und mithilfe welcher Programme Beschlüsse herbeigeführt werden können, wenn etwas Unerwartetes registriert wird. Kommunikationswege sind aber darüber hinaus für die kollektive Achtsamkeit relevant, wenn ein Weg festgelegt werden muss, wie bestehende Programme bzw. Routinen auf ihre Nützlichkeit überprüft werden.

Personen

Eine weitere Entscheidungsprämisse sind Personen: Welche Personen setzen wir auf welche Posten? Mit der Besetzung sind immer Erwartungen verknüpft, was die Person in dieser Position als relevant erachtet und wie sie sich entscheiden wird. Es macht natürlich einen Unterschied, ob man einen kontrollfixierten, introvertierten und entscheidungsschwachen Risikoexperten einstellt, oder ob man sich für eine dominante oder eher bescheidene Persönlichkeit entscheidet. Die Erwartungen, die mit der Entscheidung für oder gegen eine Person verbunden sind, werden wiederum zum Gegenstand der Beobachtung: Warum entscheidet man sich nach diesem Skandal für einen Vorstand aus den eigenen Reihen? Welche Erwartungen verfolgt der Aufsichtsrat damit? Wie wird der neue Vorstand in Zukunft entscheiden?

Wir haben bereits erörtert, warum Personen für die Entwicklung kollektiver Achtsamkeit von Bedeutung sind. Sie liefern der Organisation durch ihre Wahrnehmungsfähigkeit das notwendige Irritationspotenzial, um schnell zu registrieren, dass etwas anders läuft, als erwartet. »Personen bringen immer ein gewisses Maß an Anarchie in die Organisation«, so Fritz Simon (2011, S. 73). Für Bereiche mit einem hohen Maß an Unwissen bzw. Unsicherheit ist es deshalb oft der effektivste Weg, Personen oder Teams ein hohes Maß an Verantwortung zu geben. Sie können vor Ort am besten ein Gespür dafür entwickeln, was zu tun ist. Programme für kollektives Sensemaking und für Entscheidungsfindungsprozesse können dann ergänzend dazu beitragen, dass der Aushandlungsprozess von Sinn nicht dem Zufall überlassen wird.

Selbstbewusstsein und Bescheidenheit als Auswahlkriterium

Die Auswahl des Personals und die Personalentwicklung sind folglich erfolgskritisch für die Gestaltung kollektiver Achtsamkeit. Wie diese stattfindet, ist natürlich eher wieder eine programmatische Entscheidung und erfolgt nach bestimmten Regeln.

Eine günstige persönliche Kompetenz ist die individuelle Fähigkeit, einerseits die eigene Wahrnehmung ernst zu nehmen und andererseits die von anderen zu respektieren und offen für neue Perspektiven zu sein (vgl. Weick, 2000). Sie kombiniert Selbstbewusstsein und Bescheidenheit und beruht auf reflektiertem Erfahrungswissen im Umgang mit Komplexität. Weil diese Kompetenz nicht einfach angeordnet und nur schwer geschult werden kann, ist es sinnvoll, sie bei der Personalauswahl zu berücksichtigen. Zeitgleich können gezielte Rituale wie der eingangs beschriebene FOD Walk (vgl. Abschnitt 2.1) dieses psychische Vermögen fördern. Die Mitarbeiter lernen, die Relevanz von unterschiedlichen Wahrnehmungen zu erkennen und wie diese im Kollektiv genutzt werden können, um ein gemeinsames Bild von der Wirklichkeit zu konstruieren.

3.1.3 Organisationskultur

Unter Organisationskultur verstehen wir die impliziten Regeln und zugrundeliegenden Werte und Normen, an denen sich die Entscheidungen in der Organisation orientieren. Das Besondere an Kultur ist, dass man sich nicht für sie entschieden hat, sie aber trotzdem im Verborgenen, in einer Art Schattendasein, einen hohen Einfluss auf Zusammenarbeit, Deutungsgewohnheiten und Entscheidungsfindung hat. Kulturelle Muster entwickeln sich evolutionär im Tun und im Umgang mit Programmen, Kommunikationswegen und Personen.

Kultur bearbeitet Defizite des formalen Systems

Organisationskultur ist eine Lösung für das Problem, dass nicht alles über Entscheidungsprämissen eindeutig entschieden werden kann. Weil die Wirklichkeit immer komplexer ist als die Logik des formalen Systems bleiben zwangsläufig Grauzonen, Unklarheiten, Mehrdeutigkeiten und Widersprüche, für deren Umgang die Betroffenen Orientierung brauchen. So entstehen implizite Umgangsformen bzw. Verhaltensmuster, die wir im Nachhinein, wenn wir sie wiederholt beobachten können, als Kultur bezeichnen. Zum Beispiel: In den Statuten des Unternehmens steht, dass alle Mitarbeiter die Betriebsanweisungen zu befolgen haben. Aber da dies in vielen Fällen gar nicht möglich ist und die Produktionsinteressen Schaden nehmen würden, gibt es informelle Abstimmungswege, um die Anweisungen zu umgehen.

Organisationskulturen entstehen also in der Regel dort, »wo Probleme auftauchen, die durch Anweisung nicht gelöst werden können« (Luhmann, 2000, S. 240). Der Ruf nach einer neuen Kultur ist also immer auch ein Hinweis darauf, dass es Probleme gibt, die man mit dem existierenden formalen System nicht lösen kann. Auch wenn niemand das offiziell so äußern würde, steckt hinter dem Ruf nach einer neuen Kultur die Hoffnung, dass das offizielle System, also die entschiedenen Entscheidungsprämissen nicht infrage gestellt werden müssen: »Wenn wir eine andere, bessere Kultur hätten, dann könnten wir die Defizite unseres formalen Systems besser ausgleichen«.

Kulturentwicklung nur durch Veränderungen am formalen System

Organisationskultur bearbeitet den bereits angesprochenen Unterschied zwischen Konzepten, Regeln und Plänen und der operativen Realität und Erfahrungen. Wenn sich die Dinge schnell ändern, man aber »offiziell« daran festhält, dass alles nach Plan läuft, dann müssen die Unwägbarkeiten, Irrationalitäten und spontanen Entwicklungen zwangsläufig im Verborgenen und damit kulturell bearbeitet werden. Die Entwicklung einer Sicherheits-, Achtsamkeits- oder Risikokultur bedeutet folglich, den bisher im Verborgenen stattfindenden Umgang mit Mehrdeutigkeiten und Widersprüchen expliziter zu gestalten. Dies kann jedoch nur über Veränderungen an entscheidbaren Entscheidungsprämissen erfolgen – also Entscheidungen über Programme, Kommunikationswege oder Personal.

Entscheider stehen also vor der Herausforderung, dass die Organisationskultur zwar maßgeblich Entscheidungen beeinflussen kann, sie auf diese Entscheidungsprämisse jedoch nur »über Bande« und durch Versuch und Irrtum Einfluss nehmen können.

Funktion kultureller Muster

Eine Möglichkeit für die Entwicklung von Kultur ist es zum Beispiel, eingespielte kulturelle Muster zu beobachten und zu überlegen, welchen Zweck sie erfüllen: Für welche ungelösten Fragen auf der formalen Seite ist die kulturelle Umgangsform eine Lösung? Welche Veränderungen bei Programmen, Kommunikationswegen oder Personalentscheidungen werden vermutlich einen Effekt auf das eingespielte Muster haben? (siehe dazu ausführlicher Teil III.)

Einzelne Mitarbeiter als Ansatzpunkt für die Kulturentwicklung

In der Praxis ist der Versuch allerdings verbreitet, Kulturentwicklung über eine Veränderung der Einstellungen von Mitarbeitern herbeizuführen, zum Beispiel mithilfe von Motivations- und Mobilisierungsprogrammen oder Appellen an die persönliche Verantwortung von Führungskräften und Kollegen. Aber solche Bemühungen, die Einstellungen der Mitarbeiter zu verändern, setzen streng genommen in der Außenwelt der Organisation an. Einstellungen können nicht beobachtet werden, lediglich Verhalten (vgl. dazu Abschnitt 2.6.2).

Die möglichen Ansatzpunkte zur Entwicklung von Kultur werden deutlicher, wirft man einen Blick auf die verschiedenen Ebenen der Organisationskultur: Schein etwa unterscheidet drei Ebenen der Organisationskultur und illustriert das anhand einer Seerose (s. Abbildung 5): Er differenziert zwischen beobachtbarem Verhalten, impliziten Regeln und Mustern sowie Grundannahmen und Glaubenssätzen. Die drei Ebenen sind wechselseitig miteinander verbunden und bedingen sich. Nur das Verhalten ist an der Oberfläche sichtbar (Ebene 1). Wie sich Mitarbeiter verhalten, aufeinander beziehen, welche Geschichten sie sich erzählen und wie sie ihre Umgebung gestalten, wird aber durch die eingespielten, zugrunde liegenden kollektiven Muster (Ebene 2) sowie tief verankerte und unhinterfragte Grundannahmen, Glaubenssätze und Werte in der Organisation beeinflusst.

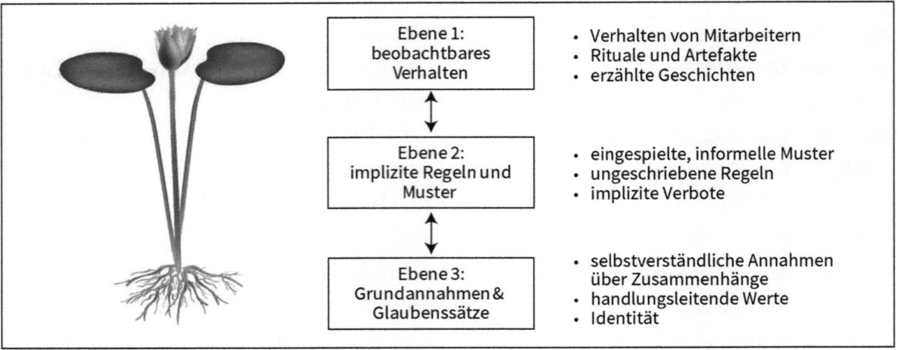

Abb. 5: Drei Ebenen der Kultur (vgl. Schein, 1995)

Interventionen sind dann besonders aussichtsreich, wenn sie alle drei Ebenen in ihrem Zusammenspiel berücksichtigen.

FALLBEISPIEL

In einem Betrieb fällt auf, dass Mitarbeiter von wichtigen Sicherheitsstandards abweichen (beobachtbares Verhalten). Eine tiefer gehende Analyse zeigt, dass dieses Verhalten vor allem dann auftritt, wenn es schnell gehen soll, die Produktionsplanung Druck macht oder kurzfristige Aufträge hereinkommen. In diesen Situationen drücken die Führungskräfte dann auch mal ein Auge zu und tolerieren die Regelabweichungen. Im Laufe der Zeit haben sich alle Beteiligten an dieses Verhalten gewöhnt und der Normalisierung von Abweichung nichts entgegengesetzt (zugrunde liegendes Muster). Diskussionen mit den Beteiligten fördern zu Tage, dass das schnelle Feuerlöschen und ein »Wir machen es möglich« ein tief verwurzelter und positiv besetzter Glaubenssatz ist, der für die Mannschaft eine identitätsstiftende Wirkung hat und das beobachtbare Verhalten und das zugrunde liegende Muster nährt.

Werte als Element der Kulturentwicklung

Ein zweiter, häufig gewählter Ansatz zur Kulturentwicklung in der Unternehmenspraxis ist die Arbeit an Werten. Dies geschieht meistens in Form eines Leitbilds oder einem ähnlichen Wertekatalog, um Sicherheit oder einen angemessenen Umgang mit Risiken bewusster zu verankern.

Aber auch die Festlegung von Werten ermöglicht nicht, direkten Einfluss auf die informelle Organisationskultur zu bekommen. Kühl zufolge arbeitet man mit Leitbildern lediglich an der »Schauseite der Organisation« (vgl. Kühl, 2016), also an der Fassade, mit dem sich die Organisation nach Außen und Innen beschreibt.

Welchen Einfluss sie aber auf die formellen Entscheidungsprämissen und die informellen Strukturen hat, bleibt ungewiss.

	Programme	Kommunikationswege	Personal
Schauseite			
Formale Seite			
Informale Seite			

Abb. 6: Arbeiten an der Schauseite, formalen und informalen Seite der Organisation (vgl. Kühl, 2016, Vorabdruck)

Wenn man an Werten arbeitet, sollte man sich deshalb immer vor Augen führen, an welcher Stelle man in der Organisation ansetzt und welche Auswirkungen die Auseinandersetzung mit Werten für die formale und informale Seite haben kann. Zu große Widersprüche zwischen Schauseite und formaler bzw. informaler Seite erzeugen zum Beispiel erfahrungsgemäß Zynismus oder Frustration bei den Mitarbeitern. Wohldosierte Widerspruchserfahrungen können aber auch ein wertvoller Entwicklungsimpuls sein. Es sollten dann folgende Fragen berücksichtigt werden: Was muss sich konkret an den Programmen, Kommunikationswegen oder bei Personalentscheidungen ändern, um die propagierten Werte auch formal wirksam zu machen? Was sind die Nebeneffekte auf der informalen Seite? Was sind deshalb sinnvolle nächste Schritte? Die Entwicklung von Werten ist ein evolutionärer, langsamer Prozess, der nur über Bande gespielt werden kann (mehr dazu in Teil III).

Widersprüche aufdecken und bearbeiten

Werte ermöglichen im Vergleich zu Programmen viele Grauzonen. Darin liegt ihre Attraktivität als Orientierung unter Bedingungen von Ungewissheit, aber auch das Risiko, dass Widersprüche nivelliert werden. Werte überzeugen, weil die Einwände fehlen, nicht weil man Werte begründen kann (vgl. Luhmann, 1997). Darin unterscheiden sich Werte auch grundlegend von Programmen, denn Letztere sind Regeln für im System als »richtig« anerkanntes Entscheiden. Ob die festgelegten Prozesse für das Risikomanagement oder eine festgelegte ISO-Norm eingehalten wurde, lässt sich eindeutig feststellen. Ob Sicherheit grundsätzlich immer eine Rolle gespielt hat und Priorität hatte oder ob mit Risiken verantwortungsvoll umgegangen wurde, ist eine Sache der Interpretation, die im Management und in der Belegschaft ausgehandelt werden muss.

Unserer Erfahrung nach ist bei der Diskussion von Werten vor allem wichtig, die Widersprüche und Interessenskonflikte mit anderen Werten in der Organisation zu berücksichtigen und zu fragen, wie diese Widersprüche bearbeitet werden sollen. Wie weit will man beim Schutz der Sicherheit und Umwelt gehen? Und wie geht das zusammen mit anderen Werten, wie zum Beispiel kompromisslose Kundenorientierung oder der Verpflichtung zu Effizienz und Effektivität? Werte haben zwar den Vorteil, dass sie durch ihre Abstraktheit hohe Konsenschancen haben (es ist schwierig, zu einem Wert wie »Sicherheit ist uns wichtig« oder »der Kunde ist König« Nein zu sagen). Aber erst in einer ernsthaften Auseinandersetzung mit den impliziten Paradoxien liegt die Chance, dass Werte im Unternehmensalltag wirklich umgesetzt werden.

3.2 Erste Fragen zur Gestaltung der kollektiven Achtsamkeit

Wir haben uns mit den vier Entscheidungsprämissen (Programme, Kommunikationswege, Personal und Kultur) so ausführlich beschäftigt, weil sie unseres Erachtens eine hilfreiche Orientierung für das Organisieren kollektiver Achtsamkeit bieten. Aus jeder Prämisse ergeben sich Fragen, von denen wir hier einige beispielhaft nennen.

Die Entscheidungsprämissen stehen nicht für sich, sie beeinflussen sich wechselseitig. Eine bestimmte Form, einen Ablauf festzulegen, benötigt vielleicht andere Kommunikationswege oder legt eine andere Stellenbesetzung nahe. Die Entwicklung der kulturellen Umgangsformen kann zum Beispiel durch Veränderungen an den Belohnungssystemen angestoßen werden oder durch neuartige Interaktionsformate. Wir erleben häufig, dass Unternehmen dazu neigen, ihre Aufmerksamkeit auf bestimmte Entscheidungsprämissen zu fokussieren, während die anderen missachtet werden. Mal stehen Programme im Vordergrund, mal die Kommunikations- und Entscheidungswege, mal das Personal oder eben die Kultur. Günstiger ist es allerdings, Programme, Kommunikationswege, Personalbesetzung und Kultur in ihrem wechselseitigen Zusammenspiel zu beobachten und ihre Entwicklung bewusst zu befeuern.

Fragen zu Entscheidungen über Programme:

- Wie bauen wir in unsere Standards und Regeln lose Kopplungen ein, um flexibel auf Unerwartetes reagieren zu können? (Wie sehen die dafür notwendigen Kommunikationswege aus?)

- Wie suchen wir gezielt nach Unterschieden zwischen formalen Programmen und der »gelebten« Realität?
- Wie überprüfen wir, ob unsere formalen Regelsysteme noch zu den operativen Bedingungen passen?
- Was sind die geeigneten Rituale, um die Wahrnehmungsfähigkeit der Einzelnen besser zu nutzen?
- Wie definieren wir Ziele, damit Entscheidungen im Hier und Jetzt autonom getroffen werden können?
- Wie gestalten wir die Personalauswahl, um das Finden geeigneter Personen mit den notwendigen Kompetenzen für Achtsamkeit zum Standard zu machen?
- Wie gestalten wir den Kompetenzaufbau? (Sensemaking-Rituale, Schulungen, Erfahrungsreflexion etc.)?
- Welche Programme bzw. Rituale zur Selbstbeobachtung braucht es, um unsere Form des Organisierens auf ihre Tauglichkeit und Spannungen zu überprüfen?

Fragen zu Entscheidungen über Kommunikationswege:

- Wie müssen vertikale und horizontale Kommunikationswege gestaltet werden, damit neue Impulse aus der Umwelt schnell verarbeitet und ggf. Entscheidungen getroffen werden können? Welche Personen müssen wann wie wo miteinander sprechen?
- Wie bauen wir unsere Kommunikations- und Entscheidungswege, um auf Unerwartetes reagieren zu können? Welcher Kommunikationsweg ist in welcher Situation angemessen (z. B. Normalbetrieb oder kritische Situation)?
- Wie sehen geeignete Stellen- und Rollenbeschreibungen aus, die kollektive Achtsamkeit fördern (z. B. stärker auf ein Gesamtziel ausgerichtet oder Achtsamkeit fördernd)?

Fragen zu Entscheidungen über Personen:

- Wen brauchen wir an welcher Stelle?
- Welche Kompetenzen brauchen die Stelleninhaber? (z. B. eine gute Mischung aus Selbstrespekt und Selbstbescheidenheit, die Fähigkeit, Komplexität auszuhalten und Widersprüche zu bearbeiten etc.)?
- Wie regen wir die Wahrnehmungsfähigkeit, Ausgeglichenheit und persönliche Leistungsfähigkeit unserer Organisationsmitglieder an?

Fragen zur Organisationskultur

Für die Weiterentwicklung der Organisationskultur ergibt sich vor allem die Frage der Irritation durch Selbstbeobachtung, die z. B. durch ein Ritual angestoßen werden kann:

- Welches Verhalten beobachten wir und welche Muster und Glaubenssätze liegen diesem Verhalten zugrunde?
- Welchen Zweck erfüllen diese beobachteten Muster? Welche Widersprüche, Mehrdeutigkeiten, Irrationalitäten werden damit bearbeitet (z.B. Effizienz/Sorgfältigkeit, Regel einhalten/Abweichen von Regeln etc.). Welche Muster gibt es, die besser funktionieren?
- Welche bestehenden Muster fördern bereits heute die kollektive Achtsamkeit und wie können wir sie verstärken?
- Welche Muster sehen wir als kritisch für die kollektive Achtsamkeit und müssen verändert werden?
- Was müssen wir an den Programmen, Kommunikationswegen und der Personalbesetzung verändern, damit unsere Kultur sich mitentwickelt?
- Für welche Aktivitäten in der Grauzone brauchen wir offizielle Spielregeln?

ZUSAMMENFASSUNG

- Die Sicherheits- oder Risikokultur kann nicht direkt gestaltet werden, sondern nur über Veränderungen am Formalsystem »angespielt« werden.
- Kollektive Achtsamkeit kann über das gezielte Gestalten von Programmen, Kommunikationswegen und Personalentscheidungen beeinflusst werden.
- Durch **Programme** (Regeln oder gesteckte Ziele) kann festgelegt werden, wann und wo die Wahrnehmung, das Wissen oder die Meinung von Mitarbeitern gefragt ist, wie viel Entscheidungsspielräume die Beteiligten haben und wie Entscheidungen unter Unsicherheit zustande kommen.
- Die Gestaltung der **Kommunikationswege** entscheidet darüber, welche Perspektiven und welches Wissen für welche Entscheidungen genutzt werden.
- Mit der Entscheidung für **Personen** werden Erwartungen verknüpft, wie diese Personen in Zukunft entscheiden werden. Neigen sie zum Beispiel eher zu normativen, veränderungs- oder risikobereiten bzw. risikoaversen Entscheidungen?
- Veränderungen der **Organisationskultur** schließlich kann man nicht anordnen, sondern nur im Nachhinein beobachten – als eine Reaktion auf Veränderungen von Programmen, Kommunikationswegen oder Personalentscheidungen. Die informellen Muster lassen sich beeinflussen, indem man untersucht, welches formale Problem sie lösen.

4 Gestaltungsprinzipien für kollektive Achtsamkeit

Nachdem wir uns mit den Ansatzpunkten für das Organisieren kollektiver Achtsamkeit auseinandergesetzt haben, geht es im folgenden Abschnitt um die Gestaltungsprinzipien. Wie müssen Programme, Kommunikationswege und Personalentscheidungen gestaltet sein, damit die Entwicklung einer Risiko-, Sicherheits-, oder Achtsamkeitskultur angestoßen werden kann?

Prinzipien für die Bewältigung von Komplexität

Systemtheorie, *resilience engineering* und *high reliability organizing* kommen hier zu ähnlichen Schlüssen:

- Baecker (1992) etwa empfiehlt für einen angemessenen Umgang mit Komplexität, Varietät, Redundanzen, Fehlerfreundlichkeit zu ermöglichen sowie Barrieren zu schaffen, damit Fehler nicht auf das ganze System übergreifen können.
- Hollnagel (2014) beschreibt fünf organisationale Fähigkeiten für die Komplexitätsbewältigung: Das Lernen aus Fehlern (*to learn*), die Fähigkeit, auf das aktuelle Geschehen reagieren (*to respond*), kurzfristige Entwicklungen und Risiken im Blick zu haben (*to monitor*) und das Vorausahnen von Risiken (*to anticipate*).

Weick und Sutcliffe (2003) beschreiben fünf kontextunabhängige Gestaltungsprinzipien, die in eine ähnliche Richtung deuten und an denen wir uns hier in der Folge orientieren: Sorge um Fehler und Abweichungen, eine hohe Sensitivität für das operative Geschehen, das bewusste Vermeiden von Vereinfachungen, die Verpflichtung zur Resilienz sowie die Verlagerung von Entscheidungen im Ausnahmefall. Die fünf Prinzipien liefern allerdings keinen Baukasten für ein bestimmtes Set von Praktiken, vielmehr beschreiben sie das Muster für die Gestaltung von Achtsamkeitspraktiken in der Organisation. Sie liefern aus unserer Sicht auch eine erste Hilfestellung für die Beobachtung der eigenen Entscheidungsprämissen. Folgende fünf Leitsätze fassen die Prinzipien kollektiver Achtsamkeit zusammen, die wir mit Anwendungsbeispielen illustrieren.

Prinzipien für kollektive Achtsamkeit

1. Beschäftigt Euch intensiv mit kleinen Abweichungen und Fehlern:
   Nutzt sie als Fenster zum System!
2. Interessiert Euch für das, was im Hier und Jetzt geschieht:
   Misstraut Euren Plänen und Erfahrungen!
3. Vermeidet vorschnelle Vereinfachungen:
   Nutzt vielfältige Perspektiven!
4. Entwickelt Eure Fähigkeit, erfinderisch zu sein:
   Bereitet Euch darauf vor, flexibel auf Unerwartetes zu reagieren!
5. Entscheidet dort, wo im Moment das beste Wissen ist:
   Übt im Normalfall, die Hierarchie auf den Kopf zu stellen!

4.1 Intensive Beschäftigung mit Abweichungen und Fehlern

Es gilt früh aufzumerken, wenn sich größere Probleme zusammenbrauen. Schon schwache Signale sollen aufgespürt und ausgewertet werden.

Aber es geht um mehr als eine Fehlerfrüherkennung: Die Beschäftigung mit Abweichungen und Fehlern ermöglicht kontinuierliches Lernen über den Systemzustand. Weil sich die Bedingungen schnell ändern können, wird jedes Indiz genutzt, um etwas über das Unbekannte zu erfahren. Fehler und Abweichungen werden als Fenster zum System genutzt: Was wissen wir über die Zusammenhänge noch nicht? Was wissen wir nicht mehr? Woran haben wir uns gewöhnt? Mit welchen neuen Überraschungen ist zu rechnen? Was hat sich verändert?

Rituale zum Aufspüren von Abweichungen

Dazu zählt, im Alltag das Aufspüren von Abweichungen zu fördern. Wir alle neigen dazu, Abweichungen zu normalisieren. Die erhöhte Aufmerksamkeit gegenüber kleinen Überraschungen muss in der Praxis fortwährend trainiert werden. Dazu bieten sich auf der Ebene der *Programme* Rituale an, die Mitarbeiter und Führungskräfte dazu bringen, das Erkennen von Abweichungen gemeinsam zu üben und zu erfahren. Solche Rituale mit Kollegen regen die Wahrnehmungsfähigkeit der beteiligten *Personen* an und fordern dazu auf, Irritationen darüber, dass etwas nicht so eintritt wie erwartet, ernst zu nehmen und zu benennen. Achtsamkeitspraktiken arbeiten der natürlichen Tendenz entgegen, Abweichungen zu normalisieren und sie entweder als bekannt oder unwichtig zu interpretieren. Sie erinnern die Organisationsmitglieder daran, dass nicht alles nach Plan läuft und ihre Aufmerksamkeit bewusst auf Unterschiede zwischen Landkarte und Landschaft zu richten. Auf diese Weise erhöht die Organisation das Irritationspotenzial durch ihre Mitglieder. Rituale können von Mitarbeitern als Aufforderung betrachtet werden: Wir müssen auf die kleinen Ungereimtheiten achten! Wir dürfen uns hier nicht einfach an Abweichungen gewöhnen und müssen jede Überraschung als Möglichkeit betrachten, etwas über das System zu lernen!

Es geht darum, sich mit dem eigenen Unwissen zu konfrontieren: Wir sehen nicht alles und wissen nicht immer, was im Moment »richtig« ist. Wir brauchen alle Augen und Ohren, um etwas über die Zusammenhänge im System zu erfahren. Dafür eignen sich explorierende, offene Fragen besser als geschlossene, kontrollierende Fragen: Statt nur zu fragen »War alles in Ordnung?« oder »Habt Ihr etwas Ungewöhnliches bemerkt?« wird die Sinnproduktion durch offene Fragen stärker angeregt:

- Was nehmen wir wahr und wie erklären wir uns sein Zustandekommen?
- Wo kommt die Schraube, die Leckage, die Unklarheit her? Welche Wirkungen kann das haben?
- Passiert es öfter, dass Dinge liegen bleiben? Woran liegt das und wo müssen wir in Zukunft aufmerksamer sein, etwas anders machen?
- Wie lange besteht das Problem bereits?
- Was wurde bereits getan, um das Problem zu lösen?
- Warum hat dies bisher nicht funktioniert?
- Was trägt dazu bei, dass wir uns daran gewöhnt haben?
- Welche ähnlichen Probleme vermuten wir an anderen Stellen?
- Wer kümmert sich im Alltag um diese Störfaktoren?
- Wie unterstützen wir uns dabei gegenseitig?
- ...

Training der individuellen Achtsamkeit (Ebene der Person)

Die ritualisierte Beschäftigung mit kleinen Abweichungen hat unserer Erfahrung nach häufig einen direkten Effekt auf das Mitarbeiterverhalten im Alltag: Die Beteiligten erleben, dass sie von kleinen unerwarteten Ereignissen ebenso viel über die zugrunde liegenden Verhaltensmuster, Schwachstellen und das Funktionieren des Systems lernen können, wie von folgenreichen Unfällen oder Katastrophen, kostenintensiven Qualitätsmängeln, rufschädigenden Lieferausfällen oder dem Verlust von Kunden. Sie beginnen, mehr zu sehen, sie schenken Abweichungen mehr Beachtung, entwickeln die Fähigkeit, schwache Signale besser einzuordnen und auch sich selbst und ihre Wahrnehmung ernster zu nehmen. So wird auch jenseits der Rituale die Aufmerksamkeit geschärft und auf die kleinen Unterschiede im eigenen Aufgabenfeld gelenkt. Die Teams beunruhigen sich selbst. Es wird hoffähig, über kleine Abweichungen zu sprechen. Die Aufmerksamkeit wird verschoben von Klarheit auf mögliche Unklarheiten, von Wissen auf Nicht-Wissen. Statt zu Fenfragen »Was läuft gut?« oder: »Alles klar?« wird gefragt: »Was ist heute unklar?«, »Was fällt uns auf, was wir uns nicht erklären können?«, »Was hält uns heute davon ab, präsent zu sein?«, »Was ist schiefgelaufen und warum?«

Lernen von Fehlern (Ebene der Organisation)

Die hohe Aufmerksamkeit für Frühwarnsignale schließt das Lernen von schwerwiegenderen Ereignissen nicht aus. Auch dafür braucht es durchdachte Rituale, um Ereignisse und Fehler zu analysieren sowie einen reflektierten Umgang mit der Zuschreibung von Verantwortung. Um kollektive Achtsamkeit zu entwickeln, ist es ungünstig, Fehler oder unerwartete Ereignisse lediglich auf die Person oder technische Aspekte zurückzuführen. Vielmehr sollten sie als Fenster zum sozialen System genutzt werden. Jeder Fehler ist ein guter Anlass, das Zusammenspiel der Entscheidungsprämissen »im Einsatz« und damit die Form des Organisierens zu untersuchen. Wie tauglich sind unsere formalen Systeme? Wie sind zum Beispiel wahrgenommene Frühsignale in die Entscheidungs-Kommunikation gelangt? Dafür braucht es eine Atmosphäre, die ohne Schuldzuweisungen auskommt und in der die Beteiligten sicher sein können, dass sie nicht für jede Abweichung vom Standard oder Plan verantwortlich gemacht werden.

Geschlossene Kreisläufe

Neben der Entscheidung für bestimmte Rituale zum Fehlerlernen, die wie beschrieben auch einen Lerneffekt auf der Personenebene bewirken können, ist es wichtig, die *Kommunikationswege* für das Lernen von Abweichungen und Fehlern vorzubereiten. Denn jede Untersuchung bringt zwangsläufig Verbesserungsvorschläge hervor, die zum einen Veränderungen am technischen System aber auch Entscheidungen über zugrunde liegende Entscheidungsprämissen erfordern. Das kann Programme wie zum Beispiel die Personalauswahl und -besetzung, die Belohnung, die Gestaltung von Regeln oder den Einsatz von Achtsamkeitsritualen betreffen. Es können auch Personalentscheidungen notwendig werden oder Veränderungen, wie Entscheidungen herbeigeführt werden. Deshalb müssen Routinen festgelegt werden, wie, wo und wann über diese Maßnahmen nach welchen Kriterien entschieden wird und wie diese Umsetzungsentscheidungen den Mitarbeitern kommuniziert werden. Ein gutes Beispiel für solche geschlossenen Kreise liefert der Prozess zur kontinuierlichen Verbesserung (KVP), der einen immer wiederkehrenden Zyklus von Planen, Handeln, Checken und Einführen vorsieht (Deming, 1982).

Achtsamkeitspraktiken, die das Lernen von Abweichungen und Fehlern fördern, müssen auf den jeweiligen Kontext zugeschnitten sein. Folgende Beispiele illustrieren, wie die Realisierung des ersten Leitsatzes in der Praxis aussehen kann:

FALLBEISPIEL

Gemeinsame Rundgänge

Ein Warenlager für Schwermetalle kämpfte häufig mit Vorfällen, weil wichtige Standards beim Bewegen der Güter nicht eingehalten wurden. Dies geschah teils aus Unwissenheit, teils aus Gewohnheit der Beteiligten. Die Belegschaft entschied sich daraufhin, wöchentliche Rundgänge im gemischten Team durch das Lager zu machen, um bewusst nach Abweichungen von den Standards zu suchen. Es sollte nicht darum gehen, Mitarbeiter auf ihre Fehler hinzuweisen oder sie zu kontrollieren. Vielmehr wollte das Team etwas über die Gründe für die Abweichungen der Standards in Erfahrung bringen, zum Beispiel, warum bestimmte Abweichungen zur Gewohnheit werden konnten und was dies begünstigt hat. Ziel der Rundgänge war es, die Aufmerksamkeit für die Normalisierung von Abweichungen kontinuierlich zu erhöhen. Gleichsam bewirkte das Ritual, dass die Belegschaft sich im Tun gegenseitig an die gemeinsamen Standards erinnerte und bekräftigt wurde, wie wichtig diese für die sichere Zusammenarbeit im Lager seien.

FALLBEISPIEL

Fragen nach Überraschungen

Eine weitere Möglichkeit sind Rituale, die in Management- und Besprechungsroutinen eingebaut werden können. Dies eignet sich zum Beispiel für komplexe IT-Projekte oder die Organisation von Großveranstaltungen. Es wird eine feste Zeit festgelegt, in der man sich zwingt, sich mit Abweichungen und möglichen Problemen zu beschäftigen: Wo sind Unklarheiten? Wo kommt es immer wieder zu kleineren Problemen? Wo haben wir ein »komisches Bauchgefühl«?

FALLBEISPIEL

Critical Incident Reporting

Viele Krankenhäuser haben in den letzten Jahren sogenannte Critical Incident Reporting Systems (CIRS) eingeführt, mit deren Hilfe Mitarbeiter Fehler melden oder über Ungereimtheiten bei der Behandlung von Patienten berichten können. Die Meldungen werden in der Regel anonym von einem übergreifenden Team ausgewertet und entsprechende Maßnahmen eingeleitet. Die Meldehäufigkeit und -qualität hängen hier naturgemäß von der Erfahrenheit der Mitarbeiter ab (man muss manchmal erst sehen lernen, um eine kritische Situation zu erkennen). Zudem spielen Muster der Organisationskultur eine Rolle, zum Beispiel das Vertrauen der Mitarbeiter in solche Systeme oder die eingespielten Formen der Verantwortungszuschreibung. Dabei kann die Einführung eines CIRS durchaus ein guter Startpunkt sein, um an diesen kulturellen Umgangsformen zu arbeiten, sofern diese im Veränderungsprozess mitbeobachtet werden.

FALLBEISPIEL

Staff Rides zur Musteranalyse

Feuerwehren oder Militär führen sogenannte Staff Rides durch, um aus schwierigen Einsätzen oder Unfällen zu lernen (vgl. ausführlicher Teil II). Die Grundidee besteht darin, gemeinsam mit den Beteiligten noch einmal vor Ort zu gehen, um die Komplexität der Situation, die zu einem Ereignis geführt hat, zu rekonstruieren und noch einmal zu erleben (vgl. Gebauer, 2010). Dabei geht es nicht um individuelle Schuld, sondern um ein Interesse an den Bedingungen und den Formen der Zusammenarbeit, den Bewältigungsmustern und notwendigen Anpassungsleistungen in Reaktion auf unerwartete Ereignisse: Was wollten wir erreichen und wie sind wir vorgegangen? Was waren Besonderheiten, Unwägbarkeiten und Überraschungen, denen wir begegnet sind und wie sind wir damit umgegangen? Wie haben wir uns gemeinsam ein Bild von der Situation verschafft, auf der Basis welcher Annahmen? Was von all dem war förderlich und was war – im Nachhinein betrachtet – hinderlich?

ZUSAMMENFASSUNG LEITSATZ 1

Beschäftigt Euch intensiv mit kleinen Abweichungen und Fehlern: Nutzt sie als Fenster zum System!

Dieses Prinzip arbeitet gegen die Tendenz, einmal gefällte Entscheidungen als unumstößlich zu betrachten. Gefördert wird die rigorose Auswertung von Abweichungen, um Entscheidungen zu überdenken bzw. aus ihnen zu lernen. Jede Erwartungsenttäuschung, sei es eine negative oder positive Überraschung, ist ein Indiz dafür, dass das System anders funktioniert, als man denkt bzw. entschieden hat. Sie werden als Fenster zum System genutzt. Abweichungen werden nicht pauschal der Fehlleistung einzelner Mitarbeiter zugeschrieben. Sie gelten als wertvolle Möglichkeit, etwas über die Funktionsweise des Systems zu lernen – in jedem Fall sind sie ein Indiz für das eigene Unwissen über das System.

4.2 Großes Interesse für das Hier und Jetzt

It ain't what you dont't know that gets you into trouble
It's what you know for sure that just ain't so.
Marc Twain

Die einfache Fortschreibung vergangener Erfahrungen sowie die daraus resultierende Erfolgsblindheit verstellen den Blick auf die Wirklichkeit. Sie gehören zu den häufigsten Gründen für das Scheitern von Unternehmen (vgl. Collins, 2009), wofür die Finanzkrise 2007/2008 ein Beispiel ist (vgl. Abschnitt 2.2). Nach einem jahrelang währenden Boom im Immobiliensektor gab es bereits in den Jahren 2006/2007 erste Anzeichen für eine Trendwende. Man notierte das Ansteigen von faulen Krediten mit Gläubigern mangelnder Bonität. Hätte das Management sich für die Details interessiert und eine Auswahl an bewilligten Kreditanträgen mit offensichtlich fragwürdigen Adressangaben oder einige Fälle von nicht-bedienten Krediten analysiert, so hätte es die Lage vielleicht anders interpretiert. Aber es überhörte warnende Stimmen aus dem Risikomanagement oder machte sie sogar mundtot, indem Kritiker nicht mehr in wichtige Entscheidungen miteinbezogen oder sogar aus der Organisation entfernt wurden (vgl. dazu Weick u. Sutcliffe, 2015). Die eigenen Zukunftsprognosen wurden nicht korrigiert und die Anzahl mangelhaft gedeckter Kredite mitunter sogar erhöht. Statt einen Strategiewechsel zu vollziehen, verstärkte man die existierende Strategie nach dem Prinzip mehr desselben verstärkte. Man kann den Beteiligten nicht unterstellen, dass ihr Verhalten intendiert war. Im Nachhinein lässt sich lediglich feststellen, dass es keine Form des Organisierens gab, die den Tendenzen der Erfolgsblindheit und der Bestätigung bisheriger Erfahrungen aktiv entgegenwirkte. So war es möglich, dass sich die Konzepte von der Realität immer mehr von dem entfernten, was tatsächlich geschah.

FALLBEISPIEL

Gestalten von Checklisten

In der Prozessindustrie versucht man häufig mithilfe von Checklisten und Arbeitsanleitungen komplexe Aufgaben minutiös zu beschreiben und abzubilden. Die Idee ist, mit einem Programm ein und für alle mal unmissverständlich festzulegen, wie eine Aufgabe richtig zu erledigen ist. Auf diese Weise sollen Fehler im Hier und Jetzt vermieden werden. Solche genauen Vorgaben erweisen sich unter sich wandelnden Bedingungen aber oft als wenig hilfreich. Anlagenfahrer müssen Unwägbarkeiten bewältigen, um die Arbeit überhaupt zuverlässig hinzubekommen. Würden sie sich einfach an die Vorschriften oder die Checklisten halten, könnten sie ihre Aufgabe nicht bewältigen. Sie müssen im Moment Anpassungen vornehmen und dafür benötigen sie bestimmte Freiheitsgrade. Solche spontanen Anpassungserfordernisse setzen ein intensives Gespür für das Hier und Jetzt voraus. Es braucht anspruchsvolle Abstimmungen im Team und über die Fachbereiche hinaus. Eine Checkliste, die auf dem Prinzip der festen Kopplung basiert, kann dies nicht abbilden. Deshalb empfinden Mitarbeiter auf der Arbeitsebene sie häufig als zu theoretisch und als Geringschätzung ihrer Erfahrung. Sie nutzen sie nur ungern. Checklisten entwickeln in vielen Unternehmen eine Art Eigenleben, sie haben dann nur noch wenig mit der operativen Realität zu tun. An diesen Zustand haben sich alle Beteiligten gewöhnt.

Aber auch Checklisten können so gestaltet werden, dass sie die Aufmerksamkeit für das Hier und Jetzt sowie Echtzeitkommunikation fördern. Die Nutzung eines solchen Instrumentes hängt davon ab, welche Annahmen zugrunde gelegt werden. Ein Beispiel dafür ist die OP-Checkliste für Chirurgen, die von der WHO entwickelt wurde. Bei richtiger Nutzung konnten die Infektionsraten halbiert werden und die Anzahl von Todesfällen nach einer Operation sank um ca. 40 Prozent (vgl. Gawande, 2011). Das Besondere an dieser Checkliste ist, dass sie nicht versucht, alle relevanten Arbeitsschritte detailgenau abzubilden, für komplexe Aufgaben wie eine Operation wäre dies auch gar nicht möglich. Vielmehr versucht die Liste, die Erfahrung und die notwendigen gemeinsamen Orientierungs- und Abstimmungsprozesse im Team bei chirurgischen Eingriffen zu unterstützen. Es gibt zum Beispiel drei feste Stopppunkte für Teamchecks entlang des Prozesses, die unter anderem auch den Austausch über unerwartete Störungen und mögliche kritische Zustände vorsehen. Sie berücksichtigen auch die Teamaktivierung, da diese einen nachgewiesenen Effekt auf die Bereitschaft hat, sich selbst und seine Beobachtungen in die gemeinsame Arbeit einzubringen. So sieht die Checkliste zum Beispiel vor, dass sich jedes Teammitglied kurz vorstellt und seine Rolle bei der Operation erläutert (mehr zur Nutzung und Gestaltung von Checklisten siehe Abschnitt 10.3).

Kommunikation in Echtzeit

Echtzeitkommunikation spielt eine wichtige Rolle, um im Kontakt mit der Gegenwart zu bleiben. In vielen Teams, die unter extrem unsicheren Bedingungen Höchstleistungen bringen müssen, werden synchrone Kommunikationsmöglichkeiten aktiv unterstützt, die schnelles Feedback und Validierung ermöglichen. In besonders kritischen bzw. leistungsintensiven Situationen, in denen die Wahrnehmungskapazität aller Beteiligten genutzt werden sollen, erspart man sich zeitintensive, asynchrone Kommunikationswege.

FALLBEISPIEL

Echtzeitkommunikation in der Luftfahrt und am Filmset

In der Luftfahrt und auf Flugzeugträgern kommunizieren ständig alle involvierten Mitarbeiter miteinander und tauschen sich über die Situation und ihre Wahrnehmungen aus. Ständig wird geredet: Es entsteht eine endlose Geschichte oder »Story«, die immer weiterentwickelt, verfeinert und neu beleuchtet wird. Durch dieses simultane, miteinander verwobene Miteinander entwickeln die Beteiligten ein kollektives Bewusstsein über die Zusammenhänge des Gesamtsystems. Weick und Roberts nennen diese Qualität *collective mind* (vgl. Weick u. Roberts, 1993).

Beim Dreh eines Films lässt sich ähnliches beobachten: Alle Abteilungen sind mit dem ersten Regieassistenten verbunden, der die bei ihm zusammenlaufenden Informationen für den Regisseur filtert. So bleibt dem Regisseur einerseits der Kopf frei für die Inszenierung der Schauspieler und andererseits bleibt er im Bilde über die Entwicklungen am Set, die er in seine Entscheidungen miteinbeziehen muss.

FALLBEISPIEL

Kontakt zwischen Führung und operativem Geschehen

In zuverlässigen Organisationen sorgen Führungskräfte aktiv dafür, dass sie den Bezug zum Hier und Jetzt nicht verlieren. Das Management ist besonders gefährdet, sich in abstrakten Plänen und Strategien zu verzetteln, die nur noch wenig mit der operativen Realität zu tun haben. Das Ziel besteht darin, dass Manager in ständiger Kommunikation mit der Belegschaft stehen. Fragen nach Details und Unklarheiten richten die Aufmerksamkeit auf Konkretes anstatt auf Abstraktes.

- Bei der Herstellung der Boeing 737 in Seattle ist zu beobachten, wie der Kontakt zwischen Management und Belegschaft gefördert wird. Im Werk sitzen die Manager direkt neben dem Fließband (*moving line*), wo die Maschinen gefertigt werden. Sie blicken von ihrem Büro aus auf die Fertigung und sind durch eine Glasscheibe auch für ihre Mitarbeiter sichtbar. Sobald ein Problem auftritt, können Mitarbeiter sie ansprechen, um sie in Ad-hoc-Entscheidungen einzubeziehen.
- Manchmal sind es auch erfinderische Lösungen, wie Führungskräfte den Bezug zur operativen Realität behalten. In einer Fertigungsstätte war es zum Beispiel schwierig, die Büros näher an die Fabrik zu legen. So entstand die Idee, die Parkplätze auf der anderen Seite der Fabrik zu platzieren. Fortan waren höhere Führungskräfte gezwungen, jeden Morgen das Werk zu durchqueren.
- Führungskräfte eines Lagerbetriebs kamen auf die Idee, Regelmeetings, die bisher in Verwaltungsgebäuden stattfanden, fortan im Werk durchzuführen. Diese Besprechungen kombinieren sie nun mit Rundgängen im Lager. So wird dem Zufall auf die Sprünge geholfen, mit Mitarbeitern informell in Kontakt zu kommen und sich über die laufende Produktion, Probleme, Abweichungen und Überraschungen zu unterhalten. Praktiken wie diese schaffen Gelegenheiten, etwas Ungewöhnliches zu entdecken und das Interesse am Hier und Jetzt bei allen Beteiligten zu fördern.
- Oliver Samwer, Gründer des Internetkonzerns Rocket sagt man nach, dass er in Meetings gerne nach den Rohdaten frage und sich nicht mit sauber aufgearbeiteten Grafiken und Präsentationen zufriedengebe. Er interessiere sich für die ungeschönten, operativen Details, um die Geschäftsentwicklungen

von allen Seiten beleuchten zu können – auch, um seine eigenen Erwartungen zu hinterfragen. Dieses Beispiel zeigt auch, dass es beim Engagement des Managements nur einen schmalen Grat zwischen einem als wertschätzend wahrgenommenem Interesse für die Entwicklungen und einem kontrollierenden, misstrauischen Mikromanagement gibt.

ZUSAMMENFASSUNG LEITSATZ 2

Interessiert Euch für das, was im Hier und Jetzt geschieht: Misstraut Euren eigenen Plänen und Erfahrungen!
Es werden Formen der Zusammenarbeit etabliert, die im Alltag immer wieder daran erinnern, das Hier und Jetzt weder in der Verlängerung unserer vergangenen Erwartungen noch im Spiegel zukünftiger Pläne zu betrachten. Arbeitsprozesse werden so gestaltet, dass Mitarbeiterinnen und Mitarbeiter immer wieder aufgefordert werden, sich ein neues Bild von der tatsächlich ablaufenden operativen Realität zu machen – mit allen ihren Überraschungen und unterschiedlichsten Details, die man aus verschiedenen Perspektiven deuten muss: Was geschieht gerade konkret? Was bahnt sich hier Schritt für Schritt an? Welche Folgen kann das haben und welche Handlungsmöglichkeiten erschließen sich dadurch?

4.3 Vermeiden vorschneller Vereinfachungen

Dieser Leitsatz ist eng mit dem vorherigen Prinzip verbunden. Es gilt, vorschnelle Vereinfachungen zu vermeiden und Wirklichkeitskonstruktionen bewusst reichhaltiger, um nicht zu sagen »komplizierter« zu machen. Dies kann zum Beispiel durch das Nutzen verschiedener Perspektiven geschehen, um möglichst vielfältige und unterschiedliche Daten für das Sensemaking zu verwenden. Das Prinzip, vielfältige Perspektiven zu nutzen, sollte beim Gestalten vor allem von Programmen, aber auch von Kommunikations- und Entscheidungswegen berücksichtigt werden.

FALLBEISPIEL

Neugestalten der Kommunikationswege
In einem Unternehmen, das Projektmanagement für Großbaustellen übernimmt, kam es zum Beispiel in der Realisierungsphase immer wieder zu kostenintensiven Abwicklungsschwierigkeiten, die man im Vorfeld nicht bedacht hatte. Dies führte zu verärgerten Kunden, Verzögerungen und mitunter auch zu Schwierigkeiten, die notwendigen Sicherheitsanforderungen einzuhalten. In einer

gemeinsamen Musteranalyse (vgl. Teil II) arbeiteten die Prozessbeteiligten heraus, dass die operative Perspektive in der gesamten Verkaufs- und Planungsphase größtenteils unberücksichtigt blieb und man die Anforderungen der Abwicklung erst nach Projektverkauf übergab. So kam es in frühen Phasen zu Weichenstellungen und Kostenkalkulationen, die aus Sicht von Planung und Vertrieb plausibel und mit Blick auf den Kunden attraktiv erschienen. In der Umsetzung stellte sich dann jedoch heraus, dass die Pläne nicht aufgingen. So entstanden in dieser Phase ungeplante Mehrkosten. Gemeinsam entschied man sich daraufhin für andere Kommunikationswege. Sie brachten die verschiedenen Perspektiven und das Wissen aller Prozessbeteiligten schon in der Verkaufsphase sowie an bestimmten Stopppunkten im Prozess bewusst zusammen.

FALLBEISPIEL

Kollegiale Fallberatung zur Bearbeitung komplexer Fragestellungen
Um verschiedene Perspektiven wirkungsvoll und effizient zu kombinieren, sind Formate wie die kollegiale Fallberatung sinnvoll (vgl. Teil II). Bei der kollegialen Fallberatung geht es darum, innerhalb einer Stunde und unter Nutzung verschiedener Perspektiven ein vielfältiges Hypothesen- und Lösungsrepertoire für eine komplexe Fragestellung zu erzeugen. Eine Person, die ein Problem klären möchte (der Fallgeber), lässt sich von einem gemischten Kollegenteam beraten. Das Vorgehen folgt dabei einem bestimmten Format, das bewusst zwischen den Phasen Beschreiben, Erklären und Bewerten trennt.
Der Prozess wird durch einen Moderator begleitet, der vor allem dafür sorgt, dass die Struktur des Formats eingehalten wird. Seine entscheidende Aufgabe besteht darin, die drei genannten Phasen zu trennen. Zudem werden bewusst direkte Diskussionen zwischen Fallgeber und Beratern vermieden, da diese erfahrungsgemäß schnell ausufern können oder in der Verteidigung des eigenen Standpunktes enden. So wird sichergestellt, dass man sich von anderen Hypothesen und Lösungsideen inspirieren lassen kann.

FALLBEISPIEL

Redundante Prüfschleifen in der Luftfahrt
Auch in der Fliegerei werden verschiedene Perspektiven bewusst genutzt. Vor jedem Flugzeugstart gibt es zahlreiche Prüfungen, die von verschiedenen Personen auf verschiedene Art durchgeführt werden. Diese unterschiedlichen Wahrnehmungen werden genutzt, um auf außergewöhnliche Aspekte oder kleine Unterschiede aufmerksam zu werden. Auch sind Teams bewusst interdisziplinär zusammengestellt, um das Geschehen immer aus verschiedenen Perspektiven zu betrachten. Multifunktionale Teams kommen vor allem dann zum Einsatz, wenn eine Situation aufgrund von kleinen Abweichungen neu bewertet

werden muss. Jede Meinung ist gefragt und vermeintlich störender Zweifel bekommt Gehör. Mehrdeutigkeiten werden bewusst in die Prozesse eingebaut und die damit verbundenen kurzfristigen Effizienzeinbußen in Kauf genommen.

FALLBEISPIEL

Einbeziehen von Fachfremden

Eine weitere Maßnahme besteht darin, bewusst Fachfremde einzubeziehen, die naive Fragen stellen, die über den Tellerrand hinausgehen. Vor allem bei Routinetätigkeiten kann dies hilfreich sein, weil durch die gleichen Abläufe oder langjährige Erfahrungen blinde Flecken entstehen. In Atomkraftwerken müssen zum Beispiel sehr viele Kontrolltätigkeiten ausgeführt werden, obwohl im Alltag (wünschenswerterweise) sehr wenig passiert, das ist eine besondere Herausforderung. Den ausführenden Mitarbeitern fällt es häufig schwer, die Motivation für die eigene Arbeit aufrechtzuerhalten. Sie wird dann als langweilig und monoton erlebt und die Aufmerksamkeit leidet darunter. Einige Atomkraftwerke laden sich deshalb externe Besucher ein, die durch ihre naiven Fragen über die Kontrollabläufe die Ingenieure dazu bringen sollen, ihre eigene Arbeit zu erläutern und zu hinterfragen. Auch bei Fehleranalysen oder Rundgängen laden viele Unternehmen bewusst Fachfremde ein (s. auch Methode Musteranalyse in Teil II).

FALLBEISPIEL

Entwickeln von kollektivem Geist vor Großabstellungen

Erfahrungen zeigen, dass Teams, die zu Beginn der Tätigkeit die Möglichkeit haben, sich gemeinsam abzustimmen und sich kollektiv ein umfassenderes Bild von der Situation und den Zusammenhängen machen konnten, im Ergebnis leistungsfähiger sind als andere (vgl. Hirokawa u. Rost, 1992). Dies trifft zum Beispiel für die Zusammenarbeit über die Organisationsgrenzen zu. Chemieunternehmen führen häufig Großabstellungen durch, wobei jede Minute zählt. Verschiedene Gewerke und Lieferanten müssen sich in kürzester Zeit koordinieren, um die Reparaturarbeiten sicher und zuverlässig durchzuführen. Zur Vorbereitung dieser Tätigkeiten hat es sich bewährt, die verschiedenen Partner vor der Abstellung zusammenzubringen, um sich gemeinsam ein Bild von der anstehenden Aufgabe machen können. Es werden bewusst ein bis zwei Tage investiert, um mit der gesamten Mannschaft den Prozess durchzugehen, Informationen auszutauschen und mögliche Problemlagen zu simulieren. Darüber hinaus können die Beteiligten mögliche Schwierigkeiten diskutieren und festlegen, wer was macht und wie mit Planabweichungen umgegangen wird. Ein wichtiger Aspekt ist dabei auch, dass sich alle kennenlernen und Vertrauen zueinander entwickeln. Jeder muss seine Perspektive gleichberechtigt und wertschätzend einbringen können, und zugleich muss dies zeitsparend und effizient erfolgen.

Erzeugen von *requisite variety*

Das Prinzip der Vermeidung vorschneller Vereinfachungen ist der Erkenntnis geschuldet, dass Komplexität nur mit Komplexität begegnet werden kann. Das besagt das *law of requisite variety*, das William Ross Ashby bereits in den 1950er-Jahren formulierte (vgl. Ashby, 1956). Komplexe Probleme können nicht vereinfacht werden, sondern es braucht für eine angemessene Bearbeitung hinreichend Vielfalt, die in der Organisation bewusst entwickelt werden muss. So müssen Crews viele verschiedene Situationen kennengelernt haben, um die Vielfalt und die damit verbundenen Unberechenbarkeiten angemessen zu managen. Auf Flugzeugträgern zeigt sich *law of requisite variety* in der Ausbildung der Truppe. Ein Kommandoverantwortlicher muss alle Flugzeuge selbst einmal geflogen haben, die auf seinem Schiff starten und landen. Oder Job-Rotationen und andere Übungen für Rekruten ermöglichen vielfältige Erfahrungen und Kenntnisse, die weit über das konkrete Aufgabenfeld hinausgehen.

Wenn es um Vereinfachungen geht, stehen Organisationen vor einer paradoxen Aufgabe: Zum einen sind sie gezwungen, Komplexität zu reduzieren, um überhaupt arbeitsfähig zu sein. Darin besteht ja gerade ihre besondere Kompetenz, dass sie qua Entscheidung Unsicherheiten temporär in Gewissheiten verwandeln können. Zum anderen brauchen sie eine hinreichende Binnenkomplexität, um komplexe Aufgaben zu bewältigen. Aus diesem Grund wirkt die explizite Aufforderung, Vereinfachungen zu vermeiden und zu verkomplizieren zu Recht auf viele Führungskräfte abschreckend. Diese Forderung widerspricht einer effizienzorientierten Haltung. Das Zusammenbringen von multidisziplinären Teams, das Ermöglichen von Zweifel und Widerspruch, das Einbringen von Fachfremden kostet Zeit, und diese Investition wird in sehr effizienzorientierten Unternehmen gescheut.

EXKURS

Agiles Projektmanagement

Auch das agile Projektmanagement geht davon aus, dass das Festhalten an fixen Plänen komplexe Entwicklungsprozesse eher behindert und einen negativen Einfluss auf die Entwicklungsgeschwindigkeit, die Produktqualität, aber vor allem auch auf die Passung von Produkten hat (vgl. z. B. Preußig, 2015).

Die Prinzipien des agilen Projektmanagements kommen ursprünglich aus der Softwareentwicklung und wenden sich von einer klassischen Planungslogik ab. Es wird nicht nach einem Wasserfall-Modell geplant (erst Planung, dann schrittweise Ausführung, dann Produkttest und -abnahme). Statt die situative Realität dem Plan anzupassen, verfolgen agile Methoden das umgekehrte Prinzip. Prozesse wie SCRUM definieren ein Vorgehen mit Methoden wie zum Beispiel Stand-up-Meetings oder *daily scrums*, die bewusst Iterationen in den Entwicklungsprozess einbauen. Der Planungsprozess wird damit den realen Bedingungen angepasst.

Die wichtigsten Prinzipien des agilen Projektmanagements sind:

- Iterationen (also die schrittweise Entwicklung und das Einholen von Rückmeldung)
- Entwicklung von Inkrementen (Test von Teilprodukten mit dem Kunden)
- Einfachheit (nur das wird gemacht, was für die Iteration wirklich notwendig ist)
- Begrüßen von Veränderungen (statt Abwehr, um den Plan zu wahren)
- Reviews mit dem Kunden über Teilprodukte
- Retrospektiven der Zusammenarbeit
- selbstorganisierte Teams und Orientierung am Ergebnis
- direkte Zusammenarbeit zwischen Fachexperten und Entwicklern.

Interessant ist, dass sich die Projektmitglieder mithilfe eines Manifests zu Beginn der Tätigkeit auf bestimmte Spielregeln der Zusammenarbeit verpflichten. Sie legen vor allem fest, wie mit der Paradoxie von notwendiger Planung einerseits und Flexibilität anderseits umgegangen wird.

So lauten die zentralen Prinzipien des agilen Projektmanagments:

- Individuen und Interaktionen sind wichtiger als Prozesse und Werkzeuge
- funktionierende Software ist wichtiger als umfassende Dokumentation
- Zusammenarbeit mit dem Kunden ist wichtiger als Vertragsverhandlung
- Reagieren auf Veränderung ist wichtiger als das Befolgen eines Plans.

Dabei geht es nicht um eine einfache Abwertung des einen gegenüber des anderen, sondern um eine Orientierungshilfe. So lautet der Schlusssatz des Manifests: »Obwohl wir die Werte auf der rechten Seite wichtig finden, schätzen wir die Werte auf der linken Seite höher ein.«
(www.agilemanifesto.org/iso/de/principles.html)

ZUSAMMENFASSUNG LEITSATZ 3

Vermeidet vorschnelle Vereinfachungen: Nutzt vielfältige Perspektiven!
Komplexe Wirklichkeitskonstruktionen berücksichtigen verschiedene Eindrücke und Meinungen und arbeiten gegen die Tendenz, in neuen Situationen nach Bekanntem zu suchen. Komplexität wird nicht vereinfacht, sondern ihr wird mit mehr Binnenkomplexität begegnet. Außergewöhnliche Aspekte oder kleine Unterschiede sollen nicht übersehen und normalisiert werden. Teams werden interdisziplinär zusammengestellt, um das Geschehen immer aus verschiedenen Perspektiven betrachten zu können. Mehrdeutigkeiten werden bewusst in die Prozesse eingebaut und die damit verbundenen kurzfristigen Effizienzeinbußen in Kauf genommen.

4.4 Bereitsein für Resilienz

Obwohl oder gerade wenn das Sicherheitsbedürfnis in einer Organisation hoch ist, muss die Bereitschaft und Fähigkeit zu improvisieren sorgsam entwickelt und gepflegt werden. Wenn wir Unerwartetes besser antizipieren wollen, müssen wir uns auch darauf vorbereiten, auf die wahrgenommenen plötzlichen Entwicklungen und Überraschungen angemessen reagieren zu können. Es müssen Fähigkeiten für eine Planung auf Sicht sowie für schnelle Problemlösungen entwickelt werden. Dies geschieht bestenfalls in der Zeit, in der die Dinge wie geplant laufen. Gefragt sind unspezifische Problemlösekompetenzen – man weiß ja noch nicht, auf welche unerwarteten Störungen reagiert werden muss und wie sich diese Problemlagen entfalten werden. Zu starre Notfallroutinen oder gar vorgefertigte Entscheidungen oder Arbeitsanweisungen wären hier fehl am Platz. Jede Situation kann anders verlaufen, deshalb muss die Mannschaft in der Lage sein, in völlig unerwarteten Situationen umgehend und veränderungsbereit zu agieren: Wer in der Organisation hat das Wissen, das uns jetzt hilft? Wie kommen wir schnell gemeinsam auf Ideen, wie ein Alternativweg aussieht?

Der Umgang mit kritischen Entscheidungssituationen muss trainiert werden. Dabei steht das Sensemaking vor der Entscheidung im Vordergrund. In stressigen Situationen, die schnelle Entscheidungen erfordern, besteht die Gefahr des Tunnelblicks. Unter Stress neigen Menschen dazu, einfach zu tun, was ihnen gesagt wird, ohne sich selbst und ihre eigene Meinung über die Situation ernst zu nehmen und einzubringen. Deshalb nutzen Teams zum Beispiel einfache Kommunikationsprotokolle wie STICC oder FORDEC, die das kollektive Sensemaking im Moment strukturieren und eine schnelle Teameinschätzung in unerwarteten Situationen ermöglichen (s. dazu Teil II).

Improvisieren, Experimentieren oder Selbstorganisation sind für viele traditionelle Unternehmen mit einem hohen Sicherheitsanspruch Schimpfwörter, die man nicht gerne in den Mund nimmt. Alles soll nach Plan laufen, man fühlt sich der Außenwelt verpflichtet, dass man die Dinge berechenbar im Griff hat. Die Notwendigkeit, Improvisieren zu üben, ist immer auch ein Eingeständnis, dass die eigene Planung versagen könnte und soweit will man es gar nicht erst kommen lassen (und investiert nochmals mehr in die Planung).

Häufig beschäftigt man sich insbesondere in klassischen Großorganisationen nur ungern mit der Frage, wie man in brenzligen Situationen Sensemaking betreibt, um zu angemessenen Entscheidungen zu kommen. Zwar werden Fragen zur Entscheidungsfindung häufig vorgebracht (Wie treffen wir Entscheidungen in der Grauzone? Wie und wer trifft Entscheidungen, wenn es schnell gehen muss?), aber es ist wenig Bereitschaft vorhanden, die eigene Form der Entscheidungsfindung systematisch zu hinterfragen und zu trainieren. Meistens hören wir als Antwort: Wenn es brenzlig wird, müssen wir uns auf das Fachwissen und die Erfahrung unserer Mitarbeiter verlassen, die sind schließlich dafür ausgebildet. Solange unterstellt wird, dass es einen richtigen Weg gibt, ist es vor allem eine Frage der Expertise der Führungskraft, die richtig entscheiden muss. Dynamiken bei der Entscheidungsfindung wie zum Beispiel Gruppendenken, Tunnelblick oder Effekte der Hierarchie werden stillschweigend in Kauf genommen und beeinflussen die Qualität von Risikoentscheidungen.

FALLBEISPIEL

Gun drills: Kollektives Sensemaking ergründen

Resilienz kann zum Beispiel mithilfe von Simulationen trainiert werden. Dazu bieten die sogenannten *gun drills*, die ursprünglich aus dem Militär stammen, aber auch in Chemieunternehmen wie BP eingesetzt werden, eine Möglichkeit. Es geht um Worst-Case-Szenarien und wie man sich in solchen Situationen verhalten würde. Dafür trifft sich eine Schicht und ggf. noch weitere Mitarbeiter vor Ort an einer bestimmten Stelle der Anlage, wo zum Beispiel ein Austritt gefährlicher Chemikalien stattfinden könnte und diskutieren den Fall. Der Fokus liegt dabei auf den Wahrnehmungs- und Interpretationsleistungen sowie auf den kollektiven Entscheidungs- und Improvisationskompetenzen: Wo könnte das Leck entstehen? Wer würde es als erster bemerken? Was würde er tun? Was sind mögliche erste Erklärungen? Wer wäre als erster zu informieren? Wie würden wir den Produktaustritt stoppen? Wo ist der Not-Aus-Schalter und wissen alle, wo er ist? Mit welchen Folgen bei einem Not-Aus müssen wir rechnen? Wissen wir genug über die Folgen, um eine solche Entscheidung zu treffen? Wen bräuchten wir, um den Produktaustritt zu stoppen? Wie können wir diese Personen schnell erreichen?

Aber auch mögliche Warnsignale können Thema sein, um die Antizipationsfähigkeit zu schulen: Woran hätten wir bereits im Vorfeld merken können, dass sich etwas zusammenbraut? Wer hätte es erkennen können und was hätte er gesehen? Wen hätte er informieren müssen und wie hätte er diese Person erreicht? (Mehr zur Durchführung von *gun drills* siehe Teil II.)

FALLBEISPIEL

FLARE: Entscheidungen treffen im Moment

Ein anderes Beispiel ist die Entscheidungspraktik FLARE, die von Siemens für die Instandhaltungsarbeiten in Kraftwerken entwickelt wurde (vgl. Lay, Branlat u. Woods, 2015) und nun in ähnlicher Form beim Energiekonzern Calpine umgesetzt wird. Das Akronym FLARE steht für *front line anomaly response*. Es handelt sich um einen Entscheidungsprozess, der die Beteiligten unterstützt,

bei festgestellten Abweichungen schnell tragfähige Entscheidungen zu finden, die das vorhandene Wissen und Expertise in der Organisation berücksichtigen. Die Instandhaltung von Kraftwerken ist eine von langer Hand geplante Aktivität und trotzdem müssen die ausführenden Teams vor Ort immer wieder mit unerwarteten Situationen umgehen, die dem eigentlichen Plan wiedersprechen. Jede Änderung ist eine komplexe Aufgabe, bei der unzählige Folgeeffekte berücksichtigt werden müssen. Zudem stehen die Monteure unter Zeitdruck, da jeder Stillstand Kosten verursacht. Es müssen Lösungen gefunden werden, um den Instandhaltungsprozess wiederaufzunehmen, ohne unvertretbare Risiken einzugehen.
Der Prozess FLARE hilft zum einen, die für die Problemlösung benötigten Experten aus der Organisation zusammenzubringen. Das können je nach Situation unterschiedliche Wissensträger sein. Doch das Verbinden der Leute reicht nicht immer aus, deshalb steuert FLARE den Sinnstiftungsprozess vor der Entscheidung. In kürzester Zeit werden unterschiedliche, auch externe, Perspektiven in einer Art Taskforce zusammengebracht. Ein für Risikoentscheidungen geschulter Moderator ermöglicht die Risikoanalyse und Entscheidungsfindung. Bei den Teilnehmern überwiegen die Experten. Um ein für Krisensituationen typisches hierarchiegläubiges Verhalten zu verhindern, gilt die Regel, dass es immer mehr Monteure und Experten am Tisch sitzen als Führungskräfte. Außerdem gibt es weitere Rollen jenseits von Fachexpertise, zum Beispiel sogenannte *knowledge broker*. Diese sind keine Fachexperten, sondern verfügen über einen guten Überblick und ein Netzwerk, wer in der Organisation über welches Wissen verfügt, den man fragen kann (vgl. Teil II).

FALLBEISPIEL

Alternative Kommunikationswege üben

Mitarbeiter werden bereits im Normalbetrieb ermutigt, alternative Kommunikationswege jenseits der formalisierten Pfade zu pflegen, wie informelle Netzwerke, Wissensgemeinschaften oder Interessengruppen. Damit erhalten sie einen Überblick, wer was weiß und im Fall der Fälle zur Problemlösung beitragen kann. In der Praxis besteht die Herausforderung für Führungskräfte darin, diesen Aufwand zu rechtfertigen, wenn länger nichts passiert ist.

FALLBEISPIEL

Tech Recce beim Film

Bei der Produktion werden vor dem Dreh Stresstests und Simulationen am Drehort zur Erhöhung der Flexibilität durchgeführt. Weil beim Drehen Fehler und das Lösen zeitintensiver Probleme teuer sind, werden die Dreharbeiten im

Vorfeld simuliert. Dafür besuchen die wichtigsten Akteure wie Kamera, Produktion, Ausstattung und Regieassistenz den Drehort, wo sie die Szenen nachstellen, um zu untersuchen, was potenziell schiefgehen könnte: Wie werden die Schauspieler spielen? Wo wird die Sonne stehen? Was sind die besten Einstellungen? Passt die Länge des Dialogs in einer Szene zur Wegstrecke, die in der Szene von den Schauspielern zurückgelegt werden soll?

ZUSAMMENFASSUNG LEITSATZ 4

Bereitet Euch darauf vor, flexibel auf Unerwartetes zu reagieren: Entwickelt Eure Fähigkeit, erfinderisch zu sein!
Auch wenn die Dinge gerade gut laufen, wird proaktiv in die Problemlösungsfähigkeit des Systems investiert. Routinen werden geübt, um sich in bestimmten Fällen von alten Reaktionsmustern trennen zu können.

3.5 Expertise vor Rang

Wer trifft Entscheidungen, wenn es brenzlig wird? In Situationen, die von Ungewissheit und Nichtwissen geprägt sind, funktionieren klassische hierarchische Entscheidungsmuster nicht optimal. Im Ausnahmezustand dauern hierarchische Entscheidungen zu lange und die zuständigen Entscheider verfügen nicht über das notwendige Wissen, um ad hoc zu einer richtigen Einschätzung zu kommen. Die Erfahrung zeigt, dass es häufig nicht das Management ist, das bei plötzlichen, disruptiven Ereignissen den besten Überblick hat, sondern Mitarbeiter an vorderster Front. Niemand kann voraussagen, wann und wo etwas Unerwartetes geschehen wird. Oft bekommt irgendjemand irgendwo in der Organisation ohne besonderen Rang und Namen mit, dass eine Abweichung geschieht, aber traut sich aufgrund hierarchischer Zwänge nicht, entsprechende Maßnahmen zu ergreifen.

FALLBEISPIEL

Crew-Resource-Management
Nachdem zahlreiche Flugzeugunglücke auf hierarchische Kommunikationsprobleme zurückgeführt wurden (vgl. Weick,1990) entstand in den 1980er-Jahren das Crew-Resource-Management. Pilotenteams und Kabinenpersonal werden darauf trainiert, die eigene und die Wahrnehmungs- und Urteilsfähigkeit der Teamkollegen als Ressource zu nutzen. Es handelt sich also um ein Programm, um die Kompetenzen der einzelnen Crewmitglieder optimal für Sensemaking-

und Entscheidungsprozesse zu nutzen. Dazu gehören wichtige Rituale wie Briefing- und Debriefing-Gespräche vor und nach jedem Flug sowie die Verpflichtung, Ranghöheren insbesondere in kritischen Situationen zu widersprechen. Um zu verhindern, dass der geäußerte Widerspruch gegenüber dem Kapitän als Angriff auf die eigene Expertise verstanden wird, einigt man sich in einigen Organisationen auf bestimmte Kommunikationsformeln wie zum Beispiel »We have to stop immediatly«. Diese signalisieren dem Empfänger unmissverständlich, dass er den Widerspruch ernst nehmen muss, um seiner Verpflichtung nachzukommen.

Unter Bedingungen hoher Komplexität und Risiken reicht es also nicht aus, sich auf hierarchische Entscheidungswege zu verlassen, selbst wenn diese im normalen Betrieb gut funktionieren. Die bereits erwähnte Achtsamkeitspraktik FLARE folgt dem Prinzip Expertise vor Rang. Es wird bewusst für ein ausgewogenes Verhältnis von Experten, Monteuren und Führungskräften gesorgt. Der Prozess wird so moderiert, dass Entscheidungen nicht auf Hierarchie, sondern auf Expertise basieren.

Auch bei Feuerwehren wird trainiert, wie man in schwierigen Situationen die Hierarchie bewusst auf den Kopf stellen kann. Bei brenzligen Einsätzen treffen die operativen Feuerwehrmänner vor Ort die Entscheidungen, während sie unter normalen Umständen den Vorgaben ihrer Vorgesetzten folgen. Derjenige soll entscheiden, der im Moment über das umfassendste Wissen und den besten Überblick über die Situation verfügt.

Das hier diskutierte Prinzip besagt aber nicht, vollständig auf hierarchische Entscheidungswege zu verzichten. Vielmehr geht es um das Training der Fähigkeit, Entscheidungsroutinen situativ an die jeweiligen Bedingungen anzupassen. So profitiert man in der Luftfahrt in normalen Situationen von den Vorteilen der Hierarchie, in der Entscheidungen effizient und schnell von oben nach unten ohne Widerspruch durchgesetzt werden können. In unbekannten, unsicheren oder kritischen Situationen sind die Crewmitglieder für das Protokoll FORDEC zur Entscheidungsfindung geschult (vgl. Teil II). Von den Betroffenen erfordert dies ein Gespür für die akute Lage. Sie müssen ein flexibles Verhaltensrepertoire einüben, um in der Lage zu sein, ihre Kommunikations- und Entscheidungswege zu variieren.

Auch dies hat wieder viel mit Übung zu tun. Crewmitglieder trainieren das notwendige Verhalten in regelmäßigen Abständen: Wie organisieren wir uns, damit einer von uns einen möglichst guten Überblick behält? Wie verständigen wir uns? Und wie schenken wir auch anderen Stimmen Gehör? Was könnte uns davon abhalten, eigenständig zu entscheiden?

Teams müssen lernen, zu erkennen, wenn sie in eine stressreiche Situation kommen. Sie müssen trainieren, wie sie sich über ihre Wahrnehmung der momentanen Lage fortwährend informieren, wer wann berechtigt ist, zu entscheiden und wie sie Widerspruch artikulieren können, wenn sie anderer Meinung sind. *Speaking up* ist deshalb ein wichtiger Bestandteil des Crew-Resource-Management-Trainings.

Gerade in Situationen besonderer Unsicherheit neigen Teams und Einzelpersonen dazu, nach Strukturen und Führung zu suchen. Dann fallen alle Beteiligten schnell auf tradierte Muster zurück. Führungskräfte meinen, sie müssten entscheiden, obwohl ihnen die Informationen fehlen und Mitarbeiter widersprechen ihnen nicht, obwohl sie ganz anderer Meinung sind. Kurzfristig ist damit allen Beteiligten geholfen, denn der Rückgriff auf hierarchische Muster hat eine unsicherheitsreduzierende Wirkung. Man fühlt sich im Moment zumindest subjektiv sicher. Auch auf Unternehmensebene kann man in Krisensituationen solche Reaktionen beobachten: So wird reflexartig auf etablierte Instrumente wie stärkere Zentralisierung der Entscheidungsfindung, Fokussierung auf Kostenreduktion, Einführung von Kurzarbeit oder die Androhung von Strafe bei Regelverstößen etc. zurückgegriffen, statt mithilfe des gesamten Beobachtungspotenzials in der Organisation über alternative Marktstrategien oder innovative Produktportfolios nachzudenken.

ZUSAMMENFASSUNG LEITSATZ 5

Entscheidet dort, wo im Moment das beste Wissen ist: Übt im Normalfall, die Hierarchie im Ausnahmefall auf den Kopf zu stellen!
Entscheidungsfindungsprozesse werden so angelegt, dass sie flexibel an die Situation angepasst werden können. Im Normalfall wird die Effizienz der hierarchischen Weisungskette genutzt. Bei unerwarteten Situationen sollen Entscheidungen dort getroffen werden, wo akut das umfassendste situative Wissen vorhanden ist.

5 Sicherheit und Risiko – eine Begriffsbestimmung

Bei der Übersetzung der Prinzipien in die Praxis spielen die zugrunde gelegten Denkmodelle eine entscheidende Rolle. Es ist eine Gratwanderung zwischen großem Interesse am operativen Geschehen und kontrollierendem Mikromanagement, zwischen hoher Aufmerksamkeit für Abweichungen und immer länger werdenden Checklisten oder zwischen individuellem Drill und einer kollektiven Übung. Es kommt darauf an, welches Sicherheits- und Risikoverständnis man zugrunde legt – darum geht es im folgenden Kapitel.

5.1 Vier Spielarten im Umgang mit Risiken und Sicherheitsbedürfnissen

In der Praxis überlagern sich vier dominante Bewältigungsmuster im Umgang mit Risiken bzw. Sicherheits- und Zuverlässigkeitsfragen. Diese Spielarten fußen auf unterschiedlichen Denkmodellen und beeinflussen eher implizit, wie wir an diese Fragen herangehen.

Der Umgang mit Risiko hat sich evolutionär entwickelt. Immer dann, wenn sich ein etabliertes Muster nicht mehr bewährte, wurde eine neue Strategie entwickelt. So folgte auf einen eher gleichgültig-desinteressierten Umgang mit Risiken ein reaktives Muster. Der externe Druck und Kontrollauflagen zwangen Unternehmen dazu, sich eingehender mit dem Thema Sicherheit zu beschäftigen. In diesem Zug entstand ein rational-berechnendes Muster. Doch obwohl die Ergebnisse dieses Ansatzes zunächst zu einer signifikanten Verbesserung der Sicherheit führten, blieben sie auf einem Plateau stehen und warfen neue Fragen auf.

Die intensive Auseinandersetzung mit schweren Katastrophen und besonders zuverlässigen Organisationen führten schließlich zu neuen Ansätzen. Entwicklungen in der High-Reliability-Theorie, die Normal-Accident-Theorie und das Resilience Engineering führten schrittweise zu einem grundlegend anderen Verständnis, wie Zuverlässigkeit und Sicherheit entstehen. Dieser schleichende Umdenkprozess erscheint uns rückblickend als Paradigmenwechsel.

Heute treffen wir in Unternehmen diese vier Spielarten in unterschiedlichem Ausmaß an. Das bedeutet aber nicht, dass die zugrunde liegenden Prämissen explizit sind. In Veränderungsprozessen kommt es häufig zu Irritationen, wenn unterschiedliche Denkmodelle genutzt werden (z. B. wie Sicherheit oder Zuverlässigkeit entsteht und wie sie beeinflusst werden kann). Folgender kurzer historischer Abriss zeigt auf, wie sich der Umdenkprozess vollzogen hat und was den Unterschied im Hinblick auf das Verständnis von Sicherheit, Risiko und Komplexitätsbewältigung ausmacht.

Evolutionäre Entwicklung der Sicherheitsarbeit

Die Öl- und Gasbranche ist ein gutes Beispiel dafür, wie sich die vier Muster im Umgang mit Risiken entwickelt haben (vgl. Hudson, 2001). Der Weg führt von eher implizit entstandenen Mustern im Umgang mit Risiken hin zu einer expliziten Entwicklung von Risikobewältigungsstrategien, nicht zuletzt aufgrund des zunehmenden öffentlichen Drucks.

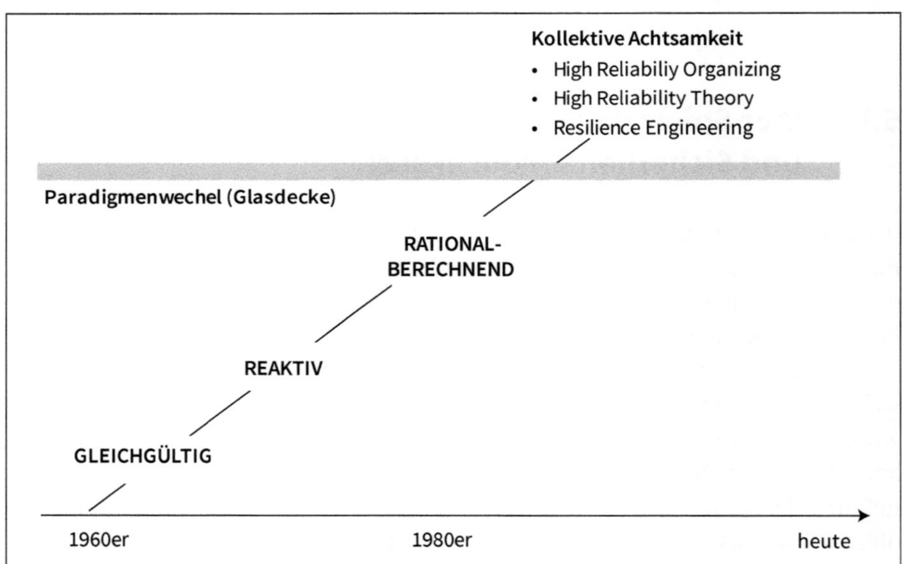

Abb. 7: Vier typische Muster im Umgang mit Unsicherheit und Risiko

Gleichgültige Haltung im Umgang mit Risiken als Ausgangspunkt

Bis Mitte der 1980er-Jahre gilt das Geschäft im Öl- und Gassektor schlicht als gefährlich. In der Branche dominiert eine heroische Einstellung im Umgang mit Risiken. Harte Männer nehmen Risiken heldenhaft in Kauf. Sicherheit ist – wenn überhaupt – eine Frage der persönlichen Verantwortung. Jeder muss auf sich selbst aufpassen.

Notwendiges Reagieren auf schwerwiegende Ereignisse

Verheerende Vorfälle zwangen die Branche dazu, sich expliziter mit Fragen des Sicherheitsmanagements zu beschäftigen. Dazu zählen zum Beispiel die Explosion der Caprolactam-Fabrik der Nypro Ltd in Flixborough im Jahr 1974, die ein ganzes Dorf vernichtete. Auch der Chemieunfall von Sevesco 1976, der zur Freisetzung großer Mengen von Dioxin in der Nähe von Mailand führte, oder der schwere Brand auf der Piper Alpha, der 167 Todesopfer forderte, zwangen die Unternehmen, andere Bewältigungsmuster um Umgang mit Risiken zu entwickeln. In Reaktion auf diese Katastrophen und getrieben vom öffentlichen Druck entstanden erste Regularien, Kontrollmechanismen und Auflagen für die Branche. So erließ die britische Regierung nach dem Nypro-Unfall die Richtlinie zur Control of Industrial Major Accident Hazards (CIMAH). Nach dem Sevesco-Unfall folgte die Sevesco-Direktive. Der Brand auf der Piper Alpha schließlich führte zu einem grundlegenden Umbruch. Alle Unternehmen in der Branche mussten ein systematisches Sicherheitsmanagement vorweisen.

Entwicklung eines rational-berechnenden Sicherheitsmanagements

Die Unternehmen der Branche reagierten auf den äußeren Druck und entwickelten erste Ansätze für ein Sicherheits- bzw. Risikomanagement. Shell präsentierte zum Beispiel in Anlehnung an DuPont zunächst ein Enhanced Safety Management (ESM). Die Vorgaben und Prinzipien von der Unternehmensspitze und den Behörden waren aber eher theoretisch von Experten am Schreibtisch geplant und wurden immer kleinteiliger. Für die operative Ebene bedeutete dies eine Art Zwangskorsett. Es war nicht immer klar, wie die Vorgaben umgesetzt werden sollten. »Regulators forced companies to defend themselves and their employees in ways that were often contrary to common sense or even sound engineering practice. The net result was paternalistic legislation and enforcement, and the ensuing responses, that can often be observed today.« (Hudson, 2001, S. 2)

Anders ging Lord Cullen vor, der sich für einen durch Zielvorgaben gesteuerten Sicherheitsmanagementprozess stark machte. Dieses Vorgehen wurde im Robens Report und den Norwegian Petroliums Direktorat (NPD) verankert. Unternehmen der Öl- und Gasindustrie sollten ihre Risiken fortan selbst managen. Es wurden Standards wie die ISO 9000 und die BS5750 entwickelt und die Unternehmen wurden zur Dokumentation ihrer Maßnahmen verpflichtet. Die Auslegung der Standards stand den Unternehmen frei. Zum Beispiel entwickelte Shell ein Safety Management System (SMS). Der Ansatz bestand darin, alle möglichen Risiken zu identifizieren, nach Schweregrad zu klassifizieren und Vorkehrungen zur Vermeidung von Risiken sowie Maßnahmen zur Wiederherstellung im Schadensfall zu entwickeln. Sicherheitsarbeit bedeutet in dieser Zeit in erster Linie Risikokontrolle. Die Tendenz, jedes Detail zu spezifizieren und zu kontrollieren, ist verführerisch und nährt Kontrollfantasien: »During development of the SMS approach, some people argued that with adequate management, recovery was unnecessary. I argued at the time that this was a philosophical stance that was itself dangerous, one I now know to be indicative of, at best, a calculative safety culture.« (Hudson, 2001, S. 6)

Die kontrollorientierten Ansätze erzeugten eine signifikante Verbesserung der Sicherheitskennzahlen, allerdings nur bis zu einem bestimmten Niveau. Es wurden Fragen der Unternehmenskultur laut. Man interessierte sich für Faktoren, die die Motivation, Einstellung und Engagement der Mitarbeiter beeinflussten und interessierte sich für die Gestaltung der Kommunikation.

Sicherheit wird zum Unternehmenswert

Angesichts der Erfahrungen von Tschernobyl 1986 und anderen Großunglücken nimmt das öffentliche Bewusstsein für schwer kontrollierbare und abschätzbare Risiken moderner Technologien wie der Atom-, der Chemieindustrie oder der Luft- und Raumfahrt zu. Dies erhöht den Druck auf die Unternehmen. Betrachtete man bisher Risiken als gut abgrenzbar und überschaubar, steigt nun die Sensibilität für globale Risiken. In der Risikogesellschaft (vgl. Beck, 1986) machen Umweltverschmutzung, Radioaktivität oder Epidemien vor Unternehmens- oder Staatsgrenzen nicht Halt. Die Frage, wie die neue Komplexität noch zu bewältigen ist, beschäftigt die Öffentlichkeit und damit auch die Forschung. Infolge des öffentlichen Drucks verändert sich der Stellenwert von Zuverlässigkeit. Für Organisationen mit Hochrisikotechnologien kann Zuverlässigkeit und Sicherheit nicht mehr nur als ein weiterer zu bearbeitender Aspekt in der Produktion gesehen werden. Es ist kein Thema unter vielen, dessen Kosten immer im Hinblick auf die eigentlichen Unternehmensziele betrachtet werden. Zuverlässigkeit wird zu einer essenziellen Frage des Überlebens – für das Unternehmen, seine Mitarbeiter und die Bevölkerung an sich. Sicherheit erfährt damit eine – zumindest semantische – Aufwertung zum zentralen, übergeordneten Unternehmenswert.

Untersuchung von Katastrophen

Im Zuge der gestiegenen Aufmerksamkeit für Sicherheitsfragen beginnt man, Katastrophen genauer zu untersuchen. Man analysiert das Atomunglück von Three Mile Island (Perrow, 1994), das Flugzeugunglück auf Teneriffa (Weick, 1990) oder große

Waldbrände wie das Feuer im Man Gulch (Weick, 1993). Wie konnte es zu diesen Katastrophen kommen? Was ist die zugrunde liegende Morphologie oder Logik des Misslingens? Was sind Arbeitsweisen, die der Katastrophe entgegengewirkt hätten?

Ein anderer Forschungszweig beschäftigt sich mit der Arbeitsweise in Hochrisikoorganisationen wie zum Beispiel in der Luftfahrtkontrolle (LaPorte, 1988), marinen Flugzeugträgern (Rochlin, LaPorte u. Roberts, 1987), Atomkraftwerken (Bourrier, 1996; Marcus, 1995) und Krankenhäusern (Vogus, Sutcliffe u. Weick, 2010; Weick u. Sutcliffe, 2003). Die Frage ist hier, wie es diese Organisationen schaffen, dass trotz des großen Risikos und der damit einhergehenden geringen Fehlertoleranz überraschend wenig passiert? Was machen diese Organisationen anders? Dabei kommen unterschiedliche Theorieansätze zu unterschiedlichen Schlussfolgerungen.

Ganz normale Unfälle: Die Normal-Accident-Theorie

Die sogenannte Normal-Accident-Theorie (NAT), die wesentlich durch Perrow geprägt wurde, untersucht schwere Unglücke wie Three Mile Island oder die Gasexplosion in Bhopal aus einer technologisch-strukturellen Perspektive und kommt zu einer pessimistischen Einschätzung. Perrow analysierte in technischen Systemen das Zusammenspiel von festen gekoppelten technischen Abläufen und Komplexität. Im Gegensatz zu lose gekoppelten Systemen, in denen man flexibler Einfluss auf den Prozessverlauf nehmen kann, gibt es in fest gekoppelten technischen Systemen wenig Spielraum (*slack*), um auf Unerwartetes zu reagieren. In fest gekoppelten technischen Systemen ist genau festgelegt, welche Schritte aufeinander folgen, es gibt weder Zeit noch Möglichkeiten, einmal angestoßene Abläufe anzuhalten oder bei unerwarteten Ereignissen zu variieren. Perrow zeigt, dass in vielen Hochrisikotechnologien wie Atomkraftwerken Komplexität und feste Kopplungen koexistieren. Mit der Rekonstruktion großer Katastrophen zeigt er, dass diese Systeme nicht in der Lage waren, mit unerwarteten, nicht prognostizierbaren oder nicht sofort sichtbaren Entwicklungen angemessen umzugehen. Die im technischen System ausgelösten Kettenreaktionen laufen zu schnell ab, sind unvorhersehbar und entziehen sich dem Zugriff. Auch durch Echtzeitinteraktionen der Mitarbeiter können sie Perrow zufolge nicht ausgeglichen werden (Perrow, 1994). Unfälle wie Three Mile Island sind für Perrow streng genommen keine unerwarteten Ereignisse, sondern vorprogrammierte, im System eingelassene *accidents waiting to happen*. Er bezeichnet diese Fälle deshalb als normale Katastrophen und empfiehlt den Ausstieg aus diesen hochriskanten Technologien.

Was können wir von den Besten lernen: High Reliability Theory

Im Gegensatz zu der eher pessimistischen NAT kommen Forscher der sogenannten High Reliability Theory (HRT) zu optimistischeren Schlussfolgerungen für die Möglichkeiten von Zuverlässigkeit (LaPorte u. Consolini, 1991; Roberts, 1990,

1993; Schulman, 1993; Weick u. Roberts, 1993). Diese Forschergruppe beschäftigte sich mit einigen besonders zuverlässigen Hochrisikoorganisationen – einem Flugzeugträger, einem Atomkraftwerk und ein Luftfahrtkontrollzentrum. Sie fielen durch ihre außergewöhnlich hohe Zuverlässigkeit auf, obwohl im technischen System Komplexität und feste Kopplung koexistierten. Anders als Perrow untersucht die HRT nicht Katastrophenfälle, sondern die Qualität der normalen Arbeitsweise in diesen Organisationen: Wie schaffen sie es, so lautet die Leitfrage dieses Ansatzes, trotz des riskanten Umfelds und trotz des Zusammenspiels von festen Kopplungen und Komplexität, dieses überraschend hohe Ausmaß an Zuverlässigkeit hervorzubringen?

Im Verlauf der Zeit verschiebt sich der Fokus der Forschung und auch das Verständnis über den Forschungsgegenstand. Immer deutlicher werden die Unterschiede zwischen frühen und jüngeren Ansätzen (vgl. Weick, Sutcliffe u. Obsfeld, 1999).

Zuverlässigkeit – Eigenschaft oder Aktivität?

Frühe Studien der HRT beschäftigten sich vor allem mit den Eigenschaften von Hochzuverlässigkeitsorganisationen, die sie als feste Entitäten betrachteten. Man versuchte herauszufinden, welche spezifischen Merkmale besonders zuverlässige Organisationen auszeichnen und natürlich auch, woran man eine solche Organisation erkennen kann. Zuverlässigkeit stellte man sich also als ein mehr oder weniger berechenbares Ergebnis einer bestimmten Organisationsform vor. Neuere Studien betonen hingegen, dass dieses Merkmal kein verlässliches Ergebnis bestimmter organisationaler Eigenschaften sei. Keine Organisation verdient das Gütesiegel »Hochzuverlässigkeitsorganisation«. Zuverlässigkeit, das zeigten die Beobachtungen, war das Ergebnis einer kontinuierlich zu erbringenden und zu trainierenden kollektiven Leistung. Sie besteht vor allem darin, unerwartete Ereignisse und Abweichungen wahrzunehmen, gemeinsam zu interpretieren und auf sie überlegt zu reagieren. Ein Ausruhen auf einem Gütesiegel »Wir sind eine Hochzuverlässigkeitsorganisation« ist diesem neueren Verständnis nach kontraproduktiv.

Aversion oder Offenheit gegenüber Fehlern?

In frühen Studien wurde wiederholt beschrieben, dass besonders zuverlässige Organisationen eine hohe Abneigung gegenüber Fehlern pflegten und wenig Versuchslernen erlaubten. Spätere Studien kamen beim Punkt Fehlerbearbeitung zu gegenteiligen Erkenntnissen. Sie stellten fest, dass Fehler auch in Hochrisikoorganisationen unvermeidbare Ereignisse sind, die jeden Tag passierten. Es fiel auf, dass sich besonders zuverlässige Organisationen sogar besonders intensiv mit Fehlern beschäftigten, auch und vor allem mit kleinsten Fehlern, denen eine viel höhere Bedeutung zugemessen wurde, weil man sie als Vorboten für größere Fehler und als Lernchance genau untersuchte. Man stellte fest, dass diese Organisationen bewusst einen geschützten Raum schafften, um etwa mithilfe von Planspielen oder Szenarien Versuchslernen zu ermöglichen.

Zuverlässigkeit durch Bewältigen von Widersprüchen

Eine weitere interessante Erkenntnis der neueren Studien war, dass Hochrisikoorganisationen mit zahlreichen Widersprüchen konfrontiert waren, zum Beispiel den widerstreitenden Interessen von Sicherheit und Effizienz oder der Bedeutung einer vorausschauenden Planung bei gleichzeitiger Bereitschaft, situativ Anpassungen vorzunehmen. Ein weiterer Widerspruch bestand darin, dass diese Organisationen Routinen, Standards und Regeln zur Fehlervermeidung eine hohe Aufmerksamkeit widmeten und sich gleichzeitig für die Kehrseite dieses Vorgehens wachhielten: Routinen lenkten die Aufmerksamkeit von anderen, noch unbekannten Schwachstellen ab und leisteten anderen, unerwarteten Fehlern Vorschub (vgl. Weick et al., 1999). Die untersuchten Organisationen fielen durch die besondere Fähigkeit auf, solche organisationalen Paradoxien zu managen. Vor allem das mittlere Management und seine Entscheidungsspielräume und -routinen rückten dabei in den Fokus der Aufmerksamkeit. Denn seine Aufgabe besteht darin, immer wieder zu prüfen, ob Regeln zu den konkreten Situationen passen und entsprechend mit Entscheidungen zu reagieren.

Zuverlässigkeit als ein Werden

Im Zuge dieser Entwicklungen veränderte sich Schritt für Schritt die Definition des Forschungsgegenstandes. So nutzen Vertreter der neuen Strömung heute bewusst die Verlaufsform und sprechen von *high reliability organizing* oder *high reliability seeking*, um die Prozesshaftigkeit dieser Leistung stärker zu betonen (Weick u. Sutcliffe, 2001; Vogus u. Welbourne, 2003). Während frühe Ansätze *high reliability* noch einen festen Zustand einer Organisation mit bestimmten Merkmalen oder Eigenschaften betrachteten (Roberts, 1990), sehen neuere Ansätze Zuverlässigkeit als ein Ergebnis einer kontinuierlichen Aktivität. Zuverlässigkeit und Sicherheit werden damit zu einer Momentaufnahme.

Während die traditionelle Sichtweise unter Sicherheit bzw. Zuverlässigkeit die Abwesenheit von Ereignissen und inakzeptablen Risiken versteht, definiert die neue Perspektive Sicherheit als die organisationale Fähigkeit, sich fortwährend auf neue Bedingungen im Fluss des Alltagsgeschäfts einzustellen.

5.2 Sicherheit als Frage der Komplexitätsbewältigung

Eine wesentliche Einsicht der neueren Ansätze ist, dass es unter Bedingungen von Komplexität keine richtige Formel gibt, um Sicherheit herzustellen. Weder gibt es ein Patentrezept noch Merkmale, Routinen oder Standards, die eine Organisation hundertprozentig zuverlässig machen. Organisationen sind dieser neuen Perspektive zufolge keine stabilen Gebilde, die sich vor äußeren Störfaktoren schützen müssen, um ihren gutdefinierten Rahmen zu sichern. Vielmehr erscheinen sie als lebendige, soziale Systeme, die unablässig Unsicherheiten bearbeiten und durch Entscheidungen zeitweise für Sicherheit sorgen, ohne dass diese Bestand haben kann. Diese Systeme müssen ihr Binnenleben und ihre Umwelt immer wieder achtsam analysieren, um auf neue Entwicklungen und Veränderungen aufmerksam zu werden.

Während die traditionelle Sicht noch versuchte, komplexe Probleme mit Instrumenten für die Lösung komplizierter Probleme zu lösen, sucht die neue nach Formen, Komplexität angemessener zu bearbeiten. Die Frage, was als die Qualität des zu lösenden Problems gesehen wird, erfordert in Zukunft mehr Genauigkeit.

Kompliziert oder komplex?

Was ist der Unterschied zwischen kompliziert und komplex? Im alltäglichen Sprachgebrauch nutzen wir beide Begriffe synonym, und zwar wenn es um Aufgaben oder Herausforderungen geht, die hochanspruchsvoll, schwer durchschaubar oder zumindest für eine einzelne Person schwer zu lösen sind. Jedoch muss man zwischen komplizierten und komplexen Problemen unterscheiden, denn diese Problemtypen haben unterschiedliche Eigenschaften und erfordern andere Bearbeitungsformen.

Einen Spielplan für ein Fußballspiel zu erstellen ist eine komplizierte Aufgabe. Es gibt vielfältige Arbeitsschritte, die voneinander abhängen, und man kann bei der Planung leicht die Übersicht verlieren. Aber mit genügend Wissen über die Zusammenhänge und mit der notwendigen Erfahrung bei der Planung solcher Veranstaltungen ist es immer noch eine relativ berechenbare Aufgabe (zumindest bis zu dem Punkt, wo man mit der Umsetzung beginnt). Denn die Umsetzung der Planung oder gar die Durchführung des Spiels selbst ist komplex. Jetzt hat man es mit einem sozialen System zu tun, die Planung wird von anderen Parteien beobachtet zum Beispiel im Hinblick auf die Erwartungen und möglichen Intentionen. Es ist ungewiss, welche Rückkopplungseffekte die wechselseitigen Beobachtungen haben werden. Was hat sich das Management bei dieser Planung gedacht? Was wollen die damit erreichen? Liegt das auch in unserem Interesse und wie verhalten wir uns dazu?

Auch die Spielzüge der Mannschaft auf dem Rasen entziehen sich jeglicher Berechnung oder Prognose. Die Gemengelage aus Tagesform der Spieler, Erwartungen und Erwartungserwartungen gegenüber dem Gegner und der Zufälligkeit des Balles ist komplex. Die kleinste Fehlleistung kann zu Chancen oder Risiken erwachsen und all diese Entwicklungen und Verknüpfungsmöglichkeiten sind zu vielfältig und deshalb unvorhersehbar. Zuvor vereinbarte Taktiken oder eingeübte Teamstrategien haben deshalb auch keine übergeordnete Rolle, sie sind einzelne Komponenten unter vielen. Gerade in dieser Unberechenbarkeit und Dynamik liegt ja der Reiz und die Faszination für das Spiel. Welche »Performance« wird sich ergeben, wenn der Plan des Teams auf die realen Gegebenheiten nach dem Anpfiff trifft? Allein mit Wissen und individueller Erfahrung sind solche Aufgaben nicht lösbar. Die Spieler müssen geübt und als Team gut eingespielt sein, um sich auf die spontanen Entwicklungen und Gelegenheiten des Spiels einzustellen.

Komplizierte Probleme

Komplizierte Aufgaben sind von ihrer Grundlogik einfache Probleme, deren Zusammenhänge weniger offenkundig sind und sich unserem Verständnis entziehen können. Komplizierte Probleme sind vielschichtig und es bestehen mehr Abhängigkeiten zwischen ihren Komponenten. Diese Abhängigkeiten sind aber noch prognostizierbar. Komplizierte Probleme sind daher grundsätzlich berechenbar und lösbar, auch wenn wir die Lösung dafür noch nicht gefunden haben. Anders als für einfache Probleme gibt es vielleicht nicht sofort ein schlichtes Rezept und zur Lösung komplizierter Probleme braucht es mehr Wissen und Erfahrung, um die Zusammenhänge zu verstehen und zu bearbeiten. Eine typische Bearbeitungsform komplizierter Aufgaben ist die Differenzierung. Das komplizierte, in seiner Ganzheit schwer zugängliche Problem wird in seine Komponenten zerlegt, die dann getrennt voneinander bearbeitet werden. Ein Beispiel für komplizierte Aufgaben ist die Lösung einer rein technischen Fragestellung, wie der Bau, die Einstellung oder die Reparatur einer Produktionsanlage – zumindest solange diese Aufgabe weitgehend von menschlichen Kommunikations- und Koordinationserfordernissen losgelöst ist.

Komplexe Probleme

Komplexe Probleme folgen einer anderen Logik. Wir sprechen von komplexen Problemen, wenn die möglichen Wechselwirkungen der beteiligten Elemente nicht mehr überschaut, abgebildet oder berechnet werden können. Auch das Wissen über die Funktionsweise jeder einzelnen Komponente ermöglicht keine Aussage über das Funktionieren oder über die Entwicklungen des Gesamtsystems (vgl. Baecker, 2003). Bei der Bearbeitung komplexer Aufgaben muss immer mit spontanen Entwicklungen gerechnet werden, die im Voraus nicht absehbar waren. Lebende Systeme wie Menschen oder Tiere ebenso wie soziale Systeme sind in ihren Verhalten und Reaktionen unberechenbar, weil sie lernen können. Der Hund, der nach dem ersten Tritt noch reuig das Weite sucht, wehrt sich vielleicht plötzlich nach dem zweiten Tritt und beißt seinen Peiniger. Eine Organisation, die einstmals Gummistiefel produzierte, steigt ein paar Jahre später, zumindest eine Zeit lang, zu einem der größten Mobilfunkgerätehersteller auf.

Während komplizierte Aufgaben zwar schwierig aber im Prinzip lösbar sind, gibt es für komplexe Probleme keine eindeutige Lösung. Es gibt viele Wege zum Ziel. Da es also nicht den einen richtigen Weg gibt, ist man darauf angewiesen, plausibel erscheinende Lösungswege zu (er-)finden, die auch spontane Entwicklungen berücksichtigen. Es ist damit zu rechnen, dass Pläne oder Konzepte nicht greifen und an die operativen Bedingungen angepasst werden müssen. Anders bei komplizierten Aufgaben. Hier ist es theoretisch möglich, das Plan und Ausführung einander entsprechen.

Einfach	Kompliziert	Komplex
standardisierter Lösungsweg garantiert zuverlässiges Ergebnis	standardisierter Lösungsweg und Erfahrung notwendig für verlässliche Ergebnisse	standardisierte Lösungen passen nicht zur operativen Realität und müssen angepasst werden
Zusammenhänge sind bekannt	Wiederholung erhöht Wissen über Zusammenhänge	fortlaufende Achtsamkeit für spontane Entwicklungen notwendig
Sicherheit über das Ergebnis	je mehr Wissen vorhanden, desto höher die Ergebnissicherheit	prinzipielle Unsicherheit über den Ausgang
Durchführung durch Laien	Lösung durch Experten	Kollektives, kontinuierliches Sensemaking

Abb. 8: Eigenschaften von einfachen, komplizierten und komplexen Problemen

Pläne zur Orientierung

Wie bringt man Gott zum lachen? Erzähl ihm von Deinen Plänen. So lautet ein jüdischer Witz, den Gigerenzer (2013) zitiert. Während man die Lösung komplizierter Probleme noch recht gut planen kann, trifft dies für die Bearbeitung von Komplexität nicht zu, denn es muss immer mit spontanen Entwicklungen gerechnet werden. Allerdings erhält Planung erst dann, wenn sie nicht möglich ist, ihre eigentliche Funktion, Sicherheit zu erzeugen: Einerseits weiß man bei komplexen Aufgaben nicht, wie die Zukunft sich entwickelt, also muss etwas geplant werden, was aber unplanbar ist. Bei der Planung komplexer Probleme tut man also nur so, als sei die Zukunft vorhersehbar und verhilft der Planung zu einer weiteren Funktion, nämlich Orientierung zu schaffen. Denn in Fällen, in denen es prinzipiell möglich ist, die Zukunft zu planen, braucht man ja eigentlich keinen Plan mehr. Wenn Planung perfekt funktioniert, dann ist sie eigentlich überflüssig. Da sie bei der Bearbeitung von Komplexität aber regelmäßig versagt (die Zukunft ist immer anders, als man es sich gedacht hat) provoziert Planung neue Planung. So werden die Konzepte immer feinteiliger und Abweichungen von ihnen immer wahrscheinlicher.

Planung hat bei der Bearbeitung komplexer Fragestellung weniger eine prognostische, sondern vor allem eine entlastende Funktion. Indem sie vorgibt, die Zukunft sei kalkulierbar, reduziert sie die Unsicherheit bei allen Beteiligten. Außerdem stabilisiert sie wechselseitige Erwartungen, die das Eintreten der gegenwärtig vorgestellten Zukunft wiederum im Sinne einer Selffulfilling Prophecy wahrscheinlicher machen: Es wird unterstellt, dass Planung unterstellt wird, und das wiederum wird von anderen unterstellt. Planung schafft gemeinsame Orientierungspunkte, an denen alle Beteiligten ihr Verhalten ausrichten können. Deshalb ist es unter Bedingungen von Komplexität empfehlenswert, Planung und vor allem die Gestaltung des Planungsprozesses zur wechselseitigen Erwartungsstabilisierung zu nutzen anstatt zu viel Energie auf die Akkuratesse des Plans zu verwenden. So ist auch das bekannte Zitat von General Dwight D. Eisenhower zu verstehen: »In preparing for battle, I have always found that plans are useless, but planning is indispensable.«

Vereinfachung steigert Komplexität

Vereinfachungen, die funktionieren, nennen wir Technik (Baecker, 1992). Deshalb sind wir versucht, anstehende Aufgaben zunächst einmal als technische Probleme wahrzunehmen. Gerade in ingenieurs- oder naturwissenschaftlich geprägten Organisationen ist es besonders verführerisch, komplexe Aufgaben wie komplizierte oder einfache Probleme zu bearbeiteten. Im Lösen komplizierter Probleme sind technisch geschulte Menschen geübt und dies prägt ihre Wahrnehmung, welche Probleme sie überhaupt sehen. Eine differenzierte Auseinandersetzung, welche Probleme wie am besten bearbeitet werden sollten, bleibt so aus. Dies kann ein Grund dafür sein, warum in Experten-Communitys für Arbeits- und Umweltsicherheitsarbeit oder unter Risikoexperten im Bankwesen eher triviale Vorstellungen dominieren, wenn es um die Bearbeitung von Risiken geht. Doch Versuche, die Komplexität mithilfe von Kontrollmechanismen einzudämmen, steigern die Komplexität zusätzlich.

FALLBEISPIELE

Nebeneffekte der Komplexitätsreduktion

Einführung der Radartechnologie in der Schifffahrt
Die Radartechnologie in der Schifffahrt wurde eingeführt, um Unglücke zu vermeiden und die Bewegungen von Schiffen transparenter zu machen. Allerdings erhöhte die Nutzung der neuen Technologie in der Anfangszeit die Anzahl unvorhergesehener Ausweichmanöver, wodurch der Schiffsverkehr zusätzlich unsicherer wurde.

Nebeneffekte des Computers
In den 1970er-Jahren wurden Computer und Netzwerktechnologien mit dem Ziel entwickelt, die unüberschaubare Komplexität etwa von Risikotechnologien besser abbildbar und damit besser steuerbar zu machen (vgl. Leendertz, 2015). Heute werden gerade diese Vernetzungstechnologien als ein Hauptgrund für steigende Komplexität und Sinnüberschüsse gesehen (vgl. Baecker, 2008).

Unüberschaubare Regelwerke
Es wird häufig versucht, Komplexität durch zunehmende Regulierung zu bewältigen. So etwa in der chemischen Industrie oder im Finanzwesen, wo immer detailliertere Regel- und Kontrollsysteme die Risiken beherrschbar oder kalkulierbar machen sollen. Jede denkbare Möglichkeit soll formal abgedeckt werden. Eine Aufgabe ist schier unmöglich und führt zudem zu unerwünschten Nebeneffekten: In der Praxis erleben wir immer wieder, dass solche immer umfangreicher werdenden Regelsysteme Mitarbeiter verunsichern und Konfusion erzeugen: Niemand kann das Regelwerk noch überblicken und man ist sich nicht sicher, wann welche Regel gilt. Mitarbeiter machen die Erfahrung, dass die Bestimmungen der erlebten Realität hinterherhinken und sie beginnen, ihre eigenen Regeln zu erfinden. Und weil dieser Prozess im Verborgenen stattfindet, läuft er völlig ungesteuert und hängt vom Gutdünken einzelner Personen oder unterschwelligen Gruppendynamiken ab. Man kann sich nicht mehr darauf verlassen, wer sich wann an welche Richtlinie hält und wie sie verstanden wird. Es entsteht die Illusion von Kontrolle bei gleichzeitigem Ansteigen der Ungewissheit.

Regulierung operationeller Risiken in Banken
Auch im Banksektor ist diese Dynamik zu beobachten. Durch verschiedene Mechanismen wie das Wegfallen stabiler Währungskurse, die Liberalisierung grenzüberschreitender Devisenströme sowie die zunehmende Verfügbarkeit und Gleichzeitigkeit der Transaktionen in Echtzeit ist der Finanzsektor ein Paradebeispiel für die extremer erfahrbare Komplexität, die es zu bewältigen gilt. Stefan Wolf und Fabian Brückner (2014) interviewten Risikomanager zur Umsetzung des operationellen Risikomanagements im Zuge der Bankenregulierungsinitiative Basel II. Ziel von Basel II ist es, die Risiken interner Verfahren

und Prozesse besser zu kontrollieren, einzuschätzen und in die Risikobetrachtung einfließen zu lassen. Die Untersuchung zeigt, dass der Wunsch nach mehr Prozesssicherheit vor allem zu einer Erhöhung der Regeldichte und einer umfassenden Standardisierung der Prozesse geführt hat: Der Auftrag von Basel II, stärker zu kontrollieren, hemmt die Mitarbeiter, Initiative zu ergreifen und mitzudenken. Sie sind unsicher und vermeiden es, in ungeregelten Situationen zu entscheiden. Sie geben den Regeln den Vorzug und ordnen ihre Wahrnehmung und ihr Einschätzungsvermögen unter. Sie möchten später nicht wegen einer Regelverletzung zur Verantwortung gezogen werden. Es entsteht ein Teufelskreis: Sobald eine neue Problemlage auftritt, wird eine neue Regel erfunden und dies fördert das Muster, keine Verantwortung für Entscheidungen unter Unsicherheit übernehmen zu wollen. Die Revisionsfähigkeit ist wichtiger als die Zuverlässigkeit des Ganzen. All dies führt dazu, dass die kollektive Achtsamkeit sinkt, weil Fehlentwicklungen seltener kommuniziert werden. Mitarbeiter nehmen sie zwar wahr, geben sie aber wegen der fehlenden Verantwortungsbereitschaft nicht weiter. Fehler »verschwinden in den Positionen« (Wolf u. Brückner, 2014) und bedingen latente neue Risiken.

Anspruch an Objektivität

Die Interviews von Brückner und Wolf zeigen die Folgen eines überhöhten Objektivitätsanspruchs. Risikomanager machen in ihrer Arbeit einerseits die Erfahrung, dass die Risikoeinschätzungen sehr subjektiv und von Annahmen getrieben sind und von vielen Zufällen abhängen. Die Einschätzungsprozesse erinnern aus Sicht der interviewten Risikomanager eher an das Treiben auf einem türkischen Basar. Andererseits stehen sie unter Druck, objektive Diagnosen zu liefern. Sie wissen, dass die so erzeugten Zahlen zu fixen Größen werden, auf deren Grundlage »rational« Folgeentscheidungen getroffen werden. Diese Widerspruchserfahrung erzeugt bei den Beteiligen Unsicherheiten, die zwangsläufig nur im Verborgenen in Form von Zynismus oder sarkastischen Kommentaren thematisiert werden können, solange an einer etablierten Logik festgehalten wird.

Bearbeitung von Komplexität durch Komplexität

Diese Beispiele zeigen: Komplexe Probleme können nur mit Komplexität bearbeitet werden. Diese Erkenntnisse verdanken wir auch der Kybernetik 2. Ordnung sowie der neuen soziologischen Systemtheorie: Wir können Komplexität nicht beherrschen, Vielfalt braucht Vielfalt, um sie zu bearbeiten. Um mehr wahrnehmen zu können, brauchen wir komplex gebaute Strukturen. Es geht also nicht um das Management *von* Komplexität, sondern um das Management *durch* Komplexität. Deshalb sorgen zum Beispiel kollektive Achtsamkeitspraktiken für die notwendige *requisite variety* (vgl. Ashby, 1956). Diese wird in der Organisation als

Ressource bewusst aufgebaut, sei es nun durch das bewusste Hinzuziehen und Ernstnehmen unterschiedlichster Perspektiven, um eine Situation differenzierter wahrzunehmen, sei es durch Redundanzen, alternative Lösungsmöglichkeiten oder zusätzliche Vernetzungen.

Organisationen müssen die Fähigkeit entwickeln, verschiedene Aufgabentypen voneinander zu unterscheiden und vor allem für komplexe Aufgaben geeignete Bearbeitungsformen zu finden. In Unternehmen, die Risikotechnologien nutzen, wird diese Unterscheidung zunehmend wichtig. Denn gerade in diesen Bereichen gilt es, sowohl zahlreiche komplizierte als auch komplexe Probleme zu bewältigen. Viele technische Aufgaben sind eher kompliziert, die klare Vorgaben und Checklisten für die Bedienung benötigen. Zeitgleich erfordert das Bedienen und Erhalten der Funktionsfähigkeit der Anlagen komplexe Abstimmungsprozesse, das sensible Beobachten von Abweichungen, das Zusammenspiel verschiedener Interessensgruppen und Wissensträger, das Berücksichtigen von Unterschieden im menschlichen Leistungsvermögen usw. Wie also können die zwei widersprüchlichen Bearbeitungslogiken koexistieren und wie wird gemeinsam bestimmt, welche Logik für welche Aufgaben sinnvoll ist?

5.3 Sicherheit als soziale Fiktion

Verbunden mit der neuen Sicht auf Sicherheit ist auch ein Zweifel, ob Sicherheit überhaupt möglich ist. Karl Weick beschreibt Sicherheit als ein dynamisches Nicht-Ereignis, also ein Ereignis, dass nur in seiner Abwesenheit beobachtet werden kann und deshalb eigentlich immer mit einer Erwartungsenttäuschung verbunden ist.

Für Luhmann ist Sicherheit eine soziale Fiktion (1991). Organisationen können sich ihm zufolge nicht zwischen riskanten oder sicheren Alternativen entscheiden. Jede Entscheidung in einem komplexen System birgt zwangsläufig Risiken. Weil wir nicht wissen, wie sich die Dinge in Zukunft entwickeln, können auch im Moment sicher erscheinende Alternativen keine Verlässlichkeit in der Zukunft garantieren. Weder gibt es risikofreies Verhalten noch richtige Entscheidungen, Risiken sind unausweichlich. Bei jedem Versuch, Unsicherheiten zu bearbeiten, geht man auch Risiken ein. Während man auf der Managementebene dazu neigt, sich mit Null-Fehlervisionen zu beruhigen, wird auf der operativen Ebene die Erfahrung gemacht, dass Risiken unumgänglich sind. Häufig reagieren Arbeiter auf Maßnahmen zur Verbesserung der Sicherheit aus gutem Grund skeptisch: Wenn wir es mit der Sicherheit und mit Null-Fehlern wirklich ernst nähmen, dann müssten wir das Werk schließen. Denn alles, was wir hier tun, ist riskant.

Sicherheit als Schutzversprechen

Sicherheit ist ein Leerbegriff, der sich aber gerade deshalb einer großen Beliebtheit erfreut (Luhmann, 1990). Er suggeriert, es gäbe etwas, das man verlieren könnte und das geschützt werden müsse. Luhmann empfiehlt daher, den Begriff Sicherheit aufzugeben, und ihn durch »Risiko« zu ersetzen. (Deshalb verwenden wir im Titel bewusst den Begriff Risikokultur und nicht Sicherheitskultur.)

Der Ruf nach mehr Sicherheit führt Luhmann zufolge schnell zu obsessiven Verschwörungstheorien und steigert die Bereitschaft, sich unkritischer auf Schutzmaßnahmen einzulassen. Angesichts der Bedrohung durch Terroranschläge nimmt zum Beispiel die Bereitschaft in der Bevölkerung zu, mehr Kontrollen zu akzeptieren, die die Privatsphäre und persönliche Freiheit einschränken. Auf der einen Seite verspricht Sicherheit Kontrolle, wird damit aber auch ständige Quelle für Enttäuschungen. So wird der Wunsch nach Sicherheit zum ständigen Motor für mehr Kontrolle, Regulation und Transparenz.

Unterscheiden von Risiko und Gefahr

Wenn es keine Sicherheit gibt, ist es eigentlich irreführend, Risiko als das Gegenteil von Sicherheit zu betrachten. Diese Überlegung scheint vielleicht kleinlich und theoretisch. Aber es macht einen Unterschied, ob ich die Möglichkeit einer Verletzung oder Krankheit als Sicherheitsproblem oder als Risiko meiner Lebensführung betrachte. Jede Interpretation provoziert eine andere Auseinandersetzung mit Krankheit und legt entsprechende Interventionen nahe: Einmal werde ich mich eher um den Schutz oder Erhalt meiner Gesundheit sorgen, die ich als eine feste Größe behandele. Das andere Mal steht im Vordergrund abzuwägen, welche Effekte mein Lebensstil für mein Überleben haben wird.

Unseres Erachtens eignet sich der Begriff Risiko besser dazu, angemessene Bearbeitungsformen in komplexen sozialen Systemen zu finden. Der Begriff Risiko drückt aus, dass ständig etwas schiefgehen kann und dass Organisationen für diese Herausforderung angemessene Bearbeitungsformen finden müssen.

Luhmann lässt den Begriff Sicherheit ganz fallen. Er schlägt vor, Risiko von Gefahr zu unterschieden. Das verweist auch darauf, dass Risiken ein beobachterabhängiges Phänomen sind. Risiken werden von Entscheidern produziert, Gefahren von Betroffenen erlebt. Ob man etwas als Gefahr oder als Risiko erlebt, hängt vom jeweiligen Standpunkt ab. Für die Bahn war das Projekt Stuttgart 21 ein unternehmerisches Risiko, aus Sicht der Kritiker war es eine Gefahr für die Bevölkerung. Grundsätzlich besteht die Gefahr, Opfer eines Terroranschlags zu werden. Mit dem Besuch eines Fußballspiels während der Europameisterschaft in Frankreich kurz nach den Terroranschlägen im Jahr 2016 entscheiden sich die Zuschauer, dieses Risiko einzugehen. Mit dem Bau eines Chemiewerks, eines Atomkraftwerks oder einer neuen Technologie entscheidet man sich also für das Risiko möglicher unerwünschter Nebeneffekte wie Produktaustritte, radioaktive Belastungen und den damit verbundenen Protesten. Nun gilt es angemessene Umgangsformen für diese selbstproduzierten Risiken zu finden.

Entscheidungen produzieren Risiken

Risiko ist das Wissen, dass jede Gewissheit nur auf Zeit zu haben ist. Jede Entscheidung für oder gegen einen bestimmten Weg, eine Technologie oder ein Verhalten im Hier und Jetzt enthält das Risiko des Scheiterns. Scheitern heißt dann, dass sich zu einem späteren Zeitpunkt herausstellt, dass man jetzt – also in der zu diesem Zeitpunkt vergangenen Gegenwart – hätte anders handeln sollen (vgl. Luhmann, 2003). Ob sich die Entscheidung in der gegenwärtig noch unbekannten, »künftigen« Zukunft bewährt, ist das Risiko, das der Entscheidende zwangsläufig in Kauf nehmen muss. So wurden zum Beispiel DuPonts FCKWs für Kühlgeräte zunächst als großartige Innovation gefeiert und erst später aufgrund ihrer schädigenden Wirkungen auf das Ozonloch und das damit verbundene Hautkrebsrisiko kritisiert. Entscheidungen transformieren eine unsichere oder »gefährliche« Situation in Gewissheit und Risiko.

Risiko als beobachterabhängige Konstruktion

Risiken sind keine feste Größen, sondern in erster Linie soziale Konstruktionen, die vom jeweiligen Betrachter abhängen. Einige Risiken, wie zum Beispiel der Flugverkehr oder das Risiko eines Terroranschlags werden von einigen Menschen als besonders groß beurteilt, obwohl sie eine eher geringe Eintrittswahrscheinlichkeit haben, während andere Gefahren, wie zum Beispiel im Straßenverkehr zu verunglücken, als weniger riskant angesehen werden, obwohl Statistiken das Gegenteil belegen. Risiken sind keine objektiven Größen, die wir in unser Kalkül in der Gegenwart miteinbeziehen müssen. Auch wenn es freilich möglich ist, zu bestimmen, wie wahrscheinlich ein bestimmtes Ereignis eintritt, so hängt die Berechnung des Risikos immer von den Annahmen und Berechnungsmethoden des Beobachters ab. Hinzu kommt ein unkalkulierbares Restrisiko, das in den Abwägungen aufgrund seiner Unberechenbarkeit nicht berücksichtigt wird.

Folglich sind auch mathematische Risikokalkulationen keine objektiven Fakten, sondern Ergebnis eines sozialen Konstruktionsprozesses. Schon allein die Frage, wo eine Organisation überhaupt hinschaut, also wo von vornherein ein Risiko vermutet oder befürchtet wird, hängt vom jeweiligen Werte- und Sinnsystem ab: Was halten wir für relevant und was nicht? Es kommt auf den gegenwärtigen Wissensstand und die vergangenen Erfahrungen an, was man sich überhaupt vorstellen kann. Zukunftserwartungen verändern sich und mit neuen Erfahrungen werden auch andere Risiken bestimmt. Douglas begreift Risiko als vorrangig kulturelles Phänomen, dem unterschiedliche Bedeutung zugeschrieben werden kann (Douglas, 1992). Risiko hat einen kohäsiven Effekt: Das, wovor wir Angst haben, fokussiert unsere Aufmerksamkeit, lässt uns näher zusammenrücken und vergrößert die Bereitschaft, die soziale Ordnung anzuerkennen.

Risikowissen produziert neue Risiken

Risiko hat immer potenziellen Charakter, es findet nicht im Hier und Jetzt statt. Es ist eine Prognose für eine noch unbekannte Zukunft, die aber nur in der Gegenwart getroffen werden kann. Auch wenn die Zukunft immer unbestimmt bleibt, hat das gegenwärtige Wissen um Risiken einen Effekt auf künftige Entwicklungen. Es beeinflusst unser Risikobewusstsein, dementsprechend lenken wir unser Augenmerk und ergreifen heute Maßnahmen, um künftige, potenzielle Risiken abzuwenden. Risikowissen hat einen Effekt auf die persönlichen Abstriche, die wir bereit sind zu machen, um unsere Zukunft sicherer zu gestalten.

Statistisches Wissen über Risiken beeinflusst Sicherungsmaßnahmen, die wiederum unser Risikobewusstsein und unser -verhalten verändern. »Mehr Wissenschaft verkleinert nicht notwendigerweise das Risiko, sondern schärft das Risikobewusstsein, macht Risiken überhaupt erst kollektiv sichtbar« (Beck, 2008, S. 28). Bekannte Risiken erzeugen darüber hinaus neue Risiken, wie die folgenden Beispiele zeigen:

- Das Wissen um das hohe Unfallrisiko im Straßenverkehr und die damit verbundene Verbesserung von Automobilsicherheitssystemen führt dazu, dass sich viele Fahrer sicherer fühlen und wagen, schneller zu fahren. Dies wiederum erhöht das Risiko für alle Beteiligten im Straßenverkehr.
- Bei der jüngsten Finanzkrise heizte der feste Glauben an die prinzipielle Berechenbarkeit von Risiken das Spekulationsverhalten der Anleger an. Gerade die neuen Methoden der Risikokalkulation, allen voran die sogenannte Black-Scholes-Formel, brachten den Handel mit strukturierten Finanzprodukten erst zum Blühen. Sie erhöhte die Risikobereitschaft der Spekulanten, die aufgrund der Formel das Risiko in seiner Volatilität für berechenbar hielten. Außerdem konnten zu erwartende Verluste versichert bzw. verbrieft werden. Diese wurden in Verbriefungen von Verbriefungen von Verbriefungen immer weiter verschachtelt, sodass das Risiko schließlich scheinbar zu vernachlässigen war. Warum also sollte man sein Glück nicht wagen? (vgl. Arnoldi, 2009)
- Das Wissen um das potenzielle Risiko eines Terrorangriffs verstärkt die Sicherheitsvorkehrungen an Flughäfen und erhöht das Risikobewusstsein für einen Anschlag, der im Vergleich zu einem Unfall auf der Straße oder an der Börse sein Geld zu verlieren, faktisch eher zu vernachlässigen ist.

  Die Reaktion auf unerwartete Ereignisse und wie Statistiken gedeutet werden, ist unberechenbar. Gigerenzer (2013) kritisiert die geringe Kompetenz der Bevölkerung in der Interpretation von Wahrscheinlichkeiten. So entschieden sich etwa in den Monaten nach 9/11 viele US-Bürger, das Auto zu nutzen, aus Angst vor weiteren Terroranschlägen im Luftverkehr. Es starben in den Folgemonaten auf amerikanischen Straßen etwa 1.600 Menschen mehr als üblich, weil sie das Risiko eines Terroranschlags auf ein Flugzeug meiden wollten und auf das Auto umstiegen. Diese Strategie zur Risikovermeidung erhöhte die Anzahl der Todesopfer von 9/11 um ca. die Hälfte.

- Neue Risiken entstehen auch durch Maßnahmen zur Risikominimierung. Ganz prominent zeigte sich dies beim Germanwings-Absturz U49525. Als eine Reaktion auf 9/11 wurde entschieden, die Cockpits von außen unzugänglich zu machen, damit potenzielle Terroristen die Maschine nicht unter ihre Kontrolle bringen können. Dies eröffnete für den psychisch kranken Piloten überhaupt erst die Möglichkeit für den erweiterten Selbstmord, der 149 Menschen das Leben kostete.

5.4 Zwei Interventionslogiken: Die Glasdecke überwinden

Zusammenfassend lassen sich zwei unterschiedliche Interventionslogiken bzw. Strategien im Umgang mit Risiko und Unsicherheit unterscheiden.

Logik I

Die erste Logik (Logik I) behandelt komplexe, soziale Systeme als komplizierte technische Systeme. Diese Beschreibung beruht auf der Annahme, dass Zukunft prinzipiell berechenbar ist. Unsicherheit soll mithilfe von Entscheidungen in Sicherheit verwandelt werden. Der temporäre Charakter dieser Sicherheit und die damit erzeugten Risiken werden ausgeblendet. Man entscheidet sich für eine Technik, einen Prozess oder eine Regel, um das Erwartbare zu kontrollieren.

Logik II

Logik II trägt der Unbestimmbarkeit der Zukunft Rechnung. Sicherheit ist kein Zustand, den man einmal erreicht und den man erhalten muss. Es geht um das Navigieren des Unerwarteten. Auch hier wird Unsicherheit durch Entscheidungen für Regeln, Routinen oder Pläne zwangsläufig in zeitweise Sicherheit bzw.

Wissen verwandelt, denn das Erzeugen von Erwartungsstabilität ist eine wichtige Funktion der Organisation in der Gesellschaft. Zusätzlich aber wird ein Sensorium entwickelt, um sich fortwährend mit dem eigenen Unwissen auseinanderzusetzen und notwendige Anpassungen vorzunehmen. Abweichungen sind dann kein Störfall, sondern ein Hinweis darauf, dass vergangene Entscheidungen zur gegenwärtigen Wirklichkeit nicht mehr passen. Es geht folglich um die Steigerung der organisationalen Lern- und Anpassungsfähigkeit.

	Logik I	**Logik II**
wahrgenommene Herausforderung	Lösen komplizierter, aber prinzipiell für berechenbar gehaltene Probleme	Bearbeitung von komplexen und prinzipiell unberechenbaren Lagen
Beschreibung	technisches/triviales System	soziales/nicht-triviales System
Ziel	Erhalt und Schutz von Sicherheit	Umgang mit gegenwärtig wahrgenommenen Risiken
Weg/Ansatz	Sicherheit durch Technik/Routine/Wiederholung	Umgang mit Risiken durch Organisieren kollektiver Achtsamkeit
Fokus	bewahren/stabilisieren	lernen/erneuern

Abb. 9: Unterschied von Logik I und Logik II

Selbstverstärkender Effekt von Logik I: Mehr desselben

Zwischen Logik I und Logik II liegt ein Hindernis (s. Abbildung 10). Denn Logik I hat eine Art selbstverstärkenden Effekt eingebaut, der zu Mehr-desselben führt. Der Wunsch nach Sicherheit ruft nach neuen Schutzmechanismen, weiteren Kontrollen und Regularien. Pläne, die nicht funktionieren, provozieren noch mehr bessere Planung. Wenn Regeln »noch nicht« funktionieren, braucht es detailliertere Regeln, es ist schwer, diesen Teufelskreis zu durchbrechen. Wir haben sicherheitsorientierte Organisationen dabei beobachten können, wie sie Anweisungen für die Verwendung eines Hammers oder die Nutzung eines Küchenmessers erarbeiteten, weil sich Mitarbeiter mit diesen Instrumenten verletzt hatten. In Veränderungsprozessen stellt sich die Frage, wie man aus diesem selbstverstärkenden Muster ausbrechen kann und wie die selbsterzeugten Schranken überwunden werden können. Die Reflexion der zugrunde liegenden Denkmodelle und die Entwicklung angemessener Selbstbeschreibungen ist hierbei unumgänglich (von der Maschine hin zum komplexen, sozialen System). Hält man an einer eher mechanistischen Selbstbeschreibung einer Logik I fest, bleibt man betriebsblind, andere Erklärungs- und Handlungsmöglichkeiten im Umgang mit Komplexität und Risiko bleiben verborgen.

Abb. 10: Die Glasdecke als unsichtbares Hindernis zwischen Logik I und Logik II

6 Logik I und Logik II im Alltag erkennen

Wenn man mit Führungskräften und Mitarbeitern an der Frage arbeitet, wie sie die kollektive Achtsamkeit in ihrer Organisation erhöhen könnten, wird man in der Regel häufig mit Argumenten, Meinungen und Ideen konfrontiert, die einer Logik I entsprechen. In solchen Situationen ist es hilfreich, den Unterschied zwischen Logik I und II schnell zu erkennen und aufzugreifen.

Auseinandersetzung mit dem Unterschied

Häufig arbeiten die verantwortlichen Führungskräfte und Experten mit implizit erworbenen Annahmen und Selbstverständlichkeiten. Ihnen scheint klar, was Sicherheit oder Zuverlässigkeit ist. Man muss hellhörig sein, gezielt Fragen stellen und es braucht Erfahrung, um in den Geschichten und Berichten die zugrunde liegenden Prämissen zu entdecken und ansprechen zu können. Erschwerend kommt hinzu, dass die Bereitschaft von Entscheidern nicht sehr ausgeprägt ist, sich mit den eigenen zugrunde liegenden Annahmen zu beschäftigen und diese kritisch zu reflektieren. In Beratungsprozessen erleben wir häufig abwehrende Reaktionen, wenn wir zu Beginn eines Veränderungsprozesses diese Frage aufbringen. Den Betroffenen scheint klar zu sein, was sie unter Sicherheit und Zuverlässigkeit verstehen. Bohrt man jedoch nach, besteht vor allem darüber Einigkeit, was man im Ergebnis erreichen möchte (weniger unerwünschte Ereignisse, mehr außergewöhnliche Leistung), aber es gibt noch kein gemeinsames Bild, wie ein angemessener Umgang mit Risiken oder zuverlässiges Organisieren aussehen kann.

Vorbereitung für die Praxis

Folgende Abschnitte stellen eine Art Vorbereitung für die Praxis dar, um den Unterschied zwischen den Logiken im Arbeitsalltag selbst besser erkennen und gezielt ansprechen zu können. Wir konzentrieren uns dabei auf einige typische Fragen, die in Prozessen zur Entwicklung einer Sicherheits- und Risikokultur immer wieder aufkommen. Dafür zeigen wir typische Argumente und Fragestellungen der beiden Perspektiven auf und wie die beiden Sichtweisen im Arbeitsalltag beobachtet werden können. Abbildung 11 gibt einen Überblick über die Fragestellungen und die Unterschiede von Logik I und Logik II.

Frage	Logik I: Kompliziert, aber prinzipiell lösbar	Logik II: Komplex, deshalb prinzipiell unberechenbar
	Weniger von …	**Mehr von …**
Wie erreichen wir Zuverlässigkeit?	**Schutz des Normalen**	**Einstellen auf Bedingungen im Fluss**
Was ist ein Fehler?	**Fehler als Störung**	**Fehler und Erfolge als Fenster zum System**
Was ist die Rolle des »menschlichen Faktors«	**»human failure« ist ein Problem**	**»human performance« ist eine Ressource**
Wie werden wir »achtsamer«?	**Achtsamkeit zwischen den Ohren**	**kollektive Achtsamkeit zwischen den Köpfen**
Wie fördern wir Verantwortung?	**zurückschauend**	**vorwärtsgewandt**
Wie prüfen wir?	**Misstrauen und Kontrolle**	**Vertrauen und respektvolle Beziehungen**
Wie erzeugen wir Sinn?	**Vergangenheitsbezug**	**Gegenwartsoffen**
Wie verhalten sich Führungskräfte?	**heroisch (»Sagen«)**	**postheroisch (»Fragen«)**
Woran messen wir Leistungsfähigkeit?	**Fokus auf Ergebniskennzahlen**	**Prüfen der Systemfitness**
Wie lernen wir?	**Finden eindeutiger Ursachen**	**Konstruieren plausibler Erklärungen**

Abb. 11: Logik I und Logik II – 10 Aspekte zur Unterscheidung

6.1 Von der Fehlervermeidung zur Resilienz

Logik I definiert Sicherheit als einen Zustand der Abwesenheit von Gefahren, inakzeptablen Risiken oder ungünstigen Ereignissen. Logik II beschreibt Zuverlässigkeit als die Fähigkeit, trotz unvermeidbarer Unsicherheiten dafür zu sorgen, dass die gewünschten Ergebnisse erzielt werden. Welche Konsequenzen haben die zwei Denkmodelle für die Auslegung in der Praxis?

Logik I: Vermeiden von Abweichungen

Vertreter der Logik erster Ordnung denken in etwa so:

1. Der Ablauf ist dann sicher, wenn alles normal bzw. nach Plan läuft. Wir müssen den Normalzustand des Systems aufrechterhalten und schützen. Die Anzahl unerwünschter Ereignisse und Abweichungen muss minimiert werden.
2. Wenn die Ergebnisse stimmen, gehen wir davon aus, dass alles richtig gelaufen ist.
3. Kommt es zu unerwünschten Ergebnissen, ist definitiv etwas falsch gelaufen.

Es werden zwei unterschiedliche, klar abgrenzbare Systemzustände unterstellt:
1. Entweder das System funktioniert oder
2. es funktioniert nicht.

Ist das Ergebnis falsch, muss herausgefunden werden, was im Prozess schiefgelaufen ist. Funktioniert das System, ist dies unnötig.

Dreh- und Angelpunkt in dieser Logik ist immer der Plan, also die Arbeit, wie sie sich vorgestellt wird. Entweder muss der Plan noch verbessert werden oder man muss dafür sorgen, dass er besser umgesetzt werden kann. Die grundsätzliche Haltung ist: Wir wissen, wie es richtig ist, es muss nur richtig ausgeführt werden! Natürlich kann passieren, dass das Konzept noch Lücken aufweist. Dann müssen wir so lange nachbessern, bis wir die perfekte Lösung haben. Das formale System mit seinen Regelwerken und Abläufen erscheint als wohl definiertes stabiles Gebilde, das in seiner sicheren Funktionsweise durch widrige Außeneinflüsse oder menschliches Versagen gestört wird. Folglich braucht es Barrieren, um das sichere Innere vor diesen widrigen Einflussgrößen so gut wie möglich abzuschirmen. Das erfordert von den Mitarbeitern vor allem Disziplin und Regelkonformität.

Logik II: Einstellen auf Bedingungen im Fluss

Die Argumentation von Logik II funktioniert hingegen so:
1. Sicherheit bzw. Zuverlässigkeit beschreibt unsere Fähigkeit, den Systemzustand trotz widriger Bedingungen aufrechtzuerhalten.
2. Damit dies unter komplexen Bedingungen gelingt, müssen wir uns angemessen flexibel an die konkreten Gegebenheiten und Unsicherheiten anpassen.
3. Wenn etwas schiefläuft, basiert dies auf denselben Gründen, warum die Dinge sonst richtig funktionieren. Fehler und Erfolge entspringen denselben kollektiven Bewältigungsmustern.
4. Wir müssen deshalb permanent lernen: Wie schaffen wir es, die Dinge unter verändernden Gegebenheiten trotzdem »richtig« zu machen? Welche Vorgehensweisen sind funktional und welche nicht?

Ausgangspunkt ist hier die Arbeit, wie sie tatsächlich ausgeführt wird (Erfahrungen oder auch *work as done*). Pläne und Vorgaben (Konzepte oder auch *work as imagined*) sind nur einige Komponenten neben anderen situativen Faktoren, die den Verlauf der Arbeit beeinflussen. Fehler entspringen deshalb auch nicht einem anderen, vom Normalzustand abzugrenzendem, dysfunktionalen Systemzustand. »Scheitern« basiert auf denselben Bewältigungsmustern, die in anderen Fällen zum Erfolg führen.

Wir können Logik I und II im Alltag beobachten, wenn …	
Logik I	**Logik II**
Führungskräfte sagen: »Wenn sich hier alle an die Regeln halten würden, dann würde hier auch nichts/weniger passieren!«	Führungskräfte und Mitarbeiter Regeln ernst nehmen (sie sind kondensiertes Erfahrungswissen), diese aber als Prototyp zur Bewältigung einer immer komplexeren operativen Realität gesehen werden.
keine oder wenige Fehler zu der Annahme führen, dass das System (endlich) funktioniert.	die tagtäglichen Bearbeitungsmuster im Umgang mit Komplexität überprüft werden: Wie funktioniert das Zusammenspiel von Regeln/Konzepten und situativen Anpassungsnotwendigkeiten?
nach unerwünschten Ereignissen die Arbeitsanweisungen geändert und keine weiterführenden Fragen gestellt werden.	sich niemand damit zufriedengibt, »nur« aus den wenigen Ereignissen zu lernen, die unerwünscht sind. Erfolgreiche Leistungen entspringen denselben Mustern.
Investitionen in Zuverlässigkeit als überflüssige Kosten erscheinen, vor allem, wenn länger nichts mehr passiert ist.	jede Investition in Zuverlässigkeit als Beitrag zur Steigerung der Leistungsfähigkeit gewertet wird.

Abb. 12: Hinweise auf die beiden Logiken in der Praxis

6.2 Störung oder Fenster zum System

Während Fehler und Abweichungen im Lichte einer Logik I als punktuelle Störungen eines grundsätzlich wohl-definierten Systems gewertet werden, sind unerwartete Ereignisse für Vertreter einer Logik II an der Tagesordnung – unabhängig davon, ob die Dinge wie erwartet richtig oder unerwartet falsch ausgehen. Deshalb können Fehler und Erfolge gleichermaßen als Fenster zum System genutzt werden, um etwas über den Systemzustand zu lernen.

Logik I: Fehler als feste Größe

»I knew everything was going alright, because I never got a report that anything was wrong«, so die Aussage eines Managers in einer Unfalluntersuchung nach einer großen Explosion auf der Öl-Plattform Piper Alpha Oil Rig in der Nordsee im Jahr 1988 (zitiert von Dekker, 2014, S. 174). Solange alles in Ordnung ist, läuft alles nach Plan. Das System funktioniert. Erwartungskonforme Ergebnisse beweisen, dass die Aufgabe richtig ausgeführt wurde. Zu Aha-Effekten kommt es erst, wenn Erwartungen enttäuscht werden.

Aus Perspektive von Logik I sind Fehler eine feste Größe. Es ist zu jedem Zeitpunkt klar, was richtig und was falsch ist, und deshalb steht auch fest, was als Fehler zu bezeichnen ist. Die Betrachtung von Fehlern geschieht dabei immer im Nachhinein. Das Ergebnis bestimmt, ob der Prozess oder Arbeitsschritt richtig oder falsch ausgeführt wurde. Der Bewertungszeitpunkt spielt jedoch keine Rolle: Ein Fehler ist ein Fehler, eine konstante Größe, die man nur hätte früher erkennen müssen.

Logik II: Fehler und Erfolge als Fenster zum System

Vertreter der Logik II halten dem entgegen, dass die Abwesenheit des Fehlers noch kein Beweis dafür ist, dass alles nach Plan läuft. Auch im Normalfall gibt es viele Abweichungen, die aber häufig unbeobachtet bleiben, weil wir im Nachhinein so tun, als sei alles regelkonform abgelaufen. Diese Abweichungen müssen auch nicht unbedingt negativ sein. Als glückliche Umstände oder geistesgegenwärtiges Reagieren der Mitarbeiter tragen sie oft zur erfolgreichen Aufgabenerledigung bei.

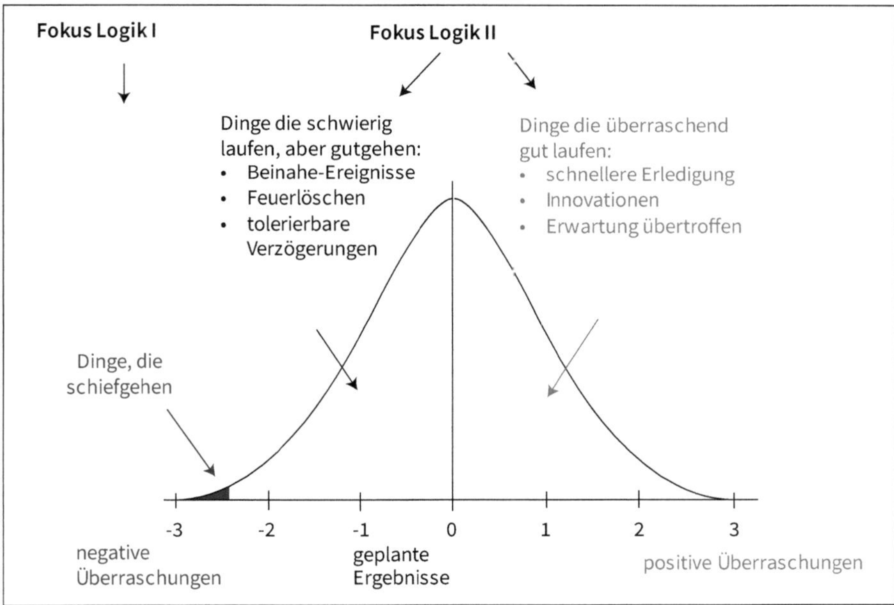

Abb. 13: Positive und negative Planabweichungen (in Anlehnung an Hollnagel, Wears u. Braithwaite, 2015)

Abbildung 13 illustriert die Verteilung von positiven und negativen Planabweichungen bei komplexen Aufgaben. Diese Abweichungen sind keine Ausnahme an den Enden einer Normalverteilung, sie sind die Regel. Dazu gehören Tätigkeiten, die überraschend schwierig verlaufen sind wie Beinahe-Ereignisse, die durch geistesgegenwärtiges »Feuerlöschen« noch verhindert werden konnten. Oder es sind Verzögerungen, die zwar so nicht geplant, aber noch tolerierbar waren. Zu den Planabweichungen zählen ebenso Ereignisse, die im Nachhinein als positiv bewertet werden, wie eine schnellere oder überraschend gute Erledigung einer Aufgabe oder eine Überraschung, aus der sich etwas Neues ergibt.

Unabhängig, ob ein Ereignis im Nachhinein als Fehler oder Erfolg gewertet wird, stellt es immer eine Gelegenheit dar, etwas über die Fähigkeit im Umgang mit Komplexität, Risiko und Unsicherheit zu lernen. Es kann genutzt werden, um etwas über das eigene Nicht-Wissen und verborgene Zusammenhänge im System zu lernen.

Umgang mit Fehlern	
Logik I	**Logik II**
Es wird vor allem nach Fehlern gesucht, wie das System besser vor Störungen geschützt werden kann (z.B. menschliche Fehlleistungen oder störende Außeneinwirkungen)	Fehler und Erfolge sind Anlass, die zugrunde liegenden Systemzusammenhänge und die eigene Anpassungsfähigkeit zu ergründen: Wie gehen wir mit unerwarteten Situationen um? Was hilft und was ist riskant?
Wenn länger nichts passiert, sinkt auch die Bereitschaft, in Zuverlässigkeit zu investieren	Auch in Zeiten des Erfolgs wird gezielt nach Abweichungen, Besonderheiten und Unklarheiten gesucht.
Wie schützen wir unser System gegen die Fehleranfälligkeit unserer Mitarbeiter?	Was brauchen unsere Mitarbeiter, um vor Ort schnell zu guten Ad-hoc-Einschätzungen zu kommen? Wie legitimieren wir solche Entscheidungen, auch wenn sich diese im Nachhinein als Fehler herausstellen?

Abb. 14: Umgang mit Fehlern

6.3 Von human failure zu human performance

Das unterschiedliche Verständnis von Fehlern eröffnet auch eine andere Sicht auf Beitrag des »Faktor Mensch«.

Logik I: Der Mensch als Fehlerquelle

Wenn man davon ausgeht, dass man wissen kann, wie es richtig geht, so erscheinen unerwartete Ereignisse im Nachhinein schnell als Resultat menschlicher Fehlleistungen, weil man dann überrascht feststellt, dass das Verhalten in vielen Punkten von den Vorgaben abweicht: Die Checkliste wurde nicht genutzt, die Unterschrift an falscher Stelle platziert, der Kunde oder Lieferant nicht frühzeitig informiert. Das Ventil hätte doch vorher entlüftet werden müssen, die Schutzkleidung war nicht richtig angelegt, das vorgeschriebene Vier-Augenprinzip wurde nicht befolgt. Abweichendes Verhalten erscheint als Fehlleistung: Wie kommt es, dass die Beteiligten vom »richtigen« Weg abgewichen sind? Hätten sie sich an die Regeln gehalten, wäre auch nichts schiefgelaufen.

Die Feststellung, das es sich »mal wieder« um eine menschliche Fehlleistung oder eine Unachtsamkeit gehandelt hat, hinterlässt die Vertreter dieser Sicht allerdings auch ein wenig ratlos. Gegen menschliche Fehler scheint kein Kraut gewachsen. Fragezeichen gibt es vor allem, wenn es um die Motive für die Irrtümer geht: War es Absicht oder grobe Fahrlässigkeit? Oder ist die Abweichung unabsichtlich, durch Unwissenheit oder Unaufmerksamkeit entstanden?

Logik II: Der Mensch als Ressource für Sensemaking

Mit Logik II erfahren solche Regelabweichungen eine neue Bewertung. Da im Moment der Entscheidung noch nicht klar ist, was richtig und was falsch ist, interessiert nach einem diagnostizierten Fehler, warum das abweichende Verhalten im Moment funktional war. Man geht davon aus, dass in anderen Fällen genau das gleiche Verhalten oder die gleiche Regelabweichung die Situation vielleicht gerade noch einmal gerettet und zum Erfolg geführt hat.

Aus Sicht von Logik II geht es darum, warum die im Nachhinein als falsch gewertete Entscheidung während der Durchführung den Beteiligten offenbar richtig erschien. Die Frage lautet, wie die tiefer liegenden Muster der Zusammenarbeit aussehen:

- Warum hat das Verhalten oder die Entscheidung für die Beteiligten Sinn ergeben, auch wenn wir dies im Nachhinein als Fehler bewerten?
- Wofür war das heutige Problem in der konkreten Situation ein Lösungsversuch? Wie haben die Beteiligten versucht, die Dinge richtig zu machen?
- Wie können wir unserer Muster im Umgang mit Komplexität und Risiken weiterentwickeln?

Der Fokus richtet sich also auf die Bewältigungsmuster in der konkreten Situation. Für dieses kollektive Lernen ist nicht entscheidend, ob man Ereignisse nutzt, die im Nachhinein als Fehler oder als Erfolg bewertet werden. Sowohl Fehler und Erfolge sind geeignete Fenster zum System, also Möglichkeiten, etwas über die komplexen Zusammenhänge und die dafür notwendigen Bewältigungsmuster zu lernen. Die Beschäftigung mit dem Alltagsgeschehen macht erfahrbar, dass Sicherheit eine kontinuierlich zu erbringende Leistung ist.

FALLBEISPIEL

Bewertung von Abkürzungen und Workarounds

Abkürzungen kommen im Alltag immer wieder vor, handelt es sich nun um das Umgehen einer Sicherheitsregel wie das Tragen von Schutzkleidung oder das Ignorieren einer Vorschrift bei der Beratung von Kunden. Abkürzungen beschleunigen den Prozess. Wir lassen diesen Arbeitsschritt aus, obwohl er eigentlich vorgeschrieben ist. Wir sprechen diese Beauftragung hier nicht wie vorgeschrieben mit dem Einkauf ab. Heute nutzen wir ein anderes Werkzeug, weil das eigentlich vorgesehene Teil nicht wie geplant an seinem Platz liegt und wir nicht warten können …

In vielen Fällen führen solche Norm- oder Regelverletzungen dazu, dass die Aufgaben schneller oder erwartungsgerecht erfüllt werden, obwohl die offizielle Bearbeitungsform aus Sicht der Beteiligten nicht optimal ist. In den meisten Fällen führen Abkürzungen also zu erwünschten Ergebnissen und nicht zu Fehlern: Aufgaben werden schnell erledigt und alles geht gut. Keinen interessiert, wie die Ergebnisse zustande gekommen sind und häufig ernten wir sogar noch Lob: Das habt ihr super hingekriegt! Ganz erstaunlich, was ihr in so kurzer Zeit geleistet habt! Die Folge ist, dass das (folgenlose und erfolgreiche) Verhalten wiederholt wird.

Allerdings sieht die Welt anders aus, wenn es zu Störungen kommt. Jetzt stehen die negativen Konsequenzen des abweichenden Verhaltens im Fokus. Das Verhalten bekommt eine andere Bewertung. Jetzt werden die Abweichungen in der Ausführung, die zu dem negativen Ergebnis geführt haben, analysiert: Wie kann es sein, dass die Regeln nicht vorschriftsgemäß eingehalten wurden? Wenn man sich in einem solchen Fall nur auf das Einzelereignis konzentriert, erscheint es als Ausnahme, denn in den anderen Fällen ist ja alles richtig gelaufen. Automatisch steht nicht das eingespielte, mitunter auch funktionale Muster auf Systemebene im Fokus, sondern das fehlerhafte Verhalten der in diesem Ausnahmefall beteiligten Personen: Wie kann es sein, dass sie sich nicht wie alle anderen an die Regel gehalten haben? Hätten die Mitarbeiter an die Vorgaben eingehalten, wäre (wie sonst auch) alles richtig gelaufen und es wäre nicht zu dem Fehler gekommen.

Vertreter einer Logik II würden sagen: Abweichungen vom Plan sind eher der Normalfall und nicht die Ausnahme. Die Anpassungsleistungen der Mitarbeiter sorgen in vielen Fällen dafür, dass die Aufgaben trotz widriger Umstände richtig erledigt werden, sie sind für uns also eine wichtige Ressource. Wir müssen lernen, wie wir uns an verändernde Situationen anpassen und welche »Abweichungsstrategien« hilfreich bzw. riskant sind.

Die Wahrnehmungs- und Reaktionsfähigkeit der Mitarbeiter bekommt einen hohen Stellenwert – allerdings nicht aus rein humanistischen Gründen, sondern als Ressource im Umgang mit Komplexität. Der »Rechner Mensch« (vgl. Baecker, 2008) wird aufgrund seiner einzigartigen Bedeutung für das Konstruieren mentaler und sozialer Aufmerksamkeit zu einer zentralen Ressource im Umgang mit Komplexität und Unsicherheit. Denn Menschen können etwas, was Maschinen und Computern nicht gelingt: Er kann seine eigene Lage reflektieren und neue Zusammenhänge herstellen. Darüber hinaus kann er andere, bisher ausgeschlossene Handlungsmöglichkeiten oder alternative Entwicklungsverläufe mitdenken und entsprechend agieren, zum Beispiel bei selbst gesetzten Regeln oder ursprünglich gefassten Plänen. Und der Mensch kann geistesgegenwärtig »nein« sagen, um die Richtung zu ändern. Diese Fähigkeiten sind vor allem da relevant, wo wichtige Beschlüsse getroffen werden und wo geistesgegenwärtiges Wahrnehmen und Entscheiden notwendig ist – in der Führung, im Kundenkontakt, im Verhandeln mit Netzwerkpartnern oder im Umgang mit Hochrisikotechnologien.

Wohin mit den faulen Äpfeln?

»Aber es gibt sie doch, die schwierigen Mitarbeiter, die ‚faulen Äpfel', die immer wieder durch Fehler auffallen. Oder die Unbelehrbaren, die trotz mehrfacher Aufforderung die Regeln immer wieder missachten«, werden Traditionalisten vielleicht erwidern.

Vertreter der Logik II halten dem entgegen: Kein Mitarbeiter tritt an, um einen schlechten Job zu machen. Wir unterstellen, dass jeder Mitarbeiter versucht, sein Bestes zu geben (auch wenn es von dieser Regel Ausnahmen gibt). Andere Personen hätten auf der Grundlage der vorhandenen Informationen und mit derselben Einstellung höchstwahrscheinlich ähnlich gehandelt. Manchmal aber werden die wohlintendierten Versuche, Probleme zu lösen, selbst zum Problem. Die Art und Weise, wie einige Mitarbeiter in der Organisation gelernt haben, mit der konkreten und komplexen Gemengelage aus technischen Schwierigkeiten, Personalmangel, Effizienzanforderungen, Druck, Effekten der Hierarchie, persönlichen Stimmungen und Befindlichkeiten, Anreizsystemen oder widersprüchlichen Managementerwartungen und -botschaften umzugehen, kann für die zuverlässige Bearbeitung der anstehenden Aufgaben unangemessen sein. Hier gibt es viel zu lernen. Deshalb müssen wir unsere eigenen Muster Tag für Tag kritisch hinterfragen, um mehr über unsere Antizipations- und Resilienzfähigkeiten zu lernen: Was sind angemessenere Formen, um mit Komplexität und Risiko umzugehen?

Um mehr über die tiefer liegenden Muster zu lernen, die bei der Entstehung von Fehlern, Problemen oder unerwünschten Ereignissen beteiligt sind, interessiert uns das Zusammenspiel von einzelnen Mitarbeitern, die Zusammenarbeit im Team und schließlich der Einfluss organisationaler Strukturen wie den hierarchischen Verhältnissen, den formalen Arbeitsabläufen und Entscheidungsfindungsprozeduren: Was haben die Mitarbeiter in der Situation konkret wahrgenommen? Wie haben sie es sich erklärt, aufgrund welcher Annahmen? Welche anderen Informationen, Mitarbeiter oder Experten standen zur Verfügung, um sich ein besseres Bild von der Situation zu machen und warum wurden sie nicht genutzt? Welche Prozesse waren involviert und wie wurden sie genutzt? Wie und von wem wurden Entscheidungen gefällt und warum? Statt also reflexartig »Wer ist schuld?« zu fragen, machen wir uns Gedanken, welche Praktiken und Kontextbedingungen dem Mitarbeiter geholfen hätten, sich ein besseres Bild von der Situation zu machen (s. Abbildung 15).

Umgang mit dem »menschlichen Faktor«	
Logik I	**Logik II**
Die erste Frage nach einem Ereignis ist: Wer war es?	Führungskräfte sorgen für eine gute Balance von möglichen Erklärungen auf System- und Personenebene.
Nach Regelabweichungen wird gefragt: Warum hat der Mitarbeiter die Aufgabe nicht richtig ausgeführt?	Nach Regelabweichungen wird gefragt: Aus welchem Grund war das abweichende Vorgehen in dieser Situation sinnvoll? Welches Problem wurde auf diese Weise gelöst?
Führungskräfte beschweren sich über die Dummheit oder die Unachtsamkeit ihrer Mitarbeiter.	Es gibt eine wertschätzende Haltung und Führungskräfte sagen: Jeder von uns tut sein Bestes. Wir wollen lernen, warum intelligente Leute mit guten Intentionen sich so verhalten haben.
Der menschliche Fehler ist eine häufig festgestellte Ursache.	Der menschliche Fehler ist nicht die Ursache, sondern der Startpunkt der Untersuchung tiefer liegender Muster und systemischer Bedingungen.
Vergeltung oder Bestrafung sind nach Ereignissen eine logische Konsequenz und werden schnell und ad hoc ausgesprochen.	Es wird versucht, sich in die vergangene Situation hineinzuversetzen: Warum hat das Verhalten in dieser Situation Sinn ergeben?

Abb. 15: Umgang mit dem menschlichen Faktor

6.4 Von eindeutigen Ursachen hin zu retrospektiven Erklärungen

What you call ›root cause‹ is simply the place where you stop looking any further.
Decker, 2014, S. 76

Wenn etwas misslungen ist, möchten wir gerne erfahren, was die Ursache dafür war. Typisch für Logik I ist die Suche nach einer eindeutigen Ursache. Logik II betrachtet hingegen jede Ursachenanalyse als retrospektiven Konstruktionsprozess. Aus dieser Perspektive ist vor allem die Prozessgestaltung relevant, weil diese beeinflusst, wie die plausiblen Erklärungen im Nachhinein zustande kommen.

Logik I: Suche nach eindeutigen Ursachen
In der Praxis werden in der Regel Root-Cause-Analysen, Problembäume oder das Tripod-Verfahren eingesetzt, um die Ursachen nach einem Ereignis zu ergründen. Man möchte sich nicht mit den oberflächlichen, vordergründigen Erklärungen eines Problems zufriedengeben, es geht darum, seine eigentlichen Wurzeln zu ergründen. Dabei werden nicht nur menschliche Fehlleistungen, sondern auch die systemischen Bedingungen wie technische Störungen oder Unzulänglichkeiten in der Organisationsgestaltung genau untersucht.

Allerdings entspringen auch Wurzelanalysen einer Logik I. Implizit wird ein kompliziertes und kein komplexes System unterstellt. Root-Cause-Analysen suggerieren, man könne einige tiefer liegende Ursachen eindeutig identifizieren. Gelänge es, diese Ursachen zu beseitigen, dann – so die Annahme – sei das Problem an der Wurzel gepackt und gelöst. Anbieter von Verfahren zur Root-Cause-Analyse versuchen mit umfangreichen Ursachenkatalogen, Unternehmen dabei zu helfen, Fehlerquellen zu analysieren und im Nachhinein zu systematisieren. Es entsteht ein Überblick über statistisch häufige und weniger häufige Ursachen. Damit wird implizit die Vorstellung genährt, es gäbe eine endliche Anzahl von Fehlerquellen, die es zu beseitigen gilt. Irgendwann, so die Hoffnung, hat man das komplizierte Problem endlich gelöst und alle Ursachen ausgemerzt.

So logisch und so verführerisch dieser Ansatz auf den ersten Blick erscheint – die Grenzen dieses Vorgehens zeigen sich in der praktischen Umsetzung: Meistens fällt es noch leicht, die Wurzeln für technische Probleme zu finden. Das eindeutige Identifizieren der Ursachen für sogenannte verhaltensbasierte Probleme fällt schon schwerer: Was war die eindeutige Ursache dafür, dass der Mitarbeiter das Ventil nicht geöffnet hat? Oder woran lag es, dass man sich im Team für diese (im Nachhinein ungünstige) Lösung entschied? War es individuelle Fahrlässigkeit oder einfach Unachtsamkeit? Lag es an mangelndem Training, an Fehlinformationen, Checklisten, dem aktuellen Restrukturierungsprogramm, dass die Aufmerksamkeit absorbiert war? Gab es Stress in der Messwarte, Mindestbesetzung oder lag es daran, dass es mal wieder schnell gehen sollte? Root-Cause-Analysen kommen deshalb in 80 Prozent aller Fälle zu dem Schluss, dass es menschliche Fehlleistungen oder verhaltensbedingte Ursachen waren, die zu dem Ereignis geführt haben.

Logik II: Ursachen als retrospektive Erklärungen

> *Komplexitätsbewältigung bewährt sich nur im Nachhinein. Und nur im Nachhinein kann einem auffallen, dass man etwas übersehen hat, was möglicherweise tauglich wäre zur Komplexitätsbewältigung.* Baecker, 1992

Was ist die grundlegende Ursache für einen Fehler? Diese Frage ist genauso absurd wie die Frage, was die eindeutige Ursache dafür war, dass etwas richtig gelaufen ist. Die realen Arbeitssituationen sind zu komplex, als dass wir die eindeutigen Ursachen für ihren Ausgang benennen können (vgl. dazu Dekker, 2014). Aus Sicht von Logik II ist es deshalb gar nicht möglich, im Nachhinein eindeutige Ursachen zu finden bzw. die tatsächlichen Ursachen zu rekonstruieren. Vielmehr werden die Ursachen im Nachhinein *neu konstruiert*. Ex post ist die Wissensgrundlage der Ursachenerforschung immer eine andere als in der konkreten Situation. Zum einen weiß man *mehr*, zum Beispiel über das Ergebnis bestimmter Verhaltensweisen oder Entscheidungen. Zum anderen weiß man aber auch *weniger*, zum Beispiel über die Zusammenhänge, Gegebenheiten und Verstrickungen in der konkreten Situation, die im Nachhinein nie ganz vollständig erfasst werden kann.

Logik II führt uns die Relativität unserer Ursachenanalysen vor Augen: In jeder Untersuchung konzentrieren wir uns auf einige wenige bestimmte Aspekte. Wir stellen Zusammenhänge zwischen Ursachen und Wirkungen her, die uns im Nachhinein plausibel erscheinen. Aus Sicht einer Logik II sollte man statt von den eigentlichen Ursachen besser von *plausiblen Erklärungen* sprechen.

Jede Ursachenanalyse erfordert retrospektives, kollektives Sensemaking. Wir erfinden die vergangene Gegenwart in der jetzigen Gegenwart neu. Was erinnert wird und wie Zusammenhänge konstruiert werden, hängt dabei von der Gestaltung des Sensemaking-Prozesses ab. Es kommt darauf an, welche Fragen überhaupt gestellt werden. Dabei hat es einen Einfluss, welche Perspektiven vertreten sind und welche Vorannahmen bestehen. Auch die hierarchischen Verhältnisse und politische Überlegungen beeinflussen das Ergebnis: Wer hat das Sagen am Tisch? Wem wird zugehört? Wer hält lieber seinen Mund? Was wird mit den

Ergebnissen passieren? Wer wird damit später arbeiten? Welche Ergebnisse werden von anderen erwartet?

Die neu konstruierte vergangene Gegenwart erscheint immer eindeutiger als die tatsächliche Situation. Schließlich beschäftigt man sich nur mit wenigen Teilaspekten und reduziert damit Komplexität. Im Nachhinein scheint es klar, was man hätte besser machen können. Man erkennt nun die Zusammenhänge, die man in der vergangenen Gegenwart noch nicht gesehen hat. Die Frage nach der Root Cause ist aus Sicht einer Logik II deshalb keine Entscheidung über richtig oder falsch, sondern eine Entscheidung, wie man sucht. Vor allem aber ist es eine Frage, wann man aufhört zu suchen. Abbildung 16 zeigt, in welchen Zusammenhängen sich Logik I und II im Alltag bemerkbar machen.

Lernen von unerwarteten Ereignissen	
Logik I	**Logik II**
Nach einem Ereignis soll die tatsächliche Ursache schnell gefunden werden und man einigt sich schnell auf eine Hauptursache.	Führungskräfte sagen: Wir kennen die wahre Ursache nicht. Wir sammeln plausible Erklärungen, um aus dem Ereignis zu lernen.
Rekonstruierte Ursachen werden als wahr und eindeutig betrachtet.	Es werden bewusst vielfältige Erklärungen und Hypothesen gesammelt – auch wenn sich einzelne Erklärungen widersprechen.
Ereignisse werden vor allem von Experten untersucht.	Die direkt Beteiligten werden als Experten der Situation befragt: Wie haben Sie die Situation erlebt?
Führungskräfte sagen: Wir werden den wahren Ursachen auf den Grund gehen und dafür sorgen, dass dies nie wieder passieren kann.	Führungskräfte kommunizieren Unsicherheiten und Zweifel: Was wir uns nicht erklären konnten war …
Ursachenanalysen haben den Anspruch, eindeutige und wahre Ursachen bzw. Wurzeln zu finden.	Ursachenanalysen werden bewusst als Konstruktionsprozess gestaltet und der Einfluss von Selektion, Zuschreibungen, Hierarchie und Mikropolitiken wird berücksichtigt.

Abb. 16: Lernprozess nach unerwarteten Zwischenfällen

6.5 Von Achtsamkeit zwischen den Ohren zur Achtsamkeit zwischen den Köpfen

I think that more flow of information,
the ability to stay connected to more people
makes people more effective as people.
Mark Zuckerberg, CEO Facebook

Wenn es um Achtsamkeit geht, fragen sich viele Führungskräfte: Wie bekommen wir diese Fähigkeit in die Köpfe der Leute? Aus Sicht einer Logik I ist Achtsamkeit eine Frage des individuellen Vermögens und der Einstellung der Mitarbeiter. Aus Sicht von Logik II stellt sich für Unternehmen die Frage, wie zwischen den Köpfen Sinn erzeugt wird.

Logik I: Achtsamkeit ist eine Sache der Einstellung und des Könnens

Achtsamkeit hängt aus Sicht von Logik I vor allem vom Verhalten jedes einzelnen Mitarbeiters ab. Führungskräfte ergreifen Maßnahmen, um das Denken und die Einstellung ihrer Mitarbeiter zu beeinflussen. Die Aktionen und Initiativen, die Mitarbeiter zu einer anderen Haltung und zu zuverlässigerem Arbeiten motivieren und sensibilisieren sollen, sind vielfältig und einfallsreich: Da findet man Spiegel in den Waschräumen, die mit auffordernden Sprüchen wie »Sicherheit liegt in Deiner Verantwortung, sei achtsam!« den Einzelnen an seine individuelle Verantwortung für die Sicherheit oder einen angemessenen Umgang mit Risiken erinnern. Oder es werden mit viel Aufwand Parcours aufgebaut, um den Mitarbeiter auf mögliche Stolperfallen aufmerksam zu machen. Bilder von Unfallopfern oder Poster von mahnenden Kollegen sollen die persönliche Betroffenheit und damit die individuelle Aufmerksamkeit erhöhen. Führungskräfte ermahnen und ermuntern zur Achtsamkeit: Passt besser auf! Achtet darauf, die Dinge richtig zu machen!

Die Aufgabe von Führung besteht in dieser Logik darin, die richtigen Instrumente und Wege zu finden, um auf die »Köpfe« der Mitarbeiter einzuwirken und sie zu motivieren. Zurzeit ist es in Mode, Führungskräfte mit den Erkenntnissen der Hirnforschung vertraut zu machen. Wenn wir besser verstehen, wie die Hirne unserer Mitarbeiter funktionieren – so die Annahme – können wir diese auch besser aktivieren. Solche trivialen und instrumentellen Steuerungsvorstellungen sind erfahrungsgemäß vor allem für die Unternehmensspitze attraktiv. Die Organisation ist Mittel zum Zweck. Führung handelt aus einer Außenposition heraus, sie ist nicht Teil des »Problems«.

Allerdings führen diese Vorstellungen aber auch zu Ratlosigkeit und Ohnmachtsgefühlen, vor allem, wenn es um die Flächenwirkung geht: Wie sollen wir es bloß schaffen, alle zu erreichen? Wir können uns ja nicht jeden einzelnen Kopf hineinbohren. Unsere Mittel sind begrenzt. Wie halten wir die Motivation in den »Köpfen der Leute« im Alltag dauerhaft aufrecht?

Logik II: Kollektive Achtsamkeit als organisationale Kompetenz
Aus Sicht von Logik II liegt der entscheidende Hebel für die Steigerung der Achtsamkeit im sozialen System (vgl. Abschnitt 2.4.2). Kollektive Achtsamkeit entsteht nicht zwischen den Ohren, sondern *zwischen* den Köpfen, im Kollektiv der Mitarbeiter. Achtsamkeit ist das Resultat des *intelligenten Verknüpfens* von Sinneseindrücken der einzelnen Mitspieler. Bewusst gestaltete Rituale wie ein FOD Walk, ein Morgenritual bevor jeder an seinen Schreibtisch geht oder das Fragen nach Besonderheiten in Managementmeetings regen Mitarbeiter dazu an, ihre individuellen Wahrnehmungen zu kommunizieren. Die Achtsamkeitspraktiken liefern die Spielregeln, wie die eingebrachten Informationen gemeinsam ausgewertet werden. Sie erhöhen die Variation (Welche Veränderungen nehmen wir wahr?), fördern die gemeinsame Selektion der Eindrücke (Welche Relevanz hat das für uns?) und die Neuorientierung (Wie müssen wir entscheiden bzw. was müssen wir verändern, um weiterzumachen?).

BEISPIEL

Individuelle und kollektive Achtsamkeit
Laut Statistischem Bundesamt liegt die Anzahl der Verletzten im Flugverkehr pro einer Milliarde Reisekilometer in vier Jahren bei 0,3 Verletzten. Der PKW-Verkehr hingegen verzeichnet 276 Verletzte. Auch gemessen an den Todesfällen ist das Flugzeug am sichersten. Pro Milliarde Reisekilometer stirbt dort niemand, der Autoverkehr verzeichnet 2,9 Tote (vgl. Handelsblatt vom 11.07.2013). Ein Grund dafür ist, dass es im Straßenverkehr weniger Möglichkeiten gibt, kollektive Achtsamkeit zu organisieren. Anders als bei der Luftfahrt haben wir es mit einem flüchtigen System zu tun. Die Möglichkeiten, kollektive Achtsamkeit zu entwickeln und zu beeinflussen, sind äußerst begrenzt. Es gibt strikte Regeln und als Straßenverkehrsteilnehmer kann ich selbst mein Bestes versuchen, aufmerksam zu bleiben. Darüber hinaus muss mich darauf verlassen, dass meine Mitstreiter sich ähnlich bemühen. Mir bleibt nicht viel mehr als die Hoffnung, dass auch die anderen unbeschadet an ihr Ziel kommen wollen und dass sie versuchen, dem Verkehr eine ähnlich hohe Aufmerksamkeit zu widmen. Ich habe nur wenige Möglichkeiten, mich mit anderen Verkehrsteilnehmern darüber auszutauschen, welche Risiken es gibt und wie wir mit ihnen umgehen wollen. Ich kann Hupen oder anderen einen Vogel zeigen, aber es fehlt an weiteren Interaktionsmöglichkeiten, um sich gegenseitig zu unterstützen, wach zu

halten, Feedback zu geben oder um eine brenzlige Situation geistesgegenwärtig einzuschätzen. Anders in der Luftfahrt: Für die gesamte Crew ist es zum Beispiel eine Pflicht, im morgendlichen Briefing-Gespräch nochmal die Rollen zu klären, sich wechselseitig für mögliche Abweichungen zu sensibilisieren und nach Befindlichkeiten zu fragen: Wer ist heute dabei und wer macht was? Was erwarten wir voneinander und was ist heute wichtig, was muss funktionieren? Was darf auf keinen Fall passieren und was wären erste Anzeichen, woran wir merken würden, dass es geschieht? Was hält dich ab, heute präsent zu sein? Wie können wir uns gegenseitig unterstützen? Können wir in diesem Zustand überhaupt starten? Es entsteht ein kollektiver Geist (vgl. Weick, 1993), der eine neue Sinnebene darstellt und mehr ist als die Summe individueller Wahrnehmungen.

6.6 Von zurückschauender zu vorwärtsgewandter Verantwortung

Bei der Frage nach der Verantwortung scheiden sich die Geister. Der Fokus der Logik I liegt darin, Verantwortung im Nachhinein zu klären. Aus Sicht von Logik II interessiert vor allem, die künftige Verantwortungsbereitschaft der Mitarbeiter bei der Bewältigung komplexer Aufgaben zu fördern.

Logik I: Zurückschauende Verantwortung

Bei der zurückschauenden Verantwortung geht es um die Verantwortungsübernahme für einen Fehler, der bereits geschehen ist, also in der Vergangenheit liegt. Das Lernen ist auf ein bestimmtes Ereignis beschränkt: Die verursachende Person soll lernen, diesen bestimmten und ähnliche Fehler nicht noch einmal zu machen: »Ich habe einen Fehler gemacht und übernehme dafür die Verantwortung.« Zudem sollen auch andere Mitarbeiter sehen, dass diese und ähnliche Fehler auch in Zukunft Konsequenzen nach sich ziehen werden, um sie davon abzuhalten, selbst diese Fehler zu machen.

Logik II: Vorausschauende Verantwortung

Wenn es um die Bearbeitung von komplexen, unsicheren Situationen geht, ist aus der Sicht von Logik II die Fähigkeit und Bereitschaft, Verantwortung zu übernehmen, überlebenskritisch. Allerdings geht es dabei weniger darum, sich die Verantwortung für vergangene Ereignisse zuschreiben zu lassen. Wichtig ist vielmehr

1. die Bereitschaft, in künftigen Situationen die Verantwortung für Entscheidungen unter Unsicherheit zu übernehmen und
2. diese Entscheidungen verantwortungsbewusst, also im Sinne der gemeinsamen Ziele zu treffen.

Im Fokus steht hier nicht ein bestimmter Fall, sondern das breiter gesteckte, in die Zukunft gelegte, kollektive Ziel. Verantwortung umfasst aus dieser Sicht mehr als die Erwartungshaltung, dass Mitarbeiter sich richtig und regelkonform verhalten und dann auch Verantwortung für ihr Verhalten übernehmen. Mitarbeiter sollen in Situationen verantwortungsvoll entscheiden, wenn die Regeln nicht greifen. Nur so können unvermeidbare Grauzonen bearbeitet werden.

Fokus zurückschauende Verantwortung	Fokus vorausschauende Verantwortung
Ergebnis	Ziel
Regeleinhaltung	Achtsamkeit und Entscheidungen im Moment
Person	Kollektiv/Rolle
Eindeutigkeit	Mehrdeutigkeit
Klärung/Vergeltung	Lernen
Schuld (Vergangenheit)	Verantwortung (Zukunft)

Abb. 17: Zurückschauende und vorausschauende Verantwortungsübernahme

Vergangenheitsbezogene und vorausschauende Verantwortung (vgl. Sharpe, 2003) bedingen sich gegenseitig. Ein zu starker Drang, vergangene Fehlleistungen aufzuklären und vor allem Mitarbeiter dafür zur Verantwortung zu ziehen, reduziert ihre Bereitschaft, vorausschauend Verantwortung zu übernehmen. Denn wenn Mitarbeiter erleben, dass schnell ein Schuldiger gesucht wird, werden sie künftig weniger offen über Fehlleistungen sprechen und Verantwortung für situationsbedingte Entscheidungen nur ungern zu übernehmen. Dies kann dazu führen, dass sie sich wie die bereits erwähnten Bankmitarbeiter scheuen, eigenverantwortliche Entscheidungen zu fällen, weil sie dafür ja später verantwortlich gemacht werden könnten (vgl. Abschnitt 5.2). Die Suche nach der persönlichen Verantwortung vermittelt, dass das System eigentlich richtig sei: Wir wissen, was richtig und was falsch ist. Die Person hat einen Fehler gemacht. Am Regelsystem ist grundsätzlich nichts auszusetzen, die Dinge sind gut geregelt bei uns.

6.7 Von misstrauischer Kontrolle zu respektvollen Beziehungen

Wenn es um die Bewältigung von Risiken geht, stellt sich auch die Frage der Prüfung: Wie stellen wir sicher, dass sich alle Beteiligten erwartungsgemäß verhalten?

Während aus einer Logik I vor allem (auf Misstrauen basierende) Kontrolle notwendig ist, wird aus Sicht der Logik II die Notwendigkeit von wechselseitigem Vertrauen und respektvollen Beziehungen deutlich.

Vertrauen und Misstrauen sind in diesem Zusammenhang nicht als Gegensätze zu verstehen. Beide Mechanismen reduzieren die prinzipielle Unsicherheit, wie Mitarbeiter sich verhalten werden. Für die Führung stellt sich die Frage, wann sich welcher Mechanismus zur Bearbeitung von Unsicherheit am besten eignet. Je nachdem, welche Logik verfolgt wird, kommt man hier zu unterschiedlichen Antworten.

Logik I: Prüfen der Richtigkeit

Wenn man weiß, wie die Dinge ausgeführt werden sollen, ist Kontrolle ein geeignetes Instrument zur Prüfung. Kontrolle impliziert immer ein gewisses Misstrauen. Der Prüfer weiß, was richtig und was falsch ist. Nun muss er analysieren, ob die Dinge wie erwartet umgesetzt wurden.

Für diese Form der Prüfung braucht man vollständige Informationen. Die wechselseitigen Erwartungen müssen klar sein, und über alles andere, was nicht festgelegt wurde, hat man keinen Einfluss. Misstrauen erfordert Kontrolle oder zumindest die Möglichkeit von Kontrolle: »Ich kann nicht sicher sein, ob du dich an die Abmachungen hältst, deshalb muss ich das überprüfen.« Beziehungen, die durch Misstrauen geprägt sind, benötigen deshalb auch mehr Energie und Aufmerksamkeit.

Logik II: Vertrauen zur Verhaltenskontrolle in komplexen Situationen

Gerade wenn die Bedingungen schwer durchdringbar sind oder sich schnell verändern, eignet sich Misstrauen nur bedingt als Muster zur Komplexitätsbewältigung, denn im Vorfeld kann nicht alles festgelegt werden.

Aus Sicht einer Logik II ist die Entwicklung von Vertrauen weniger eine moralische Verpflichtung, sondern eine ökonomische Notwendigkeit. Covey (2006) etwa zeigt in seinem Buch *The Speed of Trust*, wie durch vertrauensvolle Beziehungen in Organisationen die Schnelligkeit beschleunigt und Kosten langfristig reduziert werden können. Wenn Teams, Abteilungen und Geschäftsbereiche vertrauensvolle Beziehungen entwickeln, können aufwendige und nicht-wertschöpfende Kontrollmechanismen wegfallen.

Vertrauen eignet sich vor allem in Situationen, die durch eine hohe Unsicherheit, Komplexität und Mehrdeutigkeit geprägt sind oder wenn mit schnellen Veränderungen und Anpassungsnotwendigkeiten zu rechnen ist (vgl. Luhmann, 2000). Durch Vertrauen richtet man eine Erwartung an sein Gegenüber und nimmt es damit in die Pflicht, ohne genau definieren zu müssen, worin diese Pflicht besteht. Wechselseitiges Vertrauen steigert die Erwartungssicherheit, es vermindert Zukunftsängste. »Wer Vertrauen erweist, nimmt Zukunft vorweg« (Luhmann,

2000, S. 8). Vertrauen ist also ebenfalls wie Misstrauen ein Steuerungsmechanismus. Dieser funktioniert jedoch eher wie ein ungeschriebener, freiwilliger Vertrag. Während ein formaler Vertrag auf Vollständigkeit und Kontrolle angewiesen ist, ermöglicht Vertrauen eine größere Offenheit: Man verzichtet auf Informationsvollständigkeit und -sicherheit und räumt dem Gegenüber einen Handlungs- und Interpretationsspielraum ein: Ich vertraue dir, dass du dich meinen Erwartungen gemäß verhältst. Ich muss nicht jedes Detail wissen. Ich vertraue dir, dass du mir sagst, wenn etwas anders ist, als wir es erwarten.

Entwickeln respektvoller Beziehungen

Doch kollektive Achtsamkeit kann nicht durch blindes Vertrauen entstehen. Silodenken (»Ich konzentriere mich auf meine Aufgaben und verlasse mich darauf, dass die anderen ihre Aufgabe zuverlässig erledigen«) muss entgegengewirkt werden. Es braucht selbstkritische Prüfungen aus anderen Blickwinkeln, um eigene blinde Flecken zu entdecken. Für diese selbstkritischen Beobachtungen 2. Ordnung sind respektvolle Beziehungen nötig, damit Hinweise, Einmischungen und Nachfragen nicht als Angriff oder fehlende Wertschätzung gedeutet werden, sondern als fester Bestandteil professionellen Arbeitens. Keiner weiß, was richtig und was falsch ist, deshalb stellen wir uns gegenseitig die jeweiligen Perspektiven zur Verfügung, um ein angemessenes Bild von der Wirklichkeit zu konstruieren.

Pendelbewegungen zwischen Vertrauen und Misstrauen

In der Praxis beobachten wir häufig eine Pendelbewegung zwischen Vertrauen und Misstrauen. Gerade Vertrauen ist ein empfindliches Gebilde und lebt von Erfahrungen, die den Grundsatz aktualisieren, dass man sich aufeinander verlassen kann. Wenn Vertrauen aus Sicht des Vertrauenden missbraucht wurde oder es aufgrund enttäuschender Ergebnisse infrage steht, wird häufig wieder Kontrolle eingesetzt, um das angeschlagene Verhältnis zu kompensieren. Ein Beispiel dafür ist der reflexhafte Ruf nach mehr Regulierung und Kontrolle nach der Finanzkrise oder die Intensivierung der Kontrollen zur Flugsicherung nach den Terroranschlägen vom 11.09.2001. Nach Unfällen reagieren Unternehmen häufig mit rigideren Kontrollen oder der Drohung, zukünftig konsequenter durchzugreifen. Ist die Beobachtung einmal von Vertrauen auf Misstrauen umgeschaltet worden, ist der Weg zurück zu Ersterem jedoch schwer. Häufig führt Misstrauen zu einer selbsterfüllenden Prophezeiung: Mitarbeiter beobachten, dass ihnen nicht vertraut wird und sind darüber verstimmt. Irgendwann fangen sie an, zu beweisen, dass das Misstrauen berechtigt ist. Ein Beispiel dafür berichtet David Packard. Er war vor der Gründung von Hewlett-Packard bei einem Unternehmen angestellt, in dem die Lagerräume immer streng kontrolliert und vor Mitarbeitern verschlossen wurden. Die Mitarbeiter fühlten sich dadurch zurückgesetzt, aber es reizte sie auch, in unbeobachteten Momenten Werkzeuge mitzunehmen. So lieferten sie dem Management selbst die Beweise, dass die Kontrollmaßnahmen berechtigt waren. Offenbar konnte man ihnen nicht vertrauen (vgl. Covey, 2006).

Wie wird geprüft?	
Logik I	**Logik II**
Gegenseitige Prüfungen und Nachfragen werden als Misstrauensbeweis und Angriff auf die eigene Expertise interpretiert.	Wechselseitige Prüfungen und Nachfragen werden als hilfreiche Beobachtungen 2. Ordnung wertgeschätzt.
Bei Kontrollen überwiegen geschlossene Fragen.	Bei Kontrollen überwiegen offene Fragen.
Es gibt viele tradierte Geschichten, wie Vertrauen missbraucht wurde.	Es gibt viele Beispiele dafür, wie der konstruktive Widerspruch anderer zu einer besseren Lösung geführt hat.

Abb. 18: Umgang mit Prüfungen nach Logik I und II

6.8 Vom Vergangenheitsbezug zu einer gegenwartsoffenen Haltung

We shall never be able to escape from the ultimate dilemma
that all our knowledge is about the past,
and all our decisions are about the future

Wilson, 1975

Logik I: Strikte Kopplung

Logik I unterstellt unhinterfragt einen kontinuierlichen Zeitfluss von Vergangenheit, Gegenwart und Zukunft. Die Zukunft erscheint mehr oder weniger durch die Vergangenheit determiniert. Deshalb wirkt es auch legitim, in der Gegenwart von der Vergangenheit auf die Zukunft zu schließen. Nur so kann man wissen, dass die Regelwerke, die in der Vergangenheit funktioniert haben, dies auch in der Zukunft tun werden.

Logik II: Lose Kopplung von Vergangenheit, Gegenwart und Zukunft

Unter Bedingungen von Komplexität wird die Gestaltung des Konstruktionsprozesses von Vergangenheit und Zukunft in der Gegenwart zu einer wichtigen Führungsaufgabe. So jedenfalls die Sicht der Dinge einer Logik II. Aus dieser Perspektive muss ein unhinterfragtes »probabilistisches«, an Wahrscheinlichkeiten orientiertes Vorgehen einer »possibilistischen«, an den Möglichkeiten ausgerichteten Haltung, weichen (vgl. Cirka u. Corrigall, 2010).

Um in der Gegenwart den Wahrnehmungsraum zu vergrößern, braucht es einen spielerischen Umgang mit den Zeitdimensionen. Komplexität benötigt Erkenntnisprozesse, die Vergangenheit, Gegenwart und Zukunft bewusst entkoppeln. Ich sehe andere Dinge im Hier und Jetzt, wenn ich mir meine Vergangenheit anders vorstelle. Und ich halte anderes für relevant, wenn ich mir eine bestimmte Zukunft ausmale. Dadurch gewinnen qualitative Methoden, die das Blickfeld in der Gegenwart erweitern, an Bedeutung.[1] Weil es unter komplexen Bedingungen unmöglich ist, alle Details und Zusammenhänge zu ergründen, geht es eher um das *Erleben der Situation* als um das Erfassen der Fakten.

Den Gedanken der Entkopplung von Vergangenheit, Gegenwart und Zukunft verfolgt auch das sogenannte *presencing*, das sich auf die individuelle Wahrnehmungsfähigkeit konzentriert (vgl. Schamer, 2009). Führungskräfte lernen bei dieser Methode, die eigene Wahrnehmung bewusst von den vergangenen Erfahrungen zu lösen, um das Potenzial der entstehenden Zukunft zu erkunden. Dieses Vergegenwärtigen im Moment funktioniert nicht durch das rein rationale Erfassen der Situation, sondern es geschieht durch das sinnlich-intuitive Erleben des Geschehens im Fluss.

Allerdings birgt das Verlassen auf individuelle Intuitionen und emotionale Bewertungen immer die Gefahr eines unreflektierten Vergangenheitsbezugs. Wenn sich die Welt verändert, dann passen meine in der Vergangenheit gebildeten Intuitionen nicht mehr zur gegenwärtigen Situation. Um die kollektive Achtsamkeit zu erhöhen, ist es deshalb sinnvoll, zum einen den Kontext, also wie man zu einer Einschätzung gekommen ist, mitzureflektieren: Was waren die Rahmenbedingungen, wie ich, du oder wir zu dieser Sicht auf die Dinge, dieser Erklärung oder dieser Entscheidung gekommen sind? Zudem müssen die verschiedenen individuellen Intuitionen zusammengebracht werden, um die Intelligenz des Kollektivs zu entfalten (vgl. Kruse, 2004).

1 Beispiele dafür sind Storytelling (Denning, 2005), das Simulieren verschiedener Zukünfte (Schoemaker, 1992; Schoemaker u. Gunter, 2002) oder Denken in Szenarien. Was-wäre-wenn-Fragen sorgen für neue Zukunftskonstruktionen, Reframing oder Rollenspiele, in denen sich die Teilnehmer empathisch in andere Mitspieler wie Kunden, Lieferanten, Netzwerkpartner, Ladendiebe oder auch Terroristen hineinversetzen (Armstrong, 2001).

Umgang mit Zeit	
Logik I	**Logik II**
Auf Probleme oder Ereignisse folgen schnelle Lösungen, um zu vermeiden, dass sich genau dieses Problem in der Zukunft wiederholt.	Bei Problemen werden die zugrunde liegenden Muster analysiert, die dieses Ereignis begünstigt haben, aber auch ganz andere Ereignisse begünstigen können.
Zukunft wird durch die Auswertung von Fakten bestimmt.	Teams spielen verschiedene Zukunftsszenarien durch und machen sie erfahrbar, um einen neuen Blick auf die Gegenwart zu bekommen.
Man verlässt sich im Alltag auf seine (vergangenen) Erfahrungen.	Im Alltag wird häufig gefragt: Was wäre wenn …?

Abb. 19: Umgang mit Zeit nach Logik I und II

6.9 Von heroischer zu post-heroischer Führung

Führung beeinflusst kollektive Achtsamkeit auf zwei Arten: Zum einen werden der Führung Entscheidungsprämissen zugerechnet. Führung wird also *am* System wirksam. Aber auch die Art und Weise, wie sich Führungskräfte und -teams *im* System verhalten, beeinflusst, wie die Wahrnehmungen, Meinungen und Ideen der Mitglieder in der Entscheidungskommunikation eine Rolle spielen oder nicht.

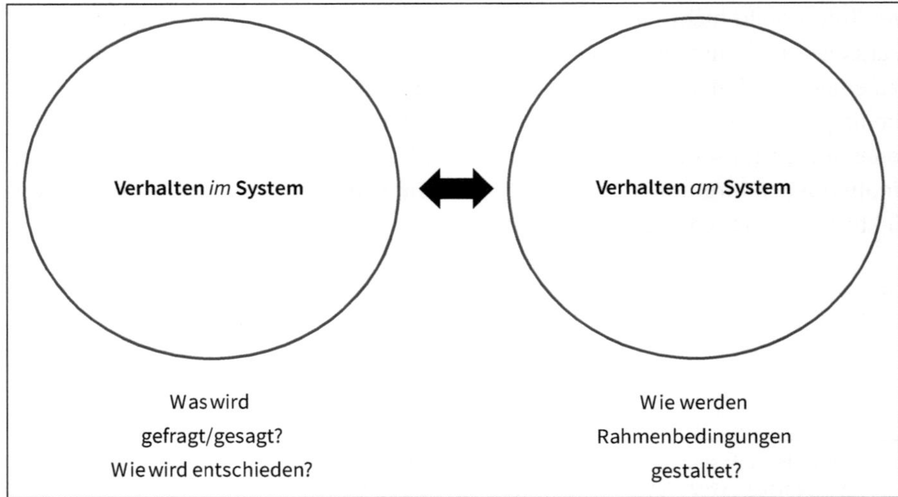

Abb. 20: Führung als Aufmerksamkeitslenker *im* und *am* System

Führung lenkt durch ihr Verhalten folglich die Aufmerksamkeit in der Organisation. Führungskräfte und -teams werden in allem was sie tun, von ihren Mitarbeitern genau beobachtet. Durch ihr Verhalten vermitteln sie, was wichtig bzw. richtig ist und was nicht: Worauf achtet mein Vorgesetzter? Für was interessiert er sich, für was aber offenbar auch nicht? Welche Fragen stellt er? Wie fragt er? Wie erklärt er sich die Dinge und wie bewertet er sie? Warum fragt er gerade dies und warum interessiert er sich nicht für das? Und wie entscheidet er sich, wenn es wirklich drauf ankommt?

Zwar hat Führung keinen direkten Einfluss, wie das eigene Verhalten interpretiert wird. Aber die aufmerksame Beobachtung von Führung ist gewiss.

Logik I: Sagen, was richtig ist

Aus Sicht von Logik I ist es Aufgabe der Führung festzulegen, was richtig und was falsch ist und dieses Wissen in die Mannschaft zu tragen. Managern wird ein Überblickswissen zugeschrieben und deshalb haben sie Kontroll- und Weisungsfunktion. Aufgaben und Rollen und klare Verantwortlichkeiten müssen festgelegt werden, um Unsicherheit zu reduzieren. Die Auseinandersetzung mit der Umwelt, die Wahrnehmung von Veränderungen und spontanen Entwicklungen ist in dieser Logik vor allem Aufgabe des Managements.

Führungskräfte bearbeiten Unsicherheiten durch Entscheidungen und übernehmen dafür die Verantwortung.

Ein solches heldenhaftes Selbstverständnis provoziert, dass die eigenen Entscheidungen poliert, stilisiert und gerechtfertigt werden. Denn nur durch die unerschütterliche Überzeugung, dass die eigenen Beschlüsse richtig sind, wirkt der heroische Manager authentisch und kann die Mannschaft hinter sich bringen. Führung kompensiert damit Unsicherheiten in der Organisation. Sie weiß, wo es langgeht und alle glauben daran. Alle wissen, was sie zu tun haben – daher gibt es wenig Anlass für Zweifel. Führung hat in dieser Logik also eine wichtige entlastende Funktion. Riskante Entscheidungen werden ausschließlich der Führung zugerechnet und die ungewisse Zukunft wirkt bestimmter. Erweisen sich die Entscheidungen in der künftigen Zukunft als falsch, kann man sich immer noch für neue, vermeintlich bessere Entscheider entscheiden.

Logik II: Fragen, was wichtig sein könnte

Die Führungsaufgabe verlagert sich von einer Kontroll- und Weisungsfunktion hin zum bewussten Gestalten des sozialen Systems. Führung ist für die Gestaltung des sozialen Prozesses der Sinnproduktion zuständig, um Komplexität angemessen zu bearbeiten.

Die Auseinandersetzung mit den Umweltveränderungen verlagert sich nach unten. Die Frage ist, wie die Wahrnehmungen der Mitglieder in der Entscheidungskommunikation berücksichtigt werden können. Dafür brauchen Führungskräfte kein besseres Wissen, vielmehr müssen sie ihre eigenen Schwachstellen und Unwissen besser kennen und kollektives Wissen nutzen: Wir wissen es nicht besser. Wir haben keinen Überblick. Wir sind auf euer Wissen, auf eure Beobachtungen, Zweifel und Intuition angewiesen.

Für diese anspruchsvolle Haltung ist eine bescheidene Persönlichkeitsstruktur hilfreich, die nicht von dem Wunsch getrieben ist, den Helden zu spielen. Narzisstischer Ehrgeiz oder Perfektionsstreben sind hier fehl am Platz. Post-heroische Führungskräfte gestalten ihre Bereiche so, dass sie selbst nicht die wichtigste Ressource sind. Vielmehr wissen sie die vorhandenen Ressourcen zu nutzen, um zu kompensieren, was sie selbst nicht wissen.

Die Bewegung geht von einer Beziehung im Sinne von »ich entscheide« und »ihr setzt um« hin zu einer Wir-Beziehung. Führungskräfte limitieren sich nicht, indem sie ihre Entscheidungen allein auf ihr eigenes Wissen stützen. Sie nutzen das Wissen aller Beteiligten, um sich ein umfassendes Bild zu machen. Sie vermitteln nicht ihre Sicht, indem sie *sagen*, was zu tun ist. Manager stellen gekonnt Fragen, um die vorhandenen Wissensressourcen zu nutzen. Ihre Fragen sind dabei offen und erkundend. Sie entwickeln eine bescheidene Art des Fragens, die Schein *humble inquiry* nennt (vgl. Schein, 2013). Es geht nicht um die Bestätigung eigener Hypothesen, sondern um Offenheit für die Wahrnehmung und das Wissen des Gegenübers: Was wären für dich die wichtigsten Ziele unserer heutigen Besprechung? Wie stellst du dir die konkrete Umsetzung des Konzepts vor? Was hat dich daran gehindert, so zu arbeiten, wie wir es verabredet hatten?

Dazu gehört auch, sich dafür zu interessieren, wie verschiedene Wirklichkeitskonstruktionen bzw. Sichtweisen entstanden sind und in welchem Kontext. Ein bewusstes Unterscheiden der drei Schritte von Beschreiben, Erklären und Bewerten ist hierbei hilfreich.

Zum post-heroischen Führungsstil gehört anzuerkennen, dass man es mit prinzipiell unsicheren Bedingungen zu tun hat, die nicht wegentschieden werden können. Daher benötigen Führungskräfte ebenso die Fähigkeit, viel Unsicherheit auszuhalten wie das Vermögen, Entscheidungsfindungsprozesse angemessen und effektiv zu gestalten.

Es gilt, den eigenen Rationalitäts- und Kontrollwünschen zu widerstehen: Auch die besten Instrumente und Methoden werden uns nicht helfen, rationale, richtige Entscheidungen zu treffen. Mit jedem Beschluss handeln wir uns Risiken ein. Dafür müssen wir als Führungskräfte die Verantwortung tragen, unseren Mitarbeitern dies zu vermitteln und sie beim Suchprozess informierter Entscheidungen zu unterstützen.

Führung	
Logik I	**Logik II**
Formale Rollen und Aufgaben sind festgelegt: Du erledigst deine Aufgabe zuverlässig, ich kümmere mich um den Rest.	Soziale Beziehungen werden entwickelt und übergeordnete Ziele erläutert: Wir wollen dies hier erreichen. Dein Beitrag zu diesem Ziel ist ...
Man geht von Klarheit aus und bringt wenig Verständnis für Unklarheiten auf. Führungskräfte fragen: Alles klar?	Man geht von Unklarheiten und nicht von Klarheit aus. Führungskräfte fragen: Was ist unklar?
Es wird vor allem Fachwissen gefördert: Erfahrene Mitarbeiter treffen richtige Entscheidungen.	Es werden kollektive Interpretationsfähigkeiten gefördert: Wie nutzen wir das vorhandene Wissen effizient, um zu plausiblen Entscheidungen zu kommen?
Man hält am Kurs bzw. einmal getroffenen Entscheidungen fest.	Man greift spontane Entwicklungen auf, ohne das Gesamtziel aus den Augen zu verlieren.
Man sagt mehr als dass man fragt: Habe ich mich klar und verständlich ausgedrückt?	Es wird mehr gefragt als gesagt: Was ist eure Meinung zu dieser Diskussion? Bitte sagt mir sofort, wenn euch etwas auffällt.
Widerspruch und Zweifel werden unterbunden. Ich frage dich, wenn ich etwas wissen will.	Es wird bewusst nach den »brutalen Fakten« gesucht und der aktive Anteil daran betont: Wo haben wir gestern versucht, jemanden zu töten/eine Krise herbeizuführen?

Abb. 21: Führungsverhalten nach Logik I und II

6.10 Von Ergebnisorientierung zum Fitness-Check

Unternehmen messen ihre Leistungsfähigkeit mit Kennzahlen. Die Selektion der Kennzahlen signalisiert: Was ist wirklich wichtig hier? Welche Leistungskennzahlen ausgewählt werden, hängt von dem jeweiligen Verständnis von Zuverlässigkeit ab. Typisch für eine Logik I ist, sich an den Ergebnissen zu orientierten. Aus einer Logik II hingegen ist es essenziell, die Aufmerksamkeit auf die Qualität der Prozessgestaltung zu lenken.

Logik I: Fokus auf Ergebnisse

Aus Sicht der Logik I interessieren vor allem die Ergebnisse, also Spätindikatoren (*lagging indicators*). Sicherheitsabteilungen pflegen Fehler- und Vorfallstatistiken, Banken führen Listen mit geplatzten Krediten, Krankenhäuser führen Statistiken über Komplikationen in der Patientenversorgung oder Mortalitätsraten. Ziel ist, zu prüfen, ob die Normabweichungen den gesteckten Zielen entsprechen oder noch vertretbar sind. Werden die Zielzahlen erfüllt, ist alles in Ordnung, ergeben sich Auffälligkeiten, wird man aktiv und geht den Problemen auf den Grund. Wieder greift die traditionelle Logik: Wenn die Ergebnisse in Ordnung sind, dann ist das System gesund.

Logik II: Fokus auf Bewältigungsmuster

Wer sich damit beschäftigt, was er ist, hat aufgehört etwas zu werden. Das würden Vertreter der Logik II entgegenhalten. Das Monitoring von Vorfällen ist demzufolge immer eine rückwärtsgewandte, reaktive Beschäftigung, die keine Erkenntnisse über den aktuellen Systemzustand zulässt. Das Konzentrieren auf Spätindikatoren reduziert die eigene Risikowahrnehmung, so die Kritik aus Sicht einer Logik II. Wenn länger nichts passiert ist, dann machen wir offenbar alles richtig – wir *sind* sicher.

Um den Blick frei zu machen für das *Werden*, braucht es Frühindikatoren (*leading indicators*), die die tagtägliche Leistungsfähigkeit messen und potenzielle Risiken ausmachen. Die organisationale Fitness steht im Mittelpunkt einer kritischen Selbstbeobachtung und nicht die Kontrolle statischer Ziele. Allerdings sind Zusammenhänge zwischen den beiden Kennzahlentypen aufschlussreich. Abbildung 22 stellt die wesentlichen Unterschiede der beiden Leistungskennzahlentypen gegenüber.

Spätindikatoren	Frühindikatoren
reaktiv	**proaktiv**
Monitoring von zurückliegenden Ergebnissen	Monitoring des aktuellen Systemzustands und der Performance
Output	**Input**
Haben wir unsere Ziele erreicht? Haben wir Handlungsdruck?	Womit erreichen wir unsere Ergebnisse? Was führt zu guten/schlechten Ergebnissen?
vergangenheitsorientiert	**zukunftsorientiert**
Was haben wir bisher erreicht? Wie haben sich unsere bisherigen Bemühungen in den Ergebnissen niedergeschlagen?	Was können wir erwarten? Wie steht es um unsere Aktivitäten, die zukünftig gute Ergebnisse beeinflussen
Bilanzierung	**Prozessqualität**
Kontrolle statischer Ziele (»Messlatte«)	Kontinuierliche Prüfung der »Systemfitness«

Abb. 22: Gegenüberstellung Früh- und Spätindikatoren

FALLBEISPIEL

Abnehmende Risikowahrnehmung bei BP

Der riskante Nebeneffekt einer einseitigen Ergebnisorientierung zeigt sich zum Beispiel im Fall von BP und der Katastrophe auf der Öl-Plattform der Deepwater Horizon (vgl. Gebauer, 2010b). Als technische Ursache wurde im Nachhinein ein Defekt an dem sogenannten Blowup Prevention System (BOP) identifiziert, das bislang als *fail-safe* galt und deshalb wartungsfrei war.

In den Jahren vor der Katastrophe hatte sich BP zum zweitgrößten Ölkonzern und zum Börsenliebling entwickelt. Der Vorstandsvorsitzende Tony Hayward hatte sich intensiv um die Verbesserung der Sicherheitsmaßnahmen bemüht, um den angeschlagenen Ruf und das Vertrauen in BP nach einer schweren Explosion der Ölraffinerie in Texas City, die mehreren Menschen das Leben kostete, zu verbessern. Sicherheit und Zuverlässigkeit galten als *priority no 1*.

Es gab zahlreiche Aktivitäten zur Verbesserung und Standardisierung des Sicherheitsmanagements in Form von Sicherheitsvorschriften, Checklisten und standardisierten Prozessvorschriften, Handbüchern und Mitarbeitertrainings (vgl. Lyall, 2010). Die Unfallpräventionsmaßnahmen waren nach einer Logik I gestaltet und konzentrierten sich auf das Monitoring kalkulierbarer Sicherheitsrisiken, auf bekannte oder erwartbare Unfallursachen sowie auf individuelles Training. Kurzfristig führte diese Strategie auch zum Erfolg: Die Anzahl der berichteten Unfälle ging zurück und BP erhielt vor der Katastrophe zahlreiche Auszeichnungen für seine Sicherheitssysteme. Die sinkenden Unfallzahlen galten als Beweis: Unsere Ergebnisse belegen, dass unser System sicher ist.

Mit der scheinbar neu gewonnenen Sicherheit stieg die Bereitschaft, höhere Risiken einzugehen. Parallel zu den Investitionen in Sicherheit baute das Unternehmen seine risikobereite Innovationsstrategie aus. Man fühlte sich gewappnet für den *tough stuff*, die besonders risikoreichen Tiefseebohrungen. Die Investitionen in Sicherheit führten dazu, dass BP auch von der Außenwelt als berechenbarer Partner wahrgenommen wurde. Die US-amerikanische Kontrollbehörde MMS gewährte dem Unternehmen zahlreiche Ausnahmeregelungen für Bohrungen im Golf von Mexiko. Sie begründete dies mit den geringen Unfallzahlen in der Region. Dies betraf auch die Lockerung der kostspieligen Prüfverfahren für das Blowup Prevention System, das versagte und technisch gesehen die Katastrophe verursachte (vgl. Elliott, 2010).

Null-Fehler-Visionen und ihre Folgen

In diesem Kontext wird auch noch einmal deutlich, wie riskant Null-Fehler- oder Null-Unfall-Vision sind, die sich sicherheitsorientierte Unternehmen gerne auf die Fahnen schreiben. Mit solchen Visionen bringen Manager ihre hohen Ansprüche an Sicherheit zum Ausdruck und ermutigen Mitarbeiter zur Sicherheitsarbeit.

Tatsächlich aber *ent*mutigen solche Visionen den offenen Austausch über Fehler und Vorfälle, denn sie suggerieren, dass es grundsätzlich möglich sei, fehlerfrei und ohne unerwartete Vorfälle zu arbeiten. Wieder greift hier die Idee vom perfekten System für komplizierte Probleme: Jeder Vorfall ist nur ein Zeichen dafür, dass wir das perfekte System noch nicht gefunden haben.

Statt zu motivieren, führen solche Visionen auf der Arbeitsebene eher zu zynischen Kommentaren, woraufhin Führungskräfte oder Experten sie relativieren: Wir wissen, dass wir diese hehre Vision vielleicht nie erreichen werden. Aber wir müssen uns schließlich ambitionierte Ziele setzen. Also lasst uns versuchen, Null-Fehler so gut wie möglich zu erfüllen.

Genaueres Hinschauen wird damit eher verhindert statt gefördert. Jeder gemeldete Vorfall oder Fehler führt von der Vision weg: Wie sieht denn das in unseren Statistiken aus? Wie passt das zu unserem Ziel Null-Fehler?

FALLBEISPIEL

Ergebnisdruck auf Mitarbeiter

In einem Chemieunternehmen benetzt sich ein Mitarbeiter mit ätzender Säure, aber er meldet den Vorfall nicht wie vorgeschrieben. Stattdessen reinigt er sich und geht nach Hause. Erst in der Nacht, als sich die Verätzung unerwartet verschlimmert, ruft er notgedrungen den Notarzt. Die verantwortlichen Führungskräfte sind ratlos. Was ist der Grund für dieses Verhalten? Der Mann ist Sicherheitsbeauftragter und soll somit ein Vorbild sein. Auch von seinen Kollegen wird er als kompetent und erfahren geschätzt. Der Betroffene kennt die Vorschriften und hatte sich auch vor dem Vorfall nicht fehlverhalten. Erst ein erweiterter Blick auf die Bedingungen im System öffnet den Raum für eine Erklärung: So gibt es in der Abteilung einen impliziten Wettkampf unter den Betrieben: Wer schafft es am längsten, unfallfrei zu sein? Dabei werden die unfallfreien Tage über Jahre hinweg gezählt. So hatte es der Betrieb, in dem der Mitarbeiter tätig war, geschafft, seit 16 Jahren keinen einzigen Vorfall melden zu müssen. Natürlich ist jeder in der Mannschaft stolz auf eine solche Leistung und das motiviert. Es setzt sie aber auch unter Druck, Unfälle nicht zu melden. Mit nur einer Vorfallmeldung wäre der Betrieb nun auf Null zurück gesackt – 16 Jahre unfallfrei wären dadurch zunichtegemacht. Je länger nichts passierte, umso größer wurde der Druck, keinen Vorfall zu haben. Das gewünschte Ergebnis sollte nicht gefährdet werden.

Messen von Leistungen	
Logik I	**Logik II**
Fehlerfreiheit wird als Beweis für die Fitness des Systems gesehen.	Führung untersucht regelmäßig die Fitness des Systems, auch wenn nichts passiert.
Führung wird an Ergebniskennzahlen gemessen und belohnt.	Führung wird daran gemessen, ob aus Fehlern gelernt wird.
Abteilungen konkurrieren um Fehlerfreiheit (z. B. durch Kennzahlenvergleiche).	Abteilungen konkurrieren um hohe Prozessqualität und korrelierenden Ergebniskennzahlen.
Null-Fehler werden als Ziel oder Vision definiert (obwohl keiner so recht daran glaubt).	Niemand glaubt an eine Vision Null-Fehler – unter komplexen Bedingungen geschehen immer unerwartete Ereignisse.
Die Abwesenheit von Fehlern hat einen beruhigenden Effekt.	Die Abwesenheit von Fehlern beunruhigt und ist Anlass für intensiveres Suchen.

Abb. 23: Leistungsdruck unter Logik I und II

EXKURS

Die Unfallpyramide: Ein Mythos entsteht

Die sogenannte Unfall- oder Verletzungspyramide ist unter Sicherheitsfachkräften sehr populär und damit meinungsprägend. Ihre Popularität begründet sich zum einen durch ihre verführerische Einfachheit und scheinbar mathematische Fundierung. Die Firma DuPont nutzt die Verletzungspyramide als Argument für ihr Sicherheitsmanagementsystem und hat so zur Verbreitung dieses Ansatzes beigetragen. Die Unfallpyramide suggeriert ein bestimmtes mathematisches Verhältnis zwischen Unfallverletzungen unterschiedlichen Ausmaßes. Die Zahlenangaben variieren von Darstellung zu Darstellung und wurden über die Zeit revidiert. In der hier gewählten Darstellung von DuPont kommen auf einen schwerwiegenden Unfall mit Todesfolge 30 schwere Unfälle, 300 leichte Unfälle, 3.000 Erste-Hilfe-Fälle und 30.000 Beinahe-Unfälle oder unsichere Handlungen (s. Abbildung 24).

Historisch geht die Unfallpyramide auf eine Studie von Herbert William Heinrich zurück. Heinrich untersuchte 1929 die Häufigkeit und den Schweregrad gemeldeter Verletzungen bei der Travellers Insurance Company. Er stellte fest, dass auf eine schwerwiegende Verletzung in der Regel 29 weniger schwere Verletzungen sowie 300 Unfälle ohne Verletzung kamen. Er empfahl deshalb, sich nicht nur mit Unfällen, die zu schweren Verletzungen führten zu beschäftigen, sondern auch mit den 330 Unfällen, die zu geringen oder keinen Verletzungen führten.

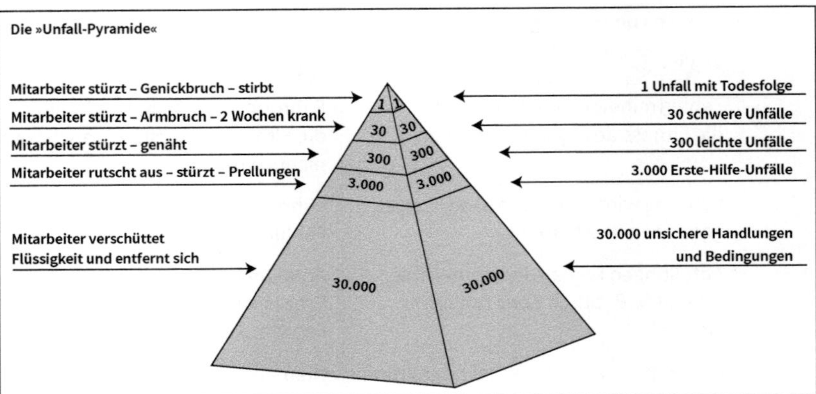

Abb. 24: Verletzungspyramide von DuPont (vgl. Käfer, 1999, S. 17)

Wie die Erkenntnisse von Heinrich zustande gekommen sind, ist heute nicht mehr genau nachvollziehbar, weil die Datenbasis nicht mehr existiert. So ist unklar, welche Daten er damals zugrunde legte und auch, welche Informationen ihm 1929 über die Anzahl und Art der Unfälle ohne Verletzungen vorlagen, wenn diese doch gar nicht meldepflichtig waren. Offen ist auch, ob er bei der Gruppe der 330 Unfälle von gleichen, ähnlichen oder doch unterschiedlichen Unfällen spricht – die Formulierungen wurden in den verschiedenen Ausgaben seines Werks laufend revidiert (vgl. dazu Manuele, 2011). Es ist fraglich, ob Heinrich überhaupt von einem linear-kausalen Verhältnis zwischen den unterschiedlichen Sorten von Unfällen ausging, das die Pyramidendarstellung nahelegt. So findet sich in den ersten Ausgaben seines Werks eine andere Darstellungsform des 1:29:300 Verhältnisses, die keinen Aufschluss auf eine logische Beziehung zwischen den Ebenen gibt (vgl. Hollnagel, 2014).

Die Schlussfolgerung Heinrichs lautet: »the predominant causes of no-injury accidents are identical with the predominant cause of major injuiries« (Heinrich, 1931, zitiert in Manuele, 2011). Deshalb lohnt es sich, so seine Überlegung, auch Unfälle mit kleineren oder keinen Verletzungen zu untersuchen, weil man so die zugrunde liegenden Ursachen beseitigen kann, bevor es zu einer schwereren Verletzung kommt.

Die Erkenntnisse Heinrichs verbreiteten sich schnell in der Praxis. Insbesondere die Darstellung der Pyramide, die einen direkten Zusammenhang zwischen den Ebenen suggeriert, ist auch heute noch ein häufig zitiertes Modell.

Mit diesem scheinbar mathematischen Modell wird die Logik I und die Idee von direkten linearen Wirkungsverhältnissen verfestigt (s. Beispiel in Abbildung 24):

- Kleine Vorfälle können potenziell zu schweren Unfällen führen.
- Wenn wir also die Anzahl der kleinen Unfälle reduzieren, reduzieren wir auch automatisch die Anzahl der schweren Unfälle.

- Es gibt gemeinsame Ursachen über die verschiedenen Ebenen hinweg. Diese folgen einem logischen, linearen Verhältnis.
- Das bedeutet: Wenn wir mehr Anomalien aufdecken und beseitigen, dann verhindern wir kritische Ereignisse und damit auch die Anzahl von schweren Unfällen.
- Das wiederum bedeutet im Umkehrschluss (wir hatten es schon): Wenige Anomalien und wenige mittelschwere Unfälle bedeuten weniger schwerwiegende Ereignisse. Je geringer die Anzahl der Beinahe-Unfälle, Verbandsbucheinträge usw., umso unwahrscheinlicher ist es, dass ein schwerwiegender Unfall passiert. Eine geringe Meldequote wäre also Anlass zum Optimismus. Keine schlechten Nachrichten sind also gute Nachrichten.

Wenn die Welt doch bloß so einfach wäre! Die kritische Auseinandersetzung mit der Logik I rückt diese Aussagen der Verletzungspyramide in ein anders Licht. Es kann durchaus sein, dass diese Logik für »einfache« Einzeltätigkeiten, bei denen man stolpern, rutschen oder sich schneiden kann, funktioniert. Und tatsächlich ist anzunehmen, dass Heinrich es im Jahr 1929 eher mit Aufgaben zu tun hatte, die durch das tayloristische Arbeitsprinzip geprägt waren, also hochstandardisierte, repetitive Arbeitstätigkeiten, die von einer Person ausgeführt wurden und die wenig Abstimmung und Koordination mit anderen erforderten. Diese Tätigkeiten aber haben wenig mit der Komplexität der heutigen Aufgaben zu tun, die etwa ein Anlagenfahrer in der Chemie bewältigen muss, der für die Steuerung eines Reaktors zuständig ist. Er muss seine Tätigkeit im Zusammenspiel mit seiner Schicht, anderen Fachabteilungen wie Instandhaltung, Produktionsplanung abstimmen und koordinieren und außerdem Störungen etc. kompensieren. Die Annahme eines festen, mathematischen Verhältnisses tut so (gemäß einer Logik I), als seien Anomalien oder unsichere Handlungen fixe Größen. Wir wissen, was normal ist. Jetzt müssen wir nur noch die Unregelmäßigkeiten ans Licht bringen und beseitigen.

Aus der Perspektive von Logik II aber entstehen Abweichungen im Auge des Betrachters. Was er als Abweichung beobachtet, ist abhängig von seinen Vorstellungen, was normal ist und was nicht. Je mehr nach Abweichungen und Anomalien gesucht wird, umso mehr wird man voraussichtlich auch finden. Die Annahme eines feststehenden Verhältnisses erscheint folglich recht naiv.

7 Zusammenschau: Paradoxien bewusst bearbeiten

7.1 Typische Ambivalenzen

Für sicherheitsorientierte Unternehmen ist die Auseinandersetzung mit einer Logik II anspruchsvoll. Sie provoziert zwangsläufig Störgefühle:

- Was soll das heißen, dass wir Organisationen nicht kontrollieren können? Heißt kollektive Achtsamkeit jetzt, dass wir alle Regeln über Bord werfen und alles nur noch im Moment entscheiden sollen? Wir müssen eher verhindern, dass unsere Mitarbeiter improvisieren. Gerade diese Spontaneität und die situativen Workarounds produzieren bei uns die meisten Probleme!
- Wie weit sollen wir bei der Beschäftigung mit Abweichungen gehen? Wenn wir jedes kleinste Detail ernst nehmen, dann werden wir nichts mehr produzieren, weil wir nur noch alles analysieren. Wir müssen uns auf bestimmte Dinge auch verlassen können. Wenn wir ständig alles infrage stellen, kommen wir nicht weiter.
- Vertrauen in unsere Mitarbeiter ist gut. Aber blindes Vertrauen können wir uns nicht leisten. Wir brauchen die Kontrolle, dass unsere Regeln eingehalten werden – schon allein, um den Anforderungen des Gesetzgebers nachzukommen. Wie passt das zusammen?
- Wenn wir bei Fehleranalysen nur noch die Systembedingungen betrachten, schützen wir den Einzelnen dann nicht davor, persönlich Verantwortung für seine Handlungen und Entscheidungen zu übernehmen? Fördern wir damit nicht eine Laisser-faire-Haltung?
- Für uns ist es kritisch, dass wir gegenüber unseren Kunden, den Behörden und der Bevölkerung zeigen, dass wir berechenbar sind und die Dinge im Griff haben. Deshalb können wir uns nicht einfach als unberechenbares System beschreiben und offenlegen, was bei uns im Kleinen alles so schiefläuft. Denn das wird das Vertrauen in uns, unseren Ruf und damit auch unser Überleben am Markt gefährden.

Diese Ambivalenzen sind nachvollziehbar. Zum einen befinden wir uns in einer Übergangsphase, denn jeder verfügt über Erfahrungen, wann eine Logik I funktioniert und wann sie versagt hat und man im Nachhinein vielleicht lieber auf andere Formen des Organisierens zurückgegriffen hätte. In Organisationen, für die Zuverlässigkeit schon immer überlebenskritisch war, überwiegen die Erfahrungen mit der Logik I, daher wird diese Selbstbeschreibung zunächst einmal verteidigt. Man ist schließlich Jahrzehnte lang gut damit gefahren und das Versprechen einer Logik I selbst reduziert Unsicherheiten: Was würde man schon wagen und entscheiden, wenn man immer mitlaufen lassen würde, dass es auch anders sein kann? Die Idee von der richtigen Entscheidung wirkt beruhigend.

Logik I ist also hochfunktional für die Absorption von Unsicherheit. Organisationen haben in der Gesellschaft die Funktion, Berechenbarkeit herzustellen. Ihre besondere Fähigkeit besteht darin, sich auf bestimmte Aufgaben zu konzentrieren und Unsicherheiten mithilfe von Entscheidungen für eine bestimmte (»richtige«) Richtung zumindest zeitweise aufzuheben. Und während eine Logik I die Möglichkeit einer solchen Sicherheit verspricht, erzeugt Logik II ungeliebte Verunsicherungen, indem sie auf die Unmöglichkeit dieses Anspruchs verweist.

7.2 Bearbeiten von Paradoxien

Logik I spendet Sicherheit

Die Auseinandersetzung mit einer Logik II konfrontiert damit auch mit Widersprüchen, die mit der Logik I verdeckt wurden. Ein hoher Anspruch an die organisationale Zuverlässigkeit stellt Führung vor einen unmöglichen Auftrag. Ihre Aufgabe ist es, angemessene Bearbeitungsformen für Paradoxien zu finden, die sie aber nicht vollständig auflösen können. Die genannten Reaktionen zeigen die Widersprüche, mit denen Führungsteams und auch wir als Berater konfrontiert sind, wenn es um Zuverlässigkeitsfragen geht:

- Wie sorgen wir einerseits für verbindliche Regeln, die die Arbeit erleichtern und sich aus vergangenen Erfahrungen nähren? Wie fördern wir zugleich den Widerspruch zu den existierenden Regeln?
- Wie finden wir eine gute Balance zwischen notwendiger Sorgfältigkeit einerseits und einer effizienten Nutzung unserer Ressourcen andererseits?
- Wie sorgen wir für die notwendige Kontrolle und fördern gleichzeitig respekt- und vertrauensvolle Beziehungen?
- Welche Konsequenzen ziehen wir aus Regelabweichungen und sorgen andererseits für die notwendige Offenheit, um aus Fehlern zu lernen?
- Wie sensibilisieren wir uns intern dafür, dass wir die Dinge *nicht* im Griff haben und ermöglichen gleichzeitig, von unserer Außenwelt als berechenbarer Partner wahrgenommen zu werden?

Entscheidung für Programme versus Sensemaking im Moment
Wie viel Regeln und wie viel Freiheit für Selbstorganisation sind sinnvoll? Einerseits sind Regeln kondensiertes Erfahrungswissen und für alle Beteiligten eine hilfreiche Orientierung und Entlastung im Alltag. Diese Entscheidungsprämissen ermöglichen, dass nicht ständig alles neu entschieden werden muss. Andererseits sind die Situationen im Alltag immer anders als vorgesehen. Weil die Erfahrungen »aus der Konserve« nicht immer passen, brauchen Mitarbeiter ausreichend Freiheit, um sich in solchen Situationen selbst zu organisieren.

Effizienz versus Sorgfältigkeit
Wenn es um Zuverlässigkeitsfragen geht, stehen Führungskräfte unweigerlich vor der widersprüchlichen Anforderung, einerseits Zeit und Ressourcen für sorgfältiges Arbeiten bereitzustellen (Interesse an Details fördern, sich intensiv mit Abweichungen beschäftigen, notwendige Sicherheitsvorkehrungen einhalten, Zweifel ausräumen etc.). Gleichsam müssen sie aber auch sicherstellen, dass effizient und effektiv gearbeitet wird und mit Ressourcen wie Zeit, Material, Personal oder Energie angemessen umgegangen wird. Die Frage nach Zuverlässigkeit und dem Maß an kollektiver Achtsamkeit ist also nie absolut zu beantworten, sondern immer relativ angesichts von Effizienzanforderungen. Wie viel Achtsamkeit, Zuverlässigkeit bzw. Sorgfältigkeit brauchen wir, um das Überleben des Systems nicht zu gefährden? Wie viel Abweichung bzw. Fehler können wir uns leisten? Eine Möglichkeit, diese Paradoxie zu bearbeiten, besteht in der Festlegung eines klaren Prinzips wie zum Beispiel »Was nicht sicher gemacht werden kann, wird nicht gemacht.« Solche Anweisungen bieten den Organisationsmitgliedern Orientierung für ihre Entscheidungen und ermöglichen, Widersprüche zu dem formulierten Ziel zu thematisieren. Die Herausforderung besteht in einem zweiten Schritt darin, gemeinsam mit Führungskräften und Mitarbeitern auf der Arbeitsebene auszuloten, wie die Widerspruchsbearbeitung konkret aussehen kann.

Misstrauen und Vertrauen
Eine weitere Führungsfrage ist es, eine ausgewogene Balance zwischen Misstrauen und Vertrauen zu erreichen: Wir können uns nicht einfach blind auf das Verhalten unserer Mitarbeiter verlassen. Es wäre fahrlässig, wenn sicherheitsorientierte Unternehmen nicht ein gewisses Misstrauen pflegten. Komplexe Risikotechnologien etwa in der Nuklear- und Prozessindustrie, der Luft- und Raumfahrt, im IT- oder Gesundheitssektor erfordern die strikte Einhaltung von Regeln, Kontrollroutinen und Standardprozeduren, die nicht durch gegenseitiges Vertrauen ersetzt werden können. Die Einhaltung der Regeln wird nicht zuletzt durch externe Auditoren geprüft: Sind die Regeln verstanden und umgesetzt? Wo gibt es Missverständnisse? Wo werden die Regeln in der Praxis schleichend umgangen?

Wo hat sich ein Schlendrian eingeschlichen? Die Prüfung signalisiert auch, dass die Einhaltung der Regeln ernst genommen wird.

Andererseits kann unter komplexen Bedingungen nicht alles kontrolliert werden. Es stellt sich also die Frage, wie respektvolle Beziehungen entwickelt werden können, damit Mitarbeiter überhaupt bereit sind, sich selbst und ihre Wahrnehmungen einzubringen. Jede Regel und jeder Kontrollgang kommuniziert aber immer auch ein gewisses Misstrauen in das Handlungsvermögen des einzelnen Mitarbeiters. Die Vorgabe von Regeln und Routinen nimmt die Entscheidung dem Mitarbeiter aus der Hand. Es soll nicht in seiner Macht liegen, zu entscheiden, was er tut, sondern die Regeln sollen sein Verhalten steuern. In regulierten Organisationen beobachten wir deshalb häufig eine selbstverstärkende Spirale des Misstrauens: Je mehr Regeln es gibt, umso mehr erleben Mitarbeiter eine Einschränkung ihres Handlungsspielraums. Sie haben den Eindruck, dass ihnen nur noch wenig zugetraut wird. In einem solchen Klima und insbesondere dann, wenn Mitarbeiter wenig Einfluss auf die Gestaltung der Regeln haben, kann jede neue Checkliste oder neue Regel schnell als eine Abwertung des eigenen Erfahrungswissen gedeutet werden. Folge ist, dass Mitarbeiter sich nicht immer an Regeln halten oder eine zynische Haltung ihnen gegenüber entwickeln. Dies heizt das Misstrauen bei Führungskräften weiter an. Sie sehen sich gezwungen, die Regeln immer kleinteiliger vorzugeben, sodass Mitarbeiter sich immer stärker entmündigt und ihrer Eigenverantwortung beraubt fühlen und die Regeln als sinnlos erleben. Manager stehen hier vor einem Widerspruch, den sie zwar nicht auflösen können, aber den sie bearbeiten müssen und für den es kein Patentrezept gibt: Wie können wir einerseits gezielt Misstrauen gegenüber den eigenen Routinen, Abläufen, Interpretationen und Entscheidungen einbauen, ohne die vertrauens- und respektvolle Zusammenarbeit empfindlich zu stören?

Verantwortung auf der Ebene der Person versus Lernen auf der Ebene des Systems

Eine weitere Frage, die besonders beim Lernen aus Fehlern aufkommt, ist die Balance zwischen einer personenzentrierten und einer systemorientierten Sicht: Wo schaue ich hin, wenn etwas passiert ist? Mache ich die Person oder das System für den Fehler verantwortlich? Wie sieht ein gutes Vorgehen aus, sodass wir einerseits Personen nicht aus ihrer persönlichen Verantwortung entlassen und gleichzeitig aber auch eine angstfreie und lernbereite Atmosphäre fördern, in der Abweichungen und Fehler überhaupt zur Sprache kommen? (Siehe zur Zuschreibung von Verantwortung ausführlicher Abschnitt 9.4.)

Berechenbarkeit nach Außen versus Abweichungssensitivität im Inneren

Jede Unregelmäßigkeit in einem Atomkraftwerk oder Chemieunternehmen, die nach außen dringt, führt automatisch zur Empörung und zu Ängsten in der Öffentlichkeit. So auch im Fall des Atommeilers Krümmel bei Hamburg (s. unten). Dieses Extrembeispiel zeigt, wie überlebenskritisch es für Unternehmen ist, einerseits nach Außen berechenbar zu sein und andererseits einen offenen Umgang mit Abweichungen im Organisationsinneren zu pflegen. Wie ist also beides möglich und wo liegen die Grenzen der Offenheit?

FALLBEISPIEL

Im Atommeiler Krümmel kommt es 2007 zu einem Kurzschluss in einem der beiden Leistungstransformatoren, der einen Ölbrand verursacht, in dessen Folge es zu einer unvorgesehenen Schnellabschaltung des Reaktors kommt. Der meldepflichtige Vorfall führt zu einem Aufschrei in der Öffentlichkeit, der die Aufdeckung zahlreicher Missstände in der Technik und Organisation nach sich zieht. Es ist von Verletzten die Rede und einer mangelhaften Informationspolitik des Betreibers ebenso wie der Landesbehörden. Tatsächlich aber handelt es sich bei der Reaktorabschaltung um eine Vorsichtsmaßnahme aus Sicherheitsgründen. Die Verletzten sind ein Schlosser, der sich an diesem Tag den Finger verletzt hat und ein weiterer Mitarbeiter, der von einem Insekt gestochen wurde. (vgl. dazu Dörner, 2008, S. 95)

Ambivalenzen offenlegen

In Prozessen zur Entwicklung der kollektiven Achtsamkeit treten die Widersprüche deutlicher zutage. Führungsteams müssen gemeinsam herausfinden, wie dieses Sowohl-als-auch in der Organisation in ihrem spezifischen Kontext aussehen kann. In Veränderungsprozessen ist es sinnvoll, die vorhandenen Ambivalenzen überhaupt erst einmal sichtbar zu machen. Berater oder Prozessbegleiter sollten sich dabei nicht als Missionar für eine Logik II anbieten. Gemeinsam muss herausgefunden werden, welche Bearbeitungsform für die Organisation und die zu bewältigenden Aufgaben sinnvoll und anschlussfähig ist.

Kontroverse Gesprächssituationen wie wir sie oben skizziert haben, bieten wertvolle Gelegenheiten, die zugrunde liegenden Widersprüche und Ambivalenzen herauszuarbeiten, mit konkreten Beispielen zu illustrieren und gemeinsam zu überlegen, wie eine angemessene Balance aussieht.

Auch eine Logik I hat ihre Berechtigung und Funktion, vorausgesetzt, sie beansprucht keine Allgemeingültigkeit. Oft ist es hilfreich, Vorgehensweisen, die sehr einseitig aus einer Logik I heraus gestaltet sind (wie zum Beispiel übertriebene Checklistensysteme, Prozessvorschriften oder Betriebsanweisungen, die niemand mehr versteht) kritisch zu überprüfen und zu überlegen, wie diese anders gestaltet werden können.

In bestimmten Situationen oder Kontexten ist die hierarchische Weisungskette oder ein für alle verbindliches Regelsystem hochfunktional. Das gleiche gilt in bestimmten Fällen für bewusst auf Misstrauen gebaute Prüfung oder ein konsequentes Durchgreifen bei Fehlleistungen. Das Handlungsrepertoire einer Logik I sollte folglich nicht ausgeschlossen werden, sondern lediglich der selbstverstärkende Zirkel eines »Mehr-desselben« gebremst werden. So wird der Blick frei für Alternativen und die Form des Organisierens wird zum Gegenstand der Entscheidung. Vorteile der jeweiligen Bearbeitungsform werden genutzt aber ihre Limitierungen ebenso berücksichtigt. Wann müssen wir unser Vorgehen verändern? Entwickeln kollektiver Achtsamkeit bedeutet, die eigene Sensitivität für den Kontext zu erhöhen: Was ist wann funktional? Welches Muster passt in welcher Situation und wie entwickeln wir die Fähigkeit, die Form des Organisierens neu zu denken?

Arbeiten mit dem Tetralemma

Zur Bearbeitung der beschriebenen Paradoxien kann die Arbeit mit einem Tetralemma hilfreich sein. Es handelt sich dabei um ein Vier-Felder-Schema, mit dessen Hilfe Paradoxien in Entscheidungsprozessen visualisiert und bearbeitet werden können. Im Tetralemma wird zwischen 4 Positionen unterschieden, aus denen sich die Entscheidungsmöglichkeiten ergeben:

- das Eine *oder* das Andere,
- *sowohl* das Eine *als auch* das Andere oder schließlich
- *weder* das Eine *noch* das Andere, also keine von den beiden untersuchten Positionen.

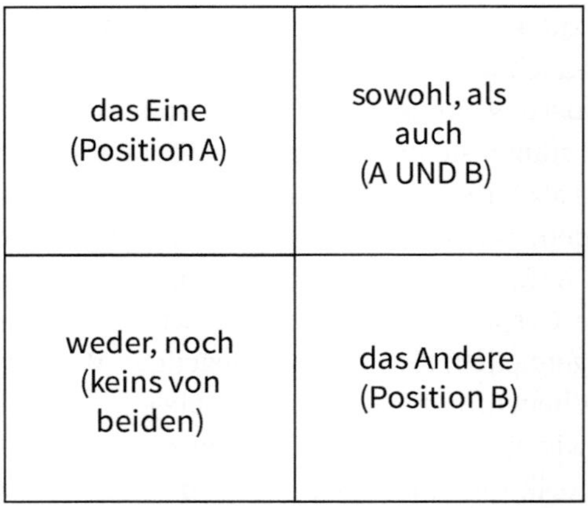

das Eine (Position A)	sowohl, als auch (A UND B)
weder, noch (keins von beiden)	das Andere (Position B)

Abb. 25: Tetralemma

Der Vorteil des Tetralemmas ist, dass alle möglichen Positionen für die Beteiligten sichtbar bleiben. Das Ausgeschlossene wird nachvollziehbar und die Konsequenzen des Weglassens der anderen Felder können gemeinsam und offen diskutiert werden. So können Chancen und die Risiken der möglichen Bearbeitungsformen gegeneinander abgewägt werden.

Mithilfe des Tetralemmas können die möglichen Handlungsoptionen durchgegangen und gemeinsam diskutiert werden. Dabei sollten auch extreme Entweder-oder-Positionen bewusst formuliert werden, um den Blick für mögliche Begrenzungen schärfen. So ergeben sich zu jeder Position zahlreiche Fragen, die im Führungsteam diskutiert werden sollten (s. Beispiel).

BEISPIEL

Regeln vs. situative Anpassung

Das Eine (Position A): Wir brauchen nur Regeln und keine situative Anpassung.

- Passt dieses Vorgehen zu unseren Aufgaben? Warum können wir ausschließen, dass wir keine Selbstorganisation brauchen?
- Bei welchen Aufgaben kann dieses Vorgehen bei uns riskant sein? Wie gehen wir damit um?
- Wie können wir ein Ausufern des Regelsystems bzw. eine Überregulierung verhindern (z. B. weil wir für jede Möglichkeit eine neue Regel definieren)?
- ...

Das Andere (Position B): Wir brauchen nur situative Anpassung und keine Regeln.

- Passt dieses Vorgehen zu unseren Aufgaben?
- Warum können wir sicher ausschließen, dass wir keine Regeln brauchen?
- Bei welchen Aufgaben kann dieses Vorgehen riskant sein?
- Wie können wir mögliche Effizienzeinbußen verhindern?
- Wie nutzen wir Erfahrungswissen bei dieser Lösung?
- ...

Sowohl, als auch (Position A und B): Wir brauchen verbindliche Regeln und situative Anpassung.

- Woran machen wir fest, wann wir von Regeln auf situative Anpassung umschalten müssen?
- Wie unterstützen wir unsere Mitarbeiter bei dieser Aufgabe? Wie trainieren wir diese Fähigkeit im Team?
- Wie legitimieren wir solche Ad-hoc-Entscheidungsprozesse (z. B. gegenüber Behörden oder Vorgesetzten oder im Nachhinein, wenn etwas schiefgelaufen ist)?
- ...

Weder, noch (keins von beiden): Wir suchen nach einer anderen Form des Organisierens bzw. des Wissenstransfers. Oder: Wir stellen die Tätigkeit ein, weil das Risiko zu hoch ist.

- Welche anderen Möglichkeiten sehen wir jenseits von Regeln und situativer Anpassung?

Balancierung von Effizienz und Sicherheit:
Das Eine: Wir geben Effizienz den Vorrang.

- Welche Risiken kaufen wir uns mit dieser Lösung ein?
- Was macht uns sicher, dass wir auf Sorgfältigkeit verzichten können?
- …

Das Andere: Wir setzen voll und ganz auf Sicherheit.

- Welche Risiken und Nebenwirkungen ergeben sich aus dieser Haltung?
- Was erlaubt es uns, auf Effizienz verzichten zu können?
- Wie stellen wir sicher, dass das Primat der Sorgfalt im Alltag auch gelebt wird?
- …

Sowohl-als-auch: Wir brauchen sowohl effizientes als auch sorgfältiges Arbeiten.

- Wie viel Sorgfalt können wir uns leisten? Welche Effizienzeinbußen sind wir bereit, zugunsten von Sorgfalt in Kauf zu nehmen?
- Wie entscheiden wir im Konfliktfall, was vorgeht: Sorgfalt oder Effizienz?
- Was hilft uns bei dieser Entscheidung (z. B. ein Prinzip, das im Konfliktfall Vorrang hat)
- …

Weder – noch: Wir entscheiden uns weder für Effizienz noch für Sorgfalt.

- Gibt es Alternativen, um unser Überleben zu sichern?

Teil II: Methoden und Instrumente – Kollektive Achtsamkeit in der Praxis

8 Überblick über die Methoden und Instrumente

Im Folgenden zeigen wir mithilfe ausgewählter Beispiele, wie Instrumente zur Entwicklung der kollektiven Achtsamkeit gestaltet werden können und was dabei beachtet werden sollte. Die hier diskutierten Praktiken sind in unterschiedlichen Kontexten entstanden, wie zum Beispiel dem Militär, der Automobilproduktion, der Luftfahrt oder dem Gesundheitswesen. Abbildung 26 bietet einen Überblick, wo die hier vorgestellten Methoden wirksam sind.

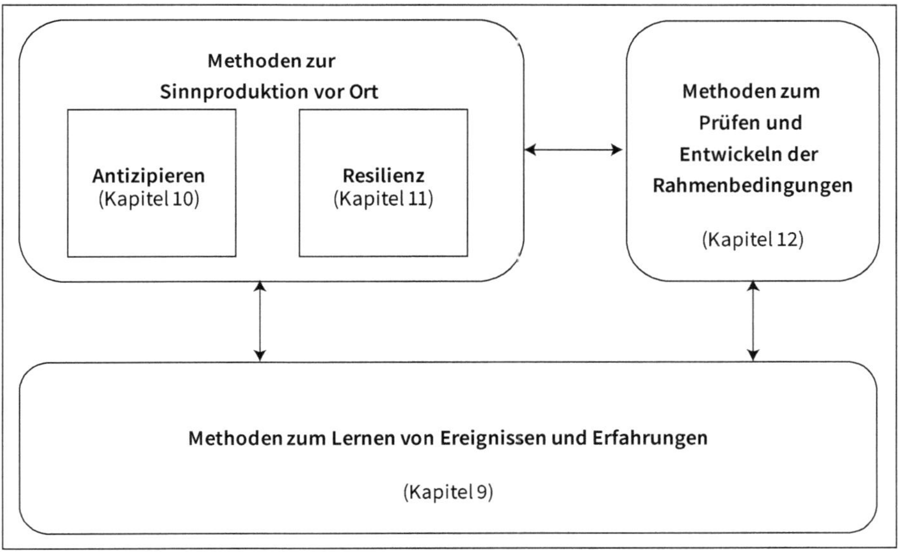

Abb. 26: Überblick Methoden zur Entwicklung kollektiver Achtsamkeit

Methoden zur Sinnproduktion vor Ort

Hier beschreiben wir Rituale und Praktiken, die Einfluss auf die Interaktionsqualität vor Ort nehmen: Wie sensibilisieren sich Mitarbeiter »an vorderster Front« für Warnsignale? Wie erzeugen sie aus frühen, schwachen Signalen Sinn und wie kommen sie zu Entscheidungen? Wir stellen ausgewählte Achtsamkeitspraktiken vor, zum Beispiel zur Arbeitsvorbereitung oder zur schnellen Problemlösung.

Methoden für das Lernen aus Ereignissen und Erfahrungen

Dieser Teil umfasst jene Praktiken, mit deren Hilfe Erfahrungen und Ergebnisse ausgewertet werden. Wie hat das komplexe System reagiert? Was können wir rückblickend über die Zusammenhänge im System lernen und welche Entwicklungen sind dadurch für die Organisation notwendig? Zum einen stellen wir verschiedene Möglichkeiten vor, aus unerwarteten Ereignissen zu lernen, zum Beispiel wie man eine Musteranalyse durchführt, um tiefer liegender Zusammenhänge zu erkunden und gleichzeitig kollektive Achtsamkeit zu trainieren. Zum anderen diskutieren wir die Prinzipien für die Gestaltung von Ereignisanalysen sowie von Verantwortungszuschreibung im Alltag.

Methoden zur Prüfung der Rahmenbedingungen

Unter diesem Punkt diskutieren wir Vorgehensweisen, die die kontinuierliche (Weiter-)Entwicklung der unterstützenden Rahmenbedingungen bzw. Entscheidungsprämissen fördern. Wir stellen mit den Kultur-Dialogen und Echtzeit-Stimmungsbildern zwei Methoden zur selbstkritischen Selbstbeobachtung eingespielter Muster im Umgang mit Risiken vor.

A fool with a tool is still a fool

Die Idee einer Werkzeugkiste zur Behebung von komplexen Problemen ist verführerisch und birgt die Gefahr einer Vereinfachung. Es scheint so, als könne man einfach sofort loslegen. Die Einführung der hier beschriebenen Methoden in der Organisation ist ein anspruchsvolles Vorhaben, das in einen Veränderungsprozess mit einer durchdachten Interventionsstrategie eingebettet sein muss (vgl. Teil III).

9 Unerwartete Ereignisse als Fenster zum System

Kollektive Achtsamkeit bedeutet, Fehler und unerwartete Ereignisse als Fenster zum System zu nutzen. Jedes Mal, wenn unsere Erwartungen enttäuscht werden, ist dies auch eine Möglichkeit, etwas über den Fitnesszustand unserer Organisation zu lernen. Doch wie genau kann das im Alltag aussehen? Was muss beachtet werden? Wie sehen Voraussetzungen aus, die einen offenen, lernbereiten Umgang mit Fehlern fördern?

Konkretisieren, wie eine Fehlerkultur aussehen soll

Geht es um den Umgang und das Lernen aus Fehlern, wird häufig der Ruf nach einer Fehlerkultur laut. Dieser plausibel klingenden Forderung ist kaum etwas entgegenzusetzen. Fragt man jedoch nach, so fällt es den Beteiligten schwer, genauer zu benennen, wie denn die gemeinsamen Spielregeln aussehen sollen, denen diese neue Qualität im Umgang mit Fehlern entspringt. Häufig genannt werden Aspekte wie »weniger persönliche Schuldzuschreibungen«, »wir müssen Fehler als Chance sehen« oder »wir brauchen mehr Fairness und Transparenz im Umgang mit Fehlern«. Solche Forderungen sagen aber meistens eher etwas über den gegenwärtigen, zu verändernden Zustand aus, als darüber, wie eine Fehlerkultur zukünftig praktiziert werden soll. Vor allem bleiben die mit der Forderung nach einer Fehlerkultur verbundenen Unsicherheiten und Widersprüche unausgesprochen. Bedeutet Fehlerkultur zum Beispiel eine Laisser-faire-Haltung? Eine erhöhte Toleranz gegenüber Fehlern ist für die wenigsten Organisationen überlebensfördernd, selbst wenn sie nicht in einem Hochrisikoumfeld tätig sind. Oder bedeutet eine Fehlerkultur, dass man den Mitarbeitern alles durchgehen lässt und die Gründe für Probleme nur noch im System sucht? Nicht nur Chefs der alten Schule hätten hier wahrscheinlich ihre Bedenken. Bleiben diese Fragen unbearbeitet, führt das dazu, dass die Forderung nach einer Fehlerkultur eine attraktive, vielversprechende Idee bleibt, die aber selten in die Praxis umgesetzt wird.

Selbstkritische Auseinandersetzung im Führungsteam
Die Entwicklung einer Fehlerkultur setzt im Führungsteam eine selbstkritische Auseinandersetzung mit der eigenen Zuschreibungspraxis voraus: Wo schauen wir hin, wenn wir aus Fehlern lernen und wie gestalten wir diesen Suchprozess? Wie entwickeln wir das notwendige Vertrauen, um gemeinsam zu lernen und gleichzeitig – in bestimmten Fällen – konsequent zu sein? Wie machen wir für unsere Mitarbeiter Entscheidungen über Verantwortung und Konsequenz nachvollziehbar?

Gerade der Umgang mit Konsequenzen verunsichert viele Führungskräfte. Viele versuchen, sich mit bohrenden Fragen nach Fehlern zurückzuhalten oder ihre Enttäuschung oder Entrüstung über Fehler gegenüber Mitarbeitern weniger spontan kundzutun. Eine Fehlerkultur muss aber nicht automatisch bedeuten, dass fortan Verwarnungen oder Bestrafungen tabu sind.

Ziel dieses Kapitels ist, Hilfestellung bei der Bearbeitung dieser Fragen zu geben.

- Die Musteranalyse ist eine von uns in den letzten Jahren vielfach eingesetzte Methode, um die Entwicklung einer Fehlerkultur in der Organisation anzustoßen. Wir erörtern die Gestaltungselemente und zeigen, wie diese auch in alltagstauglichen Formaten zur Untersuchung von Ereignissen oder Lessons-Learned-Besprechungen genutzt werden können.
- Fragen ist ein wichtiges Element für das gemeinsame Lernen aus Ereignissen. Im zweiten Abschnitt erläutern wir Fragen, die sich für solche Lernprozesse besonders eignen.
- Schließlich beschäftigen wir uns damit, wie Verantwortung für Fehler angemessen zugeschrieben werden kann, um einen offenen Umgang mit Fehlern zu fördern. Was ist notwendig, um einerseits in bestimmten Fällen konsequent sein zu können und anderseits eine vertrauensvolle, offene und lernbereite Atmosphäre aufrechtzuerhalten?

Das Lernen aus Ereignissen selbst ist ein Konstruktionsprozess, der bewusst gestaltet werden muss. Dabei wird uns das Trennen von Beschreiben, Erklären und Bewerten in unterschiedlicher Form begegnen, sei es zur Formulierung von Fragen oder als Prinzip der Prozessgestaltung.

9.1 Musteranalyse

In einer Musteranalyse nutzen Führungskräfte und Mitarbeiter ein einzelnes unerwartetes Ereignis, um in offener Atmosphäre eingespielte Verhaltensmuster zu untersuchen. Es geht nicht darum, eine möglichst eindeutige Ursache für das zu untersuchende Ereignis zu finden oder Schuldzuweisungen vorzunehmen. Unerwartete Ereignisse werden genutzt, um die Fitness des eigenen Systems zu verbessern. Ziel einer Musteranalyse ist es, mehr über die eigenen Bewältigungsmuster im Umgang mit Komplexität und hohem Risiko zu lernen. Die kollektiven Sensemaking-Prozesse werden unter die Lupe genommen: Welche Daten standen zur Verfügung? Wie fanden sie Eingang in die Kommunikation? Wie wurden sie weiterverarbeitet? Warum hat all das in diesem Moment und in diesem Kontext »Sinn« gemacht?

Musteranalysen eignen sich:

- für eine erste Standortbestimmung zu Beginn eines Veränderungsprozesses
- um erste gemeinsame Erfahrungen mit einer offenen Fehlerkultur zu sammeln
- die Gestaltungsprinzipien für kollektive Achtsamkeit zu erleben
- um Ideen für die Weiterentwicklung bereits existierender Verfahren zum Lernen aus Fehlern zu entwickeln
- zum Erproben neuer Fragetechniken
- als wiederkehrendes Ritual zur Überprüfung der Fitness des Systems und Pflege der kollektiven Achtsamkeit.

FALLBEISPIEL

Lernen von einem Beinahe-Unfall

Es ist 1 Uhr nachts in einer Produktionsstätte, als es passiert: Beim Transport eines 15 Tonnen schweren Produkts reißen die Hebebänder eines Lastkrans und der Koloss stürzt in die Tiefe. Zum Glück sind gerade keine Mitarbeiter in der Nähe, der Aufprall der Schwerlast hätte tödliche Folgen haben können. Zudem entsteht ein Sachschaden von mehr als 100.000 Euro und der Vorfall hinterlässt einen zutiefst geschockten Kranführer.

Die klassische Unfallanalyse, die am nächsten Tag von einigen Sicherheitsexperten durchgeführt wird, sieht wie so oft zuvor eine menschliche Fehlleistung als eine der Hauptursachen für den Vorfall: Der Kranführer hatte mehrere Fehler gemacht, so die einhellige Meinung des Untersuchungsteams. Er nutzte nicht die Hebebänder, die vorgeschrieben waren. Zudem brachte er die vorgesehenen Schutzvorrichtungen nicht vorschriftsmäßig an den scharfen Kanten an. Ohne diesen Schutz durchtrennten die scharfen Ecken die Bänder beim Anheben. Hätte sich der Mitarbeiter an die Regeln gehalten (einige Wochen zuvor war das gesamte Team diesbezüglich geschult worden), wäre die Last nicht abgestürzt, so die Schlussfolgerung der Experten. Der Mitarbeiter erhält eine Abmahnung für persönliches Fehlverhalten. Zudem werden alle Mitarbeiter nochmals unterwiesen, wie Hebebänder und Kantenschutz vorschriftsmäßig zu verwenden sind.

Fragezeichen beim Management

Doch der Fall hinterlässt Fragezeichen in der Führungsetage. Es waren schon früher tonnenschwere Lasten abgestürzt. Deshalb war zwei Jahre zuvor eine Expertenkommission ins Leben gerufen worden, um bessere technische Lösungen für den Umgang mit Schwerlasten zu suchen. Aber auch diese technischen Ansätze hatten keinen Effekt auf das Fehlverhalten und die Unachtsamkeiten der einzelnen Mitarbeiter.

Das Führungsteam fragt sich, ob nicht doch noch andere Zusammenhänge eine Rolle spielten, die auf den ersten Blick nicht ersichtlich waren. Die Geschäftsführung entscheidet sich, eine Musteranalyse durchzuführen, um die zugrunde liegenden Spielregeln zu ergründen und die eigene Fitness im Umgang mit Risiken zu untersuchen.

Einige Wochen nach dem Beinahe-Unfall trifft sich eine Gruppe von 25 Mitarbeitern, um sich nochmals mit dem Fall zu beschäftigen. Diesmal sitzt keine Expertenkommission zusammen, sondern ein bunt gemischtes Team. Zum einen nehmen die am Ereignis direkt und indirekt beteiligten Mitarbeiter teil. Sie gelten im Workshop als die wichtigsten Informanten. Aus diesem Grund werden sie »Experten der Situation« genannt. Für den Lastabsturz sind das in diesem Fall der Kranführer, sein Schichtführer, die zuständige Sicherheitsfachkraft, der Betriebsleiter und ein Mitarbeiter der Arbeitsgruppe, der sich mit den technischen Lösungen befasst. Neben den Experten der Situation sind weitere Werksmitarbeiter, einige mittlere Führungskräfte, ein Mitglied der Geschäftsführung, weitere Sicherheitsexperten, ein Personalreferent, ein Vertriebler sowie einige Mitarbeiter aus Schwesterwerken eingeladen. Alle Teilnehmer nehmen sich einen ganzen Tag Zeit, um gemeinsam die Musteranalyse durchzuführen.

Skepsis zu Beginn

Während der Einführung am Morgen sind etliche Teilnehmer zunächst skeptisch. Wird hier nicht ein bisschen zu viel Wirbel gemacht? Schließlich ist doch noch nicht mal jemand zu Schaden gekommen. Sollte man sich nicht lieber mit wirklich schweren Fällen beschäftigen, damit diese nie wieder vorkommen? Unterschwellig werden auch Schuldzuweisungen laut, die von den Moderatoren sensibel aufgenommen werden müssen: Was müssen wir das jetzt noch untersuchen? Wir wissen doch, dass der Kranführer fahrlässig gehandelt hat! Hätte er sich richtig verhalten, dann müssten wir jetzt nicht diesen Aufriss machen!

Auch der Betriebsrat ist alarmiert: Dient das Ganze etwa vor allem dazu, den Kranführer zusätzlich zu bestrafen? Im Laufe des Tages lernen die Teilnehmer, dass es nicht darauf ankommt, wie schwerwiegend die Folgen eines unerwarteten Ereignisses sind. Von einem Beinahe-Unfall oder einer eher unscheinbaren Überraschung lässt sich ebenso viel über die eigenen Bewältigungsmuster lernen wie von einer großen Unternehmenskrise.

Befragung der Experten der Situation im Interviewkarussell
Für das Interviewkarussell teilt sich die Gruppe in vier bis fünf Teams auf, um die Experten der Situation zu befragen. Die Interviewteams sind bewusst gemischt besetzt. Ein Team besteht zum Beispiel aus drei Werksmitarbeitern, einer höheren Führungskraft, einem Fachfremden und einer Sicherheitsfachkraft.
Ziel des Interviewkarussells ist es, möglichst viele und auch widersprüchliche Eindrücke, Perspektiven und Erklärungen von der Situation zu erhalten. Deshalb werden die Beteiligten bzw. Experten der Situation auch nicht gemeinsam interviewt. Sie sitzen an verschiedenen Stationen, um den Interviewteams über ihre Perspektive Auskunft zu geben. Die jeweilige Sicht auf die Dinge kann durchaus von der Perspektive eines anderen Beteiligten abweichen: So stellen der Kranführer und sein Vorarbeiter, die beide am Ort des Geschehens waren, ihre Perspektive an der Station »Vor Ort« zur Verfügung. Der Schichtführer, der während der Nachtschicht gar nicht anwesend war und erst am nächsten Morgen von dem Vorfall erfuhr, gibt an der Station »Führung« Auskunft über sein Erleben. Der verantwortliche Sicherheitsexperte bestreitet die Station »Arbeitssicherheit« und der Geschäftsführer die Perspektive des höheren Managements.
In den folgenden zwei Stunden rotieren die vier Interviewteams nun von Station zu Station. Jedes der vier Teams beginnt an einer der vier Stationen. Nach einer halben Stunde wechselt es weiter zur nächsten Station. Nach zwei Stunden hat jedes Interviewteam die Gelegenheit gehabt, jeden Vertreter einer Station zu befragen.
In der ersten Runde läuft die Befragung noch etwas schleppend, einige Teilnehmer sind unsicher, was oder wie sie fragen sollen, man sucht noch nach Anhaltspunkten. Oder sie befürchten, ihrem Gegenüber mit ihren Fragen zu nahe zu treten. Doch je mehr die Teammitglieder über den Fall erfahren, umso mehr eigene Hypothesen entstehen in ihren Köpfen, die wieder neue Fragen anstoßen. Dadurch, dass jedes Team an einer anderen Station anfängt, kommen die vielfältigsten Fragen auf: Je nachdem, wo ein Team beginnt, entwickelt es andere Fragen für die Folgestation.
Nach dem Interviewkarussell werten die Gruppen ihre Erkenntnisse mit ihren Teammitgliedern aus und bilden ihre Hypothesen. Was waren unsere wichtigsten Erkenntnisse in den Interviewrunden? Was sind mögliche Erklärungen dafür? Wo zeigen sich aus unserer Sicht typische Muster, die den Nährboden nicht nur für dieses, sondern auch für andere, künftige Ereignisse bilden können?

Hypothesenbildung in Teams
Nach einer guten Stunde präsentieren die Teams ihre Ergebnisse entlang der Zeitschiene im Plenum. Eine wichtige Einsicht ist, dass sich die geplanten und gelebten Verfahrensweisen im Laufe der Zeit stark auseinanderentwickelt haben. Diese Folge des praktischen Driftens (Snook, 2002) kommt unter Bedingungen von Komplexität häufig vor und ist mit Risiken verbunden, wenn man es nicht bewusst reflektiert.

Es besteht eine offizielle Arbeitsanweisung, dass für jede Schwerlast ein Kantenschutz und bestimmte Hebebänder zu verwenden sind. Sie wurde von Experten entwickelt, gilt aber aus Sicht der Mitarbeiter als umständlich und angesichts der vorgegebenen Produktionsziele zu langsam. Unter den erfahrenen Mitarbeitern hat sich deshalb eine andere, abweichende Vorgehensweise etabliert: Man entgratet die scharfen Kanten vorher, benötigt deshalb weder Kantenschutz noch andere Hebebänder. Für die Mitarbeiter ist diese Verfahrensweise schneller und ebenso sicher. Mehrfach hatten die Schichtführer angeregt, die offizielle Arbeitsanweisung zu ändern, doch der Vorschlag wurde von den verantwortlichen Stellen ignoriert.
Am Tag des Lastabsturzes hatte Herr Michelsen, ein jüngerer Mitarbeiter, das Produkt an Herrn Schlüter übergeben. Herr Michelsen kannte die inoffizielle Regel noch nicht, hielt sich an die offizielle Arbeitsanweisung und entgratete die Kanten nicht. Herr Schlüter aber, der die Arbeit in der Nachtschicht übernahm, ging davon aus, dass die Kanten entgratet waren. Er prüfte die Kanten sogar noch einmal. Aber da das individuell auf Kundenbedürfnisse angefertigte Produkt an diesem Tag sowohl eine innere und eine äußere Kante hatte, entging ihm, dass die äußere Kante noch messerscharf war. In diesem Zusammenhang erscheint das Fehlverhalten von Herrn Schlüter in einem anderen Licht. Seine Handlung ist nicht mehr einfach grob fahrlässig – jeder Betroffene handelte im Rahmen der kollektiven Logik richtig. Das Beugen der offiziellen und offenbar umständlicheren Regeln, so folgern die Teams, kann auch als Versuch der Arbeiter interpretiert werden, den widersprüchlichen Anforderungen an Sicherheit einerseits und Produktivität und Schnelligkeit andererseits gerecht zu werden. Offenbar hatten sich alle Beteiligten daran gewöhnt, dass verschiedene Verfahrensweisen nebeneinander existierten. Zwischen Arbeits- und Planungsebene gab es wenig Austausch, sodass Anregungen zur Verbesserung der offiziellen Regeln nicht ankamen. Der Unterschied zwischen den Vorgaben und den normalisierten Regelbrüchen interessierte wenig und lag im blinden Flick des Managements – zumindest, solange die Ergebnisse stimmten und nichts schieflief.
Den Teilnehmern wird jetzt klar, dass sie hier einem generellen Muster auf der Spur sind. Welche anderen Regeln haben sich im Laufe der Zeit im Alltag unkontrolliert verselbstständigt und stellen damit ein Risiko dar? Damit verlagert sich die Diskussion auf Fragen von Führung im Umgang mit Regeln bzw. Abweichungen und der Gestaltung des Alltagsgeschäfts. Was können Führungskräfte dafür tun, um den Unterschied zwischen Plänen, Vorschriften (*work as planned*) und gelebter Praxis (*work as done*) besser in den Blick zu bekommen? Wie können wir den Austausch zwischen Planungsabteilung und Arbeitsebene besser gestalten? Wie fördern wir offenes Feedback zu Regelabweichungen?
Einige Führungskräfte fragen sich jetzt: Bedeutet das, dass wir jetzt den Spieß umdrehen und wir Führungskräfte an dem Vorfall schuld sein sollen? Ist Herr

Schlüter damit entschuldigt? Aber es geht hier nicht darum, einen anderen Schuldigen zu finden oder den Beteiligten die Verantwortung abzusprechen. Vielmehr werden die Muster, die sich im Zusammenspiel der verschiedenen Beteiligten eingespielt haben, analysiert und generelle Schwachstellen im Umgang mit Komplexität und Risiko aufgedeckt. Ziel ist es gerade nicht, einen oder mehrere Betroffene für das vergangene Ereignis zur Verantwortung zu ziehen, ein Exempel zu statuieren und damit den Fall abzuschließen. Das gemeinsame Lernen soll dafür sorgen, dass jeder Einzelne besser versteht, wie die Dinge ineinanderspielen, um *in Zukunft* selbst mehr Verantwortung für das Gelingen des Ganzen übernehmen zu können (vgl. Dekker, 2008).
Es kommen weitere Erkenntnisse und Muster zum Tragen, zum Beispiel die Tendenz, Annahmen nicht zu hinterfragen. Jeder im Unternehmen ging stillschweigend von seiner Logik aus. Die Teams stellen fest, dass es bisher wenig Gesprächsroutinen zum Hinterfragen von Annahmen und Prämissen gab: Schichtübergaben finden – wenn überhaupt – unstrukturiert im Pausenraum und außerhalb der Arbeitszeit statt. Die Gestaltung der Übergabe hängt ab vom Gutdünken, der Beziehung untereinander und der Tagesform der Schichtführer. Weder gibt es einen Leitfaden noch ein Training, wie man den Informationsaustausch effektiv und zeitsparend gestalten kann. Ein weiteres Muster, das diskutiert wird, ist die abnehmende Wahrnehmung bekannter Risiken. Galten die schweren Lasten einige Jahre zuvor noch als Exoten und erfuhren eine erhöhte Aufmerksamkeit in den Teamgesprächen, sind sie in den letzten Jahren zum Standard geworden und man spricht weniger über einen sicheren Umgang mit ihnen. Auch hier bemerken die Teams, dass es keine Kommunikationsroutinen gibt, um dieser Tendenz bewusst entgegenzuwirken.
Schließlich thematisieren die Interviewteams auch die Nachbearbeitung des Ereignisses, die einer bestimmten Logik folgt: Die schnelle Zuschreibung des Fehlers auf individuelles Fehlverhalten hat viele Lernchancen auf Systemebene ungenutzt gelassen. Nach Zwischenfällen bestehen die Maßnahmen in der Regel in Sanktionierungen, Verwarnungen oder Nachschulungen von Einzelpersonen. Die zugrunde liegenden Muster bleiben damit unbearbeitet und werden sogar implizit legitimiert: Hätte sich die Person nicht »falsch« verhalten, hätte »unser System« auch funktioniert. Wird der Täter schnell gefunden, schützt dies vor unangenehmen Erkenntnissen über das eigene System.

Aktionsplanung

Jetzt ist es an der Zeit, Ideen für Verbesserungen zu benennen, was den Teilnehmern nicht schwerfällt. Auf der Basis der vorangegangenen Analyse zielen diese aber auf ganz andere Aspekte ab als die Expertenanalyse zuvor. Zu den Lösungsideen gehören:

- gezielte Achtsamkeitsrituale, um sich für Abweichungen von gelebter Praxis und offizieller Regel zu sensibilisieren

- Neugestaltung der Arbeits- und Austauschprozesse zwischen Arbeits- und Planungsebene
- Einbezug der Arbeitsebene in die Gestaltung von Regeln
- Einführung von Routinen zur Schichtübergabe
- Praktiken und Fragetechniken, um Annahmen zu hinterfragen
- Simulationen zum Erleben möglicher Risiken
- häufigere Besprechung von Beinahe-Unfällen, um das Fenster zum System immer mal wieder zu öffnen.

9.1.1 Prinzipien von Musteranalysen

Musteranalyse als Fitnesscheck

Das Beispiel zeigt, wie die Musteranalyse den eingeschränkten Blickwinkel auf persönliche Fehlleistungen und eindeutige (meist technische) Ursachen auf die etablierten Bewältigungsmuster bzw. Spielregeln im sozialen Miteinander verbreitert:

- Was können wir von diesem konkreten Fall darüber lernen, wie wir komplexe und riskante Arbeitssituationen bewältigen?
- Was trägt (wie in diesem Fall) alles zum konkreten Auftreten des Problems bei?
- Was ist an diesen Bewältigungsmustern funktional? Wofür sind sie eine Lösung?
- Welche Muster sind problematisch und wie können wir sie weiterentwickeln?

Statt wie in einer Root-Cause-Analyse wenige, eindeutige Ursache-Wirkungs-Beziehungen zu finden (vgl. Abschnitt 6.3), um die identifizierten Ursachen zu eliminieren, unterziehen die Teilnehmer ihre eigenen Versuche, Komplexität zu bewältigen, einer kritischen Untersuchung und bewerten sie im Hinblick auf ihre Tauglichkeit. Hilfreiche Bewältigungsmuster sollen bewusst ausgebaut und unkontrollierte, riskante Muster besser verstanden und weiterentwickelt werden.

Ergründen der Besonderheiten der Situation

Die Arbeit an einem einzelnen konkreten Ereignis bietet dabei den Vorteil, nicht nur über die offiziell und eigentlich vorgesehenen, geplanten Prozesse und Regeln zu sprechen. Denn die Idee, dass man weiß, wie es »eigentlich richtig gewesen wäre«, entspringt eher trivialen Steuerungsvorstellungen, die für die Bearbeitung komplexer Anliegen untauglich sind (s. Abschnitt 5.2). Mithilfe einer Musteranalyse machen die Teilnehmer die Erfahrung, dass die konkreten Arbeitssituationen mit all ihren plötzlichen unerwarteten Entwicklungen oder Störungen, Missverständnissen oder kleinen Fehlleistungen ganz anders aussehen und zwangsläufig geistesgegenwärtiges Sensemaking erfordern. Deshalb interessieren bei diesem Vorgehen die konkreten Gegebenheiten der Situation sowie die Perspektive und das situative Erleben der Beteiligten. Wie sind sie in der komplexen Gemengelage aus bestehenden Instrumenten, Regeln, Plänen, Prozessen, vorhandenen Informationen, Wahrnehmungen, Annahmen und Interpretationen, Machtverhältnissen, Widersprüchen und Mehrdeutigkeiten vorgegangen, um ihre Aufgabe zuverlässig zu bewältigen? Warum hat ihr Verhalten in dem Moment (und nicht im Nachhinein) Sinn ergeben? Wie haben sich die Beteiligten im sozialen Miteinander ein gemeinsames Bild von der Situation gemacht und wie sind sie zu Entscheidungen gekommen, was zu tun ist?

Beteiligte als Experten der Situation

Voraussetzung für eine Musteranalyse ist, dass die am Ereignis Beteiligten mit von der Partie sind. Sie sind nicht Schuldige auf dem heißen Stuhl, sondern sie werden als die wichtigsten Informanten und Experten der Situation wertgeschätzt. Sie können am besten Auskunft darüber geben, was sie erlebt haben, mit welchen Instrumenten, Informationen, Annahmen und Interpretationen sie gearbeitet haben und warum das, was sie gemacht haben, ihnen in dem Moment sinnvoll erschien.

Wer als Experte der Situation infrage kommt, hängt natürlich vom jeweiligen Ereignis ab. Sie werden in der Vorbereitungsphase ausgewählt. Bei einer Musteranalyse werden aber nicht nur die unmittelbar Beteiligten als Experten der Situation befragt. Um das Fenster zum System zu öffnen und auch den Organisationskontext und die Wechselwirkungen von Entscheidungen auf höheren Führungsebenen oder Expertenfunktionen zu beleuchten, werden auch Teilnehmer ausgewählt, die nicht unmittelbar am Geschehen beteiligt waren. Das können zum Beispiel Personen aus dem Einkauf sein, die Entscheidungen über Einkaufsrichtlinien oder Lieferantenauswahl treffen. Oder es werden Personen aus der Geschäftsführung befragt, die auf unerwartete Ereignisse reagieren, Sparmaßnahmen oder Restrukturierungen angeordnet haben. Auch Mitarbeiter aus dem Vertrieb sind interessante Gesprächspartner, weil sie Kalkulationen machen oder Kundenerwartungen wecken, die die Arbeit in den ausführenden Bereichen beeinflussen. Ebenso können Personalentwickler, Auszubildendenbetreuer oder ein Kunde zur Musteranalyse eingeladen werden.

***Staff Rides* als Vorbild**

Das Vorgehen in der Musteranalyse wurde nach dem Vorbild sogenannter *Staff Rides* entwickelt (vgl. Robertson, 1987). Diese Methode gewinnt in der Managemententwicklung (vgl. Gebauer, 2010a, 2013; Becker u. Burke, 2014), ebenso wie in der qualitativen Forschung (vgl. Becker et al , 2012) zunehmend an Bedeutung.

Der Begriff kommt ursprünglich aus dem Militär. In diesem Umfeld besteht die Herausforderung darin, dass kein Einsatz dem anderen gleicht und jede Intervention von einer hohen Ungewissheit und notwendigen Ad-hoc-Entscheidungen geprägt ist. Als ein Pionieranwender ist Helmuth Karl Bernhard Graf von Moltke zu nennen. Als Oberbefehlshaber der preußischen Armee führte er seine Untergebenen bereits Mitte des 19. Jahrhundert auf sogenannte Stabs-Reisen. Es wählte dabei Gegenden, in denen Gefechte künftig erwartbar waren und spielte diese Situationen am Ort des Geschehens durch. Major Eben Swift führte dann Anfang des 20. Jahrhunderts erstmals *Staff Rides* durch, um auch von vergangenen Ereignissen zu lernen.

Der Begriff *Staff Ride* transportiert, dass das Lernen mit dem »Stab«, also der Belegschaft erfolgt. Ursprünglich fanden *Staff Rides* zu Pferd statt.

Staff Rides sind eine Möglichkeit, rückschauend von komplexen und dynamischen Ereignissen etwas über die zugrunde liegenden Taktiken und Bewältigungsmuster zu lernen. Der Begriff *Staff Rides* transportiert das Bild, dass die gesamte Mannschaft nach Schlachten an den Ort des Geschehens zurückreitet, um gemeinsam die Bedingungen und Handlungsweisen zu analysieren, indem man die direkt Beteiligten über ihr Erleben, ihre Wahrnehmung, die Kommunikation sowie die Entscheidungsfindungsprozesse in der Situation befragt. *Staff Rides* ermöglichen das Nacherleben komplexer Situationen aus verschiedenen Perspektiven, die rein rational nicht ausreichend erfasst werden können.

Heute wird diese Methode auch bei der Feuerwehr zum Training von Entscheidungs- und Führungsverhalten in Risikosituationen genutzt. Sie wird in diesen Settings bislang jedoch vor allem für das Training von Teaminteraktionen oder für die individuelle Sensibilisierung der Mitglieder genutzt. Die Musteranalyse nutzt zentrale Elemente von *Staff Rides* wie zum Beispiel die Analyse eines konkreten Ereignisses, die Durchführung am Ort des Geschehens, die qualitative und offene Befragung der Beteiligten und die nachfolgende Analyse der zugrunde liegenden Muster. Das Verfahren wurde auf die Bedürfnisse von Wirtschaftsorganisationen angepasst und für die Führungskräfte- und Organisationsentwicklung zugeschnitten.

Auswahl des Ereignisses

Für eine Musteranalyse eignen sich unerwartete Ereignisse mit entsprechender Komplexität. Dazu gehören zum Beispiel Ereignisse, die

- organisationale, technische und verhaltensorientierte Fragen aufwerfen
- an denen verschiedene Personen beteiligt waren
- bei denen Schnittstellen zu anderen Abteilungen eine Rolle spielen
- die sich wiederholen könnten, ein wiederholtes Problem darstellen oder ein besonderes Risiko für die Organisation bedeuten oder
- die in der Belegschaft bisher nicht geklärt werden konnten und Fragezeichen hinterlassen haben.

Die Ereignisse müssen keine schwerwiegenden Folgen gehabt haben. Es können auch Fälle ausgewählt werden, bei denen fast etwas passiert wäre oder gravierende Folgen glücklicherweise noch abgewendet werden konnten. In jedem Fall sollten die ausgewählten Ereignisse aber bedeutsam für die Belegschaft sein. Die Auswahl eher wenig spektakulärer Fälle hat den Vorteil, dass Teilnehmer erfahren, dass man ebenso viel aus ihnen lernen kann wie aus folgenreichen Ereignissen.

In einer Musteranalyse kann zum Beispiel eines der folgenden Ereignisse untersucht werden:

- Eine Pflegekraft verwechselt ein Medikament, dieses wurde aber glücklicherweise vom Patienten noch vor Einnahme entdeckt.
- Bei der Befüllung eines Tanklastzuges kommt es zum Produktaustritt von toxischen Substanzen.
- Auf einer Großbaustelle kommt es zu Verzögerungen und entsprechender Kostenerhöhung und Ärger mit dem Kunden.
- In einem Beratungsunternehmen kommt es in der Abgabephase von Projekten immer wieder zu chaotischen Zuständen, was regelmäßig zu Nachtschichten, schlechter Stimmung im Team führt und zu erhöhter Fluktuation beiträgt.
- In einem Chemieunternehmen entdeckt ein Mitarbeiter zufällig eine Leckage an einer Pumpe und schafft es gerade noch, die Zuleitung abzustellen.
- Nach einer Reparatur versagt eine Verschraubung und aus der defekten Leitung spritzt Öl mit hohem Druck.
- In der Personalabteilung kommt es zu Fehlern in der Gehaltsabrechnung, was zu großem Unmut und Unsicherheiten in der Belegschaft führt.
- Ein Unternehmen für Öl- und Gaspipelines verliert regelmäßig große Aufträge und will dem Muster auf den Grund gehen.

Ungeeignet sind Fälle, die aktuell strafrechtlich untersucht werden. Dann ist es erfahrungsgemäß schwer, eine offene und schuldfreie Atmosphäre herzustellen, weil implizit angenommen wird, dass alle erzeugten Erklärungen auch aus juristischer Perspektive interpretiert werden bzw. dem Staatsanwalt zugespielt werden könnten.

9.1.2 Durchführen einer Musteranalyse

Ablaufvarianten

Für die Durchführung einer Musteranalyse sind verschiedene Varianten möglich. Die längere, eintägige Version eignet sich, wenn ein Unternehmen oder eine Abteilung das erste Mal eine Musteranalyse durchführt und daher mehr Zeit für die Einführung, das Einüben der Fragetechnik sowie die Reflexion der Arbeitsweise benötigt wird. Längere Varianten sind für besonders komplexe Ereignisse sinnvoll oder wenn der Lernprozess verschiedene Schnittstellen wie zum Beispiel Kunden, Lieferanten oder andere Abteilungen miteinbeziehen soll. Die kürzere, vierstündige Fassung eignet sich für geübte Teams, zum Beispiel, wenn Musteranalysen als wiederkehrendes Ritual verwendet werden.

Beispielablauf einer Musteranalyse (Dauer ca. 8 Stunden)

- Einführung in das Vorgehen und in den Fall (20 min)
- Erläuterung der Fragetechniken und erste Erarbeitung von Fragen (30 min)
- Besichtigung wichtiger Orte des Geschehens (45 min)
- Durchführung Interviewkarussell (120 min)
- Ergebnisreflexion in den Teams (40 min)
- Ergebnispräsentation im Plenum (60 min)
- Zusammenfassung und Abschluss (60 min).

Kürzere Variante (Dauer ca. 4 Stunden)

- Einführung in den Fall (15 min)
- Besichtigung wichtiger Orte des Geschehens (30 min)
- Durchführung Interviewkarussell (90 min)
- Ergebnisreflexion in den Interviewteams (30 min)
- Diskussion der Ergebnisse und Aktionsplanung im Plenum (60 min).

Einführung

Zu Beginn der Musteranalyse bekommen die Teilnehmer zunächst eine kurze Einführung in die Arbeitsweise, die Spielregeln, Haltung und die Fragetechniken dieser Methode sowie wesentliche Informationen über das Ereignis.

Entscheidend in dieser Phase ist, die Teilnehmer auf die Grundhaltung in der Musteranalyse einzustimmen, deren Fundament Wertschätzung ist. Die Experten der Situation sind die wichtigsten Informationsträger. Ihre Sichtweise zählt, nicht die Meinung oder das Wissen der Fragesteller. Auch innerhalb der Interviewteams ist ein respektvolles Miteinander wichtig. Jede Frage hat ihre Berechtigung und keine ist zu dumm – insbesondere die »naiven« Fragen von Fachfremden werden wertgeschätzt, weil sie Selbstverständlichkeiten infrage stellen. Es interessiert, was zwischen den Personen geschehen ist. Das bedeutet aber nicht, dass die Ebene der Person ausgeklammert werden soll, ganz im Gegenteil. Fragen nach dem individuellen Erleben und nach der Sichtweise der einzelnen Mitarbeiter sind explizit erwünscht. Was haben die Beteiligten wahrgenommen, wie und basierend auf welchen Annahmen haben sie die Situation interpretiert? Was haben sie weitergegeben? Wie sind sie zu Entscheidungen gekommen?

Grundhaltung in der Musteranalyse

- wertschätzender und respektvoller Umgang
  Jeder tut in der Regel sein Bestes und versucht, seinen Teil zur Problemlösung beizutragen.
- keine Schuldzuweisungen
  Es geht nicht um Schuldzuweisungen, sondern um gemeinsames Lernen.
- Probleme als Lösungsversuch betrachten
  Wofür war das problematische Verhalten eine Lösung? Wie kommt es, dass intelligente Leute sich hier so verhalten haben?
- Interesse an Konkretem, Ausnahmen und Überraschungen
  Was sind die Besonderheiten in der Situation? Wie sind die Beteiligten damit umgegangen?
- Fokus auf persönlichem Erleben und den Interaktionen *zwischen* den Beteiligten
  Wer hat was wahrgenommen? Auf welchen Annahmen wurde dies wie interpretiert? Wie wurden die Impulse von anderen aufgegriffen?

In der Einführung werden die Teilnehmer auch auf einige Punkte hingewiesen, die sie vermeiden sollten:

- Sie werden gebeten, Verhalten nicht vorschnell zu bewerten. Denn jetzt, im Nachhinein, scheinen viele Dinge natürlich in einem anderen Licht als zum Zeitpunkt des Ereignisses. Es ist einfach, alles aus heutiger Sicht besser zu wissen, aber es ist eine Herausforderung, zu verstehen, wie die Beteiligten die ungewisse, mehrdeutige Situation bewältigt haben. So werden die Teilnehmer gebeten, sich mit ihrem Wissen und Lösungsvorschlägen zurückzuhalten.
- Es geht auch nicht darum, nach Abweichungen vom Regelsystem zu suchen, um den unerwünschten Verlauf dann mithilfe der (im Nachhinein falsch erscheinenden) Abweichungen zu erklären. Ein solches *Mikro Matching* ist typisch für eine Logik I-Haltung. Die Teilnehmer werden gebeten zu ergründen, wofür die beobachteten Abweichungen im Moment des Handelns eine Lösung waren.
- Die Teilnehmer werden aufgefordert, Generalisierungen oder Pauschalurteile wie »fehlende situative Wahrnehmung«, »mangelnde Achtsamkeit oder Compliance« sowie »menschliche Fehlleistung« zu vermeiden und sich nicht zu

schnell auf eine Ursache festzulegen. Sie sollen ihre Hypothesen mit konkreten Beispielen unterfüttern.

- Ebenso wenig zielführend ist es, aufzulisten, welche Dinge alle nicht gesehen wurden, die man eigentlich – im Nachhinein betrachtet – hätte sehen müssen. Was die Betroffenen nicht gemacht haben, aber hätten tun können, spielt eine untergeordnete Rolle. Statt zu fragen: Wie konnten Sie all diese Hinweise übersehen? Wie konnten Sie nicht die richtigen Schlussfolgerungen ziehen?, eignen sich andere Fragen besser. Zum Beispiel, was die Beteiligten in der Situation wahrgenommen haben und wie sie aus den verfügbaren Daten Sinn gemacht haben. Was war für Sie relevant in dem Moment und warum? Was waren Ihre Schlussfolgerungen und wie sind Sie dazu gekommen? Was hat dazu beigetragen, dass Sie andere Dinge nicht gesehen haben?

An den Ort des Geschehens gehen

Zu einer Musteranalyse gehört immer ein Besuch des Ortes des Geschehens. Dazu werden die Beteiligten aufgefordert, alle genutzten Materialien und Informationen mitzubringen, die ihr Tun und ihre Kommunikation verdeutlichen. Das können zum Beispiel Werkzeuge, Bilder, Pläne, E-Mails, Schulungsunterlagen, Arbeitsanweisungen, Formulare, Protokolle oder andere Aufzeichnungen sein. Immer geht es darum, das Geschehen möglichst konkret nachvollziehen zu können.

Der Besuch vor Ort hilft, dass sich die Teilnehmer die Begebenheit konkret vorstellen und sich selbst einen Eindruck von der Gemengelage verschaffen können. Die am Ereignis Beteiligten, die Experten der Situation, erläutern und konkretisieren, wie sie gehandelt haben und beantworten Fragen der anderen Teilnehmer: Wer genau hat wann was gemacht? Wer war wo zu welchem Zeitpunkt? Wie hat man sich verständigt? Mit welchem Werkzeug wurde gearbeitet? Wie waren die Arbeitsbedingungen wie zum Beispiel Verständigungsmöglichkeiten, Hitze, Lichtverhältnisse? Was war anders oder ungewöhnlich an diesem Tag?

Gibt es noch keine Erfahrungen mit einer Musteranalyse oder ähnlichen Verfahren, wird häufig gefragt, ob der Gang zum Ort des Geschehens wirklich notwendig sei. »Wir kennen doch die Begebenheiten. Die Zeit können wir uns sparen. Wir werden dort nicht viel Neues entdecken.« Aber die Erfahrung zeigt, dass der Vor-Ort-Besuch selbst »alten Hasen« immer wieder neue Erkenntnisse bietet.

FALLBEISPIEL

Überraschende Erkenntnisse am Ort des Geschehens

Herr Fricke hatte beim Öffnen eines Steuerpults einen Elektroschock erlitten, der in einer Musteranalyse untersucht werden sollte. Davor war der Unfall bereits technisch analysiert worden. Man hatte festgestellt, dass an der Bedieneinheit ein Potenzialausgleich fehlte. Die Anlage war mehr als sechzig Jahre alt und offenbar war der Fehler bereits beim Einbau durch den Lieferanten passiert. Das Ergebnis führte zu einer gewissen Ratlosigkeit unter den Technikern: Was konnte man in so einem Fall schon verbessern? Wir können schließlich nicht alle Anlagen auf einen Schlag erneuern, dann können wir unseren Laden dichtmachen.

In der Musteranalyse baten wir nun Herrn Fricke, uns zu zeigen, was er machte, als der Vorfall passierte. Durch die Demonstration vor Ort stellte sich heraus, dass es gar nicht der Potenzialausgleich sein konnte, der zu dem Elektroschock führte, sondern ein defekter Schalter an der Klappe des (glücklicherweise stillgelegten) Steuerpults. Doch wie konnte es zu dieser Fehlinterpretation kommen? Wie hatte sie sich Schritt für Schritt entwickelt und verfestigt?

Durch die Begehung verschob sich der Fokus so überraschend auf die Unfallanalyse und das Lernen von Fehlern. Es stellte sich heraus, dass sie das Resultat vorschneller Schlussfolgerungen war: Gleich nach dem Unfall wurde eine Ereignisschnellmeldung mit einem Foto abgesetzt, das die Erklärung mit dem Potenzialausgleich plausibel machte. Weil man eine nachvollziehbare Erklärung hatte, blieb man dabei. Herr Fricke selbst wurde zu dem Fall nicht mehr befragt. Zwar dachte er sich, dass dies nicht die Unfallursache sein konnte, traute sich aber nicht, etwas gegen die Analyse der Experten einzuwenden.

Interviewkarussell: Vielfaltige Eindrücke erzeugen

Das Interviewkarussell ist ein wesentliches Element der Musteranalyse. Wie bereits beschrieben, ist das Besondere bei dieser Methode, dass die Experten der Situation von jedem der rotierenden Interviewteams einmal befragt werden. So findet jede Perspektive ausreichend Gehör und kann aus unterschiedlichen Blickwinkeln betrachtet werden. Ziel des Interviewkarussells ist es, möglichst vielfältige Beschreibungen über das Geschehen zu erzeugen. Was ist aus Sicht der Beteiligten passiert?

Um auf der Beschreibungsebene zu bleiben, erfordert das Interviewkarussell von allen Beteiligten Disziplin: Während der Befragung sollen mögliche Erklärungen oder Bewertungen erst einmal außen vor gelassen werden. Der Dreischritt von Beschreiben, Erklären und Bewerten wird auch beim Interviewkarussell bewusst getrennt.

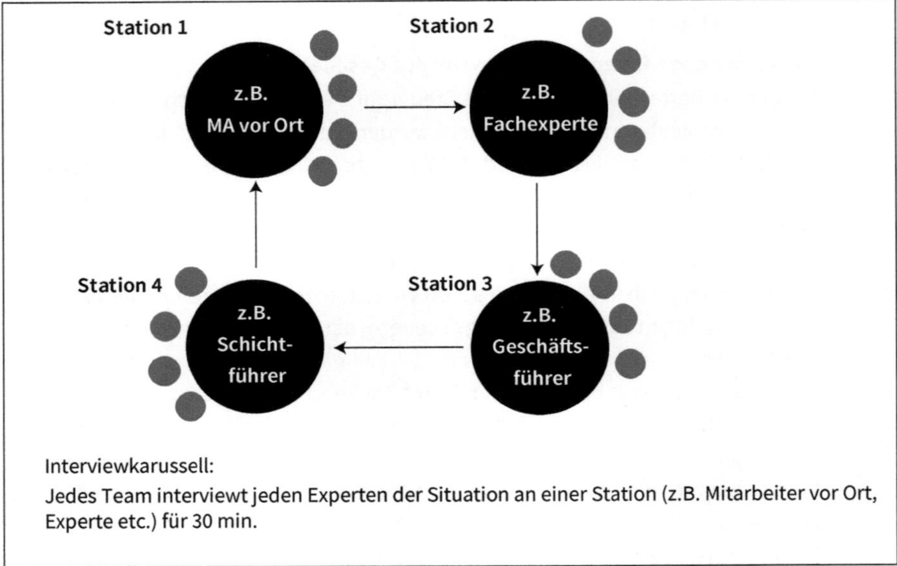

Abb. 27: Interviewkarussell

Das vorhandene Wissen der Teammitglieder und Ideen für Lösungen sind in dieser Explorationsphase zweitrangig. Die Grundhaltung der Interviewer ist ein erkundendes Fragen und aktives Zuhören, um sich wertschätzend in die Lage des Gegenübers hineinzuversetzen. Die Interviewer sollen ihre Rolle nicht verlassen und vermeiden, mit den Befragten in eine Diskussion einzusteigen. Je mehr die Interviewer selbst über das Geschehen wissen, umso schwerer fällt ihnen diese Haltung natürlich. In solchen Fällen kann es hilfreich sein, pro Interviewteam einen Teilnehmer zu bestimmen, der auf die Einhaltung der Regeln bzw. der Haltung bei der Befragung achtet und die Hand hebt, wenn diese verletzt werden.

Haltung bei der Befragung und Hypothesenbildung

- sich in die Situation der Beteiligten hineinversetzen
- so tun, als würde man das Ergebnis noch nicht kennen
- rekonstruieren, welche Hinweise wann wahrgenommen wurden und wie die Beteiligten ihnen Sinn beigemessen haben
- verstehen der Unsicherheiten, Unklarheiten und Besonderheiten in der Situation
- den Unterschied zwischen *work as imagined* und *work as done* herausarbeiten, nicht um zu zeigen, was die Betroffenen falsch gemacht haben, sondern

um die eigenen und notwendigen Anpassungsleistungen in komplexen Situationen weiterzuentwickeln
- erkunden und wertschätzen von Anpassungsleistungen: Warum hat das Sinn ergeben? Wie wurde versucht, das Problem zu lösen?

Fragen entlang der Zeitschiene

Die Interviewteams haben die Aufgabe, alles zu fragen, was sie zu dem Fall interessiert und dabei möglichst breit entlang der zuvor eingeführten Zeitschiene zu fragen: Was ist vor dem Ereignis passiert? Zum Beispiel, wie hat der Kranführer den Auftrag erhalten? Wer hat mit wem gesprochen und welche Informationen lagen vor? Welche Frühsignale gab es? Oder auch genereller: Welche anderen, ähnlichen Vorfälle gab es und wie wurde mit ihnen umgegangen? Wie hält man sich über kritische Zustände und Abweichungen informiert? Die Teams versuchen auch genauer herauszufinden, was sich abgespielt hat, als das Ereignis konkret passierte: Was war besonders an der Situation? Was haben die Einzelnen konkret gesehen, gehört, gedacht…? Was hat wen wann überrascht usw.? Und die Teams fragen, was nach dem Ereignis geschehen ist: Wie wurde der Unfall untersucht? Welche Fragen hat man sich gestellt und was wurde daraus gelernt? Was hat sich danach konkret verändert?

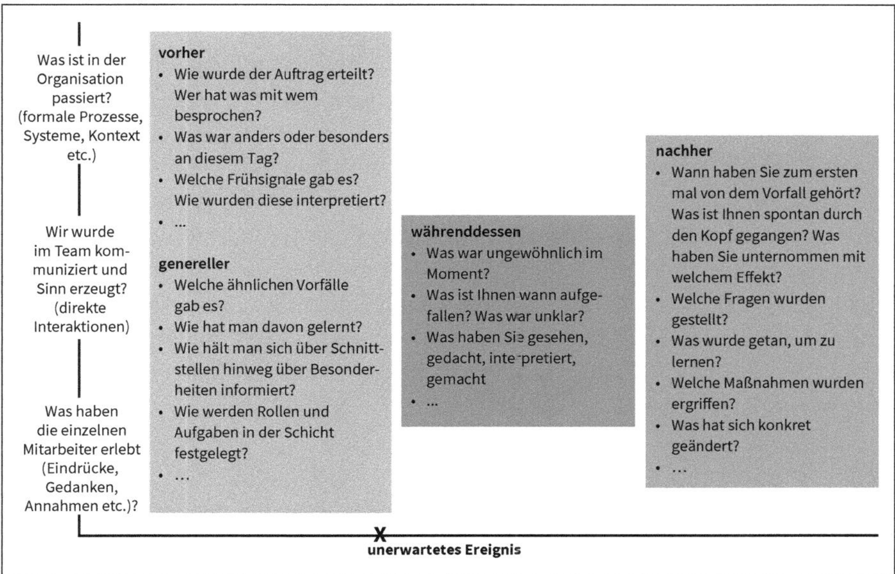

Abb. 28: (Re-)Konstruktion des Ereignisses entlang der Zeitschiene

Die Fragen beziehen sich auf drei Ebenen:

- das individuelle Erleben der einzelnen Personen (Ebene des Individuums)
- der Kommunikation und Interaktion zwischen den Personen (Teamebene) sowie
- die formalen Prozesse, Routinen und Kontextbedingungen (Ebene der Organisation).

Die Rekonstruktion entlang der Zeitschiene ist als strukturierendes Element hilfreich, um Zusammenhänge eines Ereignisses besser nachvollziehen zu können. Die Zeitschiene ist bewusst offengehalten und wird nicht auf einen bestimmten Ausschnitt begrenzt, denn Ziel ist es ja, das Fenster zum System zu öffnen. Die Teilnehmer werden deshalb aufgefordert, nicht nur zu analysieren, was unmittelbar vor und nach dem Ereignis geschehen ist, vielmehr sollen sie auch den weiter zurückliegenden Kontext des Ereignisses ergründen. Das können Begebenheiten sein, die sich auch schon Jahre vor dem zu untersuchenden Vorfall zugetragen haben. Dabei bietet es sich an, mit unterschiedlichen Auflösungsgraden zu arbeiten und sich entweder auf die Mikroebene einer Situation »hineinzuzoomen« oder die Vogelperspektive einzunehmen, um den Einfluss der Bedingungen innerhalb und außerhalb der Organisation zu betrachten (vgl. Abschnitt 9.2.3).

Auswertung in Teams: Hypothesen über Muster erarbeiten

Nach dem Interviewkarussell geht es in der nächsten Phase darum, die vielfältigen Erkenntnisse und Eindrücke des Interviewteams auszuwerten und mögliche Erklärungen bzw. Hypothesen zu generieren.

Auch in der Auswertungsphase sollen die Teilnehmer ihre Erklärungen bewusst offenhalten. Es geht nicht darum, die eine richtige, wasserdichte Erklärung für den Fall zu präsentieren. Widersprüchliche Hypothesen oder Fragezeichen sollen nebeneinander stehenbleiben. Das fällt nicht allen Teilnehmern leicht, gibt es doch ein starkes Bedürfnis nach eindeutigen Lösungen. Dies stellt eine besondere Herausforderung für die Führungskräfte dar, fühlen sie sich doch erfahrungsgemäß dafür verantwortlich, schnelle Urteile zu fällen und Entscheidungen herbeizuführen.

Aktionsplanung

Nach der Auswertung in den Teams werden die Teilnehmer gebeten, Lösungsideen zu entwickeln. Mithilfe eines Brainstormings werden konkrete Empfehlungen von allen gesammelt, um die entdeckten Muster nachhaltig weiterzuentwickeln. Dabei geht es nicht nur (aber auch) um technisch-formale Verbesserungen oder individuelle Maßnahmen. In der Regel – und das illustriert auch das eingangs geschilderte Fallbeispiel des Lastabsturzes – führen die erarbeiteten

Erkenntnisse jedoch automatisch zu einer tiefer gehenden Diskussion, wie eingespielte Verhaltensmuster oder Prozessabläufe weiterentwickelt werden können und welche Veränderungen dafür auf Systemebene notwendig sind. Die erarbeiteten Maßnahmen werden nun in einem letzten Schritt priorisiert und erste Vereinbarungen legen fest, wie diese Maßnahmen umgesetzt werden.

9.1.3 Kurzfristige und langfristige Effekte

In einer Musteranalyse entsteht in der Regel ein priorisierter Aktionsplan, wie die Arbeitsbedingungen und die Zusammenarbeit verbessert werden können. Aber die gemeinsame Arbeit wirkt noch auf weiteren Ebenen:

- Zum einen erfahren die Teilnehmer die Komplexität, Unberechenbarkeit und Mehrdeutigkeit des Operativen, die auf Managementebene häufig trivialisiert wird und dann auf Arbeitsebene »irgendwie« kompensiert werden muss.
- Die Teams erleben am konkreten Beispiel, wie unwahrscheinlich es ist, dass Verständigung stattfindet, Informationen fließen oder dass Dinge nach Plan laufen. Sie erfahren, wie wichtig eine bewusste Gestaltung der sozialen Interaktionen und Kommunikation ist. Es geht um permanentes Nachfragen, Validieren und Prüfen sowie die Berücksichtigung verschiedener Perspektiven, um sich ein möglichst vielschichtiges Bild von den im Fluss befindlichen Bedingungen machen können.
- Häufig berichten Teilnehmer nach Musteranalysen, dass sie sofort beginnen, in Besprechungen, Planungssitzungen oder Übergaben Fragen nach Abweichungen oder Besonderheiten zu stellen. Plötzlich ist es legitim, ungewöhnliche Fragen zu stellen, die die Erwartungen gegen den Strich bürsten.
- Solche gemeinsamen Lernerfahrungen fördern auch das Verständnis über grundlegende Zusammenhänge, ohne diese restlos zu verstehen. So können die Teilnehmer in komplexen Lagen besser einschätzen, welche Relevanz die eigenen Beobachtungen und Handlungen für das Ganze haben und wann es in ihrer Verantwortung liegt, sich einzubringen.
- Gerade zu Beginn eines Veränderungsprozesses oder wenn ein Unternehmen zum ersten Mal eine Musteranalyse durchführt, besteht eine weitere wichtige Lernerfahrung darin, dass die Analyse von unerwarteten Ereignissen in einer offenen Atmosphäre ohne Schuldzuweisungen möglich ist und einen Erkenntnisgewinn bringt. Natürlich ist es für alle Beteiligten erst einmal sehr ungewöhnlich, sich so offen allen Fragen zu stellen und das kleinste Detail auszuleuchten, ohne sich angegriffen zu fühlen. Erfahrene Moderation und vor allem eine gute Vorbereitung und Einbettung der Intervention spielen hier eine entscheidende Rolle.

9.1.4 Vorbereitung als Teil der Intervention

Jede Musteranalyse erzeugt zahlreiche Verbesserungsimpulse. Dabei muss sichergestellt werden, dass diese in der Folge auch weiterverarbeitet werden. Gelingt dies nicht, so kann sich die erzeugte positive Veränderungsenergie häufig ins Gegenteil verkehren und Zynismus, Resignation oder Misstrauen hervorrufen.

Deshalb ist es wichtig, bereits in der Vorbereitungsphase zu klären, wie die Ergebnisse und Empfehlungen aus der Musteranalyse umgesetzt werden sollen und wer dafür verantwortlich ist. Generell sollte eine Musteranalyse keine einmalige Aktion, sondern immer in einen nachhaltigen Veränderungsprozess eingebettet sein.

Schaffen der Bedingungen für die Durchführung

Wenn ein Unternehmen oder ein Unternehmensbereich zum ersten Mal eine Musteranalyse durchführt, ist schon die Vorbereitung ein wichtiger Teil der Intervention. In dieser Phase wird ein erster Grundstein für die Bedingungen gelegt, die für das Gelingen einer Musteranalyse wichtig sind. Diese Voraussetzungen für eine konstruktive Fehlerkultur werden im weiteren Verlauf des Prozesses Schritt für Schritt weiterentwickelt. Zum Ausdruck gebrachte Sorgen und Widerstände sind normal und müssen aufgegriffen werden. Meistens handelt es sich um Zweifel, ob ein vertrauensvoller und respektvoller Umgang miteinander ohne Schuldzuschreibungen wirklich sichergestellt werden kann.

Das Vorgehen bei der Musteranalyse kann von der Belegschaft extrem unterschiedlich interpretiert werden. Insbesondere in Organisationen, in denen Schuldzuschreibungen an der Tagesordnung sind, ist die Angst, dass es sich bei der Methode um ein Tribunal handelt oder die Erkenntnisse im Nachhinein gegen die Mitarbeiter verwendet werden, erfahrungsgemäß besonders groß. Aber gerade das kann ein erster Anlass sein, mit Mitarbeitern und Führungskräften darüber zu sprechen, wie diese Befürchtungen entstehen, wie sie im Alltag bestätigt werden und welche Möglichkeiten es gibt, diese Muster zu verändern.

Vorbereitung des Leitungsteams

Die gemeinsame Arbeit und Reflexion mit dem Führungsteam ist in der Vorbereitung ein wichtiges Element. Dazu gehört eine gemeinsame Erörterung, was den Unterschied zu anderen Ursachenanalysen ausmacht, welche mentalen Modelle damit verbunden sind und vor allem, was die Rolle der Führungskräfte im Analyseprozess ist. Ihnen muss klar sein: Mitarbeiter werden sehr kritisch beobachten, wie sich die Führungsmannschaft verhält. Welche Fragen stellen die Führungskräfte wie? Gestalten sie glaubhaft eine Atmosphäre ohne Schuldzuweisungen?

Wir haben gute Erfahrungen gemacht, mit Führungskräften im Vorfeld geeignete Fragetechniken zu üben. Sie beginnen so zu verstehen, dass auch sie Lernende in diesem Prozess sind.

Balancieren von Anschlussfähigkeit und Irritation

Die Berater oder Prozessbegleiter haben in der Vorbereitungsphase die schwierige Aufgabe, gegen die typischen Normalisierungstendenzen zu arbeiten: Sollten wir nicht lieber die oberen Führungskräfte raushalten? Können das nicht unsere Experten machen? Wir können die Beteiligten doch nicht einfach so befragen! Ist es wirklich sinnvoll, Fremde als Beobachter und Fragende hinzuzuziehen? Die wissen doch nichts über die Hintergründe!

Die Herausforderung für die Beratenden besteht darin, die Intervention einerseits anschlussfähig zu machen und andererseits dafür zu sorgen, dass das System ausreichend irritiert und bestehende Routinen kritisch hinterfragt werden. Ein theoretisch fundierter Kompass, wie er in Teil I entwickelt wurde, sowie ein solides Verständnis für den Unterschied zwischen Logik I und II ist für den Berater in diesen schwierigen Übergangsprozessen hilfreich. Mit seinem Wissen kann er in den konkreten Situationen flexibel auf die Bedürfnisse des Auftraggebers reagieren, ohne sich in der Logik des Systems zu verlieren.

EXKURS

Lernen aus Fehlern oder Erfolgen?

Aus Sicht von Logik II eignen sich für eine Musteranalyse sowohl Dinge, die schiefgegangen sind als auch positive Ereignisse. Beide – Fehler und Erfolge – liefern hinreichend Stoff, um etwas über die zugrunde liegenden kollektiven Bewältigungsmuster zu lernen. In der Regel ist es für alle Beteiligten bequemer, von Erfolgen zu lernen. Es ist einfacher, eine offene, lernbereite Atmosphäre zu ermöglichen und das Risiko, dass die gemeinsame Analyse als Tribunal interpretiert wird, sinkt. Dies ist bei einem unerwünschten Ereignis wie einem Unfall, einem geplatzten Auftrag oder einem Qualitätsproblem nicht gegeben.
Allerdings bereitet die Konzentration auf Erfolge nicht darauf vor, wie man sich verhält, wenn ein Fehler geschieht. In der Musteranalyse übt das Team, wie es aus Fehlern lernen kann. Es spielt durch, wie es im Falle eines Fehlers angemessen reagiert. Das Ermöglichen dieser kollektiven Erfahrungen ist ein wesentliches Ziel der Musteranalyse.
Eine weitere Herausforderung beim Lernen aus Erfolgen ist, dass wir sie im Nachhinein gerne als das Ergebnis unserer rationalen Planung interpretieren. Ungeübten Teilnehmern fällt es erfahrungsgemäß leichter, sich mit den operativen Ausnahmen und Anpassungsleistungen auseinanderzusetzen, wenn sie es mit unerwünschten Ereignissen zu tun haben. Bei Erfolgen ist es für sie im Nach-

hinein manchmal schon schwierig, kritische Umstände oder Verhaltensweisen, Missverständnisse, individuelle Fehlleistungen oder ungeplante, überraschende Zusammenhänge überhaupt noch zu erinnern.
Auf der Kehrseite führt die Arbeit mit unerwünschten Ereignissen häufig dazu, dass das behandelte Ereignis als Ausnahmefall behandelt wird (deshalb ist es ja auch schiefgegangen). So bleibt die Vorstellung bestehen, im Normalbetrieb laufe alles nach Plan. In dieser Hinsicht kann die Kombination durch ein Lernen aus Erfolgen zu einem Aha-Effekt führen und sollte als zusätzliche Lernmöglichkeit genutzt werden.

Methode: Lernen aus Erfolgen (Dauer ca. 2 Stunden)
Ziel

- Ein Erfolg wird zum Anlass genommen, um etwas über die Anpassungsleistungen und das notwendige Sensemaking zu lernen (und nicht nur rückschauend zu beweisen, dass die Pläne funktioniert haben).
- Es wird aufgezeigt, wie viel Anpassungsleistungen notwendig sind, um eine Aktivität zum Erfolg zu bringen und damit die Aufmerksamkeit auf diese Leistungen im Alltag zu richten: Was sind Bedingungen, die Anpassungsleistungen unterstützen? Wie stellen wir sicher, dass sie so getroffen werden, dass sie unseren Qualitäts- oder Sicherheitsanforderungen entsprechen und auch im Nachhinein im Falle eines Scheiterns legitim sind?
- Die Funktionalität und die Nutzung von Regeln und Vorschriften wird kritisch überprüft.

Teilnehmer

- bis zu 10-15 direkt am Erfolg beteiligte Personen; gemischte Perspektiven

Vorgehen:

- kurze Beschreibung des Erfolgs und der einzelnen Schritte auf dem Weg dahin (reine Beschreibung, keine Erklärung oder Wertung)
- kurze Einführung in die Methode und wie aus Erfolgen gelernt werden kann (siehe Zielbeschreibung)
- diskutieren von vier Fragen entlang der Zeitschiene in Kleingruppen:
  - Was waren Überraschungen im Verlauf? (z. B. An welchen Stellen waren wir erleichtert, dass etwas gerade noch gut gegangen ist? Wo waren wir überrascht, dass es so gelaufen ist?)
  - Wie sind wir mit diesen Überraschungen umgegangen?
  - Mit welchem Resultat?
  - Was waren Bedingungen, die uns geholfen haben bzw. die es erschwert haben, mit den Überraschungen umzugehen?
- gruppieren der Erkenntnisse:
  - Was waren häufige Überraschungen?
  - Was sind Muster im Umgang mit ihnen?
  - Was sind Bedingungen, die es uns leichter bzw. schwerer gemacht haben?

- sammeln von Verbesserungsvorschlägen, Priorisierung und Vereinbarungen:
  - Was müssen wir beibehalten?
  - Was müssen wir verstärken?
  - Was müssen wir weniger tun?
  - Was müssen wir anders machen?

9.2 Fragetechniken

Fragen sind nicht nur eine Art, Informationen zu gewinnen. Fragen erzeugen Informationen und beeinflussen das Bild, das wir uns von der Wirklichkeit machen. Beim Lernen aus unerwarteten Ereignissen ist die Art des Fragens ein wichtiger Hebel, um vielfältige Erklärungen zu erzeugen, ohne sich zu schnell auf einen bestimmten Zusammenhang festzulegen. Das Stellen von Fragen ist eine Kunst, die gelernt werden will. In der Folge stellen wir einige Fragetechniken vor, die sich für das Lernen aus Fehlern bewährt haben.

Systemische Fragetechniken

Für die Durchführung von Ereignisanalysen sind systemische Interviewtechniken ein interessantes Werkzeug. Systemische Fragen erfüllen mehrere Funktionen: Sie aktivieren die Informationsgenerierung im System. Etablierte Sichtweisen werden differenziert und scheinbare festgeschriebene Eigenschaften von Personen, Situationen oder Bedingungen werden hinterfragt. Die Konstruktion von Wirklichkeit wird als aktiver Prozess sichtbar und es wird klar, dass Wirklichkeit individuell unterschiedlich konstruiert wird. Beim systemischen Fragen geht es also nicht darum, Fakten und Tatsachen herauszufinden (dies würde der systemisch-konstruktivistischen Grundhaltung widersprechen). Vielmehr sollen gemeinsam subjektive Beschreibungen und Wirklichkeitskonstruktionen erzeugt werden. Dabei bringt nicht nur der Interviewer etwas in Erfahrung, es ist ein Lernprozess für alle Beteiligten, denn gerade der Interviewte entwickelt durch die gestellten Fragen einen neuen Blick auf seine Situation.

Offene, erkundende Fragen

Für das Lernen von Ereignissen eignen sich offene, erkundende Fragen. Gerade für die Explorationsphase sollte mit geschlossenen Fragen, die z. B. mit Ja oder Nein beantwortet werden können, sparsam umgegangen werden. Denn während man bei offenen Fragen die Perspektive des Gegenübers frei erkundet, prüft man mit geschlossenen Fragen nur das eigene Wissen bzw. die eigenen Hypothesen und erfährt relativ wenig von der Sichtweise des Gegenübers.

Erfahrungsgemäß ist es sehr hilfreich, die Teilnehmer zu Beginn einer Ereignisanalyse noch einmal daran zu erinnern, offene Fragen zu stellen. Zwar ist der Unterschied zwischen offenen und geschlossenen Fragen den meisten Teilnehmern und auch Führungskräften in der Theorie bekannt, wenn es aber um die Umsetzung geht, zeigt sich, dass es vielen schwerfällt, offene Fragen zu formulieren.

9.2.1 Unterscheiden zwischen Beschreiben, Erklären und Bewerten

Das Unterscheiden von Beschreiben, Erklären und Bewerten ist nicht nur ein sinnvolles Mittel zur Prozessgestaltung, sondern auch eine hilfreiche Fragetechnik in einer Muster- oder Ereignisanalyse. Der Dreischritt ist elementar für die Konstruktion von Wirklichkeit. Ich muss etwas beobachten und es damit zwangsläufig vom Rest unterscheiden: Da ist ein kleines Leck. Ich suche nach einer Erklärung, was es bedeuten könnte: Das könnte ein Hinweis auf einen Überdruck sein. Schließlich muss ich bewerten, was das für mich heißt: Wir müssen den Kessel abstellen. Jeder der drei Schritte könnte so, aber auch anders sein. Ich kann andere Dinge beobachten, nach anderen Erklärungen suchen oder zu anderen Bewertungen kommen (vgl. Abschnitt 2.3.3).

Ergründen der Sinnproduktion im Moment

Beim Lernen von Fehlern eignet sich das Unterscheiden von Beschreiben, Erklären und Bewerten, um Problemlagen zu dekonstruieren oder das Sensemaking in kritischen Situationen zu ergründen. Man erfährt dadurch, wie eine Situationseinschätzung zustande gekommen ist und welche Annahmen im Spiel waren. Die Fragetechnik fördert ein zunächst wertfreies Verstehen, warum eine bestimmte Verhaltensweise oder Entscheidung für die Beteiligten sinnvoll erschien, auch wenn es sich im Nachhinein als falsch herausgestellt hat.

Verflüssigen von »Zuständen«

Im Alltag unterscheiden wir nicht zwischen den drei Schritten Wahrnehmung, Interpretationen und Schlussfolgerungen. Vielmehr vermitteln wir unser Bild von der Wirklichkeit so, als würde es sich um einen fixen Zustand mit bestimmten Eigenschaften handeln: Die Situation war chaotisch. Er ist ein kompetenter Mitarbeiter. Es war alles ganz normal. Es ist unverständlich. Es war richtig.

Mithilfe von Fragen, die bewusst zwischen Beschreiben, Erklären und Bewerten unterscheiden, wird das Konstruieren von Wirklichkeit sichtbar und Zustandsbeschreibungen verflüssigt:

1. Zunächst bittet man den Befragten, wiederzugeben, was er in einer Situation erlebt hat. Es sollen keine Erklärungen oder Bewertungen in die Beschreibung einfließen: Was haben Sie gesehen? Was haben Sie gehört? Wo haben Sie gestutzt? Was haben die anderen Personen gemacht? Was wussten Sie über den Ablauf?
2. Dann fordert man ihn auf, mögliche Hypothesen über das Wahrgenommene zu bilden: Wie haben Sie sich das Wahrgenommene erklärt? Welche anderen Erklärungen wären in dem Moment denkbar gewesen?
3. Schließlich fragt man nach Schlussfolgerungen: Wie bewerten Sie das? Was ist Ihr Urteil über die Situation? Gibt es auch andere Bewertungen? Was würde für diese Bewertung sprechen?

Das Unterscheiden zwischen Beschreiben, Erklären und Bewerten reduziert die Scheu, andere Kollegen nach ihrem persönlichen Erleben zu fragen. Insbesondere, wenn etwas misslungen ist, kann die Frage »Warum hast du das gemacht?« schnell als Vorwurf verstanden werden. Differenziert man Beschreiben, Erklären und Bewerten hingegen, werden Verhalten und Bewertungen im Kontext verständlich und man wird sensibilisiert für die Vielfalt an Erklärungs- und Bewertungsmöglichkeiten.

BEISPIEL

Dekonstruieren einer Problemlage

Befragter:
Es war mal wieder total chaotisch, dann passieren Fehler. Es fehlt einfach an Personal.

Interviewer:
Was sieht man, wenn es bei Ihnen chaotisch ist? Was machen die Leute?

Befragter:
Die Spediteure warten und rufen ständig in der Messwarte an, ob sie beladen können. Zusätzlich kommen neue Aufträge rein von der Produktionsplanung, die noch dazwischengeschoben werden müssen. Jeder legt dann einfach los und die Stimmung ist mies.

Interviewer:
Wie kommt es aus Ihrer Sicht dazu? Wie erklären Sie sich das?

Befragter:
Eine Erklärung ist, dass keiner so recht weiß, was der andere zu tun hat. Jeder geht nur von seinem Standpunkt aus und versucht seine Interessen durchzusetzen. Zudem hat keiner den Überblick über die anstehenden Tätigkeiten.

Interviewer:

Welche Schlussfolgerungen würden Sie jetzt daraus ziehen?
Befragter:
Man könnte sich vielleicht mal hinsetzen und gemeinsam überlegen, wie wir die Schnittstellen besser organisieren und uns informiert halten. Einer könnte die Aufgabe haben, die Arbeit zu koordinieren, damit wir alle den Überblick behalten.

Verstehen der Sinnerzeugung im Moment

Um die momentane Wahrnehmungen in der Situation in Erfahrung zu bringen, eignen sich folgende Fragen:

- Was haben Sie in der Situation konkret gesehen, gehört, gerochen, gefühlt?
- Was war Ihr intuitives Bauchgefühl?

Fragen nach Erklärungen:

- Wie haben Sie sich Ihre Wahrnehmungen in diesem Moment erklärt?
- Wie sind Sie zu dieser Erklärung gekommen?
- Was waren Ihre Annahmen? Auf der Basis welcher Informationen?
- Was hätten Sie gebraucht, um zu anderen Erklärungen zu kommen?
- Wären andere vielleicht zu anderen Erklärungen gekommen? Was hätte das geändert?

Fragen nach Bewertungen:

- Welche Schlüsse haben Sie daraus gezogen? Wie haben Sie das bewertet?
- Welche Entscheidungen haben Sie auf der Grundlage dieser Erklärungen getroffen? Warum hat es Sinn für Sie ergeben?
- Welche anderen Bewertungen wären denkbar gewesen?
- Was hat das verändert?

EXKURS

Vorsicht mit Warum-Fragen

In der klassischen Sicherheitsarbeit ist die Fragetechnik der 5 Warums sehr populär.
Die Idee ist, durch fünffaches Fragen nach dem Warum in die Tiefe und damit an die Wurzel eines Problems zu kommen. Aus systemisch-konstruktivistischer Sicht sind solche Warum-Fragen jedoch mit Vorsicht zu genießen. Die Frage nach dem Warum richtet die Aufmerksamkeit auf scheinbar fixe und wahre Ursachen, die in der Vergangenheit liegen und nicht zu verändern sind. Zudem können Warum-Fragen als Kritik aufgefasst werden. Die Frage »Warum hast Du das nicht gemacht?« kann weniger als sachliche Frage nach den Gründen, sondern als Anklage verstanden werden. Aus entwicklungspsychologischer Sicht haben Warum-Fragen zudem das Potenzial negative Kindheitserfahrungen hervorzu-

rufen. »Warum hast Du das gemacht?« ist eine Frage, die man häufig Kindern stellt, wenn sie etwas falsch gemacht haben.
Warum-Fragen müssen übrigens nicht immer mit dem Wort warum beginnen. Generell sollten Fragen vermieden werden, die die eindeutige Ursache oder Schuld eines Zustandes ergründen wollen. Wenn immer möglich, sollte man Warum-Fragen durch Was-, Wann- und Wie-Fragen ersetzen. Eine Alternative ist, Warum-Fragen bewusst konstruktivistisch zu stellen (s. Abbildung 29).

Fragen, die Sie vermeiden sollten	Fragen Sie stattdessen
»Was ist die Ursache dieses Problems?«	»Welches gegenwärtige Verhalten oder Muster ist für dieses Problem verantwortlich?«
»Wer ist daran schuld?«	»Was trägt zu dem Geschehen bei?«
»Warum ist das passiert? Was steckt dahinter?«	»Wie erklären Sie sich das? Was geht da vor aus Ihrer Sicht?
»Warum haben Sie das nicht gesehen?«	»Was hat es erschwert, dies in der Situation wahrzunehmen?«
»Warum haben Sie das nicht gemacht?«	»Warum hat es für Sie Sinn ergeben, diesen Arbeitsschritt auszulassen?«

Abb. 29: Alternativen für Fragen mit »warum«

9.2.2 Gezieltes Fragen nach Überraschungen, Ausnahmen und Unterschieden

Fragen nach Überraschungen

Ein guter Start, um etwas über mögliche Frühsignale, das individuelle Erleben und kollektives Sensemaking zu erfahren, ist das gezielte Fragen nach Überraschungen:

- Wann haben Sie zum ersten Mal gestutzt? Wann war etwas komisch?
- Was haben Sie da konkret gesehen? Beschreiben Sie.
- Was ist Ihnen da durch den Kopf gegangen? Wie haben Sie sich das erklärt?
- Was haben Sie dann gemacht? Mit wem haben Sie darüber gesprochen? Warum war es nicht so wichtig?
- …

Fragen nach Ausnahmen und Unterschieden

Fragen nach Ausnahmen und Unterschieden helfen, etwas über die Bedingungen in Erfahrung zu bringen, die das Problem beeinflussen. Diese Fragen helfen auch, das Besondere und Konkrete in verschiedenen Situationen herauszuarbeiten. Sie fördern, dass wir uns mit den Besonderheiten der konkreten Situation auseinandersetzen.

- Was war anders?
- Unter welchen Bedingungen kommt es zu solchen Ausnahmen bzw. Besonderheiten?
- Woran erkennen Sie solche Ausnahmen?
- Was geschieht, wenn es anders ist?
- Was macht den Unterschied aus?
- Welchen Einfluss haben Sie auf diesen Unterschied?
- …

9.2.3 Fragen zur Fokusverschiebung

In Ereignisanalysen ist es sinnvoll, unterschiedliche Perspektiven einzunehmen und den Fokus zu verschieben.

Sich in eine Situation hineinzoomen

So kann man sich fragend in eine Situation hineinzoomen und die Situation wie in Zeitlupe und aus einer Mikroperspektive ergründen. Ziel ist es, das persönliche Erleben und die Sensemakingprozesse im Moment zu analysieren:

- Was haben Sie in diesem Moment gesehen?
- Was ist Ihnen da durch den Kopf gegangen?
- Was waren Ihre Gefühle in diesem Moment?
- Was waren die Gedankengänge, die Sie zu dem Entschluss gebracht haben?
- Wo haben Sie kurz gezögert? Was hat das bei Ihnen bewirkt?
- Wie haben Sie die anderen wahrgenommen? Wie hat Sie das beeinflusst?
- …

Sich aus einer Situation hinauszoomen

Schritt für Schritt kann man sich nun aus der Situation herauszoomen, um eine Vogelperspektive einzunehmen. Der Weg geht über die Interaktionen im Team bis hin zu weiteren organisationalen Bedingungen:

- Was war los an dem Tag im Team?
- Welche Themen standen an?
- Welche Probleme, Konflikte gab es im Team zu diesem Zeitpunkt?
- Welche Besonderheiten gab es in der Organisation?

- Was waren Entwicklungen, die das Geschehen beeinflusst haben (Druck vom Kunden, Veränderungen im Markt, bestimmte Zukunftsaussichten, Verhalten von Mitbewerbern)?
- …

9.2.4 Fünf Fragen nach Verantwortung

Bei Regelabweichungen fällt es uns manchmal schwer, das Fenster zum System zu öffnen. Aber auch bei Regelverstößen oder Unachtsamkeiten, die vordergründig durch Personen verursacht wurden, können wir viel über die Rahmenbedingungen lernen: Warum hat es für die Person Sinn ergeben, sich so und nicht anders zu verhalten und dabei zum Beispiel auch eine Regel zu brechen? Welche Annahmen waren im Spiel, welche Informationen lagen vor und was war die Intention im Moment? Wofür war das Verhalten eine Lösung?

Die fünf Fragen nach Verantwortung helfen, persönliche Schuld zu dekonstruieren und den Fokus durch entsprechende Fragen stärker auf die Rahmenbedingungen zu lenken. Führungskräfte und Mitarbeiter können diese Fragen zum Beispiel im Rahmen von Ereignisanalysen nutzen, direkt nach einem Vorfall oder wenn sie eine Regelabweichung bei einem Mitarbeiter festgestellt haben. Die Fragen ermöglichen, von der Personen- auf die Systemebene zu wechseln. Sie versuchen, über das reflexhafte »Warum hast Du das gemacht?« hinauszugehen, auf das die Mitarbeiter spontan meistens auch keine befriedigende Antwort haben.

Fünf Fragen nach Verantwortung

1. Wissen
   - War die Regel dem Mitarbeiter bekannt? War sie klar?
   - Wenn nein: Wie erklären wir uns das? Wie halten wir uns informiert?
2. Müssen
   - Wurde die Regel von allen verbindlich eingehalten?
   - Wenn nein: Warum haben wir uns an die Regelabweichung gewöhnt?
3. Können
   - War der Mitarbeiter in der Lage, die Regel auszuführen?
   - Wenn nein: Was müssen wir/ich dafür tun? (Instrumente, Training, Informieren, Offenheit für Fragen etc.)
4. Dürfen
   - War die Regeleinhaltung »erlaubt« bzw. im Interesse der Führung?
   - (Oder war in der Situation anderes wichtiger, z. B. Kosten, Kunde, Zeit?)
   - Wenn nein: Was sind unsere handlungskritischen Prioritäten? Wie etablieren wir Zuverlässigkeit als zentralen Wert?

5. Wollen
   - Hat der Mitarbeiter die Regel absichtlich nicht befolgt?
   - Wenn ja: Wie gehen wir mit dieser Weigerung um? Was sind die notwendigen Konsequenzen, damit allen klar wird, dass dies inakzeptabel ist?
   - Aber auch: Was haben wir zu dieser Haltung beigetragen und wie können wir das ändern?

9.3 Ereignisanalysen im Alltag

In der Folge stellen wir ein Verfahren vor, wie eine Ereignisanalyse nach den Prinzipien von kollektiver Achtsamkeit gestaltet wird, indem wir zunächst eine idealtypische Variante zeigen. Weil man im Alltag allerdings selten bei Null beginnt, erörtern wir, wie Verfahren für eine Root-Cause-Analyse schrittweise weiterentwickelt werden können. Darüber hinaus diskutieren wir Verfahren zum Lernen aus Fehlern, die in anderen Bereichen stattgefunden haben und wie man im Alltag mit wenigen hilfreichen Fragen aus unerwarteten Ereignissen oder Fehlern lernen kann.

Typische Probleme bei der Analyse von Ereignissen
Werden Ereignisse untersucht, so dominiert meist eine fachliche Auseinandersetzung. Es geht darum, die scheinbar wahren Ursachen für einen Vorfall herauszufinden. Aus dieser Perspektive scheint es vor allem wichtig, kompetente Experten zusammenzubringen, um den Fall angemessen und »richtig« zu analysieren. Die Prozessgestaltung, also die soziale Dimension dieses kollektiven Suchprozesses, spielt häufig noch eine untergeordnete Rolle. Versteht man die Analyse eines Ereignisses als einen retrospektiven Konstruktionsprozess, wird die Gestaltung der sozialen Dimension wichtiger.

Für die Ausformung dieses Konstruktionsprozesses ist das Trennen von Beschreiben, Erklären und Bewerten hilfreich. Wenn alle drei Schritte gleichzeitig und miteinander verwoben durchgeführt werden, fallen Interpretationen meist einseitig aus. Welche Erklärungen ins Spiel kommen, ist eine Frage des Zufalls, meistens jedoch beeinflussen die etablierten Machtverhältnisse oder Deutungsgewohnheiten das Ergebnis. Führungskräfte finden mit ihren Hypothesen oder Fragen mehr Gehör oder die Diskussion wird von redestarken Personen dominiert. Andere Betroffene sagen wenig und geben schnell nach, wenn jemand ihre Frage oder Hypothese kritisiert. Oft wird dann viel Zeit darauf verwendet, die Details eines bestimmten Aspektes zu klären, an dem sich einige Meinungsführer oder Experten zufällig »verhakt« haben. So finden ungewöhnliche Fragen oder Erklärungen keinen Raum und vorgefertigte Begründungen von Meinungsführern verfestigen sich. Der Einfachheit halber einigt man sich dann häufig auf einige wenige, scheinbar eindeutige Erklärungen und lässt schwer lösbare Aspekte unangetastet (vgl. Nagamine u. Williams, 2005).

Bewusste Unterscheidung der Prozessphasen
Die Strukturierung des Prozesses in eine Phase des Beschreibens, Erklärens und Bewertens verbessert die Ergebnisqualität der Untersuchungen und spart Zeit in der Durchführung, denn Zeit ist ein wichtiger, weil begrenzender Faktor in Ereignisanalysen. Daher muss man sich entscheiden, ob man in die Tiefe eines Aspektes eindringen oder ein breites Spektrum möglicher Erklärungen einfangen will. Unserer Erfahrung nach ist es ratsam, zunächst eher eine Vielfalt von Gründen für den Zwischenfall zur Sprache zu bringen, auch wenn zunächst in Kauf genommen werden muss, dass nicht sofort jeder Aspekt im Detail ausdiskutiert werden kann. Nach einer ersten, wertfreien Sichtung der möglichen Aspekte kann dann bei Bedarf im Detail vertieft werden. Ein Moderator strukturiert die Diskussion und sorgt für die Einhaltung der drei Phasen.

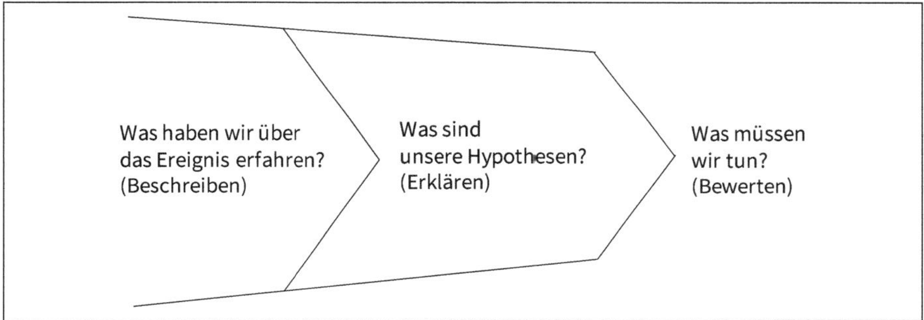

Abb. 30: Trennen der Prozessschritte Beschreiben, Erklären und Bewerten

9.3.1 Gestaltungsprinzipien von Ereignisanalysen

Bei der Gestaltung von Ereignisanalysen sollten folgende Prinzipien berücksichtigt werden:

Offenheit: Bleiben Sie offen für vielfältige Erklärungen!
Statt sich früh auf einige wenige und scheinbar eindeutige Ursachen festzulegen, sollte das Verfahren vielfältige Erklärungen erzeugen. Sie sollten möglichst lange nebeneinander stehen bleiben, bevor man sich entscheidet, welche Erklärung die größte Plausibilität und die größten Lernchancen für die Zukunft enthält. Wider-

sprüchliche Hypothesen und Meinungen sollten ebenfalls gleichberechtigt analysiert werden. So wird dem Wunsch nach retrospektiven Vereinfachungen entgegengewirkt.

Vielfalt: Wählen Sie die Teilnehmer bewusst aus, sorgen Sie für Vielfalt in den Perspektiven!
Ein Hebel für das Erzeugen von Vielfalt liegt in der bewussten Auswahl der Teilnehmer. Es ist hilfreich, für eine Ereignisanalyse vielfältige Perspektiven und bei Bedarf auch Fachfremde für die naiven Fragen zusammenzubringen. Die wichtigsten Teilnehmer sind die Beteiligten selbst, die als entscheidende Informanten über das Ereignis Auskunft geben sollten. Auch wenn das Einbeziehen der Beteiligten eigentlich selbstverständlich sein sollte, ist dies in vielen Ereignisanalysen nicht der Fall. Die Motive dafür sind vielfältig: Manchmal möchte man sie vor einem möglichen Tribunal schützen oder ihre Teilnahme ist organisatorisch schwierig (zum Beispiel, wenn ein beteiligter Mitarbeiter verunfallt und noch krankgeschrieben ist, ein Mitarbeiter aus seiner Rolle entlassen wurde oder es sich um einen externen Kontraktor oder Kunden handelt). Fehlt die Perspektive der Beteiligten bleiben Ereignisanalysen aber spekulativ.

Wie in der Musteranalyse sollten nicht nur die Beteiligten an vorderster Front eingeladen werden, sondern auch indirekt Beteiligte wie zum Beispiel Führungskräfte, Fachfunktionsträger, Personen aus der vorangegangenen Schicht etc. Denn auch ihre Perspektiven sind essenziell, um das Fenster zum System zu öffnen.

Genauigkeit: Verschaffen Sie sich ein Bild vom konkreten Geschehen!
Die Vor-Ort-Begehung, das Arbeiten an einem Ereignis und ein großes Interesse für Details fördern ein wertfreies Verstehen der Arbeit, wie sie konkret gemacht wurde und weniger eine Auseinandersetzung über die Arbeit, wie sie eigentlich getan werden sollte.

Neutralität: Sorgen Sie für einen neutralen und kompetenten Moderator!
Ein wichtiger Punkt ist natürlich auch die Moderation, die von einem neutralen und qualifizierten Moderator durchgeführt werden sollte, dessen Rolle durch die Unternehmensführung legitimiert ist.

9.3.2 Durchführen der Ereignisanalyse

ABLAUF DER EREIGNISANALYSE

Phase 1: Informationen sammeln (Beschreiben)
- Beteiligte präsentieren kurz das Ereignis
- Besuch des Geschehens vor Ort und Sichtung genutzter Materialien
- restliche Teilnehmer stellen Verständnisfragen, Beteiligte antworten.

Phase 2: Hypothesen entwickeln (Erklären)
- alle Teilnehmer entwickeln zu zweit erste Hypothesen über Zusammenhänge
- Moderator sammelt Hypothesen am Flipchart.

Phase 3: Hypothesen bewerten und Lösungsvorschläge erarbeiten (Bewerten)
- Beteiligte kommentieren die Hypothesen und bewerten sie aus ihrer Sicht
- alle Teilnehmer bewerten die Erklärungen nach Plausibilität
- alle Teilnehmer sammeln Lösungsmöglichkeiten am Flipchart (nur Sammlung, keine Diskussion bzw. Bewertung)
- alle Teilnehmer bewerten die Lösungsoptionen
- alle Teilnehmer definieren einen Aktionsplan für die priorisierten ersten drei Lösungsvorschläge.

Phase 1: Informationen sammeln

Ähnlich wie beim Interviewkarussell werden in der ersten Phase Informationen über das Ereignis gesammelt. Wichtigste Informanten sind, wie bereits erwähnt, die unmittelbar Beteiligten, die von den anderen Teilnehmern zum Ereignis befragt werden. Im Gegensatz zum Interviewkarussell ist jetzt weniger Zeit, jede einzelne Perspektive zu erkunden. Da alle Beteiligten am Tisch sitzen, besteht die Gefahr, sich schnell auf eine Beschreibung festzulegen oder dass Beteiligte weniger offen über das Geschehen berichten. Der Moderator achtet deshalb darauf, dass möglichst offene, erkundende Fragen gestellt werden und den Beteiligten genügend Zeit bleibt, den Hergang in ihren Worten zu schildern.

Bei komplexeren Ereignissen, die über mehrere Schnittstellen gehen, ist es ratsam, dass der Moderator bereits im Vorfeld mit den Beteiligten den Verlauf mit den wichtigen Schritten auf einer Zeitschiene rekonstruiert. Beim Treffen selbst kann diese Rekonstruktion dann beliebig verfeinert werden. Es empfiehlt sich, ein flexibles Format zur Dokumentation zu verwenden (z. B. Post-its oder Moderationskarten), um schnell Veränderungen vornehmen zu können.

Phase 2: Hypothesen entwickeln

In der zweiten Phase geht es wie in der Auswertungsphase der Musteranalyse darum, mögliche Erklärungen zu sammeln. Um auch hier wieder möglichst vielfältige Erklärungen zu erzeugen, sollten die Teilnehmer zunächst in Kleingruppen einige Minuten mögliche Erklärungen sammeln. Diese Vorgehensweise verhindert, dass ungewohnte oder ungern gehörte Hypothesen in der Diskussion untergehen. Der Moderator sammelt die Hypothesen am Flipchart, während sie von den anderen Teilnehmern ergänzt oder verfeinert werden können. Die Moderation achtet darauf, dass sie nicht bewertet oder vertiefend diskutiert werden. Jede Hypothese wird aufgeschrieben, auch wenn es sich um widersprüchliche Erklärungen handelt.

Phase 3: Hypothesen bewerten und Lösungsvorschläge erarbeiten

Dann folgt die Bewertung der möglichen Erklärungen. Nach dem Öffnen der Diskussion für detaillierte Beschreibungen und vielfältige Erklärungen geht es nun darum, einen Abschluss zu finden, ohne die Ergebnisse im Sinne von richtig oder falsch zu bewerten. Ziel ist, gemeinsam zu einer plausiblen Bewertung zu kommen und die Kriterien dafür offenzulegen.

Dafür bittet der Moderator zunächst die am Ereignis Beteiligten die dargelegten Erklärungen kurz zu kommentieren und aus ihrer Sicht zu bewerten, zum Beispiel mithilfe von drei Kategorien:

- + + für »trifft voll zu«
- + für »trifft zu« und
- – für »trifft überhaupt nicht zu«.

Nach dieser ersten Kommentierungsrunde durch die Beteiligten werden nun alle Teilnehmer gebeten, die Erklärungen mit Punkten nach Plausibilität bewerten. Für die Hypothesen, die die höchste Punktzahl erhalten, werden danach Lösungsvorschläge gesammelt und detaillierte, konkrete Vereinbarungen getroffen: Wer soll sie bearbeiten, welche Ergebnisse werden erwartet und bis wann?

Dieses Vorgehen bei der Bewertung möglicher Ursachen ist für viele Teilnehmer erst einmal ungewöhnlich, vor allem in Expertenorganisationen mit einer technischen oder naturwissenschaftlichen Orientierung. Kann man über Bewertungen einfach abstimmen? Muss nicht am Ende ein Experte entscheiden, welche der genannten Erklärungen nun tatsächlich zutrifft? Hier scheiden sich die Geister einer Logik I und II. Denn während es für komplizierte technische oder physikalische Ursache-Wirkungs-Zusammenhänge vielleicht noch möglich ist, fachlich über das Zutreffen zu entscheiden, funktioniert diese Vorgehensweise für komplexe Fragestellungen nicht mehr. Das hier vorgeschlagene Vorgehen legt offen, dass es sich bei der Ursachenbewertung um einen Prozess der Plausibilisierung und nicht um Wahrheitsfindung handelt.

Die Rolle des Moderators

Der Moderator hat eine wichtige Funktion bei der Vorbereitung und Durchführung der Ereignisanalyse. Er nimmt inhaltlich eine neutrale Haltung ein und hält sich bei der inhaltlichen Diskussion zurück. Seine Aufgabe ist die Gestaltung des sozialen Prozesses. Er achtet auf die Einhaltung der Prozessphasen, nimmt die Dynamik in der Gruppe sensibel wahr und adressiert Störungen. Es empfiehlt sich, die in Ereignisanalysen häufig aufwendige Dokumentation von der Moderation zu trennen und diese Aufgaben auf zwei Personen zu verteilen.

Die Tätigkeit des Moderators beginnt mit der Vorbereitung. Er führt die Vorgespräche mit den am Ereignis Beteiligten, um sie über das Vorgehen zu informieren und auch um etwaige Befürchtungen aufzunehmen: Welche Voraussetzungen müssen gegeben sein, damit ein offener Austausch über das Ereignis stattfinden kann? Je nach Fall kann es sinnvoll sein, mit den teilnehmenden Führungskräften über ihre Rolle im Prozess zu sprechen und zu diskutieren, wie man mit möglichen Befürchtungen seitens der Beteiligten umgehen kann. Solche Gespräche sind auch eine gute Gelegenheit, mit den Führungskräften noch einmal deren Rollenerwartungen zu klären. In der Ereignisanalyse sind sie mit anderen Teilnehmern gleichwertig und auch sie müssen sich an die gemeinsamen Spielregeln halten.

Vorbereitung: Bewusste Auswahl der Teilnehmer

Zur Vorbereitung gehört auch die Auswahl der Teilnehmer. Günstig ist ein Personenkreis von sechs bis maximal fünfzehn Personen, die möglichst viele verschiedene Perspektiven und Hierarchieebenen abdecken sollten.

Zur Einbindung von höheren Führungskräften und direkten Vorgesetzten gibt es geteilte Meinungen und diese sind auch abhängig vom jeweiligen Kontext. Für die Luftfahrt und den Health-Care-Bereich empfehlen Wissenschaftler wie Sidney Dekker (2014) unabhängige Untersuchungsteams ohne direkte Vorgesetzte. Die Einbindung von direkten Führungskräften birgt das Risiko, dass diese die Diskussion dominieren und die Beteiligten Hemmungen haben, offen über das Geschehen zu berichten. Wir selbst haben in der Chemiebranche, in der Schwerindustrie oder beim Management großer Projekte gute Erfahrungen gemacht, die zuständigen Führungskräfte in den Prozess der Ereignisuntersuchung miteinzubeziehen. Es muss dann allerdings sichergestellt werden, dass die direkten Vorgesetzten in der Ereignisuntersuchung keine Führungsrolle einnehmen und das Geschehen nicht dominieren.

Der Vorteil der Einbindung von Führungskräften ist, dass sie so die Details des Geschehens besser nachvollziehen können und sich das verdichtete Ergebnis nicht aus einem Bericht erschließen müssen, was häufig zu Missverständnissen führt. Sie haben zudem auch die Gelegenheit, ihren Mitarbeitern zu demonstrieren, dass eine Analyse in einer offenen Atmosphäre auch in ihrem Beisein möglich ist.

Werden Manager eingebunden, empfiehlt es sich, dass der Moderator zuvor mit den am Ereignis Beteiligten über ihre Befürchtungen spricht. Gemeinsam kann dann abwägt werden, ob die Teilnahme der direkten Führungskräfte günstig für das Lernen aus dem Ereignis ist oder nicht.

Spielregeln vermitteln

Vor jeder Ereignisanalyse sollten die Spielregeln und die Grundhaltung bei einer Ereignisanalyse kurz wiederholt werden. Auch wenn die Regeln dem Team grundsätzlich bekannt sind, empfiehlt sich, sie zu Beginn des Treffens ins Gedächtnis zu rufen, um die Beteiligten auf diese Haltung zu verpflichten. Dies kann im Verlauf hilfreich sein, weil man sich auf die Spielregeln berufen kann, wenn sie im Verlauf der Diskussion missachtet werden. Es ist günstig, die Regeln auf einem Poster oder einem Flipchart während der Sitzung im Raum sichtbar zu notieren. Wenn ein Team noch ungeübt in der Analyse von Ereignissen ist, können ein oder zwei Personen damit beauftragt werden, auf Abweichungen von der Übereinkunft mit einem Handzeichen hinzuweisen.

Die Spielregeln sollten nicht einfach vorgegeben werden, sondern vor der Einführung des Verfahrens zum Lernen aus Fehlern im Führungsteam oder besser noch in einer gemischten Arbeitsgruppe erarbeitet werden, um von allen getragen zu werden. Die Erarbeitung dieser Konventionen ist eine gute Gelegenheit, zugrunde liegende Denkmodelle zu thematisieren und für den Unterschied von Logik I und Logik II zu sensibilisieren.

Beispiele für Spielregeln

- Keine Frage oder Hypothese ist dumm oder naiv, wir schätzen jeden Impuls.
- Wir stellen offene, erkundende Fragen.
- Wir versetzen uns in die Beteiligten hinein: Warum war ihr Verhalten im Moment sinnvoll?
- Wir wissen es nicht besser, auch wenn es uns um Nachhinein so erscheint.
- Wir vermeiden schnelle Schlüsse und sind offen für vielfältige Erklärungen.
- Wir suchen keine eindeutigen Wahrheiten, sondern erarbeiten uns plausible Erklärungen.
- Wir wollen nicht nachträglich beschuldigen, sondern künftig besser werden.
- Wir halten uns an den vom Moderator vorgegebenen Ablauf.

9.3.3 Ursache-Wirkung-Analysen weiterentwickeln

Ein Ritual zum Lernen aus Fehlern sollte gemeinsam von Führungskräften, Mitarbeitern unter fachkundiger Anleitung der Risiko- oder Sicherheitsexperten entwickelt werden. Wenn es bereits etablierte Verfahren zu diesem Thema gibt, so gilt es, ihre Qualität zu heben und sie von einer Logik I hin zu einer Logik II weiterzuentwickeln.

Beobachtung etablierter Rituale als erster Schritt
Mithilfe einer teilnehmenden Beobachtung kann untersucht werden, wie die bestehenden Verfahren angewendet werden und wie der gemeinsame Konstruktionsprozess bisher abläuft. Alternativ kann man auch gemeinsam mit einer Fokusgruppe bisherige Erfahrungen reflektieren, zum Beispiel mit ehemaligen Teilnehmern oder Moderatoren. Folgender Leitfaden erleichtert die Analyse existierender Verfahren.

Leitfaden für die Reflexion etablierter Ereignisanalyse-Verfahren:

- Wer nimmt an Ereignisanalysen teil? Welche Perspektiven sitzen gemeinsam am Tisch?
- Wie bringen sich die Beteiligten ein? Mit welchem Effekt?
- Wie wird das Ereignis (re-)konstruiert? Wie wird im Prozess zwischen den Phasen Beschreiben, Erklären und Bewerten unterschieden?
- Wie verläuft die Diskussion? Wie stellen wir sicher, dass die verschiedenen Perspektiven gleichberechtigt zur Sprache kommen?
- Was beeinflusst den Diskussionsverlauf (Machtverhältnisse, Zeitknappheit, Expertise)?
- Wo suchen wir eher bzw. eher nicht nach Ursachen und Zusammenhängen?
- Welche Tabuthemen gibt es, die bewusst oder unbewusst vermieden werden (Umgang mit Stress, Ressourcenmangel)?
- Wo und wann kommt es zu welchen Schwierigkeiten?
- Wer ist für die Gestaltung des sozialen Prozesses zuständig? Was ist die Rolle des Moderators?
- Wie werden Ereignisanalysen vorbereitet?
- Was geschieht nach Ereignisanalysen mit den Ergebnissen? Wie erfahren die Beteiligten davon, sofern sie nicht teilgenommen haben?
- Welche Erfahrungen gibt es mit der Umsetzung von Maßnahmen? Wie erfahren die Mitarbeiter etwas über den Stand der Umsetzung?

FALLBEISPIEL

Weiterentwicklung eines Verfahrens für die Root-Cause-Analyse

Ein Großkonzern der Prozessindustrie verfügte über eine Abteilung mit 800 Mitarbeitern, die ihre Fehlerkultur weiterentwickeln wollte. Im Konzern gab es bereits ein etabliertes Verfahren für die Root-Cause-Analyse. Allerdings wurde das Prozedere auch kritisiert. So erlebten einige Mitarbeiter es als Tribunal, andere sahen die Untersuchung als faire, sachliche Besprechung. In der Analyse konzentrierte man sich vor allem auf technischen Fragen. Ging es um die Zusammenarbeit oder menschliche Fehlleistungen, fühlten sich die technisch-orientierten Teilnehmer eher hilflos. Das Verhalten und das Selbstverständnis der Moderatoren in der Ereignisuntersuchung war unterschiedlich: Einige sahen ihre Aufgabe vor allem in der Dokumentation der Diskussion, andere moderierten den Gesprächsverlauf. Kamen höherrangige Führungskräfte dazu, übernahmen in der Regel sie das Gespräch.

Das Leitungsteam entschied sich, mithilfe von einigen Musteranalysen zunächst neue Erfahrungen zu sammeln, um herauszufinden, welche Gestaltungsprinzipien für ein tieferes Lernen von Fehlern wichtig waren. Darüber hinaus wurden teilnehmende Beobachtungen bei den Ereignisuntersuchungen durchgeführt.

Die Erfahrungen in den Musteranalysen und die Beobachtungen bei der Durchführung der existierenden Verfahren wurden in einem gemeinsamen Workshop mit den Moderatoren für Ereignisanalysen ausgewertet und miteinander verglichen. So wurde das Erkunden der Perspektiven der verschiedenen Beteiligten sowie die Vor-Ort-Begehung in der Musteranalyse für den Suchprozess als hilfreich erlebt. Aber man stellte fest, dass beim etablierten Verfahren die Beteiligten häufig gar nicht dabei waren. Auch wurden die Begehungen aus Zeitgründen nur selten durchgeführt, weil man davon ausging, dass alle Beteiligten die Bedingungen kannten. Durch die teilnehmende Beobachtung wurden Schwierigkeiten in der Moderation sichtbar, zum Beispiel im Umgang mit dominanten Managern. Man stellte auch die Tendenz fest, dass sich die Diskussion schnell in einer kleinteiligen Debatte verlor. Eine weitere Erkenntnis bestand darin, dass bisher generelle Fragen der Zusammenarbeit oder Verhaltensfragen ausgeklammert wurden, um eine vermeintlich offene Atmosphäre ohne Schuldzuweisungen zu erhalten. Zur Sprache kam auch, dass es Tabuthemen gab, wie zum Beispiel den Umgang mit Stress und Personalmangel, die bei Führungskräften nicht gut ankamen, weil sie für diese Fragen keine einfachen Lösungen hatten. Im Workshop einigte man sich schließlich auf eine Reihe von Veränderungen, wie das existierende Verfahren weiterentwickelt werden sollte:

- grundsätzliche Durchführung einer Vor-Ort-Begehung
- Stärkung und Qualifizierung der Moderatoren
- konsequentes Ansprechen, wenn Führungskräfte sich dominant verhalten

- Vorgespräche mit höherrangigen Führungskräften, um die Rolle des Moderators zu legitimieren und an den Effekt von Führung zu erinnern
- Sammeln von Tabuthemen wie Stress oder Personalmangel und Reflexion dieser Themen im Leitungsteam
- statt von Ursachen von *möglichen* Ursachen sprechen
- Beteiligte sind immer mit dabei; Vorgespräche mit Beteiligten, um etwaige Befindlichkeiten zu thematisieren
- offenlegen, was in der Ereignisanalyse geschieht und was mit den Ergebnissen geschieht.

Doch die Weiterentwicklung des bestehenden Verfahrens verlief auch in diesem Fall nicht reibungslos. Unserer Erfahrung nach kommt es vor allem immer dann zu heftigen Diskussionen, wenn Grundannahmen berührt werden. In diesem Fall wurde die Frage aufgeworfen, ob es zulässig sei, die Ursachen mithilfe eines Plausibilitätschecks zu beurteilen, wie wir es vorgeschlagen hatten. Dahinter lag die viel grundsätzlichere Frage, ob es im Nachhinein möglich sei, die richtige, wahre Ursache für ein Ereignis herauszufinden oder ob man lediglich plausible Erklärungen für das Zustandekommen eines Ereignisses konstruiere.

9.3.4 Lernen aus den Fehlern anderer

FALLBEISPIEL

Wie lernt man aus den Fehlern anderer?

In einer Betriebseinheit in einem Chemieunternehmen kommt es in der Nachtschicht zu einem Austritt von toxischem Produkt, der an das Umweltamt gemeldet werden muss. Im Nachhinein stellt sich heraus, dass der verantwortliche Schichtführer einen wichtigen technischen Standard nicht eingehalten und vorgegebene Arbeitsschritte ausgelassen hatte. Zudem wurde übersehen, dass ein Ventil fälschlicherweise noch offen war. Der Schichtführer begründete sein Verhalten mit Zeitdruck, der im Nachhinein bei der Ereignisuntersuchung aber nicht nachvollzogen werden konnte.

Der Fall ist brisant und so werden auch andere Betriebseinheiten aufgefordert, sich Gedanken darüber zu machen, was sie aus dem Ereignis für die eigene Arbeit lernen können. Allerdings tun sich die Einheiten mit dieser Aufgabe schwer. Schließlich waren die Bedingungen doch ganz andere als die im eigenen Betrieb! So ist der nicht eingehaltene technische Standard für ihre eigene Arbeit nicht relevant, weil dieser im eignen Haus nicht genutzt wird. Auch die Ventilkonstellation kommt so bei ihnen nicht vor. Und was das Auslassen vorgeschriebener Arbeitsschritte betrifft, so ist dieses menschliche Versagen wohl auf die Person zurückzuführen: »Wir können den Fall höchstens als eine Warnung nutzen, um unsere Mitarbeiter an die strikte Einhaltung von Regeln zu erinnern und auch bei Hektik die Ruhe zu bewahren«, so die einhellige Meinung.

Für die Entwicklung einer proaktiven Fehlerkultur wird häufig gefordert, von den Fehlern und unerwarteten Ereignissen anderer zu lernen. Die Idee leuchtet ein: Fehler, die in einem anderen Bereich zum Problem wurden, können auch bei uns vorkommen. Lasst uns deshalb die Fehler anderer für die kritische Selbstbeobachtung nutzen, um sie im Vorfeld zu vermeiden, indem wir entsprechende Vorkehrungen treffen. In der Praxis zeigt sich jedoch, dass das Lernen aus den Fehlern anderer alles andere als trivial ist.

Häufig wird vor allem nach direkt vergleichbaren, identischen Bedingungen gesucht. Dann fallen sofort die Unterschiede ins Auge, die das Ereignis einmalig machen: Wir nutzen eine andere Technologie. Wir haben andere Mitarbeiter im Einsatz. Wir haben andere Standards.

Anders sieht es jedoch aus, wenn die zugrunde liegenden Bewältigungsmuster und Zusammenhänge des sozialen Systems analysiert werden: Was können wir aus dem Fall über unseren Umgang mit komplexen Aufgaben lernen?

Abstand vom Fall gewinnen und Muster ergründen.
Möchte man aus Fehlern anderer lernen, besteht die Kunst darin, Abstand vom konkreten Fall zu nehmen und Themen oder Zusammenhänge zu identifizieren, die auch für den eigenen Bereich relevant sind:

- Wo gibt es bei uns Situationen, wo wir Zeitdruck verspüren und deshalb ungenau werden oder Abkürzungen wählen? Wie kommt es zu diesen Situationen? Wie fördern wir sie gewollt oder ungewollt? Wie können wir angemessener mit ihnen umgehen?
- Wo gibt es bei uns Standards, die unklar sind oder die wir manchmal umgehen? Warum ist das so? Wie können wir das verbessern?
- Wo werden Dinge bei uns manchmal vergessen (und es ist glücklicherweise noch nichts passiert)?

In diesem Sinne kann jedes unerwartete Ereignis zum Anlass werden, die eigenen Bewältigungsmuster im Umgang mit Komplexität selbstkritisch zu überprüfen. Das Lernen aus den Fehlern anderer dient als Training der kollektiven Achtsamkeit und kann blinde Flecken aufdecken: Worauf macht uns der Fehler aufmerksam? Wo haben wir bis jetzt noch nicht hingeschaut?

Folgender Ablauf skizziert ein mögliches Vorgehen und Fragen, um aus den Fehlern anderer zu lernen:

Ritual zum Lernen aus Ereignissen aus anderen Bereichen

- **Kurze Vorstellung des Falls (Dauer 10 min)**
  Was ist wichtig, um die Entstehung des Vorfalls zu verstehen?
- **Verständnisfragen (Dauer 10 min)**
  Was ist uns noch unklar?
- **Sammeln von Annahmen (Dauer 15 min)**
  Welche Aspekte und Zusammenhänge könnten in Zukunft für unsere Arbeit relevant sein?
- **Sammeln von Aktionen (Dauer 10 min)**
  Wie können wir diese Aspekte bearbeiten bzw. ihnen im Alltag mehr Aufmerksamkeit schenken? Was halten wir für besonders wirksam?
- **Vereinbarung der nächsten Schritte (Dauer 10 min)**
  Was wird wer genau tun? Wen brauchen wir noch? Wer noch davon erfahren?

9.3.5 Schnellanalyse mit Churchills Audit

Nicht für jedes unerwartete Ereignis lohnt es sich, eine gemeinsame Ereignisanalyse zu machen. Die vier einfachen Fragen von Churchills Audit ermöglichen es auch einzelnen Personen in der Retrospektive, etwas über die zugrunde liegenden Kommunikations- und Interaktionsmuster zu lernen.

Churchill soll sich diese vier Fragen gestellt haben, nachdem die Japaner Singapur im Zweiten Weltkrieg nicht wie erwartet über den Seeweg angriffen, sondern über Land (vgl. Weick u. Sutcliffe, 2001). Jede Frage untersucht die Interaktionen zwischen den Personen: Welche eingespielten Muster haben dazu beigetragen, dass wir einmal vorgefertigte Erwartungen und kollektive Gewissheiten nicht mehr hinterfragt haben? So gehen die Fragen über das persönliche Verhalten hinaus und öffnen das Fenster zum System.

Churchills Audit

- Warum wusste ich es nicht?
- Warum hat es mir niemand gesagt?
- Warum habe ich niemanden gefragt?
- Warum habe ich nicht gesagt, was ich wusste?

9.4 Zuschreiben von Verantwortung

Man kann viel über eine offene Fehlerkultur räsonieren – das wahre Gesicht der Organisation offenbart sich, wenn etwas misslingt und Entscheidungen über die Konsequenzen getroffen werden müssen. Führungsteams werden von Mitarbeitern beobachtet, wie sie sich nach einem Unfall, einem Produktaustritt, einer Regelverletzung, einem verpatzten Projekt, einem Qualitätsmangel oder nach einem verpassten Kundenauftrag verhalten. Wo, wie und mit wem suchen sie nach den Ursachen und Verantwortlichen?

Negative Erfahrungen oder als unfair erlebte Entscheidungen brennen sich in das kollektive Gedächtnis ein, beeinflussen das Vertrauen bzw. Misstrauen in der Belegschaft und reduzieren deren Bereitschaft, offen über Fehler und unerwünschte Ereignisse zu sprechen. Führung muss einerseits für die notwendige Offenheit sorgen, um aus Fehlern zu lernen. Andererseits darf sie nicht alles tolerieren, um verbindlich und von allen die Einhaltung gültiger Richtlinien zu erwarten. Wie gestaltet man den Zuschreibungsprozess in diesem Spannungsfeld?

9.4.1 Frage nach der Verantwortung nicht eindeutig

Die Frage nach der Verantwortung ist nicht richtig oder eindeutig zu entscheiden. Vielmehr ist auch die Zuschreibung von Verantwortung Ergebnis eines beobachterabhängigen Konstruktionsprozesses nach einem Ereignis. Die Einstellung der beteiligten Personen und die eingespielten Deutungsgewohnheiten und -logik in der Organisation beeinflussen, wo hingeschaut wird und wie die Ereignisse interpretiert werden. So wird ein Jurist zum Beispiel eher auf Rechtsverletzungen und die Motive der handelnden Person schauen, der Techniker auf das technische System, der Pädagoge auf die Ausbildung und das Training und der Soziologe auf die Bedingungen im organisationalen Arbeitskontext.

Zuschreibung auf die Person als Reflex

Im Unternehmensalltag erleben wir immer wieder, dass neben technischen Ursachen schnell vor allem die menschlichen Fehlleistungen gesehen werden. Wenn etwas Unerwünschtes passiert, wird reflexhaft gefragt: Wer hat Schuld? Wer war es? Wer ist dafür verantwortlich? Die Zuschreibungspraxis auf eine einzelne Person hat eine lange Tradition in unserer Gesellschaft und wird durch das Rechtssystem reproduziert. Der Einzelne wird dabei aber oft zur Adresse für die Willkür, die eigentlich im System zu suchen wäre.

Für das Management ist die Suche nach dem schuldigen Mitarbeiter verführerisch, weil so unerwünschte Unsicherheiten reduziert werden. Der Schuldige ist gefunden und die Maßnahmen (erneutes Training, ein Verweis oder gar eine Neubesetzung) sind relativ einfach umzusetzen – das System wird nicht infrage gestellt. Allerdings geht die Zuschreibung von Verantwortung auf eine Person nicht immer einseitig vom Management aus. Wir erleben oft, dass Mitarbeiter aus freien Stücken und mit besten Absichten die Verantwortung für einen Fehler übernehmen: Da muss man jetzt gar nicht lange analysieren – ich habe da halt nicht aufgepasst. Das ist mir passiert, dafür stehe ich jetzt auch gerade. Ohne es zu wollen, halten sie damit das System vom Lernen ab.

Es gibt keine gerechten Zuschreibungen

Ein erster Schritt besteht darin, dass Führungskräfte und auch die Mitarbeiter sich von dem Anspruch verabschieden, es sei möglich, objektiv gerechte Entscheidungen zu treffen.

Denn das Festhalten an der Idee einer gerechten Entscheidung führt schnell zu einem Teufelskreis: Die von den Führungsverantwortlichen vermeintlich gerechte Entscheidung wird als ungerecht oder gar willkürlich empfunden. Dies fördert Misstrauen und Ängste bei den Mitarbeitern und so sinkt auch die Offenheit im Umgang mit Fehlern. Das Management erfährt nur noch wenig über Fehler und ihr Zustandekommen und das wiederum provoziert einseitige Zuschreibungen auf die betreffende Person.

FALLBEISPIEL

Unterschiedliche Bewertungen von Entscheidungen

Eine Befragung von mehr als 2.000 Krankenhausmitarbeitern über das Berichten und Lernen von Fehlern in Krankenhäusern (vgl. Dekker u. Nyce, 2013) zeigte, dass Krankenschwestern und externes Personal Entscheidungen über Konsequenzen als willkürlich erleben. Aus ihrer Sicht werden diese Entscheidungen dadurch beeinflusst, welchen Status man hat und welcher Abteilung man angehört. Dagegen schätzen Ärzte das Berichten, Feedback und die Verantwortungszuschreibung im Umgang mit Fehlern als positiv und gerecht ein. Die Studie illustriert anschaulich, dass die Bewertung gerecht bzw. ungerecht immer vom Beobachter abhängt. Macht- und Entscheidungsstrukturen haben einen erheblichen Einfluss darauf, ob eine Entscheidung über Verantwortung und Konsequenzen als gerecht und berechenbar oder als ungerecht und willkürlich eingeschätzt wird.

9.4.2 Person oder System?

Die erste Herausforderung besteht in der Entscheidung, wem mehr Gewicht beigemessen wird: den systemischen Bedingungen oder der Person. Auch eine Muster- oder Ereignisanalyse löst dieses Dilemma nicht. Vielmehr erhöhen die vielschichtigen Erkenntnisse und unterschiedlichen Erklärungen für das Ereignis die Unsicherheit darüber, wer denn nun verantwortlich ist.

Folgende Beispiele führen das Entscheidungsdilemma vor Augen, wenn man das Fenster zum System öffnet.

FALLBEISPIELE

Wer oder was ist verantwortlich?

... die Person	... und/oder System?
Eine erfahrene Krankenschwester versteht eine Medikamentendosierung anders, als sie vom Arzt angeordnet wird. Aufgrund der falschen Dosierung stirbt ein kleines Mädchen. Die Krankenschwester gibt ihren Fehler zu und wird nach einem jahrelangen Prozess wegen Totschlags verurteilt.	Die Krankenschwester fand bei der Schichtübergabe nicht wie üblich eine computergedruckte Verordnung vor. Der Drucker hatte versagt und so hatte der Arzt seine Verordnung mit Hand geschrieben. Das Dokument war nicht unterschrieben und die Beschreibung für die Krankenschwester ungewohnt und nicht eindeutig. Weil sie den wachhabenden Arzt in dieser sonst ruhigen Nacht nicht aus dem Bett holen wollte, fragte sie bei der übergebenden Pflegerin nach, die ihr aber auch nicht weiterhelfen konnte. Bei der Verabreichung verwendete die Schwester die im Haus üblichen Durchsteckfläschchen. Der Arzt aber dachte an eine Injektionsspritze. Dies hatte einen erheblichen Einfluss auf die Konzentration des Medikaments in der Flüssigkeit. Die Krankenschwester ließ die Dosierung von mehreren Personen prüfen, doch niemandem fiel der Fehler auf (vgl. Decker, 2008).
Kurz vor dem Wochenende fällt ein Aufzug in einem Krankenhaus aus und Patienten können nicht mehr in die oberen Abteilungen transportiert werden. Der Servicemonteur der Aufzugfirma will helfen. Da er die Pläne nicht versteht, sucht er telefonisch Rat bei einem Kollegen und die beiden beschlie-	Die Monteure arbeiten dezentral vor Ort beim Kunden. Über die Jahre hat sich so eine sehr starke Bindung mit dem Kunden entwickelt. Diese ist oft größer als die Identifikation mit dem eigenen Unternehmen. Unter den Monteuren herrscht daher die Haltung, man wolle es dem Kunden um jeden Preis recht

... die Person	... und/oder System?
ßen, das Problem gemeinsam mit dem 4-Augen-Prinzip zu lösen, was dauern kann. Doch das Krankenhaus braucht den Aufzug und deshalb sucht er nach einem Weg, das Problem alleine zu lösen. Er richtet ein technisches Teil des Aufzugs eigenständig und in einer betriebsfremden Werkstatt. Dabei verletzt er sich schwer und fällt für mehrere Wochen aus. Einige Wochen später erhält er eine Abmahnung von der Geschäftsführung, weil er eigenmächtig an einem unzulässigen Ort und ohne ausreichende Schutzkleidung gearbeitet habe.	machen. Diese starke Kundenorientierung wird vom Management begrüßt. Allerdings führt sie auch dazu, dass Monteure bereit sind, riskante Reparaturen auszuführen, damit eine Anlage schnell wieder funktioniert. Das Management ahnt dies zwar, beschäftigt sich aber ungern mit dieser unbequemen Frage. Der Entscheidungskonflikt bleibt so bei den Monteuren. Außerdem haben sich die Dienstleister daran gewöhnt, mit ungenauen Plänen zu arbeiten. Über die Zeit ist es normal geworden, ohne genaues Wissen über die Konstruktion der Anlage Reparaturarbeiten durchzuführen. So wurden in den letzten Jahren immer mehr Altanlagen mit unvollständigen Informationen übernommen. Weil die Pläne oft stark verkleinert und in anderen Sprachen verfasst sind und es keine einheitliche Systematik für technische Bezeichnungen gibt, kommt es oft zu Missverständnissen, denen die Monteure mit zynischem Achselzucken begegnen.
In einem Chemieunternehmen kommt es bei Instandhaltungsarbeiten zu einer schweren Explosion. Im Nachhinein stellt sich heraus, dass wichtige Dokumente der Zulieferfirma nicht vorhanden waren und die Erlaubnisscheine für diese Tätigkeit weder korrekt noch wahrheitsgetreu ausgefüllt und unterschrieben waren. Die Mitarbeiter gaben an, eine Vor-Ort-Begehung vor Aufnahme der Tätigkeit durchgeführt zu haben. Tatsächlich war dies aber gar nicht geschehen. Der Zulieferfirma wird daraufhin gekündigt, die Mitarbeiter müssen wegen falscher Angaben eine Strafzahlung leisten und bekommen einen Verweis.	Die Erlaubnisscheine wurden in der Abteilung bisher eher locker gehandhabt. Das Ausfüllen der Scheine wurde von Mitarbeitern und Führungskräften als lästige und zeitintensive Formalität gewertet. Gerade bei Routinetätigkeiten hatte man sich angewöhnt, die vorgeschriebene Vor-Ort-Begehung nicht mehr durchzuführen, um Zeit zu sparen. Wenn es Führungskräften aufgefallen war, hatten sie dieses Verhalten stillschweigend geduldet – solange nichts Ernsthaftes passierte.

Versetzen Sie sich in die Lage der zuständigen Führungskraft oder des Führungsteams: Wie würden Sie die gegenübergestellten Erklärungen bewerten (sofern Sie diese durch eine intensivere Ereignis- oder Musteranalyse überhaupt erzeugt hätten)? Wen oder was würden Sie zur Verantwortung ziehen mit welcher Konsequenz? Würden Sie die Krankenschwester für ihre Fehlleistung verantwortlich machen oder haben die schwierigen und mehrdeutigen Bedingungen Ihrer Meinung nach mehr Gewicht? Wie wägen Sie ab? Kritisieren Sie den hilfsbereiten Monteur wegen seines unangemessenen Übereifers oder sind in Ihren Augen die Bedingungen (mit)verantwortlich zu machen? Sehen Sie die Verantwortung bei den Mitarbeitern, sich an die Absprachen zu halten, auch wenn die Regelabweichung bereits zur Routine geworden ist?

Es wird schnell klar: Eine eindeutige Entscheidung ist unmöglich und diese Unsicherheit führt mitunter zu Verärgerung. In einer Musteranalyse (siehe dazu das Fallbeispiel in Abschnitt 9.1) reagierten einige Führungskräfte zum Beispiel höchst erbost, weil ihre bisherigen Erklärungen auf Personenebene nun durch Erklärungen auf Systemebene ergänzt wurden: Heißt das jetzt, dass der Mitarbeiter entschuldigt ist und wir jetzt für das Ereignis verantwortlich sind, weil wir nicht die richtigen Bedingungen geschaffen haben?

Zurück- und vorausschauende Verantwortung

Führungskräfte müssen je nach Kontext abwägen, welche Form der Verantwortungszuschreibung in ihrem Kontext langfristig wirksamer ist:

- Geht es vor allem darum, dass Mitarbeiter nachträglich persönliche Verantwortung für ihre Handlungen übernehmen? Neben einer Lektion für den Betroffenen hat diese Form einer zurückschauenden Verantwortung vor allem einen wichtigen symbolischen Effekt: Es wird kommuniziert, dass ein bestimmtes (Fehl-)verhalten nicht toleriert wird und dass auch andere mit Konsequenzen rechnen müssen, wenn sie ähnliches Verhalten zeigen. Es wird markiert, was richtig und was falsch ist und Mitarbeiter werden durch diese Form des normativen Lernens daran erinnert, sich besser an die Regeln zu halten.
- Oder ist es zielführender, durch Fehlerlernen die *künftige* Bereitschaft und Fähigkeit der Mitarbeiter zu entwickeln, Verantwortung zu übernehmen? Dann ist es ratsam, stärker auf das Systemlernen zu setzen und für die dafür notwendige offene Atmosphäre zu sorgen, damit Mitarbeiter aus Fehlern möglichst viel und frühzeitig über die zugrunde liegenden Zusammenhänge und Entwicklungen lernen können. Das Fördern der vorausschauenden Verantwortung und des bewussten Lernens versetzt sie in die Lage, *in Zukunft* Verantwortung zu übernehmen und in kritischen Situationen eigenverantwortlich und im Sinne der Gesamtziele zu entscheiden, was zu tun ist (vgl. Abschnitt 6.6).

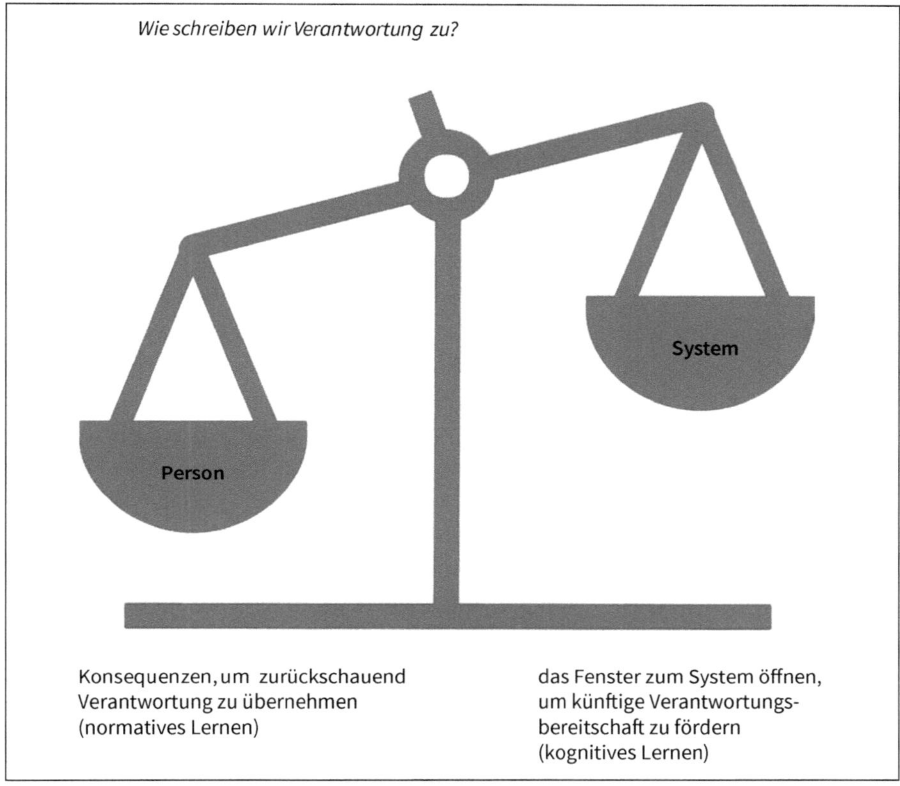

Abb. 31: Notwendiges Abwägen: Zuschreibung von Verantwortung

9.4.3 Muster für die Zuschreibung von Verantwortung

Führungskräfte stehen hier vor einem Dilemma: Zurückschauende Verantwortungszuschreibung reduziert die Bereitschaft der Mitarbeiter, in Zukunft Verantwortung für eigene Entscheidungen zu übernehmen – sie werden sich eher an die Regeln halten, auch wenn in bestimmten Situationen Mitdenken und Eigenverantwortung gefragt wären. Vorausschauende Verantwortung aber birgt die Gefahr eines Laisser-faire. Wenn jedes Verhalten immer über die Bedingungen erklärt wird, so die Befürchtung vieler Führungskräfte, kann dies Mitarbeiter zu allzu sorglosem Arbeiten verleiten. Einerseits braucht es angstfreies Systemlernen, um vorausschauende Verantwortungsübernahme zu fördern. Andererseits müssen, um verbindliche Standards zu schaffen, klare Verhaltenserwartungen artikuliert werden, die mit Konsequenz verfolgt werden. Beides scheint notwendig, aber keins von beiden ist für sich allein aussichtsreich. Führungsteams müssen eine angemessene Balance zwischen beiden Polen finden.

In der Praxis lassen sich typische Muster zur Bearbeitung dieser Grauzone beobachten. Für die Entwicklung einer Fehlerkultur ist es ratsam, diese eingespielten Bewältigungsstrategien und die damit verbundene Logik kritisch zu reflektieren (z. B. mithilfe des Tetralemmas, siehe Kapitel 7).

Muster I: Pendelbewegungen

Das erste Muster in der Bearbeitung des angesprochenen Dilemmas besteht in Pendelbewegungen. Weil es keine eindeutige Antwort gibt auf die Frage, drückt man sich um die Lösung. Ist länger nichts passiert, werden Regelabweichungen toleriert und Mitarbeiter nicht oder nur selten zur Verantwortung gezogen. Dieses Vorgehen funktioniert meistens gut, wenn zeitgleich selbstkritisch aus Ereignissen gelernt wird und es Rituale gibt, um der Normalisierung von Abweichungen entgegenzuwirken.

Eine sehr tolerante Haltung gegenüber Fehlern bzw. Abweichungen von Standards kann aber auch Schlendrian begünstigen. Wenn auch nach erneuter Wiederholung von Regelabweichungen Konsequenzen ausbleiben, gewöhnen sich Mitarbeiter daran. Meistens muss ein gravierendes Ereignis geschehen, das alle Beteiligten wachrüttelt. Jetzt wird der Ruf nach mehr Konsequenz laut: Wir müssen unsere Mitarbeiter mehr zur Verantwortung ziehen. Unser Vertrauen wurde ausgenutzt. Wir müssen härter durchgreifen, mehr kontrollieren. Das Pendel schlägt aus zur anderen Seite, bis wieder eine Weile nichts mehr passiert …

Muster II: Der Ruf nach »mehr Klarheit«

Eine andere Bearbeitungsform ist der Versuch, Klarheit zu schaffen. Es ist dann oft von der roten Linie die Rede, die ähnlich wie beim Fußball einen Strafraum markiert: Wir müssen unseren Mitarbeitern ganz klar sagen, was geht und was nicht. Sie müssen wissen, wo die rote Linie ist, dann werden sie unsere Entscheidungen und Konsequenzen auch als eindeutig und gerecht erleben. Die Idee von einer klaren roten Linie hört sich im ersten Moment einleuchtend und fair an. Allerdings entspringt sie der Logik I, die für die Bearbeitung komplexer Aufgaben nur bedingt tauglich ist. In der Praxis zeigt sich dann, dass diese vermeintliche Klarheit nur für trivialere Zusammenhänge angestrebt werden kann.

FALLBEISPIEL

Entscheidungsklarheit über Betriebsanweisungen?

Im Zuge eines Veränderungsprozesses zur Entwicklung der Fehlerkultur fragt sich das Führungsteam eines Unternehmens in der herstellenden Industrie, wie das Management von Konsequenzen sinnvoll gestaltet sein müsse, das von

Mitarbeitern als fair und transparent erlebt werde. In einer vorangegangenen Kulturanalyse hatten sich Mitarbeiter darüber beklagt, der Entscheidungsprozess über Konsequenzen sei willkürlich. Die Führungskräfte hingegen konnten das nicht nachvollziehen. Sie hatten sich redlich bemüht, faire Entscheidungen zu treffen. Unter anderem beriefen sie sich auf eine Betriebsanweisung zur Wahrung der Ordnung und Sicherheit, die es im Unternehmen bereits seit den 1980er-Jahren gab: Wir haben doch klar geregelt, was ein Verstoß ist und mit welchen Konsequenzen Mitarbeiter rechnen müssen, wenn sie die markierte rote Linie überschreiten. Warum erleben unsere Mitarbeiter den Prozess als willkürlich?

Die erste Hypothese lautet, dass die Mitarbeiter die Betriebsanweisung vielleicht nicht kannten und diese Unwissenheit einen Eindruck von Willkür entstehen ließ. Interessanter war allerdings ein genauer Blick in die Anweisung selbst: Zum einen wurde eine Reihe von Verstößen genannt, die recht eindeutig und »klar« zu bewerten waren. Dazu zählten zum Beispiel das Missachten des Rauchverbots, Verstöße gegen die Straßenverkehrsordnung, die Mitnahme, der Verzehr oder das Handeln mit alkoholischen Getränken, mutwilliger Vandalismus sowie das Vortäuschen eines Unfalls oder einer Krankheit. Aber die Führungskräfte stellten fest, dass es in der Betriebsanweisung auch eine Reihe von Punkten gab, die unklar waren. Eine Regel zum Umgang mit Verstößen lautete zum Beispiel sehr pauschal: Den Arbeitsanweisungen ist grundsätzlich Folge zu leisten. Aber die Auslegung und Bewertung von Verstößen wie das Nichtbefolgen von Arbeitsanweisungen hängt – wie wir bereits erläutert haben – stark vom jeweiligen Kontext ab und den Gründen, die für das Verhalten sprachen.

Im Führungskreis wurde klar: Eine genauere Ausdifferenzierung der Betriebsanweisung im Umgang mit Verstößen war keine Lösung. Mehr Klarheit war an dieser Stelle keine Lösung. Das Team verabschiedete sich von der Hoffnung, für diese Fälle eindeutig festlegen zu können, was zu tun und was zu lassen sei. Entscheidungen in der Grauzone mussten von Fall zu Fall gemeinsam abgewogen werden. Man entschied, den Zuschreibungsprozess für solche schwer zu beurteilenden Fälle berechenbarer zu gestalten und sich gegenseitig bei diesen schwierigen Entscheidungen zu unterstützen. Auch gegenüber Mitarbeitern sollte dieser Beschluss vertreten werden. Statt für mehr Klarheit in der Entscheidung votierte man dafür, den Beurteilungsprozess in der Grauzone transparent zu machen.

Muster III: Unterscheiden zwischen Motivlagen

Das dritte Muster bei der Zuschreibung von Verantwortung besteht in dem Versuch, zwischen verschiedenen Motivlagen »zweifelsfrei« zu unterscheiden. Dafür hat es sich eingebürgert, eine Art Entscheidungsalgorithmus zur Bewertung individueller Fehler zu verwenden, um die Konsequenzen zu »berechnen«. Meistens wird zwischen drei verschiedenen Motiven unterschieden: menschliches Versagen, riskantes Verhalten und fahrlässiges Verhalten.

- Bei *menschlichen Fehlern* wird davon ausgegangen, dass diese unabsichtlich geschehen sind. Hier wird empfohlen, sich auf das Systemlernen zu konzentrieren oder individuelle Defizite durch Training auszugleichen.
- Von *riskantem Verhalten* spricht man, wenn eine bewusste Entscheidung unterstellt wird, für die bestimmte Verwarnungen oder Strafen vorgesehen sind.
- Schließlich beschreibt *fahrlässiges Verhalten* das bewusste Missachten von Regeln und das Eingehen von inakzeptablen Risiken.

Doch auch die Bestimmung dieser Motive ist immer abhängig von der Interpretation eines Beobachters. Niemand kann in den Kopf eines anderen blicken und seine Intentionen, Einstellungen oder Motive objektiv feststellen. Sie entstehen immer im Auge des Betrachters und in welchem Licht er das Geschehen beschreibt, erklärt und bewertet. Denken Sie nur an unser Fallbeispiel vom Lastabsturz (vgl. Abschnitt 9.1). Während das Verhalten des Kranführers bei der ersten Untersuchung als fahrlässig erscheint, interpretieren es die Teilnehmer in der Musteranalyse als eine durch Missverständnisse und fälschliche Annahmen provozierte menschliche Fehlleistung.

9.4.4 Gestalten eines nachvollziehbaren Zuschreibungsprozesses

Sollen Mitarbeiter Entscheidungen nicht als willkürlich erleben, sollte der Fokus nicht auf gerechten Entscheidungen, sondern auf der Gestaltung eines nachvollziehbaren Zuschreibungsprozesses liegen. Dafür ist es hilfreich, sich im Führungskreis auf die wesentlichen Prinzipien des Zuschreibungsprozesses zu einigen. Diese können zum Beispiel in Form einer Leitlinie zum Lernen aus Fehlern formuliert werden, um den Prozess für alle Beteiligten berechenbarer und nachvollziehbarer zu machen. Eine Orientierung dafür bieten folgende Prinzipien (in Anlehnung an Dekker, 2014).

Gestaltungsprinzipien für den Zuschreibungsprozess

- Richte dein Verhalten nach Ereignissen vor allem daran aus, dass die Mitarbeiter aus Fehlern lernen *wollen*.
- Gehe davon aus, dass die Verantwortung für Fehler in Organisationen nicht eindeutig zu klären ist. Es gibt viele Grauzonen und Unsicherheiten, die nicht eindeutig geklärt werden können.

- Stelle deine Entscheidungen nicht als eindeutig oder richtig dar, sondern erkläre, wie sie zustande gekommen sind.
- Vermeide schnelle individuelle Schuldzuschreibungen, die die Suche nach zugrunde liegenden Zusammenhängen sowie Offenheit und Mitwirkungsbereitschaft in der Belegschaft schleichend verringert.
- Ermögliche widersprüchliche, mehrdeutige, vielschichtige Erklärungen in Form von Hypothesen und vermeide schnelle Festlegungen auf eine vermeintlich richtige Erklärung bzw. Zuschreibung.
- Sorge für differenzierte Entscheidungen in der »Grauzone« und erkläre Mitarbeitern, wie sie zustande gekommen sind (insbesondere bei Sanktionen).
- Vermeide Stigmatisierung von Mitarbeitern, die einen Fehler gemacht haben. Sorge dafür, dass sie von Kollegen Unterstützung erfahren und gut in die Gemeinschaft integriert werden.
- Vermeide Strafzahlungen. Sie verhindern die Offenheit der Betroffenen und im System.
- Sorge für Klarheit bei Mitarbeitern, was nach einem Ereignis oder Fehler passiert: Mit wem müssen sie sprechen und mit wem nicht?
- Sorge dafür, dass Ereignisanalysen zunächst von einem unabhängigen Team durchgeführt werden. (Berücksichtige bei der Prozessgestaltung, dass Vorgesetzte als Beurteiler die Offenheit erschweren.)
- Schütze Informationen über Ereignisse vor der breiten Öffentlichkeit und finde eine Balance zwischen Transparenz bzw. Lernen und Schutz des Einzelnen: Erzähle nicht allen alles – Geschichten verselbstständigen sich leicht.
- Schaffe im Führungsteam ein Forum, um sich über schwierige Entscheidungen in der Grauzone auszutauschen.

EXKURS

Wenn der Staatsanwalt eingreift

Gerade in Organisationen mit hohem Gefährdungspotenzial kann es passieren, dass Führungskräften die Entscheidung über die Zuschreibung von Verantwortung aus den Händen genommen wird. Das ist vor allem dann der Fall, wenn ein Ereignis durch die Staatsanwaltschaft untersucht wird und sich der Fokus automatisch auf eine individuelle Verantwortungszuschreibung verschiebt. Beim Fehlerlernen sind Führungskräfte mit dem bereits erwähnten Widerspruch konfrontiert, dass sie immer auch die Berechenbarkeit nach Außen aufrechterhalten müssen. Denn beim Lernen aus Fehlern werden automatisch Informationen generiert, die in einer zivil- oder strafrechtlichen Untersuchung potenziell gegen sie oder die Organisation verwendet werden können.

Greift das juristische System ein, ist es unwahrscheinlich, dass der Zuschreibungsprozess als fair erlebt wird. Wenn betriebliche Vorfälle gerichtlich verhandelt werden, leidet meistens die Fehlerkultur in der Organisation. Es fließt dann mehr Energie in persönliche Schutzmaßnahmen und man versteckt sich hinter Formalien, statt Bewältigungsmuster im Umgang mit Komplexität und die Fehlerkultur bewusst weiterzuentwickeln. Häufig nimmt die Bereitschaft, offen über Fehler zu berichten, nach Ermittlungsverfahren ab.

FALLBEISPIEL

Ermittlung durch den Staatsanwalt nach Medienskandal

Aber es geht auch anders: Ein Krankenhaus in Süddeutschland arbeitete seit Jahren erfolgreich mit einem Critical Incident Reporting System (CIRS), mit dessen Hilfe kritische Situationen und Unregelmäßigkeiten freiwillig vom Personal gemeldet und unter Zusicherung von Vertraulichkeit zum Systemlernen genutzt werden. So kam es im Laufe der Zeit auch zu zwei Meldungen von Unregelmäßigkeiten bei zwei Todesfällen. Dies führte im Jahr 2012 zu einem Medienskandal. Einige der vertraulichen Daten wurden anonym an die Presse weitergeleitet. Die *Stuttgarter Zeitung* berichtete daraufhin von gefährlicher Fahrlässigkeit und bezichtigte die Klinik der Vertuschung. Dies führte neben der Rufschädigung der Klinik auch dazu, dass der Staatsanwalt eingeschaltet wurde und gegen die Klinik ermittelte. Doch in diesem Fall ging es für die Organisation glimpflich aus. Der Staatsanwalt brachte Verständnis für ihr Vorgehen auf und auch intern hielt sich der Schaden in Grenzen. Sowohl Mitarbeiter als auch Geschäftsführung sprachen sich für die Weiterführung des CIRS aus. Dieses Beispiel zeigt jedoch, wie schwierig die Gratwanderung zwischen interner Offenheit und dem Vorhalten von Berechenbarkeit nach außen ist.

10 Antizipieren

Antizipationsfähigkeit ist die Grundlage für eine proaktive Risikokultur. Die hier vorgestellten Methoden unterstützen Teams, in ihrem Arbeitsalltag aus mehrdeutigen, latenten Signalen Sinn zu erzeugen, um so ein brauchbares Bild von Wirklichkeit zu entwickeln. Wir stellen Praktiken zur Vorbereitung, Unterbrechung und Reflexion der Arbeit vor. Darüber hinaus erläutern wir Techniken zum Lernen von potenziellen Ereignissen und erörtern das Gestalten und Nutzen von Checklisten.

10.1 Praktiken zur Reflexion der Arbeit

Das Ziel dieser Achtsamkeitspraktiken ist es, für Abweichungen im Alltag zu sensibilisieren, Planänderungen zu ermöglichen und die eigenen Bewältigungsstrategien im Umgang mit dem Unerwarteten kritisch unter die Lupe zu nehmen.

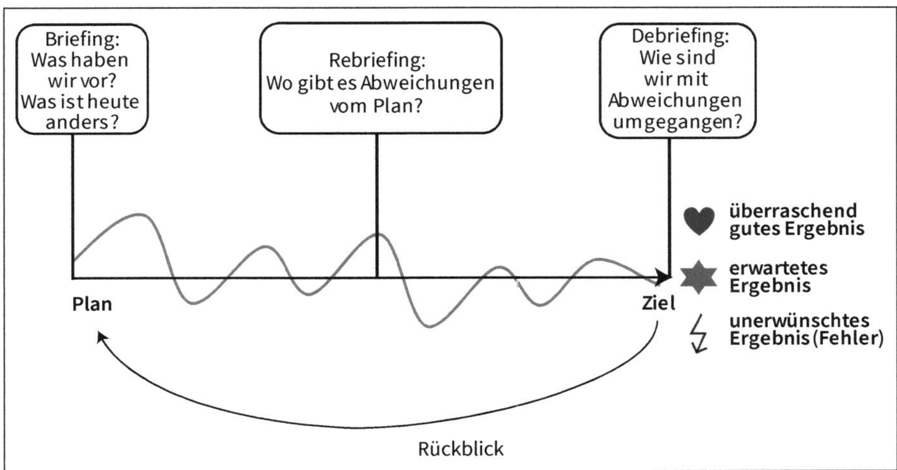

Abb. 32: Briefing, Rebriefing und Debriefing

Briefing und Debriefing

Eine effektive Möglichkeit, kollektive Achtsamkeit zu entwickeln, ist die regelmäßige Durchführung von Briefings und Debriefings. Es handelt sich um gezielte Kommunikationsanlässe, um die Aufmerksamkeit auf die üblichen, unerwarteten Ereignisse zu richten, die sich jeden Tag auch bei Normalbetrieb ereignen und deren Bearbeitung ansonsten meistens dem Zufall überlassen wird oder die informell bearbeitet werden. Briefings und Debriefings sind zum Beispiel in der Luftfahrt ein fester Bestandteil des Crew-Ressource-Managements. Varianten von Briefing- und Debriefing-Methoden findet man auch im agilen Projektmanagement, zum Beispiel in Form von Daily Scrums.

Reflexionsschleifen

Die Idee ist es, in den normalen Arbeitsfluss Reflexionsschleifen für Beobachtungen 2. Ordnung einzubauen und zwar vor, während und nach einem bestimmten Arbeitsabschnitt. Das kann Anfang und Ende einer definierten Projektphase sein, einer Schicht oder eines Arbeitstages. Beobachtung 2. Ordnung bedeutet in diesem Zusammenhang, dass man aus der konkreten operativen Situation heraustritt und das Spiel und das eigene Wirken im Spiel aus einer anderen, etwas entrückten Perspektive betrachtet. Briefings und Debriefings helfen den Spielern auf dem Feld (Organisationsmitgliedern), die passenden, konkreten Spielpässe (Entscheidungen) für die zuvor festgelegten Spielregeln (Entscheidungsprämissen) zu finden:

- Mithilfe eines *Briefings* verschafft sich das Team einen Überblick über die gemeinsame Aufgabe und sensibilisiert sich gegenseitig für potenzielle Probleme und Besonderheiten: Welche Risiken sind mit der Aufgabe verbunden und wie können sie frühzeitig erkannt werden? Eine wesentliche Funktion von Briefings vor der Arbeitsaufnahme ist die Aktivierung des Teamgeistes: Was ist unser gemeinsames Ziel und welche Rolle habe ich dabei?
- *Debriefings* haben das Ziel, die eigenen Bewältigungsmuster im Umgang mit unerwarteten Ereignissen zu reflektieren. Dies geschieht unabhängig davon, ob etwas misslungen ist oder nicht. Es geht um proaktives Lernen, auch wenn eine Aufgabe zu einem positiven Ergebnis geführt hat. Es werden kritische Aspekte in der Zusammenarbeit erörtert wie zum Beispiel riskante Abkürzungen oder Nicht-Nutzen des vorhandenen Wissens. Der Unterschied zwischen *work as planned* und *work as done* wird in den Fokus der Aufmerksamkeit gebracht, um daraus zu lernen: Wo war es riskant, was wir getan haben, und wo müssen wir die Regeln ändern, weil es bessere Bearbeitungsformen gibt?
- *Rebriefings* dienen dem Nachjustieren von laufenden Prozessen. Sie eignen sich für Arbeitsprozesse mit einer längeren Dauer oder wenn ein Prozess stark von der Planung abweicht, sodass eine Neuabstimmung und -orientierung

unter den Beteiligten notwendig ist. Der Ablauf entspricht im wesentlichen einem Briefing-Gespräch.

10.1.1 Gestaltungsprinzipien von Briefing- und Debriefing-Gesprächen

Folgende Gestaltungsprinzipien sollten bei vorbereitenden und rückblickenden Gesprächen berücksichtigt werden:

- Sie sollten so gestaltet sein, dass sie Abweichungen, Besonderheiten und Inkohärenzen eine hohe Aufmerksamkeit widmen. Lange Monologe und geschlossene Fragen (»Alles verstanden?«) sollten vermieden werden.
- Briefings sollen das Team für das operative Geschehen sensibilisieren. Das bedeutet zum Beispiel, dass gerade bei Routinearbeiten kritisch gefragt wird: Was ist heute anders als sonst? Was könnten wir übersehen haben? Was ist schon öfter bei dieser Arbeit schiefgelaufen? Was hält uns heute davon ab, präsent zu sein?
- Ein wichtiger Aspekt ist das Vermeiden von Vereinfachungen und die Berücksichtigung verschiedener Perspektiven. Es ist wenig zielführend, dass ein Briefing von Stellvertretern durchgeführt wird, es geht um einen Dialog der Personen, die unmittelbar an der Aufgabe beteiligt sind. Anders als bei vielen Übergaben, die bilateral von Anlagenfahrer zu Anlagenfahrer, Bediener zu Bediener oder Schichtführer zu Schichtführer durchgeführt werden, finden Briefings und Debriefings im gesamten Team statt.
- Eine grundlegende Voraussetzung ist eine veränderungsbereite Haltung. Wenn Abweichungen bemerkt werden, dürfen diese nicht »unter den Teppich gekehrt« bzw. normalisiert werden. Was müssen wir ändern, um zuverlässig ans Ziel zu kommen? Zu den Veränderungen zählen auch Zielkorrekturen: Was ist angesichts der neuen Lage notwendig, damit wir die Leistungsfähigkeit des Systems aufrechterhalten können?

10.1.2 Briefing-Gespräche durchführen

Ziele

Ziel von Briefing-Gesprächen ist es,

- anstehende Arbeiten und Zielerwartungen unter normalen und außergewöhnlichen Bedingungen vor der Arbeitsaufnahme gemeinsam im Team zu diskutieren
- das Team als Kollektiv zu aktivieren
- Rollen und Erwartungen bewusst zu machen
- Fragen zu klären, Beobachtungen zu teilen und Feedback zu geben

- sicherzustellen, dass alle Beteiligten den Ablauf und die Ziele der Aufgabe verstanden haben
- das Team darauf vorzubereiten, auf unerwartete Situationen reagieren zu können.

Ablauf

---

1. Orientierung schaffen
- Was haben wir vor und warum?
- Was sind die Ziele und Aufgaben heute?
- Was soll gelingen?
- Wer ist heute mit dabei und welchen Beitrag leistet er bzw. sie zu unserem Ziel?

2. Bedingungen und Besonderheiten prüfen
- Wie ist der Zustand der technischen Geräte (letzte Reparaturen, Ausfälle, bekannte Schwachstellen oder andere Besonderheiten)?
- Was sind die organisationalen Rahmenbedingungen (Ressourcen, äußere Bedingungen)?
- Welche personenbezogenen Besonderheiten müssen wir berücksichtigen (Ermüdung, Überarbeitung, Stress, Konflikte)? Was hält uns heute davon ab, präsent zu sein?
- Was sind weitere Bedingungen, die wir im Blick haben müssen (z. B. Wetter, Verkehr)?

3. Vereinbarungen für die Zusammenarbeit treffen
- Worauf müssen wir in der Zusammenarbeit besonders achten?
- Wie kommunizieren wir miteinander? Wie halten wir uns gegenseitig informiert?

4. Mögliche Risiken durchsprechen
- Was sind mögliche Risiken?
- Wie würden wir mit ihnen umgehen? Wer macht dann was?
- Woran würden wir früh erkennen, dass sich etwas zusammenbraut?

5. Klären offener Fragen, Zusammenfassung und Abschluss

---

1. Orientierung schaffen

Im ersten Schritt geht es darum, sicherzustellen, dass alle Beteiligten das gemeinsame Ziel vor Augen haben. In dieser Phase ist es wichtig, den kollektiven Geist des Teams zu aktivieren. Bei »flüchtigen« Teams, also Teams, die sich nicht gut kennen wie Projektteams, Flight-Crews, OP- oder Filmteams, ist dies meistens eine Selbstverständlichkeit und die Teamaktivierung kann durch eine kurze Vorstellung erreicht werden, bei der jeder seinen Namen und seine Funktion nennt. Aber auch bei gut eingespielten Gemeinschaften, wie zum Beispiel Schichtteams, die seit Jahren zusammenarbeiten, sollte eine Teamaktivierung erfolgen, um zu verhindern, dass sich Mitglieder blind aufeinander verlassen oder jeder seine Aufgabe für sich erfüllt, ohne wechselseitige Abhängigkeiten zu berücksichtigen. Zum Beispiel kann einleitend eine Runde gemacht werden, in der jeder eine Frage oder eine Beobachtung zur anstehenden Aufgabe einbringt.

2. Bedingungen und Besonderheiten prüfen

Im zweiten Schritt werden die Bedingungen und vor allem die Besonderheiten gemeinsam besprochen. Wichtig dabei sind zum einen Besonderheiten der technischen Bedingungen, also der genutzten Geräte, Instrumente oder der Infrastruktur. Darüber hinaus werden die organisationalen Besonderheiten diskutiert, wie Teambesetzung, vorhandene Expertise oder Ressourcenengpässe. Wir arbeiten heute mit vielen jungen Mitarbeitern. Wir arbeiten heute mit Mindestbesetzung. Drittens sollten personenbezogene Aspekte angesprochen werden, also erwartbare Leistungs- und Aufmerksamkeitsdefizite nach zahlreichen Nachtschichten, gesundheitliche Probleme oder andere persönliche Befindlichkeiten.

3. Vereinbarungen für die Zusammenarbeit treffen

Im dritten Schritt wird thematisiert, wie man angesichts der gegebenen Bedingungen zusammenarbeitet, also worauf jeder Einzelne besonders achten sollte und wie man sich gegenseitig informiert hält. Dieser Schritt ist wichtig, weil er die Aufmerksamkeit der Teammitglieder nochmals fokussiert und gleichzeitig die Erwartung an sie adressiert, ihre individuellen Wahrnehmungen ernst zu nehmen und sie zu kommunizieren. So wird bewusst gegen die Hemmschwelle gearbeitet, eigene Beobachtungen auch gegenüber Ranghöheren einzubringen. In dieser Weise erinnern Piloten das Kabinenpersonal im Briefing-Gespräch: Ihr seid unsere Augen und Ohren in der Kabine. Jeder Anruf im Cockpit ist hilfreich für uns. Bitte informiert uns, wenn ihr etwas Ungewöhnliches bemerkt.

4. Mögliche Risiken durchsprechen

Briefing-Gespräche sollten auch dazu genutzt werden, mögliche Risiken anzusprechen. Bei gut eingespielten Teams wird so gegen die Tendenz der abnehmenden Risikowahrnehmung gearbeitet, bei flüchtigen Teams entstehen weitere Orientierungspunkte, um einschätzen zu können, was wichtig ist und was nicht.

Crew-Teams sprechen zum Beispiel Notfall- und Erste-Hilfe-Situationen durch. Das Diskutieren von Worst-Case-Szenarien fördert eine gemeinsame Vorstellung darüber, wie man im Moment reagieren könnte und frischt vorhandenes Wissen auf. Was würden wir in einem solchen Fall tun? Sind wir darauf vorbereitet? Wer macht was? Wie behalten wir den Überblick? Das Besprechen solcher Szenarien fördert darüber hinaus die Fähigkeit, schwache Signale früh zu deuten: Woran würden wir früh erkennen, dass sich das unerwartete Ereignis aufbaut? Wer würde das sehen, hören, schmecken etc.?

5. Klären offener Fragen, Zusammenfassung und Abschluss
Schließlich sollte Raum dafür sein, dass Teilnehmer weitere offene Fragen besprechen können. Darüber hinaus sollten die wichtigsten Punkte von den Teilnehmern noch einmal wiederholt werden, um das gemeinsame Verständnis sicherzustellen.

Zeitpunkt, Dauer und Häufigkeit von Briefing-Gesprächen

Briefing-Gespräche werden zu Beginn einer Tätigkeit durchgeführt. Zeitpunkt und Häufigkeit richten sich nach der zu bearbeitenden Aufgabe und wie versiert ein Team in der Durchführung von Briefings ist. Bei Routinearbeiten wie zum Beispiel bei der Arbeit in Schichten ist es sinnvoll, vor Schichtbeginn ein kurzes Briefing-Gespräch von ca. 15 bis 20 Minuten durchzuführen.

Bei besonderen Tätigkeiten wie Reparaturen, Neueinführung einer Software oder Veränderungsvorhaben sollte man sich deutlich mehr Zeit für ein erstes ausführliches Projektbriefing nehmen und es durch regelmäßige Rebriefings ergänzen. In ihnen können sich die Teammitglieder über die erzielten Ergebnisse, unerwarteten Ereignisse oder Hindernisse austauschen und notwendige Anpassungen an Plänen und Zielen vornehmen.

Varianten von Briefing-Gesprächen

Es gibt viele Möglichkeiten, Briefing-Gespräche durchzuführen. Sie müssen zur Arbeitsaufgabe und zum Unternehmenskontext passen. Entscheidend ist dabei die Berücksichtigung der oben skizzierten Gestaltungsprinzipien.

Varianten

VARIANTE I

Stand-up-Meetings oder Daily Scrums
Stand-up-Meetings oder Daily Scrums sind ein fester Bestandteil des agilen Projektmanagements oder anderen agilen Organisationsformen wie etwa die Holakratie (vgl. Robertson, 2016). Das Team trifft sich einmal täglich zu einer kurzen Besprechung im Stehen. Es gibt drei Rollen, die für den gesamten Arbeitsprozess gelten: den Product Owner, den Scrum Master sowie das Entwicklungsteam. Der Produkteigner verteidigt die Interessen des Kunden, der Scrum Master ist verantwortlich für die Prozessmoderation und das Entwicklungsteam für die Umsetzung bzw. Zielerreichung.

Ziel der ca. 15-minütigen Tagesbesprechung ist es, das jeder mitbekommt, woran die anderen arbeiten. Das Team diskutiert aktuelle Hindernisse und bespricht Lösungswege.

Reihum hat jedes Projektmitglied zwei Minuten Zeit, um auf folgende Fragen einzugehen:

- Wie bin ich gestern mit meiner Arbeit vorangekommen?
- Welche Arbeitspakete liegen heute für mich an?
- Welche Hindernisse gibt es für mich aktuell, die der Erledigung dieser Arbeiten entgegenstehen?

In der Regel finden diese Besprechungen vor einem Task Board statt, an dem alle Aufgaben mithilfe von Post-its visualisiert sind, die flexibel hin- und hergeschoben werden können. So behält das Team einen guten Überblick über die anstehenden Tätigkeiten sowie die zu berücksichtigenden Aspekte.

VARIANTE II

5-Minuten-Routine vor Arbeitsaufnahme

Manchmal müssen Tätigkeiten durchgeführt werden, für die ein offizielles Briefing nicht möglich ist. Das kann zum Beispiel bei Ad-hoc-Tätigkeiten der Fall sein. Auch in solchen Situationen empfiehlt sich ein kurzes Frageritual unter den Ausführenden, um den kollektiven Geist im Team zu aktivieren, die Aufmerksamkeit der Mitglieder zu fokussieren und so die Voraussetzungen für kollektives Sensemaking zu schaffen.

Die von uns entwickelte 5-Minuten-Routine vor der Arbeitsaufnahme umfasst eine Reihe offener Fragen, um alle auf den neuesten Stand zu bringen. Wir haben gute Erfahrungen damit gemacht, diese Fragen auf eine handliche Plastikkarte zu drucken, um sie den Mitarbeitern als Erinnerungshilfe vor Ort zur Verfügung zu stellen.

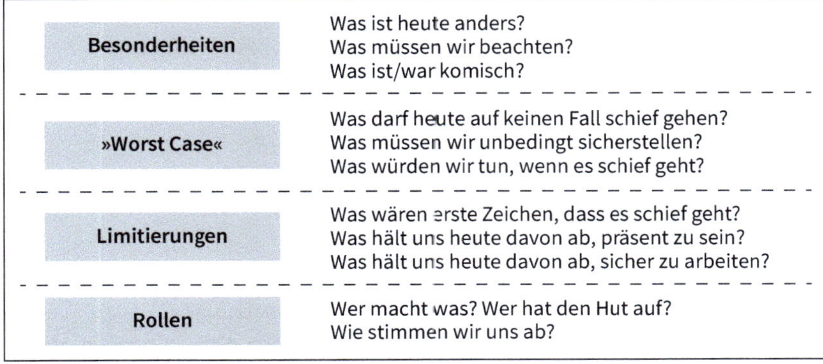

Abb. 33: 5-Minuten-Routine

10.1.3 Debriefing-Gespräch

Ziele von Debriefing-Gesprächen

Debriefing-Gespräche dienen dazu,

- den Arbeitsverlauf und die Zusammenarbeit im Nachhinein im Team durchzugehen und zu reflektieren
- einen selbstkritischen Blick auf die situativen Bewältigungsmuster im Umgang mit Unsicherheit zu ermöglichen, auch bei erfolgreichem Ergebnis
- von der normalen Arbeitsweise zu lernen und die kontinuierliche Zusammenarbeit zu verbessern – *bevor* ein negatives Ereignis eintritt
- Unterschiede zwischen Plan und Ausführung für alle Beteiligten sichtbar zu machen und sie dafür zu sensibilisieren
- mehr Zutrauen und Kompetenzen für den Umgang mit unerwarteten Situationen zu entwickeln.

Ablauf

---

1. Den Ausgangspunkt vor Augen führen

- Was wollten wir wie ursprünglich erreichen? Was war unser Plan?

2. Rekonstruieren des Ablaufs (chronologisches Beschreiben)

- Wann ist etwas Unerwartetes geschehen und wie sind wir damit umgegangen?
- Wann und warum sind wir vom Plan abgewichen?
- Wie haben wir Risiken eingeschätzt?

3. Reflexion der Zusammenarbeit

- Was hat uns in den kritischen Situationen in der Zusammenarbeit geholfen?
- Was hat nicht funktioniert oder war riskant bzw. ineffizient?

4. Bestimmen von Entwicklungsmöglichkeiten

- Wie wollen wir beim nächsten Mal vorgehen?
- Was müssen wir verstärken, beibehalten, ändern (Regeln, Verhalten, Prozesse, Abstimmung)?

5. Sichern der Umsetzung und des übergreifenden Lernens

- Wer kümmert sich um die verbindliche Umsetzung?
- Wie sorgen wir dafür, dass andere von unseren Erfahrungen lernen können?

---

1. Den Ausgangspunkt vor Augen führen
In einem ersten Schritt rekapituliert das Team kurz, was der Ausgangspunkt der Aktivität war. Was war der Plan? Was wollte man ursprünglich erreichen und was waren die zugrundeliegenden Annahmen?

2. Rekonstruieren des Ablaufs
Im nächsten Schritt geht es dann um die Rekonstruktion des tatsächlichen Ablaufs (*work as done*). Das Team rekonstruiert entlang der Zeitschiene, wie die Arbeit Schritt für Schritt ausgeführt wurde (vgl. Musteranalyse Abschnitt 9.1.3). Ein besonderer Fokus liegt dabei auf den Unterschieden zum Plan: Wo ist etwas Überraschendes geschehen? Wo und wie sind wir vom Plan abgewichen? Sensemaking: Es geht um die Rekonstruktion der Situation. Sie sollen zunächst einmal beschreiben, was sie erinnern: Wer hat mit wem gesprochen? Wie wurden Abweichungen wahrgenommen, erklärt und bewertet? Wie waren die Beteiligten orientiert?

3. Reflexion der Zusammenarbeit
Danach wird die Zusammenarbeit bewertet: Was war in der Rückschau hilfreich? Aber was waren auch riskante Handlungen, die wir in Zukunft vermeiden müssen?

4. Bestimmen von Entwicklungsmöglichkeiten
Entwicklungsmöglichkeiten werden im vierten Schritt zusammenzutragen. Jeder Teilnehmer äußert ein bis zwei Ideen, die dann gemeinsam priorisiert werden.

5. Sichern der Umsetzung und des übergreifenden Lernens
Im letzten Schritt schließlich werden Personen bestimmt, die die Umsetzung der einzelnen Aktivitäten weitertreiben. Darüber hinaus wird auch überlegt, ob die Lernerfahrung für andere Bereiche relevant sein könnte und wie sie am besten mitgeteilt werden können. Welche Methoden sind dafür geeignet?

Zeitpunkt, Dauer und Häufigkeit von Debriefing-Gesprächen

Für die Bearbeitung risikoanfälliger, komplexer Aufgaben kann es sinnvoll sein, Debriefing-Gespräche als tägliches Ritual einzuführen. Die Reflexion sollte dann nicht länger als 30 Minuten dauern und direkt im Anschluss an die Arbeit stattfinden. Für die Moderation muss die betroffene Führungskraft geschult sein.

Auch die Durchführungshäufigkeit lässt sich variieren. So kann sich ein Bereich erst einmal dafür entscheiden, wöchentliche Debriefing-Gespräche durchzuführen und sich dafür mehr Zeit für die Reflexion zu nehmen.

Varianten

VARIANTE I

Sprint-Retrospektive im SCRUM
Beim agilen Projektsteuerungsprozess SCRUM wird zum Beispiel alle drei Monate eine sogenannte Sprint-Retrospektive durchgeführt. Beim SCRUM wird ein Entwicklungsprozess in kürzere Iterationen eingeteilt, sogenannte Sprints. Ein Springt dauert in der Regel 3 Monate. An dessen Ende lädt der SCRUM Master zu einer Sprint-Retrospektive ein. Deren Ziel ist es, gemeinsam im Team zu reflektieren, was an der Zusammenarbeit verbessert werden könnte, um im nächsten Sprint das Ziel noch besser zu erreichen. Der Fokus liegt dabei ganz bewusst ausschließlich auf der Zusammenarbeit. Die Bewertung der inhaltlichen Arbeit erfolgt in einer separaten Besprechung, dem Review. Es geht also nicht darum, was das Team gemacht hat, sondern nur, wie es kooperiert hat. Dieses Vorgehen hat den Charme, dass Themen der Zusammenarbeit nicht zugunsten inhaltlicher Diskussionen unter den Tisch fallen. Die Retrospektive basiert auf drei einfachen Fragen:

- Was lief gut während des Sprints?
- Was lief schlecht während des Sprints?
- Was können wir anders machen, um besser zu werden?

Wichtig ist auch hier wieder, dass alle Mitglieder die Möglichkeit haben, sich zu äußern. Die Moderation hat die Aufgabe, die Phasen von Beschreiben, Erklären und Bewerten zu trennen.

VARIANTE II

Lernpartnerschaften zur Vertiefung der Problembearbeitung
Bei Debriefing-Gesprächen können Themen identifiziert werden, die eine detailliertere Bearbeitung, mehr Zeit und ggf. auch andere Teilnehmer benötigen.
Eine Möglichkeit dafür ist die Bearbeitung dieser Themen in Lernpartnerschaften oder Lernteams. Im Debriefing-Gespräch wird eine kleine Gruppe von fünf bis sechs Personen bestimmt, die zum Beispiel organisationale Fragestellungen bearbeiten, etwa die Verbesserung der Kommunikation zwischen verschiedenen Bereichen oder mit Kunden. Manchmal geht es auch um ein besseres Verständnis, wie ein unerwünschtes Ereignis, eine Abweichung oder ein Fehler zustande gekommen ist. In der Lernpartnerschaft arbeiten die direkt Beteiligten mit weiteren relevanten Wissensträgern zusammen. Günstig sind auch hier wieder Fachfremde, weil sie den Blick über den Tellerrand ermöglichen.
Solche Lernprozesse funktionieren allerdings nur, wenn sie von der Führung legitimiert und betreut werden und die verbindliche Umsetzung der Ergebnisse

gesichert ist. Eine Variante für die Bearbeitung von Themen aus den Debriefing-Gesprächen ist die Kollegiale Fallberatung (vgl. Abschnitt 11.2.1).

10.1.4 Wichtig bei der Durchführung

Zeitpunkt

Für Briefing- und Debriefing-Gespräche sollte ein ruhiger Zeitpunkt gewählt werden. Es sollten keine dringenden Tätigkeiten anstehen, die die Aufmerksamkeit der Teammitglieder in Anspruch nehmen. Der Zeitpunkt sollte mit dem Team gemeinsam vereinbart und nicht über die Köpfe hinweg bestimmt werden, da sonst das Ritual auf Dauer keine Akzeptanz findet.

Diskussion unter Anwesenden

Die Gespräche sollten unter Anwesenden, von Angesicht zu Angesicht erfolgen. Eine schriftliche Information ersetzt die Teilnahme am Briefing nicht. Nur in der Interaktion bzw. Kommunikation unter Anwesenden ist der gewünschte dynamische Austausch möglich. Es sollen ein gemeinsames Bild entwickelt, Wahrnehmungen ausgetauscht werden und der nötige Teamgeist entstehen.

Ritualisierung

Briefing-Gespräche sind ein Ritual und es ist sinnvoll, einen für diese Gespräche symbolischen Ort zu schaffen. Fluglinien haben spezielle Briefing-Räume auf Flughäfen eingerichtet. Automobilzulieferer wie ThyssenKrupp Presta haben in ihren Werken runde Stehtische für diese Gespräche eingerichtet, auf denen die wichtigsten Elemente ihres Lernprozesses visualisiert werden.

Disziplin und Struktur

Tägliche Briefing-Gespräche sollten kurz und strukturiert sein, trotzdem aber Interaktion zwischen den Beteiligten ermöglichen. Wenn sie zeitlich ausarten, ist die Wahrscheinlichkeit gering, dass sie sich auf Dauer als Ritual etablieren. Es empfiehlt sich, die Gespräche im Stehen durchzuführen, so vermeidet man Behäbigkeit und alle Beteiligten bleiben ein wenig in Bewegung.

Visualisierungen zur Unterstützung (Task Board)

Hilfreich sind Visualisierungen der anstehenden Aufgaben bzw. des Prozesses mithilfe von Task Boards oder Wochenplänen, vor denen die Briefing- und Debriefing Gespräche durchgeführt werden. Diese bilden die wechselseitigen Abhängigkeiten und den Arbeitsstand ab (s. Daily Scrums, Abschnitt 4.3)

Orientierung am natürlichen Ablauf (Zeitschiene)

Die Diskussion orientiert sich am natürlichem Ablauf der anstehenden Arbeit. Es soll ein für alle plausibles Bild oder besser eine Geschichte im Kopf entstehen. Dabei sind vor allem die Besonderheiten wichtig, die sich aus der konkreten Situation ergeben.

Interaktiver Austausch

Stil und Ton entscheiden über die Effektivität der Reflexionsgespräche. Briefing und Debriefing sind interaktiv. Offene Fragen ermöglichen, die verschiedenen Perspektiven zu nutzen und wechselseitiges Verstehen zu sichern. Monologe, die mit »Irgendwelche Fragen?« abschließen, sind nicht zielführend. Hierarchien sollten während der Reflexion eine untergeordnete Rolle spielen. Es geht darum, relevante Wahrnehmungen und Eindrücke zu diskutieren und sich wechselseitig zu informieren, unabhängig vom Rang.

Moderation ist erfolgskritisch

Das Gelingen eines Briefing-Gesprächs steht und fällt mit der Moderation. Am einfachsten ist es, wenn die Rollen Führung und Moderation getrennt werden können. Dies ist zum Beispiel beim Daily Scrum der Fall, wo der sogenannte Scrum Master für die Moderation zuständig ist. In der Praxis moderiert jedoch oft die Führungskraft das Gespräch, in der Luftfahrt der Pilot bzw. der Purser. Voraussetzung für eine gelungene Moderation ist eine entsprechende Qualifizierung der Führungskräfte, um eine offene Diskussion ohne Vorbehalte gegenüber der Hierarchie zu ermöglichen.

Erfolgskritisch für die Moderation ist das Finden einer angemessenen Detailtiefe, das Einhalten der vorgegebenen Struktur und das Sicherstellen ausgewogener Redebeiträge:

- Die Teilnehmer dürfen nicht zu sehr ins Detail gehen aber auch nicht oberflächlich werden. Es geht darum, Floskeln wie »Alles normal« oder »Alles wie gestern« zu differenzieren: Was macht genau den Unterschied zu gestern?
- Die Besprechung soll kurzgehalten werden. Vielredner müssen eingeschränkt und stillere Teilnehmer aktiviert werden.
- Unstrukturierte Diskussionen, in denen jeder sagt, was ihm gerade durch den Kopf geht, sind in Briefing- und Debriefing-Gesprächen fehl am Platz. Teilnehmer sollen sich nicht in einem Thema verbeißen. Es können nicht alle Probleme in die Tiefe diskutiert und mit allen gelöst werden.
- Es empfiehlt sich deshalb, eine bestimmte Redezeit zu vereinbaren, zum Beispiel zwei Minuten pro Redner. In Daily Scrums wird oft ein Ball genutzt, der von einem Redner zum anderen weitergegeben wird. Nur wer den Ball in der

Hand hält, darf sprechen, die anderen hören zu. So werden langatmige Diskussionen verhindert.
- Auch die Bitte, ein Problem zunächst zu beschreiben, um dann mögliche Erklärungen und Bewertungen zu generieren, hilft. Nach einer ersten schnellen Problemanalyse kann das Thema in einem kleineren Team weiter vertieft werden.

Bereitschaft von Führung, Zeit zu investieren
Das Berücksichtigen von Lern- und Reflexionsschleifen klingt einfach und einleuchtend. In der Praxis stellt es sich häufig als hochanspruchsvoll heraus, tägliche Briefing- und Debriefing-Gespräche als Ritual zu etablieren. Oft mangelt es an der Bereitschaft, die notwendige Zeit dafür zu investieren. Insbesondere bei Routinetätigkeiten oder wenn sich die Teams bereits gut kennen, werden Zweifel geäußert: Über was sollen wir uns denn ständig austauschen? Wir kennen uns gut. Es ist uns doch allen klar, was wir tun müssen, wir machen das schon seit Jahren.

In solchen Fällen kann es sinnvoll sein, Debriefing-Gespräche zunächst zu erproben und den Unterschied dann gemeinsam herauszuarbeiten. Ohne das langfristige Commitment der Führung und eine verbindliche Einführung haben Briefing und Debriefing keine Chance.

10.2 Lernen aus potenziellen Ereignissen

10.2.1 Ereignis-Simulationen (Gun Drills)

Gun drill bedeutet Kanonenbohrer. Solche Bohrer eignen sich für Tiefbohrungen durch verschiedene, auch sehr harte Materialschichten. Um eine thematische Tiefbohrung geht es auch bei der hier vorgestellten Methode. Das Team spielt ein potenziell unerwartetes Ereignis durch, um zu lernen, wie es in einer solchen Situation gemeinsam Sinn erzeugen und zu Entscheidungen kommen würde.

Trainieren und Testen der kollektiven Sinnproduktion
Mithilfe einer Ereignis-Simulation probieren Teams ihren Umgang mit unerwarteten Ereignissen wie zum Beispiel ein Produktaustritt, unklare oder überraschende Daten oder Störmeldungen, ungewöhnliches Kundenverhalten, Vertriebsrückgang etc. am Ort des Geschehens aus und trainieren ihre Reaktion. Weder geht es bei einem Gun Drill darum, einen bestimmten Lösungsweg oder Prozess zu erlernen noch ist es eine Übung, wie sich ein Team unter Stress verhält und wie es unter Zeitdruck Entscheidungen trifft. Vielmehr überprüfen die Teammitglieder

ihre impliziten Annahmen und ihr Wissen über einen Vorgang und die Art, wie sie in einer unerwarteten Situation Sinn erzeugen würden. Dabei lernen sie mehr über die Zusammenhänge im komplexen System, was auch ihre Fähigkeiten, frühe Signale zu erkennen, fördert.

Ziele eines Gun Drill

Wie können wir unsere Annahmen und unser Wissen im Team immer wieder hinterfragen und »frisch« halten

- bei Ereignissen, die selten vorkommen (und wir wenig Trainingsmöglichkeiten haben)
- bei Ereignissen, die wir unbedingt vermeiden möchten
- in Zeiten, in denen wir wenig »reale« Ereignisse haben?

Fragen, Probieren und Checken vor Ort

Die Grundhaltung im Gun Drill ist keine prüfende (ist die Antwort richtig oder falsch?), sondern sie ist offen und wertschätzend. Erkundende Fragen stehen im Vordergrund. Der Fokus liegt auf dem, was ist und nicht auf dem, was eigentlich sein sollte. Die Teammitglieder suchen bewusst nach Wissenslücken, unterschiedlichen Erklärungsmöglichkeiten, Sichtweisen und Besonderheiten und überprüfen ihre Annahmen vor Ort. Daher benötigen Gun Drills keine simulierte Umgebung, die Teams arbeiten mit den Instrumenten, Schriftstücken, Messdaten, Vorgaben, Personal und Ressourcen, mit denen sie auch in ihrem Alltag umgehen.

Fragen entlang der Zeitschiene

Die Fragen im Gun Drill orientieren sich wie in der Musteranalyse an einer Zeitschiene. Das Team analysiert den gesamten Lebenszyklus des Ereignisses (im Moment, vorher, danach) und geht die einzelnen Schritte durch:

1. Start mit dem unerwarteten Ereignis

Die Analyse beginnt mit dem unerwarteten Ereignis (z. B. ein Alarm, ungewöhnliche Messdaten, überraschendes Kundenverhalten etc.). Das Team geht an den Ort, wo das überraschende Ereignis zu erkennen wäre:

- Was würden wir konkret wo sehen? Wer würde es sehen?
- Wie interpretieren wir das? Was sind andere Interpretationsmöglichkeiten? Was sind die Annahmen dahinter?
- Woher wissen wir das? Wo steht das? Lasst es uns ansehen! Wie aktuell ist das?
- Was wären sinnvolle erste Schritte? Woher wissen wir das? Lasst es uns mal ausprobieren!

2. Fragen zu Warnsignalen

Dann geht es darum, was mögliche frühe Signale für dieses Ereignis sein können. Das Team wertet sie Schritt für Schritt aus. Dabei geht es vor Ort den Signalen nach und überprüft, ob seine Annahmen richtig sind:

- Wo ist die Messwarte? An welchem Instrument würden wir das sehen? Wie würde es riechen?
- Was würden wir tun (Anlage runterfahren, Ventil schließen)?
- Was wären Folgewirkungen? Wie würde man in diesem Fall zu einer Entscheidung kommen? Wen würde man kontaktieren? Wer wüsste, was zu tun ist? Wie würde man dies tun? Ist das realistisch?

3. Fragen zu nächsten Schritten

Dann folgen Überlegungen, was nach dem Ereignis unternommen werden müsste. Die Teammitglieder diskutieren verschiedene Möglichkeiten, wie sie darauf kommen und probieren die Aktionen aus:

- Was sind die ersten Maßnahmen? Wo ist die nächste Sprechanlage? Wie erreichen wir die?
- Wie würden wir den Reaktor runterfahren? Wer macht das? Wer weiß was?
- Wo wäre der Notfall-Aus-Schalter? Ist er erreichbar?
- Wer entscheidet im Konfliktfall?

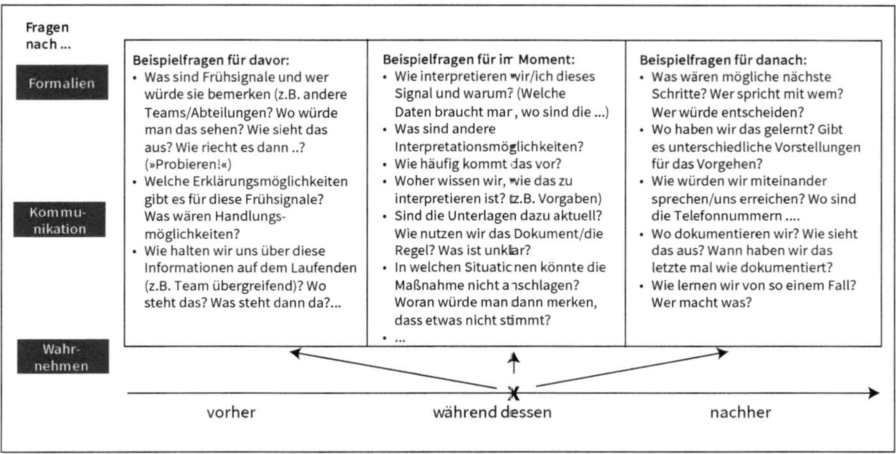

Abb. 34: Beispielfragen im Gun Drill entlang der Zeitschiene

Durchführung

Teilnehmer

Gun Drills werden in einer überschaubaren Gruppe von fünf bis zehn Personen durchgeführt. Diese Teilnehmer sollten normalerweise auch zusammenarbeiten (z. B. Schichtmitarbeiter sowie für den Fall relevante Schnittstellen wie Instandhaltung, Asset Management, Mitarbeiter einer Abteilung mit unterschiedlichen Funktionen etc.).

Rahmen

Die Durchführung erfolgt an den Orten, wo das unerwartete Ereignis passieren könnte oder wo Warnsignale beobachtet werden könnten bzw. notwendige Folgeaktivitäten durchgeführt werden müssen.

Vorbereitung

Anders als bei anderen Simulationen erfordert die Durchführung eines Gun Drill kein ausgearbeitetes Skript, wie das richtige Vorgehen aussieht. Aus diesem Grund können Gun Drills gut als Ritual in den Alltag integriert werden.

- Wählen Sie ein konkretes mögliches unerwartetes Ereignis aus, das Sie unbedingt vermeiden möchten oder das zu befürchten ist. Es sollte für alle klar sein, dass es Sinn ergibt, sich damit zu beschäftigen.
- Stellen Sie eine vertrauensvolle Arbeitsatmosphäre ohne Schuldzuweisungen sicher, indem Sie erklären, was Sie vorhaben und zu welchem Zweck. Es gibt keine dummen Fragen. Unwissen, das zur Sprache kommt, wird begrüßt.
- Stellen Sie sicher, dass die entscheidenden Personen dabei sind. Günstig ist eine gute Mischung aus erfahrenen und jungen Leuten, je nach Ereignis sollten die relevanten Wissensträger anwesend sein.

Ablauf eines Gun Drill (Dauer ca. 2 Stunden)

- Vorstellen der Methode und des Vorgehens (Dauer 15 min; ggf. auch Beispielfragen)
- Kurze Beschreibung des Falls (Dauer 5 min; keine ausführlichen Informationen, das Team soll interpretieren!)
- Analyse des unerwarteten Ereignisses vor Ort (Dauer 60 min)
- Auswertung der Ergebnisse und Ableiten von Maßnahmen (Dauer 40 min)

Etablieren von Gun Drills als Ritual
Gun Drills können als Ritual in der Organisation verankert werden, um die kollektive Achtsamkeit und proaktives, gemeinsames Lernen zu fördern. Dies erfordert zum einen Moderationskompetenzen, über die mittlere Führungskräfte oder neutrale Prozessbegleiter verfügen müssen. Ganz entscheidend ist es, festzulegen, wie die Erkenntnisse und notwendigen Veränderungen weiterbearbeitet werden, wer darüber entscheidet und wie die Ergebnisse ausgewertet und auch anderen Bereichen zur Verfügung gestellt werden.

VARIANTE

Prozesssimulation
Statt die real existierenden Prozesse einem Stresstest zu unterziehen, können auch neue, noch zu implementierende Prozesse wie ein neues Produktionsverfahren, die Einführung einer neuen Technologie oder eines neuen Produkts getestet werden. Mithilfe einer Simulation spielt man im Vorfeld anhand ausgewählter Ereignisse den Prozess durch, wie praxistauglich das geplante Vorgehen ist und ob es hinreichend resilient für den Umgang mit unerwarteten Ereignissen gestaltet ist. In einer Prozesssimulation werden ausgewählte Ereignisse durchgespielt und diskutiert, welche Effekte und Nebeneffekte sie für die fachliche Arbeit, für Führung und Entscheidungsfragen sowie für die Zusammenarbeit haben. Teilnehmer von Simulationen sind direkt und indirekt Beteiligte, also Mitarbeiter, Vertreter der relevanten Schnittstellen sowie Vertreter des Managements. Wie bei der Musteranalyse sollten darüber hinaus fachfremde Beobachter einbezogen werden. Auch bei Prozesssimulationen empfiehlt es sich, sie so konkret wie möglich durchzuführen. Wenn dies vor Ort nicht möglich ist, sollte mit Prototypen gearbeitet werden.

10.2.2 Auswertung schwacher Signale im Alltag

Was ist ein schwaches Signal?
Der Begriff schwache Signale wurde von Ansoff (1975) in die Diskussion der Unternehmensführung gebracht. Schwache Signale sind Hinweise auf Ereignisse, deren Gestalt noch unbekannt sind und die Chancen, aber auch Risiken für die künftige Geschäftsentwicklung beinhalten können. Im Gegensatz zu starken Signalen ist der Aufwand, sich auf die neue Situation einzustellen noch relativ niedrig.

Schwache Signale sind Beobachtungen, sie entstehen durch die Unterscheidung von sonstigem Rauschen. In der Regel gehen die meisten schwachen Signale in der Menge anderer Daten und Eindrücke, die eindeutiger zu interpretieren sind, unter. Je mehr man jedoch auf schwache Signale achtet, umso mehr wird man registrieren. Dies steigert unweigerlich die Unsicherheit, und man läuft in Gefahr den Fokus zu verlieren. Die Beschäftigung mit schwachen Signalen wirft deshalb immer auch die Frage auf, wie viel Ignoranz man sich leisten kann.

Aufspüren schwacher Signale

In der Organisation durchläuft die Verarbeitung schwacher Signale mehrere Hürden: Sie müssen wahrgenommen, kommuniziert und für Entscheidungen relevant werden. Um schwache Signale auszuwerten, braucht es gezielte Kommunikationsgelegenheiten im Alltag, in denen sie Aufmerksamkeit bekommen. Diese Gelegenheiten müssen sowohl zum jeweiligen Arbeitskontext passen als auch in einen Prozess eingebunden werden, um die Erkenntnisse in der Folge weiterzubearbeiten.

Beobachtungstafel

Eine Möglichkeit, Mitarbeiter aufzufordern, wahrgenommene schwache Signale einzubringen und zu besprechen sind Beobachtungstafeln. Wir haben diese Praktik auf Großbaustellen, im Bergbau oder in Produktionsstätten beobachtet, sie eignet sich aber auch für andere Tätigkeiten im Team, wie zur Projektbearbeitung, im Vertrieb oder in der Verwaltung.

Beobachtung	Beobachter	Mögliche Erklärungen	Ideen für Lösungen	Sofortmaßnahme	Weitere Aktivitäten	Wer mit wem?	Status

Abb. 35: Beispiel Beobachtungstafel

Ablauf

Die Beobachtungstafel wird an einem Ort platziert, an dem die Teammitglieder häufiger vorbeikommen oder sich treffen. Das kann der Pausenraum, die Kaffeeküche, die Werkskantine oder der Umkleideraum auf der Baustelle sein. An der Beobachtungstafel liegen Stifte und Post-its bereit, die für die Notizen genutzt werden können.

Jedes Teammitglied wird aufgefordert, auf ungewöhnliche, überraschende Beobachtungen zu achten und diese an der Tafel in ein paar Stichworten zu notieren. Je nach Kontext fallen die Beobachtungen natürlich ganz unterschiedlich aus. Auf Großbaustellen sind das zum Beispiel sicherheitsriskante Handlungen oder Bedingungen oder es werden Schwierigkeiten mit Lieferanten, Überlastungserscheinungen, Informationsdefizite, schlechtes Werkzeug oder Qualitätsmängel sein. Bei anderen Projekten sind es vielleicht Beobachtungen zum Kundenverhalten oder der Nachbarabteilungen, Materialengpässe oder wiederkehrende, kleine Fehlleistungen.

Das Team trifft sich in regelmäßigen Abständen vor dem Brett (je nach Kontext einmal am Tag oder einmal die Woche) und wertet die Beobachtungen gemeinsam aus. Ein Mitglied übernimmt die Rolle des Moderators, der durch die einzelnen Punkte führt:

- Der Beobachter stellt seinen Punkt kurz vor.
- Der Moderator fordert nun jedes Teammitglied auf, eine mögliche Erklärung für die Beobachtung beizusteuern und mithilfe eines Post-its am Board zu notieren.
- Dann werden auf gleichem Weg auch mögliche Lösungen zusammengetragen und notiert.
- Danach wird vereinbart, ob und welche Sofortmaßnahmen und welche weiterführenden Aktivitäten notwendig sind. Pro Aufgabe wird eine Person benannt, die sich um die Umsetzung kümmert und wer diese Person dabei unterstützt.
- In den Folgetreffen wird der Status der Aktivitäten abgefragt und Probleme bei der Umsetzung diskutiert.

Mitarbeiter zu ihren Erfahrungen befragen

Eine weitere Variante, auf schwache Signale aufmerksam zu werden, ist die regelmäßige Befragung von Mitarbeitern. Diese können im Eins-zu-Eins-Gespräch stattfinden, günstiger ist es jedoch, kurze Rituale in den Alltag zu integrieren.

Ein Betriebscluster eines Chemieunternehmens bietet wöchentlich einstündige Besprechungen zum Austausch von Beobachtungen schwacher Signale an. Ausgewählte Vertreter aller Betriebe, vom Mitarbeiter bis zur Führungskraft können freiwillig teilnehmen. Die Besprechung folgt einem bestimmten Ablauf:

Zunächst werden Beobachtungen gesammelt und gemeinsam diskutiert. Daraufhin werden konkrete Aktionen vereinbart, die die Beteiligten in ihren Bereichen selbst anstoßen. Maßnahmen, die einer abteilungsweiten Bearbeitung bedürfen, werden vom zuständigen Sicherheitsmanager in die dafür notwendigen Gremien eingebracht, wie zum Beispiel Führungsteam oder Sicherheitsausschuss.

Peer Checks: Nutzen des zweiten Beobachters

Eine weitere Möglichkeit, schwache Signale besser wahrzunehmen, ist das Nutzen eines zweiten Beobachters. Zahlreiche Praktiken erleichtern, das 4-Augen-Prinzip in die alltägliche Arbeit einzubauen.

Der bewusste Einsatz eines Beobachters 2. Ordnung hat häufig enorme Wirkung. Bei der Reanimation von Patienten hat man zum Beispiel festgestellt, dass die Überlebensrate vor allem von einer gleichmäßigen Herzmassage abhängt. Deshalb ist es mittlerweile bei Notfällen gängige Praxis, dass ein Helfer in die Rolle des Beobachters geht und von außen den Takt vorgibt. Dies hilft dem Ausführenden in der akuten Stresssituation, die Herzmassage in einem gleichmäßigen Rhythmus durchzuführen.

Ein Variante dafür ist ein Peer Check. Eine kritische Aufgabe oder Prüfung wird bewusst von zwei voneinander unabhängigen Personen durchgeführt, um unterschiedliche Sichtweisen zu nutzen. Bei Prüfungen kann es sinnvoll sein, sie hintereinander und unabhängig voneinander durchführen zu lassen, um möglichst viele Perspektiven einzusetzen. Bei der Erledigung einer kritischen Aufgabe ist es sinnvoll, dass sie von einer Person durchgeführt wird und eine weitere in der Außenposition beobachtet und kommentiert.

Peer Checks setzen respektvolle Beziehungen und ein gesundes, aber bescheidenes Selbstbewusstsein voraus. Sie funktionieren nicht, wenn man sich von den Beobachtungen des Anderen angegriffen fühlt oder Angst hat, bei einem Fehler beobachtet zu werden. Ängstlicher Respekt vor der Expertise des anderen schadet dem offenen Austausch.

FALLBEISPIEL

Learning Teams bei Los Alamos National Laboratory

Auch die Bearbeitung von schwachen Signalen steht und fällt mit ihrer Auswertung. Dies kann mehr Zeit in Anspruch nehmen, als es bei einer kurzen Diskussion vor einer Beobachtungstafel möglich ist. Das Kernforschungszentrum LANL hat aus diesem Grund einen Lernprozess zur proaktiven Bearbeitung schwacher Signale eingeführt.

Ein Learning Team ist ein gemischtes Team aus fünf bis sieben Personen (vgl. dazu Conklin, 2012). Die Mitglieder sind direkt vom Ereignis oder Problem

Betroffene, ein Vertreter des Managements, für das Thema notwendige Experten sowie eine fachfremde Person. Das Thema wird in zwei aufeinander folgenden Besprechungen bearbeitet:

1. **Sitzung (Dauer ca. 90 min)**
   Ergründen des Problems, wobei der Fokus wie bei der Musteranalyse zunächst nur auf Lernen und Erfahren liegt. Es geht darum, das Verhalten der Beteiligten zu verstehen und ihre Erfahrungen zu ergründen. Wenn sinnvoll, wird auch ein Vor-Ort-Besuch durchgeführt. Wie bei der Musteranalyse ist die Diskussion von Lösungen in diesem Schritt strikt untersagt.
2. **Reflexionszeit**
   Zwischen der 1. und 2. Sitzung sollte für ausreichend Zeit gesorgt werden, um die Erkenntnisse sacken zu lassen. So haben die Teilnehmer individuell für sich Zeit, über mögliche alternative Erklärungen nachzudenken. Damit kommen sie möglicherweise auf andere Fragen, die sie in die 2. Sitzung einbringen können.
3. **Sitzung: (Dauer ca. 90 min)**
   In den ersten 30 Minuten dieser Session können neue Fragen zum Problem gestellt werden. Darüber hinaus werden mögliche Zusammenhänge und Erklärungen gesucht. In der darauffolgenden Stunde werden gemeinsam Lösungen gesammelt und diskutiert, wie diese implementiert und verfolgt werden können.

10.2.3 Arbeit mit Szenarien

Das Arbeiten mit Szenarien ist ein wichtiger Bestandteil der Zukunftsforschung sowie der Unternehmensentwicklung. Sie lässt sich auch für die Entwicklung der kollektiven Achtsamkeit einsetzen.

Entwerfen alternativer Zukünfte

Szenarien werden dann nicht als Prognoseinstrument verwendet, um eine bestimmte Zukunft vorherzusagen (wenngleich dies von beauftragenden Managern nach wie vor erwartet wird). Vielmehr geht es darum, verschiedene alternative Zukünfte zu durchdenken und sich für gegenwärtige Entwicklungen stärker zu sensibilisieren. Während eine Musteranalyse oder andere Ereignisanalysen eher auf eine Neukonstruktion der Vergangenheit abhebt, fokussiert die Arbeit mit Szenarien die Neukonstruktion der Zukunft. Beiden Aktivitäten ist gemein, dass sie den Blick auf alternative Handlungsoptionen in der Gegenwart öffnen.

Grundsätzlich wird zwischen rein explorativen und normativen Szenarien unterschieden. Explorative Szenarien beschreiben denkbare, alternative Zukünfte, während normative Szenarien wünschenswerte Zukünfte unter Berücksichtigung der Machbarkeit entwickeln (vgl. Kosow u. Gaßner, 2008).

Entwicklung von Szenarien als kollektiver Lernprozess

Bei der Szenarienarbeit geht es um den Prozess, der kollektives Lernen ermöglicht. Der gemeinsame Entwicklungsprozess bringt verschiedene Perspektiven zusammen, fördert das Denken in Alternativen und erinnert daran, dass die Zukunft nicht durch die Vergangenheit determiniert ist. »Scenario planning then aims at changing mindsets about external factors antecedent to the formulation of specific strategies« (Breuer u. Schulz, 2012, S. 2). Die Arbeit mit Szenarien fördert die Entwicklung einer kollektiv getragenen Sicht auf das Ganze und seine Zusammenhänge. Sie ermöglicht einen »kollektiven kognitiven Sprung in der Gruppe, der sich aus den individuellen Wechseln und Erweiterungen der einzelnen Perspektiven ableitet« (Minx u. Böhlke 2006, S. 19).

Szenariomethoden in den Alltag integrieren

Szenarien steigern die Achtsamkeit für das Hier und Jetzt und machen den Blick frei für Innovations- und Entwicklungsmöglichkeiten. Begreift man diese Methode als Lernmöglichkeit, so ist es naheliegend, sie nicht in den Planungsstäben der Organisation durchführen zu lassen, sondern sie als kontinuierliche Reflexionsschleifen in den organisationalen Alltag zu integrieren (vgl. Breuer u. Gebauer, 2011).

Es existieren zahlreiche Methoden für die Szenarioarbeit (einen Überblick liefern Kosow u.Gaßner, 2008). Je nach Anliegen und Thema handelt es sich teilweise um aufwendige und von langer Hand geplante Entwicklungsprozesse mit Workshops, die eher parallel zum operativen Geschäft von ausgewählten Experten durchgeführt werden. Wir stellen in der Folge drei Szenariotechniken vor, die sich gut in den Alltag integrieren lassen.

Morphologischen Analyse: Intuitiv Szenarien entwickeln

Eine Möglichkeit, alternative Szenarien im Alltag zu entwickeln, ist die morphologische Analyse. Ziel dieser Methode ist es, neue Kombinationen von Zusammenhängen und Entwicklungen zu finden. Der morphologische Kasten (s. Abbildung 36) wird auch in der Produktentwicklung eingesetzt, um neue Produktvarianten zu erkunden.

Die morphologische Analyse zählt zu den intuitiven Szenarien, sie basiert auf den Einschätzungen der Teilnehmer. Die Methode eignet sich zur Visualisierung und Analyse komplexer Beziehungsgeflechte und zur Bearbeitung von komplexen Problemen. In Form eines kurzen Workshops kann sie gut in den Alltag integriert und auch für operative Fragestellungen verwendet werden.

- Für eine bestimmte Fragestellung (die künftige Entwicklung des Absatzmarktes, der Ausgang einer geplanten Großabstellung, die Abwicklung eines Bauvorhabens etc.) werden zunächst Faktoren bzw. Komponenten definiert, die Einfluss auf die Fragestellung haben und die sich in verschiedene Richtungen entwickeln können.
- Die Teilnehmer entwickeln Hypothesen, wie sich diese Faktoren in Zukunft potenziell entwickeln können. Jede Ausprägung wird notiert (s. Abbildung 36).
- In einem nächsten Schritt werden nun pro Faktor eine Ausprägung intuitiv (nicht zufällig) ausgewählt und mit einer Linie verbunden (Wiederholungen möglich). Alternativ können auch alle denkbaren Ausprägungskombination auf Plausibilität geprüft und eher implausible Kombinationen verworfen werden.
- Das Zusammenspiel der Ausprägungen bildet dann die Grundlage für das mögliche Szenario, mithilfe dessen die gegenwärtigen Handlungsoptionen diskutiert werden.

Komponenten/ Einflussfaktoren	**Hypothesen**			
Faktor A	A1	A2	A3	A4
Faktor B	B1	B2	B3	B4
Faktor C	C1	C2	C3	C4
Faktor D	D1	D2	D3	D4

Abb. 36: Morphologischer Kasten (vgl. Kosow u. Gaßner, 2008)

Backcasting: Die Gegenwart von der Zukunft aus denken

Eine effektive Art, im Unternehmensalltag mit Szenarien zu arbeiten, ist das Backcasting. Das Besondere dabei ist, dass hier die Szenarien von der Zukunft aus entwickelt werden.

Ausgehend von einem zukünftig wünschenswerten Szenario oder Zustand werden mögliche Handlungsoptionen in der Gegenwart sichtbar gemacht. Die Teilnehmer stellen sich vor, die gewünschte Zukunft sei bereits eingetreten.

Methode: Backcasting

1. **Beschreiben der wünschenswerten Zukunft**
   In einem 1. Schritt »beamen« sich die Teilnehmer in die Zukunft und beschreiben gemeinsam, möglichst konkret und narrativ, wie sie die Zukunft erleben: Wo steht das Unternehmen? Welche Rolle hat es in der Gesellschaft? Welche Produkte werden entwickelt? Welche Technologien werden genutzt? Wie verhalten sich die Mitarbeiter?

2. **Entwickeln von Handlungsoptionen**
   In einem 2. Schritt entwickeln die Teilnehmer Pfade zur Zielrealisierung. Sie gehen von der Zukunft zurück in die aus dieser Perspektive nun vergangene Gegenwart und rekonstruieren die zur Zielerreichung notwendigen Schritte: Was haben wir damals getan, um dahin zu kommen, wo wir heute sind? Der gegenwärtige Möglichkeitsraum wird angesichts eines Ziels in der Zukunft aufgespannt (s. Abbildung 37).
3. **Umsetzungsplanung**
   In einem 3. Schritt werden die Handlungsoptionen gemeinsam ausgewertet und Vereinbarungen über ihre Umsetzung getroffen.

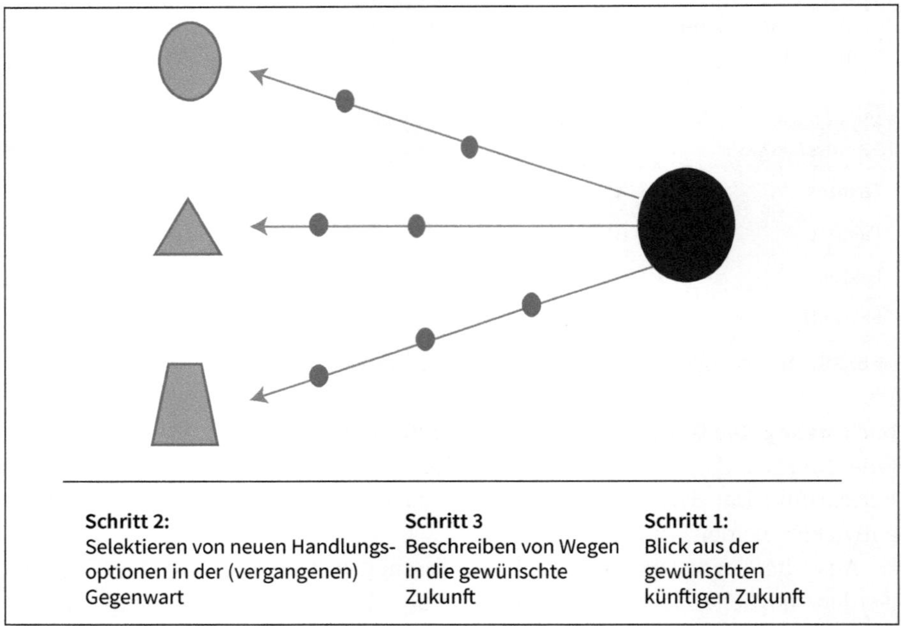

Abb. 37: Backcasting: Blick zurück aus der Zukunft

Verschiedene Perspektiven zum Training der kollektiven Achtsamkeit

Backcasting ermöglicht nicht nur das strategische Nachdenken über Handlungsoptionen, es stößt auch einen kollektiven Lernprozess an, der die Aufmerksamkeit der Teilnehmer auf bestimmte gegenwärtige Entwicklungen ausrichtet. Deshalb ist die Zusammensetzung der Gruppe für eine solche Intervention nicht nur vor dem Hintergrund der Expertise zu sehen, sondern auch im Hinblick auf den

Effekt auf die kollektive Achtsamkeit im Alltag. Daher ist es sinnvoll, auch operative Mitarbeiter miteinzubeziehen sowie Vertreter des mittleren und höheren Managements.

Erkunden alternativer Zukünfte

Um sich nicht auf ein heute attraktives Zukunftsszenario zu fokussieren und mehr Vielfalt zu erzeugen, empfiehlt sich die Entwicklung mehrerer wünschenswerter Zukunftsszenarien, mit deren Hilfe Handlungsoptionen in der Gegenwart sichtbar gemacht werden.

FALLBEISPIEL

Arbeiten mit unerwünschten Zukünften

Grundsätzlich eignet sich diese Methode nicht nur für wünschenswerte, sondern auch für das Arbeiten mit unliebsamen Zukünften. Dafür wird zunächst ein künftiges Szenario beschrieben, das man im Unternehmen unbedingt vermeiden will (Verlust von Kunden, Rufschädigung durch Qualitäts- oder Sicherheitsprobleme). Ausgehend davon explorieren die Teilnehmer nun ihre vergangene Gegenwart: Was waren die Bedingungen, die zu diesem unerwünschten Szenario geführt haben? Wie haben wir mit unserem Verhalten, unser Form des Organisierens dazu beigetragen? Was waren Hinweise dafür und aus welchem Grund haben wir sie übersehen? Die Handlungsoptionen sind bei dieser Anwendung dann eher präventiver Natur: Was hätten wir tun können, um das Blatt zu wenden?

FALLBEISPIEL

Drehbuch für einen Veränderungsprozess plotten

Eine Variante des Backcastings ist das Plotten eines Drehbuchs von dem anstehenden Veränderungsprozess. In der Vorbereitungsphase von Veränderungsprozessen entwickeln wichtige Prozessverantwortliche mit einem Drehbuchautor gemeinsam einen Plot mit acht Akten über den möglichen Verlauf.
Zur Vorbereitung auf einen Veränderungsprozess entwickelt das Führungsteam eines großen Industrieunternehmens zusammen mit einem Drehbuchautor ein Drehbuch für den Veränderungsprozess. Der Plot besteht in dem Weg zu der wünschenswerten Zukunft. Das Unternehmen steht vor der Herausforderung, seine Sicherheitsperformance zu verbessern und nun geht es darum, eine Geschichte mit konkreten Szenen zu erfinden, wie man es geschafft hat, durch einen effektiven Veränderungsprozess den unerwünschten Zustand zu überwinden und sein Ziel zu erreichen. Dazu kreiert das Führungsteam in einem Workshop einen klassischen Drehbuchplot in acht Sequenzen: Hier werden die verschiedenen Situationen und Wechselwirkungen szenisch beschrieben:

1. Akt: Set-up (Status quo und erregendes Moment)
Das Unternehmen ist unzufrieden mit seiner Sicherheitsperformance. Ein kleines Team von Experten beschließt, einen Veränderungsprozess in Gang zu setzen.

2. Akt: Debatte (auf Kollisionskurs mit dem Problem)
Die Angestellten sind sich nicht sicher, ob man dem Prozess folgen soll. Ist der Ansatz nicht viel zu theoretisch? Warum sollte man schon wieder etwas Neues ausprobieren? Reichen die Ressourcen? Dem Team gelingt es Schritt für Schritt, wichtige Mitspieler zu überzeugen.

3. Akt: 1. Lösungsversuch (mit wenig Einsatz)
Der Prozess beginnt und es gibt erste Erfahrungen. Dennoch sind viele Mitarbeiter unsicher. Die Führungskräfte ziehen nicht richtig mit.
Durch ein plötzliches Ereignis oder eine Erfahrung verstehen auf einmal alle, wie es gehen könnte. Der Durchbruch ist erreicht.

4. Akt: 2. Lösungsversuch (hoher Einsatz, doch ...)
Der Prozess entfaltet seine Wirkung, die Firma ist auf einem guten Weg.
Aber plötzlich gibt es gibt Budgetkürzungen und alle Veränderungsvorhaben stehen auf dem Prüfstand. Erschwerend hinzu kommt ein Vorstandswechsel, der die Unsicherheit erhöht.

5. Akt: Konfrontation (der Versuch bleibt nicht unbemerkt)
Die alten Gegenspieler fühlen sich bestätigt, der Prozess verliert an Fahrt.

6. Akt: Eskalation/Tiefpunkt
Der Veränderungsmanager versucht noch einmal alles. Aber es wird entschieden, dass der Prozess gestoppt wird. Scheinbar ist es wie immer: Eine erfolgsversprechende Idee wird nicht umgesetzt und gerät in die Mühlen der Unternehmenspolitik.

7. Akt: Letzter Lösungsversuch (der letzte Plan, der gelingen muss)
Doch ein kleines Team gibt nicht auf und hat einen Plan, wie es den Vorstandsvorsitzenden überzeugen kann.
Es entsteht eine Situation, in der der Vorstandsvorsitzende ein Aha-Erlebnis hat. Am Ende schafft das kleine Team es, den Prozess weiterzuführen und alle Beteiligten davon zu überzeugen.

8. Akt: Resolution (die tatsächliche Zielerreichung)
Der Vorstandsvorsitzende ist so überzeugt von dem Prozess, dass er zukünftig ...

Wild Cards

Szenarien haben in der Regel den Nachteil, dass sie plausible, in sich konsistente Zukunftsbilder entwickeln müssen und höchst unwahrscheinliche Ereignisse wie etwa einen Terrorangriff, eine Umweltkatastrophe, disruptive Innovationen oder eine Öl- oder Bankenkrise nicht berücksichtigen. Diese Lücke kann die Arbeit mit Wild Cards schließen. Sie ergänzen Szenarien, indem dazu anregen, unwahrscheinliche Ereignisse zu bedenken, die das eigene Tun auf den Kopf stellen würden. Beim Arbeiten mit dieser Methode werden gezielt einzelne Störereignisse durchgespielt, um Unsicherheiten und Diskontinuitäten zu fokussieren. Das können gravierende (negative wie positive) Einzelereignisse sein oder Ereignisse, deren Wahrscheinlichkeit sich nur schwer abschätzen lässt, deren Wirkung unerwartet ist und die die Art und Weise, wie wir Zukunft und Vergangenheit konstruieren, nachhaltig verändern (vgl. Steinmüller u. Steinmüller, 2004). Dabei können Wild Cards nicht nur für externe Einflussfaktoren, sondern auch für plötzliche interne Entwicklungen formuliert werden, die Führungskräfte im Alltag mit ihren Mitarbeitern durchspielen können.

10.3 Checklisten

Eine Checkliste fliegt kein Flugzeug.
Dan Boorman, Checklistenexperte bei Boeing

Checklisten unterstützen die gemeinsame Bearbeitung von Aufgaben mit hohem Risiko und werden seit Jahren in der Luftfahrt eingesetzt. Heute nutzen Krankenhäuser oder Chemieunternehmen Checklisten, um Fehler zu vermeiden und die Achtsamkeit der Mitarbeiter bei der Erledigung ihrer Aufgaben zu erhöhen. Bei Checklisten ist entscheidend, wie sie ihrem Zweck entsprechend gestaltet sind und wie sie genutzt werden. Dabei muss unterschieden werden, ob sie zur Bearbeitung einfacher, komplizierter oder komplexer Aufgaben dienen sollen.

10.3.1 Ziel und Nutzen

Das Ziel einer Checkliste ist

- vergangene Erfahrungen zu nutzen und implizites, individuelles Erfahrungswissen kollektiv verfügbar zu machen
- mögliche individuelle Fehlleistungen, Unachtsamkeiten und unkontrollierte, schädliche Alltagsroutinen zu vermeiden

- ein gemeinsames Verständnis von der zu erledigenden Aufgabe und der dafür notwendigen Arbeitsschritte zu erzeugen
- konsistentes Vorgehen sicherzustellen
- die Basis und Legitimation zu schaffen, sich selbst oder Kollegen respektvoll zu korrigieren, zu erinnern oder auch zu bremsen.

Nachgewiesene Wirkung von Checklisten

Die signifikante Wirkung von Checklisten wurde unter anderem bei der Behandlung von Patienten nachgewiesen:

Zum Beispiel führte eine Checkliste mit fünf Punkten für das Legen eines Venenkatheters zu einer Verringerung der Infektionsrate um mehr als 60 Prozent. Die Checkliste umfasst einfache Punkte wie Hände mit Seife waschen oder Desinfektionsmittel auftragen. Diese Tätigkeiten sind dem Klinikpersonal in der Regel zwar allgemein bekannt, werden aber nicht von allen immer ausgeführt. Das Pflegepersonal erhielt die Anweisung, auch Ärzte auf die Einhaltung der Checkliste hinzuweisen und die Arbeit zu stoppen, falls dies nicht der Fall war (vgl. dazu Gawande, 2011).

Die Weltgesundheitsorganisation (WHO) entwickelte eine Checkliste mit 19 ausgewählten Tätigkeiten für die Vorbereitung und Durchführung von Operationen (s. Fallbeispiel zur OP-Checkliste) und die Wirkung dieses Instruments wurde in den letzten Jahren intensiv untersucht. Eine Wirkungsstudie aus dem Jahr 2009 zeigt, dass der Anteil aller Komplikationen nach Einführung der Checkliste von 11 Prozent auf 7 Prozent sank, also um mehr als ein Drittel. Die Anzahl von Todesfällen nach einer OP sank bei sachgerechter Nutzung der Checkliste von 1,5 Prozent auf 0,8 Prozent, das ist ein Unterschied von ca. 40 Prozent (vgl. Haynes, 2009). Weitere Studien konnten ähnliche Effekte belegen (vgl. Borchard et al., 2012). Darüber hinaus gibt es nachgewiesene Wirkungen der Checkliste auf die Teamarbeit – zumindest, wenn sie sachgerecht geführt wird. Die Liste sieht vor, dass sich die Teammitglieder kurz vorstellen und ihre Rolle nennen: Dadurch erhöhte sich nach Aussagen der Teammitglieder die Qualität der Arbeit nach drei bis sechs Monaten deutlich (vgl. z. B. Bohmer et al., 2012; Kearns et al., 2012).

Die Qualität der Nutzung ist erfolgskritisch. Aber es gibt auch weniger optimistische Befunde, die aus unserer Sicht vor allem auf die Wichtigkeit der Nutzungsqualität verweisen. Bei einer Befragung von 152 Anwendern im Krankenhaus berichteten Teammitglieder zwar über positive Effekte der Checkliste auf die Sicherheit, die Kommunikation im Team und die Entwicklung der Sicherheitskultur. Sie waren aber skeptischer, wenn es um die Aussage ging, dass Checklisten dazu beitragen, Teamarbeit zu stärken oder die soziale Hierarchie zwischen Ärzten und Pflegern zu minimieren (vgl. Cullati, 2014).

Wirkungsstudien verweisen deshalb immer wieder auf die Notwendigkeit einer sachgerechten Anwendung der Checkliste. Neben der grundsätzlichen Gestaltung sind die hohe Compliance bei der Anwendung, die Anpassung der Checkliste für die jeweils auszuführende Tätigkeit, eine intensive Wissensvermittlung im Team sowie die Integration der Patienten in den Prozess wichtige Erfolgsfaktoren, die den Effekt beeinflussen. Besonderen Verbesserungsbedarf gibt es dabei beim Einhalten erst einmal ungewöhnlicher Kommunikationspraktiken, wie zum Beispiel die Bestätigung und Validierung der Informationen durch ein anderes Teammitglied oder das kurze Innehalten des Teams vor Ausführung der Tätigkeit, um die eigene Arbeit zu reflektieren (vgl. Cullati et al., 2013).

10.3.2 Verschiedene Checklistentpyen

Qualität von Checklisten

»Schlechte Checklisten sind vage und unpräzise. Sie sind zu lang, schwer zu nutzen und unpraktisch vor Ort. Sie wurden von Experten am Schreibtisch entworfen, die wenig Ahnung von den konkreten Alltagssituationen haben. Sie behandeln den Nutzer als dumm und versuchen jeden einzelnen Schritt vorzugeben. Sie schalten das Hirn der Leute ab, statt es anzuschalten.
Gute Checklisten sind präzise. Sie sind effizient, auf den Punkt und einfach zu nutzen – auch in schwierigen, kritischen Situationen. Sie versuchen nicht, alles durchzudeklinieren: Stattdessen erinnern Checklisten an die wichtigsten und kritischen Punkte einer Aufgabe. Jene Punkte, die auch ein sehr erfahrener Mitarbeiter vergessen könnte. Gute Checklisten sind pragmatisch.«
(Dan Borman, Checklistenexperte bei Boeing, zitiert durch Gawande, 2011, Übersetzung Gebauer)

Checklisten für komplizierte oder komplexe Aufgaben?

Checklisten sind Arbeitshilfen und werden häufig für Aufgaben genutzt, bei denen man befürchtet, etwas zu vergessen oder zu übersehen. Die Aufgaben umfassen zahlreiche Schritte und erfordern die Auswertung vieler Informationen, bei denen man schnell den Überblick verlieren kann oder im Falle von Fehlern ernsthafte und folgenschwere Konsequenzen drohen.
Zwei Aufgabentypen können unterschieden werden:

1. Checklisten für einfache, komplizierte und immer gleich ablaufende Routinetätigkeiten:
   Man möchte sicherstellen, dass man nichts vergisst. Eine Checkliste gleicht dann eher einer klaren Instruktion, die möglichst alle notwendigen Arbeits-

schritte umfasst. Wenn wir die Tätigkeit genau so ausführen, dann kann nichts mehr schiefgehen.

2. Checklisten für die Bewältigung komplexer Aufgaben mit vielen unberechenbaren Aspekten:
   Checklisten enthalten keine genaue Instruktion, sondern sind eine pragmatische Arbeitsunterstützung. Sie helfen, die wichtigsten Ursachen für Fehler zu minimieren, um mehr Aufmerksamkeit für unerwartbare Ereignisse zu haben. Darüber hinaus fördern sie die Arbeit und Kommunikation im Team bzw. der an der Aufgabe beteiligten Personen, um in überraschenden Situationen schnell zu guten Lösungen und Entscheidungen zu kommen.

Drei Nutzungsszenarien

Grundsätzlich kann zwischen drei Nutzungsszenarien von Checklisten unterschieden werden:

Do-Confirm-Checklisten

Diese Checklistenform eignet sich für Routinesituationen, die für alle Beteiligten alltäglicher Standard sind. Die Mitarbeiter sind entsprechend ausgebildet und durch die Checklisten soll sichergestellt werden, dass kein Arbeitsschritt vergessen wird. Teammitglieder arbeiten auf der Basis ihrer Erfahrung eine Aufgabe ab und prüfen an definierten Checkpunkten gemeinsam, ob sie an alles gedacht haben. Es handelt sich um eine Liste mit ausgewählten Punkten, die eindeutig mit ja oder nein zu beantworten sind.

Read-Do-Checklisten

Teammitglieder nutzen die Checkliste wie ein Rezept, um zeitgleich die vorgegebenen Schritte auszuführen Es handelt sich um eine Liste mit Arbeitsaufträgen für seltenere Aufgaben oder Notfallsituationen, in denen die Schritte nicht allen klar sind bzw. die Gefahr besteht, dass man sie nicht erinnert, wenn sie auszuführen sind (Abstellungvorgänge, undichte Ventile, unvorhergesehenes Herunterfahren eines Reaktors).

Checklisten zur Entscheidungsunterstützung

Teammitglieder nutzen die Checkliste, um in einer unerwarteten Situation schnell zu einer Entscheidung zu kommen und dabei das vorhandene Wissen bzw. die Erfahrung im Team zu nutzen. Checklisten sind dann eher eine Liste mit offenen Fragen, die den Entscheidungsprozess im Team strukturieren. Sie sind angelegt für überraschende Situationen, die eine schnelle Orientierung und Entscheidungen erfordern (ungewöhnliche Messergebnisse, technische Störungen).

10.3.3 Checklisten für komplexe Aufgaben

Eine Checkliste stellt bei komplexen Aufgaben kein Patentrezept oder eine Instruktion dar. Sie kann und sollte nicht alle Aspekte oder Arbeitsschritte einer Aufgabe enthalten. Die größte Herausforderung bei der Gestaltung einer Checkliste für komplexe Aufgaben besteht darin, wenige Punkte zu selektieren, die den größten Effekt auf das Arbeitsergebnis haben. Wie immer bei komplexen Aufgaben ist dies keine Frage von richtig oder falsch, sondern vielmehr eine Frage der Plausibilität, die gemeinsam mit verschiedenen Wissensträgern diskutiert werden muss. Eine weitere Herausforderung umfasst die Festlegung der wichtigsten Stopppunkte für das Team, an denen es die vorgegebenen Punkte gemeinsam überprüft, bevor es mit der operativen Arbeit weitergeht.

Gestaltungsprinzipien

Folgende Prinzipien sollten bei der Gestaltung von Checklisten berücksichtigt werden:

1. So wenig Punkte wie möglich, Länge abhängig von der Tätigkeit (5 bis max. 20 Punkte). Die Inhalte sollten möglichst auf eine Seite passen.
2. Checklisten müssen pragmatisch sein, sie sind wie bereits erwähnt keine vollständigen Handbücher.
3. Konzentration auf die *killer items*: Aspekte, die zu unterlassen besonders gefährlich sind, die häufig vergessen werden und zum Problem werden. Nicht jedes Detail muss auf die Checkliste.
4. Checklisten können und sollten kein Training oder Ausbildung ersetzen, sondern die Arbeit im Team professionalisieren.
5. Sie sind übersichtlich gestaltet, zum Beispiel, indem der Prozessverlauf visualisiert wird. Farben und Schriftarten werden bewusst eingesetzt.
6. Jede Checkliste enthält einen Punkt zur Team-Aktivierung (Vorstellungsrunde, was ist wichtig heute? Bei Teams, die sich schon lange kennen, eine Frage nach der Befindlichkeit oder möglichen Leistungseinschränkungen).
7. Fixe Zeiten für die Stopppunkte festlegen, in denen das Team gemeinsam die Punkte überprüft. Diese Reflexionsmomente sind auch immer eine Gelegenheit, sich über weitere wichtige Aspekte auszutauschen, die nicht auf der Checkliste stehen.
8. Die Checkliste wird in der Realität überprüft, getestet und kontinuierlich verbessert (mit präziser Versionierung).
9. Die kontinuierliche Verbesserung erfolgt mit Bedacht und wird gemeinsam abgewägt. Reaktive Schnellschüsse nach Unfällen werden vermieden.
10. Checklisten-Inflation vermeiden! Nicht jede Tätigkeit braucht eine Checkliste. Stattdessen sollte geklärt werden: Was sind die erfolgskritischen bzw. fehler-

anfälligen Aufgaben bei uns? Wo können wir uns mit einer guten, gepflegten und verbindlich genutzten Checkliste deutlich verbessern?
11. Mitarbeiter werden in die Entwicklung von Checklisten miteinbezogen, um ihr Erfahrungswissen zu nutzen und die Akzeptanz bei der Nutzung zu erhöhen.
12. Ein Checklisten-Koordinator wird umsichtig ausgewählt, der die Bearbeitung der Liste moderiert: Hier ist es sinnvoll, eine Person ohne Führungsverantwortung zu bestimmen, die genügend Standing hat, um an den Stopppunkten die Checkliste ins Spiel zu bringen (auch unter Zeitdruck, bei Widerstand im Team oder anderen Restriktionen).
13. Symbole mit Erinnerungsfunktion nutzen. Bei der OP-Checkliste gibt es zum Beispiel ein Schild mit dem Schriftzug *Timeout*, das vor der OP das Besteck verdeckt, um an den Stopppunkt für die Checkliste zu erinnern.

10.3.4 Typische Fallstricke bei der Nutzung

In der Praxis erleben wir häufig Probleme im Umgang mit Checklisten, die auf eine exzessive Logik I zurückzuführen sind:

- Checklisten haben in vielen Unternehmen ein Eigenleben entwickelt und sind schlecht gepflegt. Nach Ereignissen werden weitere Punkte hinzugefügt und so werden sie immer länger und unübersichtlicher.
- Checklisten werden zur Manie. Immer dann, wenn ein Problem auftaucht, wird eine neue Checkliste erstellt. Die Folge ist, dass sie Mitarbeiter auf der Arbeitsebene nicht nutzen. Entweder verlieren die Beteiligten den Überblick oder sie empfinden die kleinteiligen Vorgaben als Kränkung.
- Häufig werden Checklisten als Anleitung für Anfänger verstanden und nicht als ein Instrument für die professionelle Zusammenarbeit im Team. Das Problem besteht vor allem dann, wenn komplexe Aufgaben wie komplizierte Aufgaben bearbeitet werden. Dann entsteht der Wunsch, die richtigen Schritte in allen Details abzubilden. Abbildung 38 stellt typische Ausformungen der zwei unterschiedlichen Nutzungsszenarien gegenüber.

Logik I	**Logik II**
• Das System von Checklisten wird immer umfangreicher und neigt dazu, unübersichtlich zu werden. • Checklisten werden von Experten am Schreibtisch entworfen. • Checklisten sind umfangreich, sie bilden die Aufgabe detailgenau ab.	• Es gibt Checklisten für besonders anspruchsvolle, komplexe Tätigkeiten mit Fehlerrisiken. • Checklisten werden am runden Tisch aus verschiedenen Perspektiven entwickelt und in der Praxis getestet. • Checklisten sind pragmatisch, reduziert und nutzerfreundlich.

Logik I	Logik II
• Die Idee ist, dass auch Anfänger ohne Anleitung die Aufgabe mit der Checkliste durchführen könnten. • Checkliste gelten als universal und sollen möglichst nicht verändert werden. • Mitarbeiter finden sie für die Anwendung vor Ort unpraktisch. • Checklisten werden allein genutzt, abgearbeitet und unterschrieben. • Nach einem Ereignis ist man schnell dabei, einen neuen Punkt hinzuzufügen Damit ist das Problem erledigt. • Der Durchführungsqualität wird wenig Aufmerksamkeit gewidmet.	• Alle wissen: Die Checkliste ersetzt Erfahrung nicht. Nicht ausgebildete Mitarbeiter könnten die Aufgabe auch damit nicht durchführen • Vorlagen für Checklisten werden gemeinsam im Team angepasst. • Die Nutzung von Checklisten wird im Team geübt und verbessert. • Checklisten fördern die Kommunikation und den Austausch im Team • Anpassungen von Checklisten sind willkommen. Aber die Kürze und Nutzerfreundlichkeit von Checklisten wird verteidigt. Dafür gibt es einen Gatekeeper. • Führungskräfte sorgen für die notwendige Zeit für Stopppunkte, Training und kontinuierliche Verbesserung.

Abb. 38: Umsetzung von Checklisten nach Logik I und II

Wichtige Punkte bei der Einführung einer Checkliste

Folgende Aspekte sollten bei der Einführung einer Checkliste beachtet werden:

- sorgsame, nutzerfreundliche und pragmatische Gestaltung (sich an bestimmte Gestaltungsprinzipien halten)
- gemeinsame Entwicklung mit Praktikern bzw. erfahrenen Mitarbeitern, die die reale Arbeitssituation kennen
- Start mit 2-3 besonders wichtigen Checklisten (Fokus auf Qualität)
- On-the-job-Training für die Teams bei der Nutzung mit direktem Feedback
- Zeit einräumen für die Nutzung, ggf. Erinnerungssymbole für das *Timeout*
- Unterstützung und Aufmerksamkeit durch Führung (keine Übernahme der Checkliste aber Interesse an Erfahrungen, Durchführungsproblemen etc.)
- Messen und Reflexion von ersten Erfolgen (Beobachtung der Fehlerhäufigkeit) und Auswerten von häufigen Problemen zusammen im Team
- Prozess für die kontinuierliche Verbesserung von Checklisten etablieren (Wer koordiniert den Prozess? Wie häufig findet eine Prüfung der Nutzungsqualität statt? Wer ist Gatekeeper, um die Anzahl der Aspekte kritisch zu überwachen und kleinzuhalten? Wie werden Neuerungen getestet und kommuniziert?)

Weiterentwicklung der Nutzung von Checklisten

Häufig gibt es im Unternehmen bereits ein eingespieltes Muster im Umgang mit Checklisten, das weiterentwickelt werden kann. Die Herausforderung dabei ist, sich überhaupt eine andere Nutzungsform vorstellen zu können. Dabei ist es hilfreich, die unterschiedlichen Nutzungsmöglichkeiten gegenüberzustellen, um den Unterschied in der Anwendung aufzuzeigen. Aus diesen Diskussionen ergeben sich in der Regel schnell erste Ansätze, wie Checklisten weiterentwickelt werden können.

Probleme, die das Potenzial von CL einschränken	Was tun?
Checklisten werden vorrangig genutzt, um Rechtssicherheit herzustellen (Unterschrift). Sie werden deshalb immer detaillierter (man möchte sichergehen, nichts zu vergessen).	• klarmachen: Checklisten sollen Teamkommunikation fördern und Erinnerungspunkte schaffen. • Unterschriften-Regelungen überdenken • Teamverantwortung stärken, z.B. durch Teamunterschriften
Verantwortung für die Checkliste ist unklar und es fällt im laufenden Geschehen schwer, sich dafür Zeit zu nehmen.	• Checklisten-Koordinator bewusst auswählen • feste Stopppunkte definieren
Checklisten-Koordinator prüft die Punkte für sich selbst, z.B. weil der Vorgesetzte diese Aufgabe an ihn delegiert oder er sich nicht traut, die Checkliste zur Sprache zu bringen. Es findet keine oder nur wenig Kommunikation im Team statt.	• CL-Koordinator auf seine Aufgabe vorbereiten (üben!) • bewusste Unterstützung durch Führungskraft (Raum und Legitimation für CL)
Nach einem Ereignis wird schnell ein neuer Punkt auf die Checkliste geschrieben. Die Listen werden deshalb immer länger, sind unübersichtlich und unterstützen den Arbeitsprozess vor Ort nicht.	• »Gatekeeper« für die CL aus den eigenen Reihen bestimmen • prüfen und testen der Checkliste vor Ort • intensive Kommunikation von Veränderungen
Eine Checkliste gilt nur dann als gut, wenn sie alle relevanten Arbeitsschritte enthält (Logik-I-Denken).	• im Team eine andere Haltung gegenüber Checklisten entwickeln: Mit der CL prüfen wir ausgewählte Aspekte, die häufig zu Fehlern führen. Unser Erfahrungswissen ist zwingend notwendig, um die Aufgabe zum Erfolg zu bringen.
Erfahrene Mitarbeiter glauben, Checklisten seien etwas für Anfänger oder sehen sie als Kränkung. Scheinbare Botschaft der Checkliste ist: Du brauchst bzw. sollst nicht mitdenken	• erfahrene Mitarbeiter in Erstellung der Checkliste einbeziehen • betonen, dass es um die Professionalisierung der gemeinsamen Bearbeitung von komplexen Aufgaben im Team geht • Checkliste so gestalten, dass sie Mitdenken und Teamkommunikation anregen

Abb. 39: Weiterentwickeln von Checklisten

11 Resilienz entwickeln

Bei den hier vorgestellten Methoden geht es darum, auf Unerwartetes flexibel zu reagieren. Dazu gehört zum einen, agiler zu planen, um das Wissen aller Beteiligten zu nutzen und klar zu machen, dass Pläne nicht in Stein gehauen sind. Eine weitere Herausforderung besteht darin, Praktiken einzuüben, um im jeweiligen Moment angemessene Entscheidungen zu finden. Das betrifft in besonderem Maße Risikoentscheidungen, bei denen das Wissen der Organisation aktiviert werden muss.

11.1 Agiles Planen

Pläne haben weniger eine prognostische als eine erwartungsstabilisierende Funktion für die Beteiligten (s. Abschnitt 5.2). Beim agilen Planen stehen deshalb nicht die Richtigkeit des Plans, sondern die Gestaltung des Planungsprozesses (Wer nimmt Teil? Wie erarbeitet man eine plausible Vorstellung vom Vorgehen?) und die Entwicklung übergreifender Ziele im Vordergrund.

11.1.1 Planning Poker

Der soziale Prozess der Sinnerzeugung wird bewusst strukturiert, sodass viele Perspektiven und Einschätzungen in die Planung miteinfließen und es wird dafür gesorgt, dass er in sich flexibel bleibt.

Ziel und Nutzen der Methode
Planning Poker dient der strukturierten und schnellen Aufwandsschätzung durch die Beteiligten. Diese Planung wird nicht wie im klassischen Projektmanagement einem professionellen Manager oder Planungsstab überlassen, der eine Schätzung vornimmt und dann Pufferzeiten hinzurechnet. Alle am Prozess Beteiligten sollen um die beste Planung »pokern«. Ihr Wissen und ihre Meinung wird genutzt,

um zu einer realistischen Aufwandsschätzung zu kommen (bei umfangreichen Prozessen können das auch Vertreter sein). So entsteht einerseits ein höheres Commitment gegenüber den Schätzungen, zugleich führt das Pokern um den Aufwand aber auch vor Augen, dass Pläne unter Unsicherheit entstehen und nicht unumstößlich sind. Das macht es leichter, die Schätzungen im weiteren Verlauf auch wieder infrage zu stellen, wenn sich die Dinge anders entwickeln. Die Methode kommt aus dem agilen Projektmanagement, das seine Wurzeln in der Softwareentwicklung hat. Sie kann aber auch für die Planung anderer Arbeitsprozesse, wie zum Beispiel die Aufwandsschätzung von Bauvorhaben, Reparaturarbeiten, Instandhaltungsaufgaben etc. verwendet werden.

Pokerkarten

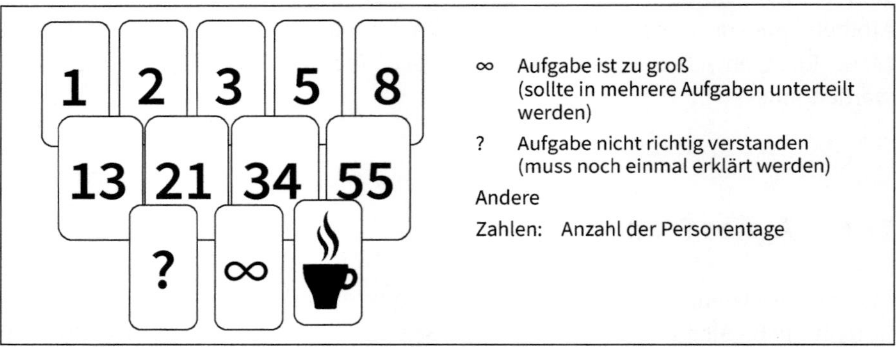

Abb. 40: Schätzkarten für Planning Poker

Für das Planning Poker werden spezielle Karten verwendet. Die Kartenzahlen entsprechen der sogenannten Fibonacci-Reihe. Die Zahl auf einer Karte entspricht immer der Summe der beiden Vorgänger. Die Idee ist, dass je größer die Zahlen werden, umso ungenauer wird auch die Schätzung und umso größer sind daher die Intervalle zwischen den Zahlen.

Vorgehen

- Jedes Teammitglied erhält einen kompletten Kartensatz.
- Der Moderator stellt eine Aufgabe vor und bittet um Schätzungen durch die Teilnehmer.
- Die Teilnehmer wählen die aus ihrer Sicht passende Karte.
- Auf Aufforderung des Moderators halten alle Teilnehmer ihre Karte gleichzeitig hoch.

- Der Moderator lässt die Personen, die die höchste und niedrigste Schätzung abgegeben haben kurz begründen, warum sie dieser Meinung sind.
- Dann geben alle Teilnehmer eine zweite Schätzung ab. In der Regel liegen die Schätzungen näher beieinander. Wenn nicht, kommen wieder die Extrempositionen zu Wort.
- Das Verfahren wird so lange wiederholt, bis es eine Einigung auf eine bestimmte Anzahl von Tagen gibt.

Fallstricke der Methode

Die Methode irritiert traditionelle Planungsvorstellungen, deshalb ist insbesondere in klassischen Organisationen mit Widerständen zu rechnen. Ein Argument lautet dann häufig: Es gibt bei uns nur wenige Experten, die in der Lage sind, diese Aufgabe wirklich realistisch einzuschätzen.

In manchen Fällen mag das gerechtfertigt sein, aber es ist nicht die Regel. Wichtige Experten sollten beim Planning Poker natürlich mitwirken und ihre Sichtweise einbringen. Die Teilnehmer können dann ihre Einschätzung an den (guten) Argumenten der Experten ausrichten, sofern sie nicht andere Erfahrungen mit der Aufgabe haben, die der Expertenmeinung widersprechen.

11.1.2 Übergreifende Ziele schaffen

Je ungewisser die Aufgaben sind, umso sinnvoller ist es, starke Ziele zu setzen und den Mitarbeitern viel Entscheidungsverantwortung zu geben. Übergreifende Ziele dienen als wichtige Orientierung, um eigene Entscheidungen daran ableiten zu können (vgl. Abschnitt 3.2).

Im Planungsprozess sollte bewusst Zeit investiert werden, damit sich die verschiedenen Beteiligten mit den übergreifenden Zielen auseinandersetzen können. Somit wird der kollektive Geist gefördert, den es später für ein gutes Zusammenspiel der Einzelnen braucht. Die Teammitglieder müssen ein gemeinsames Verständnis dafür entwickeln, wie die Dinge miteinander zusammenhängen, um besser einschätzen zu können, welche Folgen die vor Ort getroffenen Entscheidungen für den Folgeprozess und die anderen beteiligten Bereiche und Abteilungen haben.

Formulierung übergreifender Ziele

Bei Routineaufgaben können übergreifende Ziele in Aufgaben- oder Stellenbeschreibungen festgelegt werden. Die gemeinsame Aufgabe wird abstrakter und weniger detailliert beschrieben, aber trotzdem auf eine aussagekräftige, ggf. auch bildhafte Art und Weise, die viel Stoff für kollektives Sensemaking im Moment bietet.

BEISPIELE

Ziele der Reinigungskräfte im Krankenhaus
Eine rein funktionale Aufgabenbeschreibung für das Reinigungspersonal im Krankenhaus lautet: Es ist unsere Aufgabe, die Gebäude sauberzuhalten. Eine auf übergreifende Ziele bezogene Beschreibung besagt: Wir tragen durch Raumpflege dazu bei, dass Patienten gesund werden und keine Infektionen bekommen.

Ziele von Betankern auf Flugzeugträgern
Auf Flugzeugträgern etwa haben die Betanker nicht den Auftrag das Flugzeug zu betanken. Ihre Aufgabenbeschreibung ist weitergefasst: Ich sorge dafür, dass die Flugzeuge sicher starten und landen. Eine ganzheitliche Zielbeschreibung erinnert daran, welchen Beitrag die eigene Aufgabe zum übergeordneten Ziel leistet.

Ziele oder erwartete Arbeitsergebnisse lassen sich auch aus der Sicht des Kunden formulieren, die dann als Orientierungshilfe für eigenverantwortliche Entscheidungen dienen. In der Software- und Produktentwicklung arbeitet man zum Beispiel mit sogenannten Use Cases, Anwendungsbeschreibungen aus der Sicht des Kunden. Diese Perspektive hilft, die Anforderungen an ein Arbeitsergebnis besser zu verstehen. Damit unterscheiden sie sich von funktionalen Spezifikationen, die das Verhalten des Systems detailliert festlegen. Use Cases beschreiben stattdessen, wie das Produkt oder das Arbeitsergebnis den Benutzer bei seinen Aufgaben unterstützt. Solche Definitionen lassen mehr Spielraum für Anpassungsleistungen und geben dennoch Orientierung für Entscheidungen im Moment.

Cold Reading: Entwickeln einer gemeinsamen Story

Die Methode Cold Reading ist inspiriert durch unsere Beobachtungen am Filmset (s. Abschnitt 2.1). Sie eignet sich in abgewandelter Form auch für andere komplexe Projekte, die unter hohem Leistungsdruck stehen. Ziel der Methode ist nicht das vollständige Durchdringen des komplexen Vorhabens, sondern die Entwicklung einer gemeinsamen »Story« und Haltung zum Projekt, um kollektive Orientierung und einen Geist zu erzeugen, die Entscheidungen im Sinne übergreifender Projektziele erleichtern.

Vor dem Start eines Projektes oder einer außergewöhnlichen Tätigkeit (wie zum Beispiel Abstellungen, Reparaturarbeiten, das Treffen mit einem wichtigen Neukunden oder die Durchführung eines erfolgskritischen Workshops) treffen sich alle Beteiligte und gehen den Prozess wie in einem Drehbuch durch. Dabei entwickeln sie ein Gespür dafür, wie ihre eigene Aufgabe mit denen der anderen zusammenhängt. Auf was muss ich besonders achten? Was von dem, was ich hier sehe, kann im späteren Verlauf für andere enorme Auswirkungen haben?

Weil komplexe Bedingungen und Aufgaben von einzelnen Personen nicht ausreichend erfasst werden können, soll ein Gespür für den Zusammenhang entstehen. Wichtige Szenen im operativen Alltag werden durchgespielt, die für das Projekt erfolgskritisch sind.

Project Start-ups

Project Start-ups haben das Ziel, das soziale Miteinander von Projektteams bewusst zu gestalten. In der Regel handelt es sich dabei um flüchtige Teams, deren Mitglieder sich kaum kennen, die aber intensiv an komplexen Aufgaben arbeiten und dafür in kürzester Zeit das notwendige Vertrauen füreinander entwickeln müssen. Project Start-ups werden in verschiedenen Bereichen, zum Beispiel im sozialen Wohnungsbau in den Niederlanden oder in der Chemie eingesetzt. Ein wichtiger Effekt dieser Treffen besteht allein darin, dass sich die Teammitglieder ausführlich kennenlernen und es später keine Hemmschwellen gibt, miteinander zu kommunizieren.

Vor Projektbeginn treffen sich alle relevanten Beteiligten (Auftraggeber, Projektmitglieder, Lieferanten, Kunden) für vier bis acht Stunden und reflektieren wichtige Regeln für ihre künftige Zusammenarbeit. Die Prinzipien für kollektive Achtsamkeit liefern hier einen guten Einstieg in die Diskussion.

- Wie pflegen wir zwischenmenschliche Beziehungen?
- Wie sorgen wir für einen offenen Informationsaustausch?
- Was sind unsere gemeinsamen Referenzen und übergreifenden Ziele?

Beispielhafter Ablauf

- intensives Kennenlernen aller Beteiligten: Was ist mein Beitrag?
- Auseinandersetzung mit den wichtigsten Prinzipien und Bedingungen für die Zusammenarbeit: Aufnehmen der Sorgen und Gedanken der verschiedenen Stakeholder
- Entwickeln von Lösungsansätzen
- Planung der Umsetzung von Maßnahmen.

11.2 Entscheidungsfindung

Wenn sich die Dinge schnell ändern, muss vor Ort zügig entschieden werden, wie es weitergehen soll. Aber wie kommt man umgehend zu tragfähigen Entscheidungen, die die Bereitschaft und das Zutrauen bei den Beteiligten steigern, Verantwortung für ihre Entscheidungen zu übernehmen und die auch im Nachhinein, vor allem dann, wenn sich getroffene Beschlüsse als problematisch herausstellen, als legitim gelten und nicht als individuelle Subversion gedeutet werden? Problemlösungs- und Entscheidungsfindungsprozesse werden schwieriger, wenn vielfältige Perspektiven, Meinungen und Zweifel berücksichtigt werden müssen. Denn damit entstehen zwangsläufig Widersprüche und Mehrdeutigkeiten. Die Notwendigkeit, das Bild zu verkomplizieren, darf im Arbeitsalltag nicht dazu führen, Entscheidungen zu verschleppen. Wie kommt man also in einer angemessenen Zeit zu einer Entscheidung, ohne andere Ansichten zu dominieren? Die folgenden Methoden zeigen beispielhaft, wie dieser soziale Prozess gestaltet werden kann.

11.2.1 Kollegiale Fallberatung zur Lösung komplexer Probleme

Die Methode der kollegialen Fallberatung ist eine Methode für die Lösung komplexer Probleme unter Gleichgestellten. Das Vorgehen hat eine lange Tradition im Supervisionskontext (vgl. z. B. Franz, Kopp u. Kohlhage, 2003). Die kollegiale Fallberatung ist ein hilfreiches Instrument, um mit unterschiedlichen Perspektiven ein Problem innerhalb von 60 bis 90 Minuten zu untersuchen und zu konkreten, plausiblen Lösungsvorschlägen zu kommen.

Die Methode enthält viele Elemente und Strukturprinzipien, die wir bereits diskutiert haben: das strikte Trennen von Beschreiben, Erklären und Bewerten. Der Verlauf ist stark strukturiert, um zeitaufwendige Debatten sowie das Abdriften der Diskussion in eine bestimmte Richtung zu verhindern. Jeder darf alles sagen und loswerden, was er wichtig findet, aber nicht zu jeder Zeit.

Rollen und Rahmen

In der kollegialen Fallberatung gibt es drei Rollen:

- Der Moderator stellt sicher, dass der vorgegebene Prozess eingehalten wird.
- Der Fallgeber bringt ein Anliegen bzw. ein zu lösendes Problem vor.
- Die beratenden Kollegen bringen für den Fall relevante Perspektiven ein, fragen nach, bilden Hypothesen und machen Lösungsvorschläge.

Ablauf

1. Beschreiben

- Der Fallgeber beschreibt das Problem und die zu bearbeitende Fragestellung.
- Der Moderator fragt nach, um die Fragestellung zu fokussieren.
- Die beratenden Kollegen hören aufmerksam zu.

Verständnisfragen

- Die *beratenden Kollegen* stellen Informations- und Verständnisfragen an den Fallgeber (nur Fragen, keine Diskussion).
- Der Fallgeber beantwortet die Fragen.
- Der Moderator achtet darauf, dass an dieser Stelle keine Diskussion stattfindet.

2. Erklären

Die Kollegen erarbeiten mögliche Erklärungen und Hypothesen über die Zusammenhänge. Jeder kann eine Hypothese vorbringen. Es findet zu diesem Zeitpunkt keine Diskussion bzw. Bewertung dieser Hypothesen statt.

- Der Moderator sammelt alle Hypothesen am Flipchart und achtet auf den Prozess (keine Bewertung, Vielredner bremsen, Schweigsame ermutigen, verhindern, dass der Fallgeber mitdiskutiert).
- Der Fallgeber hört nur zu und macht sich Notizen.

Rückmeldung zu den Hypothesen durch den Fallgeber

- Der Moderator fordert den Fallgeber auf, Feedback zu den Hypothesen zu geben.
- Der Fallgeber bewertet die Plausibilität jeder Hypothese aus seiner Sicht und begründet seine Meinung.
- Die beratenden Kollegen hören nur zu.

3. Entwickeln von Lösungen

- Die beratenden Kollegen sammeln Lösungsvorschläge: ein Lösungsvorschlag pro Person ohne Bewertung.
- Der Moderator sammelt alle Vorschläge am Flipchart.
- Der Fallgeber hört nur zu

Rückmeldung zu den Lösungsideen

- Der Fallgeber bewertet die Plausibilität jeder Lösungsidee aus seiner Sicht.
- Der Moderator notiert und achtet auf den Prozess.
- Die beratenden Kollegen hören zu.

4. Austausch und Vereinbarungen nächster Schritte

- Die Gruppenmitglieder tauschen sich kurz über die Lösungen aus.
- Es werden Vereinbarungen über die nächsten Schritte getroffen.

Fallstricke bei der Durchführung

- Wie bei fast allen der hier vorgestellten Methoden steht und fällt die Qualität der Ausführung mit der Qualifizierung und Erfahrung des Moderators. Er ist nicht inhaltlich im Spiel, sondern sorgt für die Strukturierung der Interaktion, die Einfluss auf die Qualität des Sensemaking hat.
- Die Durchführung erfordert Disziplin bei den Teammitgliedern, um die Phasen und Regeln einzuhalten. Erfahrungsgemäß ist es vor allem für ungeübte Teil-

nehmer eine Herausforderung, die Phasen auszuhalten, in denen nicht gesprochen werden darf. Manchmal empfinden Teilnehmer diese Vorgabe als Zurücksetzung, vor allem, wenn sie es gewohnt sind, viel zu diskutieren. Auch fällt es Führungskräften manchmal schwer, sich mit ihrer Meinung an bestimmten Stellen zurückzuhalten.

- Ursprünglich wurde die Methode als hierarchiefreie Diskussion konzipiert. Soll sie in den Alltag integriert werden, ist dies aber nicht immer möglich, weil die Teilnehmer unterschiedliche Positionen bekleiden können. Unserer Erfahrung nach ist es aber durchaus möglich, in diesem Kontext mit der Methode zu arbeiten. Voraussetzung dabei ist, dass Führungskräfte in dieser Runde »ihre Streifen« ablegen und sich als gleichberechtigte Teilnehmer verhalten.
- Die Methode setzt einerseits Vertrauen voraus, andererseits kann durch diese Bearbeitungsform mehr Vertrauen unter den Teilnehmern entstehen. Die Berechenbarkeit des Ablaufs reduziert Unsicherheiten. Dies erleichtert es die eigene Meinung zu äußern, auch wenn sie anderen widerspricht.

11.2.2 Entscheidungsfindung im Moment

Verändern sich die Dinge schnell, kann ein Team in kritische Situationen geraten und muss sich neu orientieren. Weitermachen wie geplant wäre hochriskant, umgehendes Sensemaking ist gefragt. Dauert der hierarchische Entscheidungsweg in solchen Situationen zu lange, können Rituale die Entscheidungsfindung in unsicheren Situationen unterstützen. Wir stellen hier mit STICC, dem Dreisatz für Warnsignale und STAR drei ausgewählte Rituale vor, die kollektives Sensemaking fördern.

Präzise kommunizieren mit STICC

STICC ist ein kurzes Briefing-Protokoll zur Entscheidungsvorbereitung, dass Klein in Zusammenarbeit mit Feuerwehren entwickelt hat (vgl. Klein, 1999). STICC ist ein Akronym für die englischen Wörter *Situation, Task, Intent, Concern* und *Calibrate.* Das Protokoll moderiert den Dialog über eine Situationseinschätzung zwischen zwei oder mehr Personen. Es fördert die Disziplin, in konflikt- und emotionsgeladenen Situationen Beschreiben, Erklären und Bewerten voneinander zu trennen und andere Perspektiven miteinzubeziehen. Es wird bewusst betont, dass es sich um Beobachtungen, Erklärungen und Bewertungen eines Beobachters handelt und dass keine Wahrheiten vermittelt werden. So fällt es leichter, ihnen andere Beobachtungen, Erklärungen und Bewertungen entgegenzusetzen. Der emotionale Zündstoff wird reduziert, der in solchen Gesprächssituationen automatisch angelegt ist.

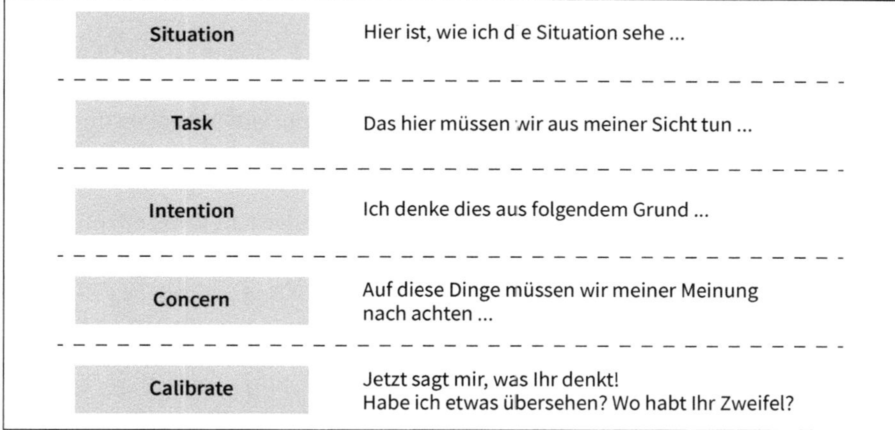

Abb. 41: STICC-Kommunikationsprotokoll in Kurzform

Dreisatz für Warnsignale

Eine weitere Methode für eine schnelle Situationsdiagnose in Entscheidungsfindungsprozessen ist der Dreisatz für Warnsignale (*Amber Rule of Three*). Er stellt ein kurzes Kommunikationsprotokoll für Entscheidungen dar, ob man in einer kritischen Situation fortfahren, den Kurs verändern oder die Tätigkeit sogar anhalten soll.

Der Dreisatz für Warnsignale kann sowohl im Team als auch für den Dialog mit sich selbst genutzt werden. Die Durchführung sollte nicht länger als ca. 10-15 Minuten dauern.

Einflussfaktoren	Was sind wichtige Einflussfaktoren? (Wetter, Ausrüstung, situative Besonderheiten, Zeitdruck, Erfahrung mit der Aufgabe, Expertise im Team, Befindlichkeiten, Ablenkungen etc.)	
Bewertung	**grün**: **gelb**: **rot**:	ok einige kritische Unregelmäßigkeiten sehr kritisch
Entscheidung	alles grün: 1-2 Faktoren gelb: 3 Faktoren gelb: 1 Faktor rot:	weitermachen weitermachen, erhöhte Vorsicht **STOP**, Faktoren verbessern **STOP**, Experten/Führung fragen

Abb. 42: Dreisatz für Warnsignale

STAR

In bestimmten Situationen ist es unmöglich, andere Personen in eine Entscheidung miteinzubeziehen. Entweder es muss schnell gehen oder es ist niemand erreichbar. STAR (*Stop, Think, Act, Review*) beschreibt ein Vorgehen für einen Selbstcheck, um die Aufmerksamkeit auf eine kritische Aufgabe zu fokussieren. Die Methode ist hilfreich

- vor einem kritischen Schritt, einer Entscheidung oder einem Wendepunkt
- vor Eingriffen in bestehende Prozesse, Anlagen oder Instrumente
- in Stresssituationen, in denen man unter Druck steht
- bei plötzlichen Veränderungen, auf die man spontan aber überlegt reagieren muss.

STAR besteht aus 4 Schritten, jeder Buchstabe steht für eine Handlungsanweisung:

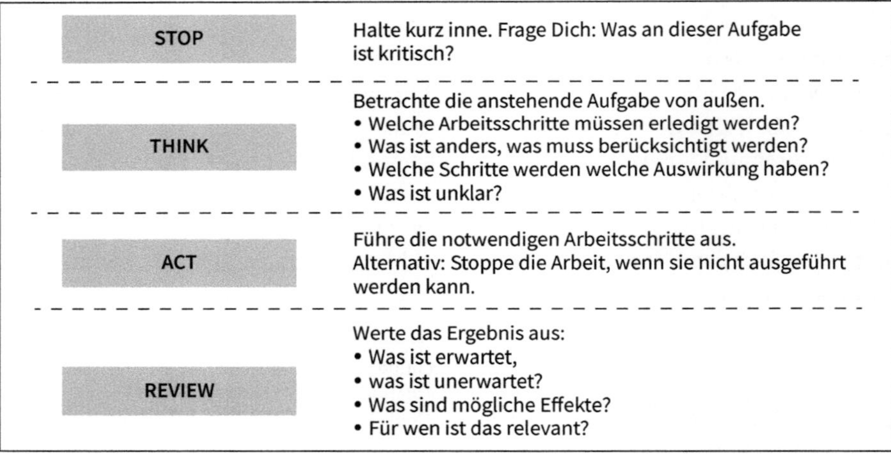

Abb. 43: STAR-Methode

For-Dec

For-Dec ist eine Methode zur strukturierten Entscheidungsfindung, die vor allem in der Luftfahrt angewandt wird. Sie wurde im Zuge des Crew-Ressource-Management-Trainings für Piloten entwickelt.

Die ersten drei Schritte (*Facts, Options* sowie *Risks* und *Benefits*) strukturieren die Situationsanalyse. Die drei darauffolgenden Schritte (*Decision, Execution* und *Check*) dienen der Entscheidung für eine Option, ihrer Ausführung und der sofortigen Prüfung. Der Bindestrich trennt Situationsanalyse und Entscheidungsfindung und symbolisiert einen kurzen Moment des Innehaltens vor der Entscheidung.

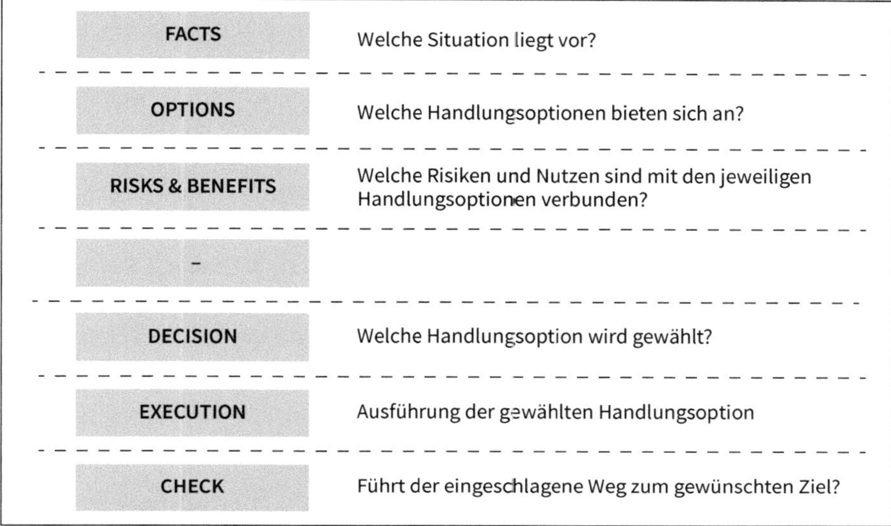

Abb. 44: For-Dec-Methode

Fallstricke bei der Ein- und Durchführung von Entscheidungsritualen

- Eine Herausforderung bei der Einführung der hier vorgestellten Methoden besteht darin, überhaupt Verständnis für die Notwendigkeit dieser Rituale zu erzeugen. Dies ist vor allem dann der Fall, wenn die Logik I dominiert. Solange das Management davon ausgeht, die Entscheidungsfindung sei eine Frage persönlicher Kompetenz und Rationalität, gibt es hier keinen Bedarf. In diesen Fällen ist es hilfreich, gemeinsam mit Führungskräften und operativer Arbeitsebene konkrete Entscheidungsprozesse exemplarisch zu rekapitulieren.
- »Das machen wir doch schon« ist ein weiteres Argument, das man oft zu hören bekommt. Auch hier ist es hilfreich, gemeinsam genauer zu schauen, wie Entscheidungen im Tagesgeschäft zustande kommen, also wie sich Teams ein Bild von der Situation machen, verschiedene Alternativen selektieren und abwägen und wie sie Unterstützung von anderen Wissensträgern suchen und in die Entscheidung einbinden. Oft bemerken die Beteiligten dann, dass sie das für die Entscheidung notwendige Sensemaking bisher eher dem Zufall überlassen haben. Alle Schritte finden zwar statt, aber eben wenig strukturiert, sodass wichtiges Wissen oder Eindrücke verloren gehen oder Entscheidungsprozesse nicht schnell genug geschehen.
- Die Einführung solcher Praktiken erfordert immer auch die Auseinandersetzung mit den eigenen Denkmodellen, zum Beispiel, dass Wirklichkeit immer konstruiert und von einem Beobachter abhängig ist. Rituale zur Entscheidungsfindung müssen geübt werden, am besten mit realen Teams, die später auch

damit arbeiten werden. In der Nuklearindustrie etwa werden Entscheidungsfindungspraktiken mit den Schichten in regelmäßigen Abständen simuliert. In der Luftfahrt, wo die Crews immer wieder neu zusammengestellt werden, wird jeder Mitarbeiter auf Methoden wie For-Dec trainiert und die Methode ist als verbindlicher Standard implementiert, der in regelmäßigen Abständen wiederholt wird. Kleine Karten zum Umhängen helfen Neueinsteigern als Checkliste, das Frageritual schnell präsent zu haben, und erinnern erfahrene Mitarbeiter.
- Das Vorgehen muss an die konkreten Arbeitssituationen angepasst werden, ohne die Gestaltungsprinzipien zu unterwandern. Ziel ist es, dieses Vorgehen wie bei allen hier vorgestellten Programmierungen zum kollektiven Automatismus zu machen.

11.2.3 FLARE-Prozess für Risikoentscheidungen

Ein weiteres Beispiel zur Unterstützung von Entscheidungsfindungsprozessen und den dafür notwendigen Situations- und Risikoeinschätzungen ist der Prozess FLARE (vgl. Abschnitt 4.4).

FLARE (Front Line Anomaly Response) wurde für den Umgang mit und Entscheidungen in unerwarteten Situationen bei der Instandhaltung von Turbinen entwickelt. Es handelt sich dabei um eine Praktik, um in der Organisation vorhandenes Wissen schnell zusammenzubringen und den notwendigen Entscheidungsprozess über die nächsten Schritte zwischen verschiedenen Wissensträgern zu moderieren.

Ablauf

- Sobald das Team vor Ort eine Anomalie feststellt, die es selbst nicht beseitigen kann, setzt es eine Störmeldung ab.
- Ein dafür eingerichtetes Team aus Risikomanagern stellt innerhalb der nächsten Stunde eine Gruppe aus 10 bis 15 ausgewählten Experten und Führungskräften zusammen, die über die Expertise verfügen, zur Lösung beizutragen. Diese Gruppe besteht aus verschiedenen Rollen (siehe Kasten), wobei es mehr Experten und Monteure als Führungskräfte gibt.
- Eine Stunde nach der Störmeldung trifft sich das Team in einer Telefonkonferenz (dem sogenannten FLARE-Call).
- In dieser einstündigen Konferenz wird das Problem nach einem festgelegten Protokoll systematisch analysiert. Ein Moderator für Risikoentscheidungen begleitet den Prozess. Er achtet beispielsweise darauf, dass verschiedene Hypothesen und Lösungen gleichberechtigt nebeneinanderstehen und moderiert die Abschätzung der Risiken sowie die Entscheidungsfindung.

- Das Team erstellt einen Plan, wie das Problem bearbeitet wird, der unter Berücksichtigung von Unerwartetem Aktivitäten, Entscheidungen, Verantwortlichkeiten, Checkpunkte und iterative Lösungen enthält.
- Kann nach einer Stunde keine Entscheidung herbeigeführt werden, so wird ein weiteres Telefonat vereinbart und die dafür notwendigen Experten eingeladen.

Rollen bei FLARE

Die Rollen und die Teilnehmerzusammensetzung sind ein wesentlicher Aspekt im Prozess. Insbesondere die Rollen des Moderators für die Risikoentscheidung, die Fachfremden sowie die sogenannten Matchmaker unterscheiden sich von denen klassischer Krisenteams.

Rollen im FLARE-Prozess

- Der Risikoentscheider verantwortet den Gewinn und Verlust der Entscheidung. (Was bedeutet das für das Geschäft?)
- Fachexperten verfügen über das inhaltliche Wissen, sind Reparaturexperten oder andere inhaltliche Wissensträger. (Was müssen wir tun? Wie machen wir es?)
- Praktiker vor Ort sind beispielsweise die Monteure, die die Unterstützung brauchen. (Wie ist die Lage vor Ort und was brauchen wir?)
- Broker für die Risikoentscheidung sind Experten für die Moderation und Vermittlung von Risikoentscheidungen bzw. Sensemaking-Prozessen. (Wie wird Wissen erzeugt, geteilt und genutzt?)
- Fachfremder o. ä. gibt zusätzliche Impulse. (Was sind blinde Flecken in der Diskussion?)
- Matchmaker ist ein gut vernetzter Generalist in der Organisation, der die Wissensträger zusammenbringt. (Wo sitzt das Wissen in der Organisation?)

Broker für die Risikoentscheidung

Der Broker für die Risikoentscheidung ist mehr als ein klassischer Moderator. Er bringt die einzelnen Stränge zusammen und vernetzt die verschiedenen Wissensträger über organisationale Grenzen und Fachdisziplinen hinweg miteinander.

Er moderiert den Wissensbildungsprozess. Seine Aufgabe ist es, dafür zu sorgen, dass die unterschiedlichen Parteien eine gemeinsame Sprache entwickeln, Verstehen sichergestellt ist und dass verschiedene Perspektiven gleichberechtigt Raum bekommen. Dafür braucht der Broker sowohl solides Fachwissen (ohne Antworten geben zu müssen) als auch Erfahrung damit, wie Entscheidungen für komplexe Aufgaben mit hohem Risiko zustande kommen. Der Risikobroker ist die erste Kontaktperson für das Absetzen der Störungsmeldung. In diesem ersten Gespräch erörtert er mit den Monteuren das Problem, was mögliche Lösungen und wer die notwendigen Wissensträger für diese Situation sein könnten. Auf dieser Basis werden die notwendigen Fachexperten identifiziert. Der Risikobroker setzt dann eine Alarmmeldung ab, identifiziert die notwendigen Teilnehmer und führt mit ihnen Vorabgespräche. Bei der Expertensuche helfen ihm die Matchmaker und der Austausch mit anderen Risikobrokern.

Während der gemeinsamen Telefonkonferenz mit den Experten ist es die Aufgabe des Risikobrokers, die Kommunikation unter den Beteiligten zu moderieren: Wie kommt jeder zu Wort? Wie behalten wir Fokus und vermeiden Abschweifungen? Seine Rolle geht dabei über die einer klassischen Moderation hinaus. Er stellt kritische Fragen, die die Annahmen der Teilnehmer gegen den Strich bürsten. Der Broker fragt zum Beispiel nach möglichen, unwahrscheinlichen Risiken mit wichtigen Konsequenzen, nach Besonderheiten, Aspekten, die nicht berücksichtigt wurden. Er motiviert die Fachfremden, ihre Perspektiven mitzuteilen, sucht nach Zweifeln, Widersprüchen und Störgefühlen.

Matchmaker

Eine weitere wichtige Rolle übernehmen die Matchmaker. Das sind Personen, die ein breites Netzwerk in der Organisation haben, zum Beispiel, weil sie schon in vielen Positionen gearbeitet haben. Sie verfügen zwar nicht selbst über das notwendige Wissen, wissen aber, wer es hat. Vor allem bei neuen, unbekannten Problemen kann sich der Risikobroker an einen Matchmaker wenden, um zu überlegen, welche Wissensträger für die Risikoerörterung infrage kommen.

Fallstricke bei der Ein- und Durchführung

- Für die Teilnehmer sind gute Vorabinformationen vor der Risikositzung wichtig. Sie müssen über das Problem und über die bekannten Abhängigkeiten, Limitierungen und Besonderheiten Bescheid wissen. Das Problem sollte so konkret wie möglich geschildert werden, zum Beispiel mit Bildern, Filmen oder Plänen.
- Die Diskussion muss in einer vertrauensvollen Atmosphäre stattfinden, ohne wechselseitige Schuldzuweisung. Das Wissen der jeweils anderen Parteien und auch die kritischen, bohrenden Fragen des Risikobrokers müssen respektvoll aufgenommen werden.
- Es muss Raum geben, um Befürchtungen, Zweifel sowie nicht fachlich begründete Bauchgefühle aussprechen zu können. Das Gespräch unter den Anwesenden und die mündliche Auseinandersetzung sind für die Offenheit in der Diskussion entscheidend. Videokonferenzen oder andere unterstützende Technologien der Echtzeit-Kommunikation überbrücken die Nachteile, wenn

Experten nicht anwesend sein können. Zum Beispiel können die Monteure vor Ort mithilfe von Webcams demonstrieren, wie sich das Problem äußert.

- Es kann sinnvoll sein, zunächst eine kurze virtuelle Besprechung für die Beschreibung des Problems durchzuführen, um dann in einem zweiten Schritt besser informiert eine Entscheidung zu treffen.
- Der Prozess provoziert Zielkonflikte, die vor allem vom Risikobroker balanciert werden müssen: Ist zum Beispiel ein Problem entstanden, weil Monteure einen Fehler gemacht haben, hat er die schwierige Aufgabe, die offene Atmosphäre aufrechtzuerhalten und eine Rechtfertigung seitens der Monteure zu verhindern. Konfliktreich sind auch die Frage nach der Autonomie vor Ort oder zentrale Entscheidungen. Haben die Monteure vor Ort einen Hilferuf abgesetzt, wird ihnen ein Teil ihrer Entscheidungsautonomie entzogen. Es kann passieren, dass das Team sich in der gemeinsamen Auseinandersetzung für einen Weg entscheidet, den die Monteure missbilligen. Deshalb muss sichergestellt werden, dass sie das Hinzuziehen weiterer Experten als Bereicherung und nicht als Bevormundung empfinden.
- Eine weitere Herausforderung ist die schnelle Bereitstellung der Experten in der Organisation. Sie müssen ihre eigene Tätigkeit liegenlassen, um einem anderen Team zu helfen. Diese Hilfeleistungen müssen durch die Führung legitimiert werden. Darüber hinaus müssen zum Beispiel Belohnungssysteme solche Leistungen berücksichtigen, wenn der Prozess in der Organisation langfristig verankert werden soll.
- Eine Schwierigkeit besteht darin, zu identifizieren, für welche Fälle sich der Aufwand eines FLARE Calls lohnt. Im Nachhinein kann sich immer herausstellen, dass es eigentlich unnötig war, so viele Experten für diese Fragestellung zu binden. Andererseits darf die Hemmschwelle für eine Anfrage nicht zu hoch gesetzt werden. Gerade zu Beginn der Einführung eines solchen Prozesses ist es sinnvoll, eher offen für Anfragen zu sein, ohne sie im Nachhinein als unnötig oder dumm zu stigmatisieren. Insbesondere bei der Einführung des Prozesses können die Anliegen mit den Beteiligten ohne Schuldzuweisungen ausgewertet werden, um Schritt für Schritt mehr Erfahrung zu sammeln, für welche Fälle sich das Verfahren eignet.

11.2.4 Soziokratisches Entscheidungsprinzip

Die Gleichberechtigung aller Prozessbeteiligten ist bei den bisher vorgestellten Methoden entscheidend für das Sensemaking bei der Entscheidungsfindung. Wie aber kommt man zu angemessenen Entscheidungen unter Gleichberechtigten, wenn es alternative Lösungswege gibt und die verschiedenen Vertreter am Tisch nicht einer Meinung sind? Wie entscheidet man, was in diesem Moment der »richtige« Weg ist?

In der Regel werden drei Möglichkeiten gesehen:

1. Eine (eher klassische) Möglichkeit besteht darin, die Entscheidung am Ende doch hierarchisch zu treffen. Die Führungskraft hat sich eine Meinung gebildet und entscheidet auf dieser Basis. Die Nachteile bei diesem Vorgehen sind jedoch, dass die Interessen des Managements bei der Entscheidung ein größeres Gewicht bekommen (zum Beispiel Profitinteressen gegenüber fachlichen Bedenken höher gewertet werden) und dass es keinen Weg gibt, ohne den Hierarchen zu einer Entscheidung zu kommen.
2. Eine zweite Möglichkeit ist die Konsensbildung. Aber ein Prozess, der sicherstellt, dass am Ende alle Beteiligten mit der Entscheidung zufrieden sind, dauert in Risikofällen zu lange. Konsens ist angesichts der für komplexe Situationen charakteristischen widersprüchlichen und mehrdeutigen Faktenlage eher unwahrscheinlich.
3. Demokratische Abstimmungen wiederum bergen das Risiko, dass entscheidende Einwände nicht gehört werden und die Tendenz zum Gruppendenken fördern. (Wenn ich jetzt noch etwas dagegen sage, dann dauert es ewig, bis wir eine Entscheidung haben.)

Eine Alternative zu diesen drei Optionen ist das soziokratische Entscheidungsprinzip, um in komplexen, widersprüchlichen Situationen schnell zu tragfähigen Entscheidungen zu kommen. Es geht auf den niederländischen Reformpädagogen Boeke zurück, der nach einer Form des Managements suchte, das von der Gleichberechtigung der Organisationsmitglieder ausgeht und auf dem Prinzip der Zustimmung beruht. Anders als in der Demokratie wird diese Gleichberechtigung aber nicht durch den Grundsatz »ein Mensch – eine Stimme« verkörpert. Vielmehr basiert sie auf der Annahme, dass eine Entscheidung nur getroffen werden kann, wenn niemand der Anwesenden einen schwerwiegenden und begründeten Einwand dagegen hat.

Konsent-Entscheidungen: Niemand ist dagegen statt die Mehrheit ist dafür

Konsent-Entscheidungen werden getroffen, wenn niemand mehr begründete Einwände vorbringen kann. Nach einer ausgiebigen Erörterung des Problems durch eine der bereits vorgestellten Methoden entsteht durch einfache Handzeichen ein Stimmungsbild:

- Daumen hoch: Ich bin dafür!
- Daumen mittig: Ich bin nicht davon überzeugt, trage die Entscheidung aber mit!
- Daumen runter: Ich bin dagegen!

Alle Teammitglieder, die den Daumen senken, tragen nun ihre Einwände vor und es wird erneut abgestimmt, bis niemand mehr Kritik vorzubringen hat. Bei Risikoentscheidungen ist wieder die Moderation entscheidend. Der Moderator ergründet mit den Teilnehmern ihre Einwände, indem er die zugrunde liegenden Annahmen, Erklärungen und Zusammenhänge erfragt. Gemeinsam wird nach Möglichkeiten gesucht, um die Gegenargumente zu entkräften. Erst nachdem kein Beteiligter mehr etwas vorzubringen hat, gilt die Entscheidung als die temporär beste Lösung, bis neue Zweifel vorgebracht werden.

Konsultativer Einzelentscheid

Eine Variante des soziokratischen Entscheidungsprinzips ist der konsultative Einzelentscheid. Das Team wählt einen Entscheider aus, dem der Auftrag erteilt wird, den Beschluss zu treffen. Das benannte Teammitglied konsultiert Personen, die zu der Fragestellung Expertise haben oder die von der Entscheidung betroffen sind. Auf Basis dieses Wissens trifft er dann unabhängig seine Entscheidung und präsentiert sie sowie die Beweggründe, die ihn dazu gebracht haben. Die anderen hören zu und akzeptieren die Entscheidung, bis sie durch neuen Entscheidungsbedarf infrage gestellt wird.

12 Kontinuierliches Prüfen der Systemfitness

Das Organisieren kollektiver Achtsamkeit ist ein fortlaufender Lernprozess. Um die fortwährende Selbsterneuerung zu fördern, braucht es Rituale zur Selbstbeobachtung, mit deren Hilfe Mitarbeiter und Führungskräfte Muster und Routinen in der Organisation regelmäßig hinterfragen. Die Steuerung erfolgt dann nicht in Hinblick auf die Ergebnisse, sondern auf die Systemfitness, die ausschlaggebend für die Leistungsfähigkeit der Organisation ist. Wie wirken sich Programme, Kommunikationswege und Personalentscheidungen auf die tägliche Zusammenarbeit aus? Welche positiven und negativen Effekte haben sie für die kollektive Achtsamkeit? Passt die Art, wie wir uns organisieren noch zu den Kontextbedingungen?

In diesem Prozess gibt es drei grundlegende Herausforderungen:

1. Die Beteiligten müssen ein gemeinsames Bild davon entwickeln, wie die spezifische Prozess- und Verhaltensqualität aussehen soll, die sie erreichen wollen. Gerade in klassisch organisierten Unternehmen fällt es Mitarbeitern und Führungskräften schwer, sich überhaupt Alternativen zu den existierenden Mustern vorzustellen. Die Prinzipien kollektiver Achtsamkeit und eine Logik-II-Perspektive können für die Entwicklung dieses gemeinsamen Zielbildes oder Referenzmodells handlungsleitend sein.
2. Die relevanten Handlungsfelder, die untersucht werden sollen, müssen bestimmt werden. Wohin wollen wir unsere Aufmerksamkeit systematisch lenken? Wovon versprechen wir uns die größte Wirkung auf unsere Zuverlässigkeit bzw. Leistungsfähigkeit?
3. Die gewünschten neuen Muster müssen in ihrer »Bauweise« von anderen (einer Logik I entspringenden) Mustern unterschieden werden. Es ist erfahrungsgemäß hilfreich, diese Differenzierung an Verhaltensbeispielen im Alltag zu konkretisieren.

Mit den Kultur-Dialogen und dem Echtzeit-Stimmungsbild stellen wir zwei Methoden für diese kontinuierliche Selbstüberprüfung vor. Beide liefern das notwendige Referenzmodell und unterstützen bei der erforderlichen alltagsnahen

Differenzierung von Mustern. Die Kultur-Dialoge regen eine interaktive Musterprüfung mit ausgewählten Themen an. Das Echtzeit-Stimmungsbild ist eine Online-Befragung, die in sehr kurzen Iterationen durchgeführt wird, um ein schnelles Feedback über den Systemzustand zu bekommen.

12.1 Selbsteinschätzung mit Kultur-Dialogen

Die Methode Kultur-Dialoge wurde von uns in den letzten Jahren zunächst für die Entwicklung der Sicherheitskultur erarbeitet, erprobt und immer weiter verfeinert. Unternehmen der Chemieindustrie oder der herstellenden Industrie nutzen die Kultur-Dialoge seit etlichen Jahren für die unternehmensweite Entwicklung der Sicherheits- oder Risikokultur (vgl. dazu auch die Fallbeispiele in Kapitel 16 und 17). Für das Gesundheitswesen werden sie zurzeit für die Verbesserung der Patientensicherheit und Behandlungsqualität pilotiert. Unternehmen nutzen das Verfahren mittlerweile aber auch für andere Fragestellungen, die sich im Zuge erhöhter Komplexität und Risiken ergeben, zum Beispiel zur Entwicklung einer Präventions-, Innovations-, Performance- oder Wachstumskultur. Das Verfahren ist flexibel einsetzbar und kann an den jeweiligen unternehmerischen Schwerpunkt oder Fragestellung angepasst werden. In der Folge stellen wir die Methode vor und illustrieren sie am Beispiel der »klassischen« Variante zur Entwicklung einer Sicherheitskultur (vgl. Fallbeispiel Sicherheitskultur-Dialoge).

Kultur-Dialoge unterstützen die Kulturbeobachtung und -entwicklung durch ein Kartensystem mit konkreten Verhaltensbeschreibungen, die sich an den Prinzipien kollektiver Achtsamkeit orientieren und eine inhaltliche Orientierung für die Selbstreflexion bieten. Aus einem Themenpool können je nach Fragestellung relevante zu beobachtende Aspekte ausgewählt werden. Vor allem in der Anfangsphase eines Kulturentwicklungsprozesses unterstützen Kultur-Dialoge, die besondere Qualität des Organisierens kollektiver Achtsamkeit besser zu erfassen; konkrete Verhaltensbeispiele regen die Diskussion an.

12.1.1 Idee, Ziel und Nutzen

Entwickeln gemeinsamer Referenzen

Ziel der Kultur-Dialoge ist es zum einen, dass Mitarbeiter und Führungskräfte gemeinsame und differenzierte Vorstellungen darüber entwickeln, wie zuverlässiges Organisieren bei ihnen in Zukunft aussehen soll. Solche gemeinsamen Referenzen sind für einen nachhaltigen Veränderungsprozess erfolgskritisch.

In den Kultur-Dialogen diskutieren die Beteiligten über gegenwärtig erlebte und künftig gewünschte Verhaltensmuster und dies bereitet den Weg für ihre schrittweise Weiterentwicklung: Welches Verhalten erleben wir in unserem Alltag? Welchen Prinzipien und Grundannahmen folgt es? Welche Rahmenbedingungen fördern oder steuern dieses Verhalten? Inwieweit fördern oder hindern diese Muster unsere kollektive Achtsamkeit?

Erleben der Prinzipien kollektiver Achtsamkeit
Die Durchführung der Kultur-Dialoge selbst ist nach den Prinzipien kollektiver Achtsamkeit gestaltet. Damit erleben die Teilnehmer automatisch die gewünschte Kultur zum ersten Mal:

- Die Arbeit findet in gemischten Teams statt. Der Moderator sorgt für den wertschätzenden Austausch von verschiedenen Perspektiven (Nutzen vielfältiger Perspektiven).
- Es geht vor allem um die konkreten operativen Erfahrungen der Beteiligten. Generalisierungen werden aus diesem Grund bewusst vermieden. Es geht nicht darum, wie es meistens ist oder eigentlich sein sollte, sondern wie die Arbeit tatsächlich erlebt wird in allen Facetten (großes Interesse für das Hier und Jetzt).
- Es wird auch hierarchieübergreifend gearbeitet. Bei den Dialogen erproben die Teilnehmer, wie eine Diskussion unter Gleichgestellten funktioniert, ohne Führung auszuschließen (Respekt vor Expertise).
- In den Dialogen wird explizit nach Ausnahmen und Abweichungen vom Normalen gefragt: Wann verhalten wir uns anders und in welchen Situationen ist dies so (hohe Aufmerksamkeit gegenüber Abweichungen)?
- Perspektivunterschiede und damit einhergehende kontroverse Diskussionen, zum Beispiel zwischen Führungskräften und operativen Mitarbeitern, Experten, Hilfspersonal oder gar Lieferanten sind bei diesen Diskussionen explizit erwünscht. Ein positiver Nebeneffekt der Selbstbeobachtung besteht darin, dass die Teilnehmer lernen, sich über die Unterschiedlichkeit ihrer Wahrnehmungen und Perspektiven offen und ohne Schuldzuweisung auszutauschen.

Ziele der Kultur-Dialoge

- Förderung des interaktiven Dialogs über Erfahrungen im Umgang mit Risiko, Komplexität und Unsicherheit
- Nutzung der unterschiedlichen Perspektiven und Meinungen für die Selbstbeobachtung
- Lenkung der Aufmerksamkeit auf ausgewählte Handlungsfelder, die kollektive Achtsamkeit beeinflussen

- Entwicklung eines gemeinsamen Referenzsystems und Qualitätsmaßstabs, um Erfahrungen zu bewerten („gemeinsame Sprache“)
- Konkretisierung eines Zielbildes im Führungsteam und in den Köpfen der Mannschaft (Wie sieht zuverlässiges Organisieren im Alltag aus?)

Kultur-Dialoge eignen sich für …

- eine erstmalige Standortbestimmung zu Beginn eines Veränderungsprozesses, um Handlungsfelder und Entwicklungspotenziale zu identifizieren (Was müssen wir reduzieren, was beibehalten, was entwickeln?)
- die kontinuierliche Selbstbeobachtung der Systemfitness in einem langfristig angelegten Kulturentwicklungsprozess.

12.1.2 Ansatz und Vorgehen

5-Stufenmodell als gemeinsames Referenzsystem

Inhaltliche Orientierung für die Bewertung der diskutierten Muster bietet das 5-Stufenmodell, das zwischen fünf typischen Mustern im Umgang mit Risiken und Komplexität unterscheidet. Während die ersten drei Stufen typisches Verhalten einer Logik I beschreiben, illustrieren die Stufen vier und fünf Verhaltensmuster, die den Prinzipien kollektiver Achtsamkeit folgen. Das 5-Stufenmodell dient den Teilnehmern in der Diskussion als Brille, um die verschiedenen Qualitäten von Prozessen und Verhalten trennschärfer unterscheiden zu können.

Ausgewählte Themen zur inhaltlichen Fokussierung

Die Kultur-Dialoge bieten ein Themenmenü mit ausgewählten inhaltlichen Aspekten, die für die Entwicklung der kollektiven Achtsamkeit relevant sind. Diese Themen drehen sich zum Beispiel um das beobachtbare Verhalten von Führungskräften, die Fehlerkultur, Möglichkeiten zur Entwicklung und kontinuierlichen Verbesserung oder die Bedingungen für kollektive Achtsamkeit wie respektvolle Beziehungen oder die Bereitschaft, Informationen zu teilen. Je nach Schwerpunktsetzung werden jeweils relevante Themen ausgewählt, bei Bedarf können weitere, wichtige Dimensionen bestimmt werden.

Toolbox zur Themenbearbeitung

Die Toolbox für die Kultur-Dialoge ist ein Hilfsmittel, um die gemeinsame Selbstbeobachtung zu strukturieren und effizienter zu gestalten. Die Box enthält mehr als einhundert Karten mit konkreten Verhaltensbeschreibungen pro Thema und Stufe. Für jedes zu diskutierende Thema gibt es ein Set mit fünf Karten (pro Stufe also je eine Karte). Jede Karte enthält eine anschauliche Verhaltensbeschreibung, die skizziert, welches Verhalten typisch für die jeweilige Stufe ist, zum Beispiel wie Mitarbeiter und Führungskräfte gemeinsam von Fehlern lernen, wie sich Führungskräfte verhalten und welche Fragen sie stellen, wie Schulungen und Trainings durchgeführt werden oder wofür und wie Mitarbeiter Anerkennung erfahren.

Die Beschreibungen auf den Karten zeigen den Unterschied zwischen den fünf Stufen mittels Beispiele auf. Ziel ist es, die Diskussion und Einordnung eigener Erfahrungen aus dem Alltag unter den Teilnehmern anzuregen.

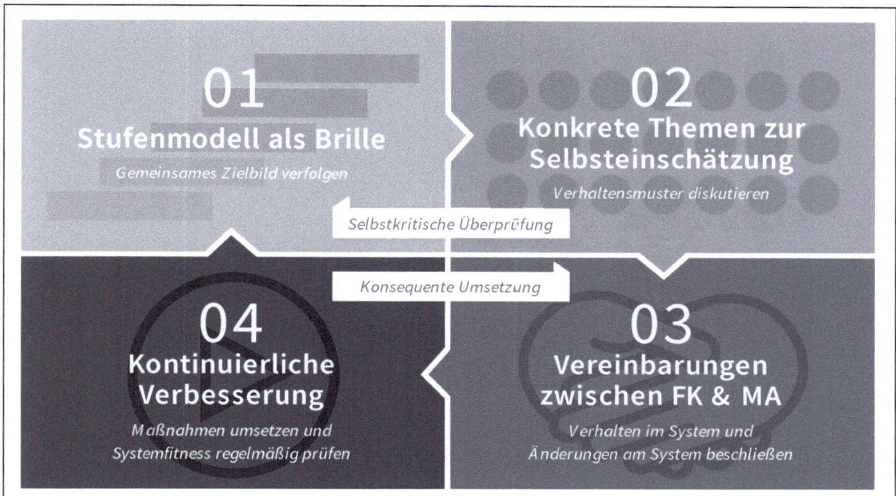

Abb. 45: Kultur-Dialoge zur inhaltlichen Orientierung im Veränderungsprozess

12.1.3 Stufenmodell als gemeinsame Referenz

Wie bereits erläutert, stützen sich die Kultur-Dialoge auf das 5-Stufenmodell der Sicherheitskultur. Dieses Modell geht zurück auf Westrum (1993 und 2004) und wurde in der Praxis erstmals von der Firma Shell verwendet wurde (vgl. Hudson, 2001).

Für die Kultur-Dialoge wurde das 5-Stufenmodell um einige Aspekte weiterentwickelt. Zum einen wurden die Bezeichnungen der Stufen verändert. Darüber hinaus wurde die Glasdecke zwischen Stufe 3 und 4 in das Modell integriert, um den Unterschied von Logik I und Logik II zu markieren und zu verdeutlichen (vgl. den Exkurs zum 5-Stufenmodell).

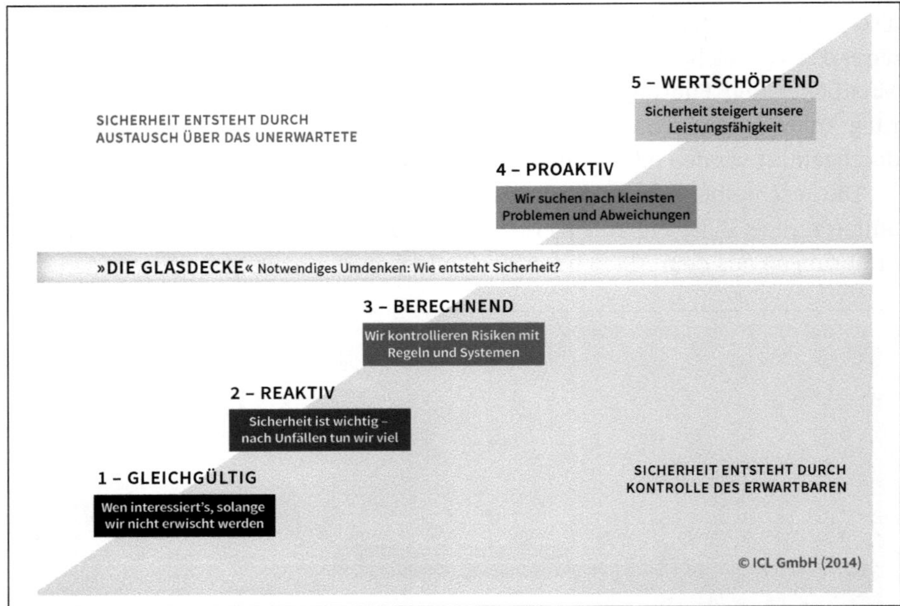

Abb. 46: Das 5-Stufenmodell der Sicherheitskultur (in Anlehnung an Hudson, 2001)

5 Stufen

Die fünf Stufen entsprechen im Wesentlichen den historisch entstandenen Spielarten im Umgang mit Risiken, die wir in Teil I beschrieben haben (vgl. Abschnitt 5.1). Die oberen Stufen (proaktiv und wertschöpfend) sind nach den Prinzipien für kollektive Achtsamkeit gebaut.

5-Stufen der Sicherheitskultur mit Glasdecke

1. Gleichgültiges Muster

Das erste Muster beschreibt eine gleichgültige Haltung gegenüber Risiken und Unsicherheit: Wen interessiert es, solange wir nicht erwischt werden? Risiken und anspruchsvolle Aufgaben werden durch starke Helden bearbeitet.

2. Reaktives Muster

Hier geht es um das Reagieren auf Ereignisse: Unsicherheit und Risiko werden vor allem dann thematisiert, nachdem etwas Schwerwiegendes geschehen ist. Unter diesem Druck werden entsprechende Maßnahmen ergriffen, doch diese sind eher symbolischer Natur, um die Außenwelt zu beruhigen.

3. Berechnendes Muster

Das berechnend-rationale Muster steht prototypisch für die im Teil I beschriebene Logik I. Risikovermeidung steht auf der Agenda von Führung und wird in der Organisation explizit bearbeitet. Risiken werden durch Regeln, Prozesse und Systeme kontrolliert. Wenn wir einmal das perfekte System haben – so die zugrunde liegende Haltung – sind wir sicher und haben unsere Herausforderungen bewältigt.

4. Proaktives Muster

Der Übergang zum vierten Muster markiert ein grundlegendes Umdenken hin zu einer Logik II: Verbindliche Regeln und Systeme sind zwar ungemein wichtig, trotzdem weiß man, dass immer etwas Unerwartetes passieren kann. Charakteristisch für diese Stufe ist, dass kleinste Unklarheiten und Probleme aufgespürt werden, um aus ihnen zu lernen und um Vorfälle schon im Vorfeld zu vermeiden. Man verlässt sich nicht blind auf Regeln, sondern fragt sich, was geschieht, wenn sie versagen.

5. Wertschöpfendes Muster

Das fünfte Muster ist eine Erweiterung dieser Erkenntnis. Die Prinzipien für kollektive Achtsamkeit spielen eine Rolle bei der Gestaltung der Organisation (also der Entscheidung über Entscheidungsprämissen). Das Management von Risiken und Unerwartetem sowie die Selbstlernfähigkeit der Organisation ist eine zentrale Führungsfrage und steht im unmittelbaren Zusammenhang mit anderen Leistungsparametern wie Qualität oder Produktivität.

Die Glasdecke

Die Stufen gehend nicht fließend ineinander über. Jede Stufe hat ihre eigene Qualität. Ein Mehr-desselben qualifiziert nicht für den nächsten Schritt. Wir haben bereits in Teil I diskutiert, dass neue Muster im Umgang mit Risiken eher dadurch getrieben waren, weil das bestehende Muster das Überleben der Organisation nicht mehr sichern konnte.
Die Glasdecke markiert den grundlegenden Übergang von der Logik I zur Logik II, der zwischen dem berechnend-rationalen und dem proaktiven Muster zu verorten ist. Während unterhalb der Glasdecke mit einem eher mechanistischen Organisationsverständnis versucht wird, erwartbare und bekannte Störungen zu kontrollieren, geht man jenseits dessen von der prinzipiellen Unberechenbarkeit von Organisationen aus (s. Teil I).

EXKURS

Ursprung und Nutzen des 5-Stufenmodells

Stufenmodelle helfen, die Qualität kritischer Leistungsprozesse besser zu differenzieren und unterstützen die Entwicklung gemeinsamer Referenzen. In Veränderungsprozessen muss nicht immer wieder neu verhandelt werden, was zu einer hohen Zuverlässigkeit beiträgt und was nicht. Schnell entsteht eine gemeinsame Vorstellung und Sprache, welche Muster man künftig verstärken und welche man reduzieren möchte. Die Unterscheidung der Stufen hilft, solche Muster samt ihrer Prämissen beobachtbar zu machen, um sie weiterzuentwickeln. Stufen- bzw. Reifegradmodelle haben ihren Ursprung in der Softwareentwicklung. CMMI (Capability Maturity Model Integration) vereint zum Beispiel eine Familie von Referenzmodellen zur Bewertung verschiedener Produktentwicklungs-, Unterstützungs- und Serviceprozesse (vgl. dazu www.cmmiinstitute.com). Auch in anderen Bereichen, wie zum Beispiel im Innovationsmanagement werden sie genutzt (vgl. dazu Breuer u. Lüdeke-Freund, 2016, S. 133ff).
Die Nachteile von Stufenmodellen liegen in ihrem normativen Charakter. Je nach Anwendung gibt es wenig Raum darüber nachzudenken, in welchen Situationen die Muster auf den unteren Stufen auch funktional sein können. Die praktische Anwendung des Stufenmodells zeigt, dass der Nutzen der Entwicklung gemeinsamer Referenzen die (eher theoretischen) Risiken einer einseitig-wertenden Normativität überwiegt. Eine offene Haltung gegenüber Anpassungen erscheint jedoch sinnvoll. Diskussionen über weiterführende Differenzierungen mit den Beteiligten können in der Praxis dazu beitragen, das Verständnis der Prinzipien für kollektive Achtsamkeit weiter zu schärfen.

Westrums dreistufiges Modell

Für die Bearbeitung von Unsicherheit und Komplexität sind vor allem die Vorschläge aus der Sicherheitsarbeit relevant (vgl. z. B. Reason, 1997; Fleming, 2000; Hudson, 2001). Das von uns weiterentwickelte 5-Stufenmodell stützt sich auf das Reifegradmodell von Westrum (1993 und 2004). Westrum unterscheidet drei verschiedene Muster im Umgang mit Unsicherheit: pathologisch, bürokratisch und generativ. Ihn interessiert dabei vor allem die Art und Weise, wie Informationen in der Organisation weitergegeben werden und welches Führungsverständnis damit verbunden ist. Diese Aspekte haben Westrum zufolge einen erheblichen Einfluss auf die Bearbeitung von Komplexität und Risiken. Unseres Erachtens liefert dieses Modell die drei wichtigsten Qualitätsunterschiede in der Bewältigung von Unsicherheit und eignet sich sowohl für Fragen der Zuverlässigkeit (Sicherheit, Qualität etc.) als auch für Fragen der Lernfähigkeit, der Innovation oder der Selbsterneuerung.

Pathologisch	Bürokratisch	Generativ
machtorientiert	regelorientiert	leistungsorientiert
wenig Kooperation	mittelmäßige Kooperation	hohe Kooperation
Überbringer schlechter Nachrichten werden geopfert	Überbringer schlechter Nachrichten werden missachtet	Überbringer schlechter Nachrichten werden trainiert
Verantwortung wird vermieden	kleine Verantwortungsspielräume	Risiken werden geteilt
Überbrückungen werden entmutigt	Überbrückungen werden toleriert	Überbrückungen werden begrüßt
Fehler = Opfer	Fehler = Urteil	Fehler = Untersuchung
Neues wird zerrieben	Neues bedeutet Probleme	Neues wird umgesetzt

Abb. 47: Wie Organisationen Informationen verarbeiten (Westrum, 1993, 2004)

Erweiterung auf fünf Stufen

Westrums Modell wurde im Laufe der Zeit um zwei weitere Stufen erweitert (vgl. Reason, 1997; Hudson, 2001). Man wollte das theoretische Modell für die Nutzung in der Praxis (zum Beispiel bei Shell) anschlussfähiger machen und mehr Differenzierung ermöglichen. So wurden zwei weitere Stufen (reaktiv und proaktiv) hinzugefügt, die jeweils als Vorstufen zu sehen sind.

Wirklich ein Reifemodell?

Das Stufenmodell wurde ursprünglich als evolutionäres Reifemodell konzipiert. Es wird suggeriert, dass eine Organisation alle Phasen durchlaufen haben muss, um zur höchsten Stufe zu gelangen. Damit geht die implizite Annahme einher, dass sich eine Organisation auf einer bestimmten Stufe befindet.

Aus unserer Sicht ist diese Vorstellung kritisch zu sehen. Der Erfahrung nach überlagern sich die beobachtbaren Muster in der Organisation und koexistieren. In einer Organisation, die sehr viel Wert auf Regeln und Systeme legt, wird man zum Beispiel immer auch proaktive oder wertschöpfende Elemente finden, die das Überleben in einem riskanten Umfeld überhaupt ermöglichen. Ziel der Kultur-Dialoge ist es, solche dann meistens eher impliziten Verhaltensweisen beobachtbar zu machen, sie auf ihre Brauchbarkeit zu überprüfen und weiterzuentwickeln.

Wir schlagen daher vor, das Modell nicht als evolutionäres Reifemodell zu verstehen. Die skizzierten Muster müssen nicht nacheinander durchlaufen werden, um auf eine höhere Stufe zu kommen. Die »Fehler« der Geschichte müssen nicht zwangsläufig von jeder Organisation wiederholt werden. Vielmehr geht es darum, die bisherigen Muster aus einer anderen Perspektive (Logik II) heraus zu betrachten, um zu neuen Lösungen zu kommen.

Markieren der Glasdecke
Eine für uns wichtige Weiterentwicklung besteht deshalb in der Markierung des Unterschieds zwischen Logik I und Logik II. Aus diesem Grund haben wir dies mithilfe der Glasdecke zwischen Stufe 3 und 4 markiert. Die Decke macht sichtbar, dass mehr Kontrolle, Regeln und Planung keinen Effekt auf die kollektive Achtsamkeit haben und ein grundlegendes Umdenken notwendig ist.

12.1.4 Themen zur Selbstbeobachtung

Die ausgewählten Themen lenken die Aufmerksamkeit in der gesamten Organisation. Sie müssen zu den Herausforderungen des Unternehmens passen: Was wird berücksichtigt und was gerät aus dem Fokus? Welche Dimensionen für ein Unternehmen besonders relevant sind, hängt vom Kontext ab und kann von Organisation zu Organisation unterschiedlich sein. Die Herausforderung besteht dabei einmal mehr in der Komplexitätsreduktion, sich also für bestimmte Dimensionen zu entscheiden.

Auswahl der relevanten Themen
Die Auswahl der zu beobachtenden Dimensionen aus dem Themenpool und die Auseinandersetzung mit den Beschreibungen ist ein kritischer Punkt bei der Einführung der Methode und stellt bereits eine erste Intervention dar. Führungskräfte, Experten und Mitarbeiter setzen sich damit auseinander, wo sie die wirksamsten Hebel für die Kulturentwicklung sehen.

Die Themenauswahl wird von den jeweils dominanten Vorstellungen von Organisation und Intervention beeinflusst. Um zu vermeiden, dass wichtige Beobachtungsaspekte ausgelassen und damit klassische Steuerungsvorstellungen reproduziert werden, ist eine fachkundige Begleitung dieser Phase ratsam. Außenperspektiven, wie z. B. eine externe Beratung, sollten hinzugezogen werden, um sich mit alternativen Steuerungsvorstellungen und Selbstbeschreibungen auseinanderzusetzen.

FALLBEISPIEL

21 Dimensionen der Sicherheitskultur-Dialoge
Für diese Variante der Sicherheitskultur-Dialoge wurden sieben Handlungsfelder mit je drei Themen identifiziert (insgesamt 21 Themen). Die Auswahl wurde auf der Grundlage von Forschungsergebnissen (vgl. Parker et al., 2006; Flin et al., 2000) sowie von eigenen praktischen Erfahrungen bezüglich immer wieder auftretender Aspekte bei der Entwicklung der Sicherheitskultur vorgenommen. Abbildung 48 gibt einen Überblick über die Dimensionen.

Abb. 48: Beispiel Dimensionen für Sicherheitskultur-Dialoge, ICL GmbH (2014)

Für jedes Thema gibt es ein Kartenset mit fünf Karten mit konkreten Verhaltensbeschreibungen.

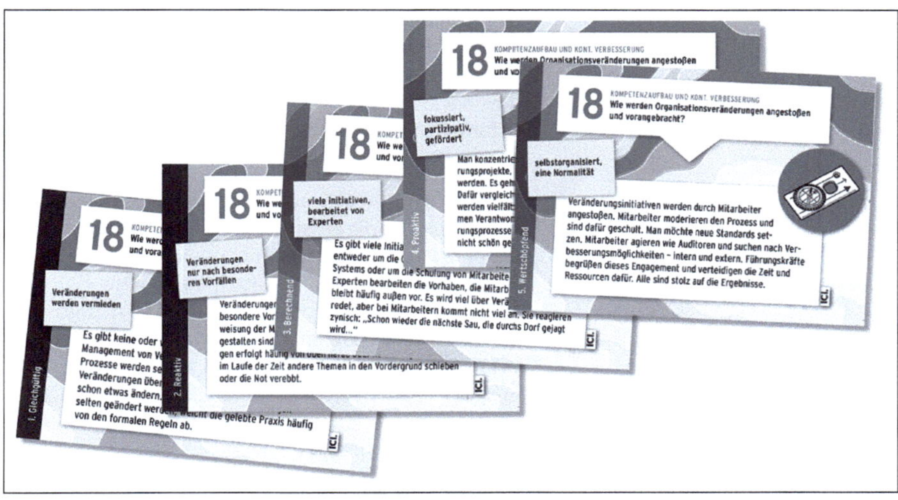

Abb. 49: Beispiel für ein Karten-Set (ICL GmbH, 2004, fünf Karten pro Thema, eine Karte pro Stufe)

Beschreibungen pro Stufe

Abbildung 48 zeigt ein Beispiel für Beschreibungen des Themas Veränderungsfähigkeit. Jede Stufe legt eine andere Qualität im Umgang mit Veränderungen dar, die den Ausgangspunkt für die Diskussion eigener Beispiele und Erlebnisse bildet.

Stufe/Muster	Kurzbeschreibung	Illustrative Beschreibung
gleichgültig	Veränderungen werden vermieden	Es gibt keine oder wenig Ambitionen für das Management von Veränderungen. Strukturen und Prozesse werden selten infrage gestellt. Wenn Veränderungen überlebenskritisch sind, dann wird sich schon etwas ändern. Da die Verfahrensanweisungen selten geändert werden, weicht die Praxis häufig von den formalen Regeln ab.
reaktiv	Veränderungen nur nach gravierenden Ereignissen	Veränderungen werden vor allem motiviert durch besondere Vorfälle. Dann sind Druck und Schuldzuweisung der Motor. Wie Veränderungen umsichtig zu gestalten sind, wird nicht thematisiert. Die Umsetzung von Veränderungen erfolgt häufig von oben oder halbherzig, weil sich im Laufe der Zeit andere Themen in den Vordergrund schieben oder die Notwendigkeit geringer scheint.
kalkulativ	viele Initiativen, bearbeitet durch Experten	Es gibt viele Initiativen und Aktionspläne. Es geht entweder um die Optimierung des formalen Systems oder um die Schulung von Mitarbeitern. Veränderungen werden von Experten parallel zum Geschäft bearbeitet, die Mitarbeiterperspektive bleibt häufig unberücksichtigt. Es wird viel über Veränderungen geredet, aber bei den Mitarbeitern kommt davon wenig an. Mitarbeiter reagieren zynisch: Die nächste Sau, die durchs Dorf gejagt wird!
proaktiv	fokussiert, partizipativ, gefördert	Man konzentriert sich auf einige wichtige Veränderungsprojekte, die ernsthaft und längerfristig verfolgt werden. Es geht darum, immer besser zu werden, dafür vergleicht man sich auch mit anderen. Man arbeitet in gemischten Teams, um vielfältige Perspektiven zu nutzen. Führungskräfte übernehmen Verantwortung. Ausgebildete Personen begleiten die Veränderungsprozesse professionell. Misserfolge dürfen sein und werden nicht schöngeredet.

Stufe/Muster	Kurzbeschreibung	Illustrative Beschreibung
wert-schöpfend	selbstorganisiert, eine Normalität	Veränderungsinitiativen werden durch Mitarbeiter angestoßen. Mitarbeiter moderieren den Prozess und sind dafür geschult. Man möchte selbst neue Standards setzen. Mitarbeiter agieren wie Auditoren und suchen nach Verbesserungsmöglichkeiten – intern und extern. Führungskräfte begrüßen dieses Engagement. Sie schaffen und verteidigen die Ressourcen dafür. Alle sind stolz auf die Ergebnisse.

Abb. 50: Beispielbeschreibungen nach Stufe, ICL GmbH (2014)

12.1.5 Prinzipien für den Veränderungsprozess

Das Stufenmodell bietet die Grundlage dafür, verbindliche Prinzipien für den Veränderungsprozess zu vereinbaren. Welche Muster sollen in Zukunft verstärkt, welche sollen unterbrochen werden und was muss Neues hinzukommen? Die vereinbarten Interventionsprinzipien werfen automatisch weiterführende Fragen auf, die in den Kultur-Dialogen erörtert werden.

Beispiel für Interventionsprinzipien zur Entwicklung der Sicherheitskultur anhand des 5-Stufenmodells:

1. Wir lassen Verhaltensmuster auf Stufe 1 und 2 nicht mehr zu:

- Wo beobachten wir diese Verhaltensmuster noch im Umgang mit Risiken?
- Was nährt dieses Muster? (Liegt es beispielsweise am Verhalten oder Wegschauen von Führungskräften oder weil Produktion oder Kundenorientierung als wichtiger erachtet werden?)
- Wofür ist das Muster funktional? (Wird damit zum Beispiel der Konflikt zwischen Effizienz und Zuverlässigkeit implizit bearbeitet?)

2. Wir prüfen wir Stufe-3-Verhalten kritisch auf seine Passung:

- Für welche Fragestellungen ergibt eine rational-berechnende Bearbeitungsform Sinn (z. B. für die technische Planung)?
- Wo übertreiben wir dieses Muster (»Super-Stufe-3«)? Wo befriedigen wir zum Beispiel nur noch die formalen Anforderungen und lenken die Aufmerksamkeit vom operativen Geschehen ab?
- Wo versuchen wir, komplexe Probleme mit den Mitteln für komplizierte Probleme zu lösen und sollten das Muster wechseln?

3. Wir lernen von bestehendem Verhalten, um kollektive Achtsamkeitspraktiken schrittweise auszubauen:

- Wo haben wir bereits gute Ansätze und Praktiken, die den Stufen 4 und 5 entsprechen?
- Wie wirken sie?
- Was sind Bedingungen dafür, dass sie funktionieren? Was ist ggf. auch schwierig?
- Wie können wir die bestehenden Praktiken ausbauen? Was sind wichtige Stellhebel dafür?

12.1.6 Durchführung

Es gibt viele Möglichkeiten, Kultur-Dialoge durchzuführen. Die Diskussionen sollten zunächst in einem separaten und moderierten Workshop stattfinden, um die Wirkung anderer Kommunikationsmuster zu erleben und zu erproben. Später können Kultur-Dialoge auch in Routinebesprechungen integriert werden:

- Innerhalb von drei bis vier Stunden kann eine Gruppe von 18 bis 20 Teilnehmern alle Handlungsfelder und die dazugehörigen Themen diskutieren.
- Oder eine kleine Gruppe von sechs bis sieben Personen diskutiert einige ausgewählte Dimensionen, zum Beispiel im Rahmen einer Teambesprechung. Die Diskussion in den Kleingruppen wird von einem Moderator betreut, der mit dem 5-Stufenmodell und den Dimensionen vertraut ist.
- Das Kartensystem lässt sich auch für Zielfindungsworkshops im Führungsteam nutzen: Das Team wählt einige Dimensionen aus und bestimmt zunächst den Ist-Zustand. Mithilfe der beispielhaften Verhaltensbeschreibungen auf den Stufen vier und fünf überlegen sich die Teilnehmer, wie die Gestaltung dieser Dimension in Zukunft aussehen kann. Dann wird bestimmt, was passieren muss, um das Ziel von der Gegenwart aus zu erreichen und welche Bedingungen dafür geschaffen werden müssen.
- Das Instrument kann auch für die Bearbeitung von Einzelthemen genutzt werden, zum Beispiel wenn ein neues Fehlermeldesystem eingeführt werden soll, über alternative Belohnungssysteme nachgedacht wird oder die Führung die eigene Rolle reflektieren und weiterentwickeln will. Die Verhaltensbeschreibungen liefern eine Orientierung, wie die Bearbeitung des jeweiligen Themas auf den höheren Stufen aussieht.
- Diese Methode eignet sich ebenso für Großgruppenkonferenzen wie Managementtagungen, um in regelmäßigen Reflexionsschleifen die eigenen Praktiken anhand ausgewählter Themen selbstkritisch unter die Lupe zu nehmen.

12.1.7 Fallstricke bei der Durchführung

Folgende Aspekte sind bei der Durchführung zu beachten:

- Kultur-Dialoge fördern die Notwendigkeit zutage, zahlreiche Veränderungen vorzunehmen. Werden diese im Nachhinein nicht bearbeitet, führt dies bei den Beteiligten zu Frustration oder bestätigt die Haltung, dass sich nichts ändern wird. Deshalb sollten Kultur-Dialoge in einen kontinuierlichen Lern- und Veränderungsprozess eingebettet werden. Dies erfordert neben der Entwicklung einer gemeinsamen Veränderungsstrategie im Führungsteam (siehe oben) auch einen Reflexionsprozess, wie über die beobachteten Entwicklungserfordernisse entschieden wird, welche Ressourcen dafür zur Verfügung stehen und vor allem, wie die Ergebnisse verfolgt und ausgewertet werden. In Teil III zeigen wir mithilfe zweier Fallbeispiele, wie Kultur-Dialoge in Veränderungsprozessen eingesetzt werden können.
- Eine bewusste Mischung der Teilnehmer ist für die Durchführung erfolgskritisch. Es sollte für eine gute Balance zwischen Führungskräften, Experten und Vertretern der Arbeitsebene gesorgt werden. Oft ist es vor allem schwer, die operativen Mitarbeiter an den Tisch zu bekommen, da diese dann in der getakteten Produktion fehlen.
- Günstig ist es, die Teilnehmer so auszuwählen, dass sie über eine gemeinsame operative Realität sprechen können, zum Beispiel in einem Werk, eine Fachklinik in einem Krankenhaus etc. Schnittstellen zu anderen Bereichen sollten durch Vertreter repräsentiert sein.
- Für die eigenverantwortliche Durchführung ist es notwendig, im Vorfeld interne Moderatoren auszubilden. Nur so kann die Qualität der Dialoge sichergestellt werden. Die Moderatoren können darüber hinaus im nachfolgenden Veränderungsprozess als Prozessbegleiter tätig werden. Die Moderation der Kultur-Dialoge erfordert viel Fingerspitzengefühl, ausgeprägte kommunikative und soziale Kompetenzen und ein reflektiertes Verständnis für die unterschiedlichen Muster sowie den Unterschied unter- und oberhalb der Glasdecke.
- Eine typische Schwierigkeit bei der Moderation der Kultur-Dialoge besteht darin, dass sich Teilnehmer überschätzen. Zum Beispiel passiert es bei den Dialogen zur Entwicklung der Sicherheitskultur häufig, dass Teilnehmer ein reaktives Muster oder die Stufe 3 als proaktiv interpretieren. (Sobald etwas passiert, reagieren wir proaktiv. Bei uns wird alles proaktiv kontrolliert.) In solchen Fällen ist es Aufgabe des Moderators, das Verständnis für die Stufen und den Unterschied anhand von Beispielen und der Karten schrittweise zu entwickeln, ohne als Missionar aufzutreten.
- Das Ergebnis eines Kultur-Dialogs ist häufig ein breites Spektrum verschiedener Muster von Stufe 1 bis 5, das aufgrund seiner Vielfalt erst einmal verwirrend

wirkt. Teilnehmer wünschen sich dann häufig mehr Eindeutigkeit. Allerdings ist es nicht möglich und sogar kontraproduktiv, einen Durchschnitt bzw. Mittelwert aller Beobachtungen zu bilden, denn jedes Muster hat seine eigene Qualität. Wenn eine Runde zum Beispiel viele Aspekte zu Stufe 2 und 4 gefunden hat, bedeutet das nicht, dass das dominante Muster eine Stufe 3 ist. Empfehlenswert ist in solchen Fällen, Erklärungen für das entstandene Bild zu finden: In welchen Situationen überwiegt das reaktive, wann das proaktive Muster? Wovon hängt das ab? Wie erklärt sich das Zusammenspiel? Welche Muster gilt es anzugehen: Welches bestehende Verhalten auf Stufe 4/5 wollen wir verstärken, welches kritische Verhalten (Stufe-1- und 2-Verhalten oder extremes Stufe-3-Verhalten) müssen wir verändern, wenn wir Wirkung erzielen möchten?

12.2 Echtzeit-Stimmungsbilder

Eine weitere Möglichkeit zur (Selbst)Beobachtung der Systemfitness sind Echtzeit-Stimmungsbilder. Wir alle kennen Mitarbeiterbefragungen, die alle zwei bis vier Jahre mit großem Aufwand betrieben werden mit Fragebögen, die viele (gute und wichtige) Aspekte beinhalten und deren Auswertung die Organisation regelmäßig überfordern und langwierig sind. Eine Alternative für dynamische, sich schnell verändernde Bedingungen sind Echtzeit-Stimmungsbilder aus der gesamten Belegschaft, die eine schnelle Rückmeldung zum momentanen Systemzustand ermöglichen. Günstigstenfalls werden solche Stimmungsbilder in kurzen Abständen mit wenigen, wechselnden Fragen durchgeführt (z. B. alle 1-2 Wochen). Standardisierte, nutzerfreundliche Online-Tools unterstützen eine schnelle Beantwortung und bereiten die Daten für das Management in einem Cockpit auf. Echtzeit-Stimmungsbilder liefern wichtige Anhaltspunkte für Handlungsbedarf oder riskante Aspekte in der Zusammenarbeit. Für die Mitarbeiter ist das Ausfüllen des Fragebogens ein kurzer Reflexionsmoment, der es ermöglicht, das eigene Tun aus einer anderen Perspektive zu betrachten.

Echtzeit-Stimmungsbilder eignen sich zum einen für ein Feedback von allen Organisationsmitgliedern aber auch für die Rückmeldung aus besonders riskanten oder erfolgskritischen Projekten. Sie beschränken sich bewusst auf einige wenige Fragen. Auch hier besteht die Kunst darin, sinnvolle Beobachtungskriterien auszuwählen. Die Prinzipien für kollektive Achtsamkeit geben bei der Formulierung von Fragen Orientierung.

Die Idee von Echtzeit-Stimmungsbildern ist recht neu und Umsetzungserfahrungen gibt es vor allem in Unternehmen mit Start-up-Charakter wie zum Beispiel Delivery Hero oder EyeEm. Die Grundidee ist aber unseres Erachtens auch für klassische Unternehmen hochinteressant. Hier gilt es, im Vorfeld Fragen der Mitbestimmung eingehend zu klären.

Der Vorteil der Methode liegt in den schnellen Rückkopplungsschleifen, die in den Alltag integriert sind. Ihr Erfolg steht und fällt damit, ob die Mitarbeiter erleben, dass ihre Rückmeldungen vom Management ausgewertet werden und dass es Routinen gibt, um überraschende Ergebnisse (sowohl positive als auch negative) gemeinsam zu diskutieren und zu interpretieren, bevor entsprechende Maßnahmen ergriffen werden. Erleben Mitarbeiter, dass sie über ihr Feedback Einfluss nehmen können, werden sie es nutzen.

FALLBEISPIEL

SOS-Skala

Eine Anregung für Fragen liefert die Safety-Organizing-Skala (SOS), die im Krankenhausumfeld entwickelt und validiert wurde. Es handelt sich um einen Fragebogen mit neun Items zur Qualität der Sicherheitsarbeit, die mithilfe einer 7-stufigen Skala abgefragt werden. Die Definitionen der Fragen basieren auf den Prinzipien kollektiver Achtsamkeit. In einer empirischen Untersuchung wurde eine positive Korrelation zwischen den Verhaltensbeschreibungen und der Mortalitätsrate nachgewiesen (vgl. Vogus u. Sutcliffe, 2007). Von den neun Items können zum Beispiel alle ein bis zwei Wochen drei Items durch ein Echtzeit-Stimmungsbild ermittelt werden.

5 Prinzipien	Bitte bewerten die Sie derzeitige Qualität der Sicherheitsarbeit an Ihrem Standort:
aufmerksam für Besonderheiten	• Wenn neue Probleme auftauchen, besprechen wir im Kollegenkreis, worauf wir besonders aufpassen müssen. • Wir nehmen uns Zeit, um zu ermitteln, bei welchen Aktivitäten wir Fehler unbedingt vermeiden wollen.
vermeiden vorschneller Vereinfachungen	• Wir diskutieren über mögliche alternative Herangehensweisen bei unseren normalen Arbeitsaktivitäten.
interessiert an konkreten Details des aktuellen Geschehens	• Wir wissen von den individuellen Begabungen und Fähigkeiten unserer Mitarbeiter. • Wir tauschen uns über unsere besonderen Fähigkeiten aus, um zu wissen, wer über wichtige Spezialkenntnisse verfügt.
investieren in Problemlösungsfähigkeit	• Wir reden über Fehler und wie wir daraus lernen können. • Wenn es zu Irrtümern und Fehlern kommt, besprechen wir, wie wir sie hätten verhindern können.
respektvoll gegenüber Expertise	• Wenn wir uns um eine Problemlösung bemühen, nutzen wir die einzigartigen Fähigkeiten unserer Kollegen. • Wenn eine kritische Situation eintritt, bündeln wir schnell unser kollektives Wissen und Können, um sie zu entschärfen.

Abb. 51: Fragebogen angelehnt an die Safety-Organizing-Skala (vgl. Vogus u. Sutcliffe, 2007)

Teil III: Intervention – Veränderungsprozesse gestalten

13 Gestalten von Veränderungsprozessen

Zuverlässigkeitsfragen äußern sich meistens an den neuralgischen Punkten eines Unternehmens, sei es nun Arbeits- oder Umweltsicherheit, Qualität von Dienstleistungen, Umgang mit Risiken, Zuverlässigkeit dem Kunden gegenüber oder Liefertreue.

Folgende Beispiele illustrieren, wie unterschiedlich die Anliegen sein können:

- Ein global agierendes Industrieunternehmen verzeichnet hohe Unfallzahlen mit vielen Todesfällen. Der verantwortliche Sicherheitsmanager beklagt, die in den letzten Jahren implementierten Sicherheitssysteme zum Arbeitsschutz entfalteten ihr Potenzial nicht voll. Den Grund sieht er vor allem im Verhalten der oberen Führungskräfte des Unternehmens, die das ungeliebte Thema an Sicherheitsexperten abgeben. Sein Anliegen ist es, ein Programm für Topführungskräfte zu entwickeln, das die Unternehmensspitze für ihre Verantwortung für die Sicherheit sensibilisiert und ihr Werkzeuge an die Hand gibt, um die Sicherheitskultur zu fördern.
- Eine Bank steht unter Druck, die Auflagen der Finanzaufsichtsbehörden im Umgang mit Risiken zu erfüllen. Ziel ist es, eine Risikokultur zu entwickeln und die Kompetenzen bei der Beobachtung und Bewertung operationeller Risiken zu stärken.
- Der Geschäftsführer eines Krankenhauses hat vom Dachkonzern den Auftrag bekommen, ein Critical Incident Reporting System (CIRS) einzuführen und sucht nach einem geeigneten Weg dafür. Er sieht in dem Vorhaben eine Möglichkeit, die Kultur im Umgang mit Fehlern gezielt weiterzuentwickeln. Die Direktoren der einzelnen Kliniken stehen dem Vorhaben allerdings eher kritisch gegenüber. Sie fürchten, es handele sich nur um eine neue Mode, die ergebnislos bleiben wird.
- Ein Stahlhersteller wird von einem Kunden auf einen schwerwiegenden Qualitätsmangel aufmerksam gemacht, was zu einer kostenintensiven Rückholaktion mit entsprechenden Schadensersatzforderungen führt. Der Vorstandsvorsitzende ist alarmiert: Wie kann es sein, dass wir diese Mängel nicht früher bemerkt haben? Er beauftragt deshalb die Personalabteilung, ein Programm für Qualitätsexperten zu entwickeln.

- Ein Versicherungsunternehmen will die wertvollen Informationen, die Außendienstmitarbeiter im Umgang mit Kunden sammeln, besser für interne Lern- und Innovationsprozesse nutzen. Generell möchte sich die Unternehmensführung kundenzentrierter organisieren. Das gewünschte Verhalten bedeutet einen grundlegenden Musterwechsel für die Vertriebler. Während Außendienstmitarbeiter Kundendaten und -informationen unter Verschluss hielten, um die Organisation von der eigenen Person und ihrem Wissen abhängig zu machen, sollen sie diese Informationen nun teilen.
- Ein Träger für aufsuchende Kinder- und Jugendhilfe möchte die Achtsamkeit gegenüber Frühwarnsignalen und die Fähigkeit, sie sinnstiftend zu interpretieren, bei seinen Mitarbeitern erhöhen. In der Vergangenheit waren Kinder trotz Familienbetreuung zu Schaden gekommen: Was hilft den Betreuern bei ihrer Aufgabe, einerseits Verständnis für die familiäre Situation zu entwickeln und eine gute Beziehung zu den Eltern zu etablieren und andererseits wachsam für mögliche Gefahrenpotenziale zu bleiben, um entsprechende Schutzmaßnahmen zu treffen?
- Eine Berufsgenossenschaft, die ihre Mitgliedsunternehmen für Schadensfälle rund um Sicherheit und Gesundheit versichert, startet eine Kampagne zur Entwicklung der Präventionskultur. Die Geschäftsführung möchte im eigenen Haus mit gutem Beispiel vorangehen.

Im Folgenden erörtern wir, wie Veränderungsprozesse zur Entwicklung der kollektiven Achtsamkeit bzw. zur Entwicklung einer Sicherheits-, Risiko-, oder Qualitätskultur gestaltet werden können. Dieser Teil richtet sich also an die damit Beauftragten, sei es in der Rolle eines internen oder externen Prozessbegleiters oder Beraters, einer Führungskraft oder Fachexperten.

13.1 Fünf Phasen des Veränderungsprozesses

Für die Bearbeitung der oben skizzierten Anliegen haben sich fünf Phasen für die Gestaltung des Veränderungsprozesses bewährt. Das Vorgehen fußt auf einem systemischen Interventionsverständnis und ist von uns im Laufe der Zeit kontinuierlich weiterentwickelt worden.

Es handelt sich um keinen linearen Veränderungsprozess, sondern um einen lernfähigen, selbstreflexiven Prozess, in dem die kontinuierliche Selbstbeobachtung einen zentralen Aspekt für die organisationale Selbstentwicklung bildet (s. Abbildung 51).

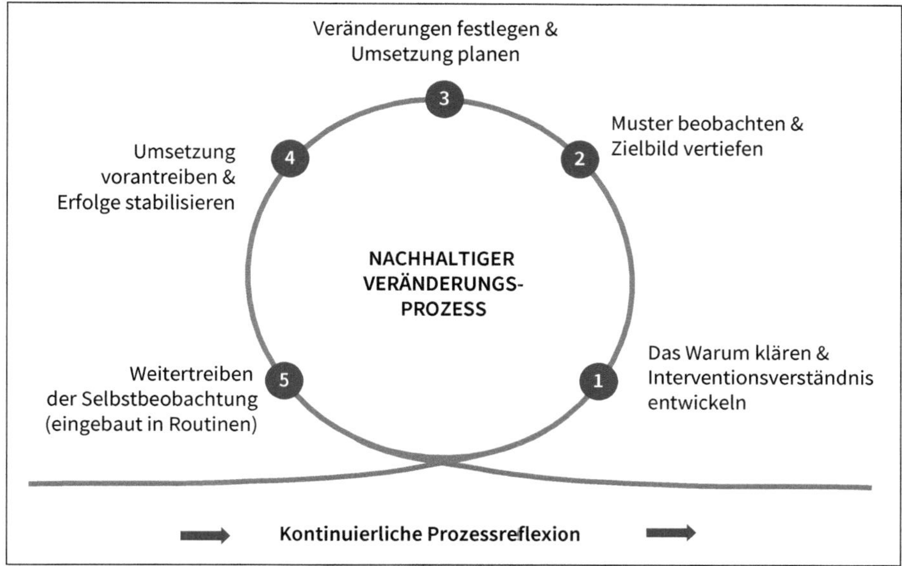

Abb. 52: 5 Phasen des Veränderungsprozesses

Das Warum verankern und gemeinsames Interventionsverständnis entwickeln

Der erste Schritt besteht in der detaillierten Klärung des Auftrags: Zum einen geht es darum, das Warum mit den relevanten, von der Veränderung betroffenen Zielgruppen zu klären und möglichst breit zu verankern. Das *case for action* bzw. der Grund für die Veränderung muss allen Beteiligten klar sein, denn nur so entsteht die notwendige Energie für die Veränderung und nur so kann der notwendige Aufwand legitimiert werden. Es braucht ein gemeinsam getragenes Bild davon »was passiert, wenn nichts passiert« und wie man diesen Herausforderungen begegnen möchte.

In dieser ersten Phase sollte auch der Grundstein für die Entwicklung eines gemeinsamen Verständnisses gelegt werden, wie Zuverlässigkeit entsteht. Das zuständige Führungsteam sollte sich mit der Logik verschiedener Ansätze beschäftigen und bestimmen, welche für die Probleme angemessen erscheint. Für die Diskussion dieser Fragen bieten die Prinzipien für kollektive Achtsamkeit und die Gegenüberstellung von Logik I und Logik II eine gute Orientierung (s. Teil I). Auch das 5-Stufenmodell hat sich in der Praxis für die Entwicklung erster gemeinsamer Referenzen bewährt (s. Teil II).

Bereits in dieser Phase sollten wichtige Grundsätze für die Gestaltung des Veränderungsprozesses festgelegt werden. Dies erfordert auch die Thematisierung des zugrunde gelegten Interventionsverständnisses: Was sind unsere Vorstellungen, wie wir wirksam werden und wie wird unser Handeln legitimiert?

Muster beobachten und Zielbild vertiefen

Der zweite Schritt besteht darin, den gegenwärtigen Zustand kritisch zu untersuchen und die eingespielten Bewältigungsmuster zu beobachten, um ein gemeinsames Zielbild zu detaillieren:

- Je nach Anliegen werden zum Beispiel bestehende Strukturen sowie die dazugehörigen eingespielten kulturellen Umgangsformen analysiert (existierende Führungs- und Sicherheitssysteme, Regeln, Rollen und Verantwortlichkeiten, Kommunikations- und Entscheidungswege, Entwicklung, Personalauswahl oder bereits vorhandene Rituale).
- Die Prinzipien für kollektive Achtsamkeit oder das 5-Stufenmodell dienen hier als Brille und stiften Orientierung bei der Selbstbeobachtung: Welche Bewältigungsmuster haben sich bei uns eingespielt? Nach welcher zugrunde liegenden Logik bzw. nach welchen Prinzipien sind sie gestaltet? Was ist hilfreich und sollte erhalten bleiben? Wo sehen wir Entwicklungspotenziale der kollektiven Achtsamkeit?
- Methodisch empfiehlt sich für die Musterdiagnose eine Mischung aus Einzelinterviews, Kultur-Dialogen und Musteranalysen (vgl. Teil II). Darüber hinaus kann die Analyse verfügbarer Dokumente und Instrumente (Akten, Besprechungs- und Prozessprotokolle, Checklisten oder Ergebnisse aus Mitarbeiterbefragungen) vertiefende Einblicke liefern.
- Die Diagnosephase ist bereits eine wichtige Intervention, die den *sense of urgency* des Veränderungsanliegens verstärkt, die Auseinandersetzung mit den Prinzipien für kollektive Achtsamkeit und die Entwicklung einer gemeinsam getragenen Zukunftsperspektive bei den Beteiligten fördert. Deshalb ist es zielführend, die Analyse durch interne Experten durchführen zu lassen, auch wenn diese Form der Diagnose mehr Ressourcen in Anspruch nimmt. Häufig entstehen allein durch die Zusammenarbeit der verschiedenen Zielgruppen wichtige Veränderungsimpulse, die direkt im Alltag umgesetzt werden.

Veränderungen festlegen und Veränderungsarchitektur planen

Die Musterbeobachtung liefert zahlreiche Veränderungsbedarfe. In einem nächsten Schritt wird gemeinsam priorisiert und entschieden, welche Veränderungen angegangen und welche zurückgestellt werden.

- Es kann zum Beispiel entschieden werden, das Verfahren zum Lernen aus Fehlern weiterzuentwickeln (vgl. Abschnitt 9), das Belohnungs- und Bewertungssystem zu revidieren (vgl. Abschnitt 6.10), die Auswahlkriterien von Personal zu überarbeiten, die Personalentwicklung oder Instrumente wie Checklisten (vgl. Abschnitt 10.3) anders zu gestalten oder Interaktions- und Beobachtungsrituale (vgl. Abschnitt 10.1) einzuführen.

- Auf dieser Basis wird dann die bestehende Interventionsstrategie und Veränderungsarchitektur weiterentwickelt. So wird festgelegt, wie die Veränderungen umgesetzt werden können und was dafür notwendig ist. Dabei müssen inhaltliche, soziale und zeitliche Entwicklungsdimensionen berücksichtigt werden (vgl. Abschnitt 13.2). Die Planung sollte gemeinsam im Steuerungsteam und mit wichtigen Vertretern der beteiligten Stakeholder erfolgen. Auf diese Weise entstehen automatisch gemeinsame Referenzen, also ein gemeinsames Bild von der Veränderung. Darüber hinaus ist allen Beteiligten klar, welche Prämissen der Planung zugrunde gelegt wurden, sodass die Planung leichter angepasst werden kann, wenn die Dinge sich in der Umsetzungsphase anders entwickeln als angenommen.

Umsetzung vorantreiben und Erfolge stabilisieren

In der Umsetzungsphase geht es dann darum, die Alternativen in der Organisation zu stabilisieren. Die Umsetzung ist ein anspruchsvoller Prozess, bei dem mit unvermeidlichen Eigendynamiken zu rechnen ist (vgl. Abschnitt 14). Neben einer vorausschauenden Planung braucht es deshalb einen laufenden Steuerungsprozess, der aktuelle Entwicklungen sowohl in inhaltlicher, sozialer als auch zeitlicher Hinsicht beobachtet. Eine fortlaufende Bewertung von Fort- und Rückschritten in einer offenen Atmosphäre hilft dabei, Erfolge zu stabilisieren und im Falle von unerwünschten Entwicklungen das Vorgehen anzupassen.

Selbstbeobachtung fortsetzen

Die Entwicklung der kollektiven Achtsamkeit ist kein Prozess, der nach einmaligem Ablauf abgeschlossen ist. Es geht um die Entwicklung von lernfähigen Strukturen und dazu gehört der Einbau von Selbstbeobachtung in die alltäglichen Routinen.

Während der Veränderungsprozess meistens zunächst durch eine Reihe von zusätzlichen, außerplanmäßigen Interventionen in Form von Workshops, Großgruppenveranstaltungen oder Trainings angestoßen wird, sollte im Umsetzungsprozess dafür gesorgt werden, dass die Selbstbeobachtung eingespielter Muster schrittweise Teil alltäglicher Routinen werden.

Kontinuierliche Prozessreflexion

Wichtiger Bestandteil des Veränderungsprozesses ist die kontinuierliche Reflexion in einem Steuerungskreis, zum Beispiel im Führungsteam oder einem erweiterten Lenkungskreis. Ziel dieser regelmäßigen Prüfschleifen ist es, fortwährend Fort- und Rückschritte zu überwachen und kleine, gewünschte Unterschiede (siehe oben), die Arbeit am eigenen Führungsverständnis, die Entwicklung des Führungsteams und die Entwicklung zugrunde liegender mentaler Modelle und davon abgeleiteter Botschaften zu stärken. Wie arbeiten wir als Führungsteam im und am System? Welche Wirkung beobachten wir bei unseren Mitarbeitern? Wie reagieren wir darauf?

Die kontinuierliche Prozessreflexion bietet auch den Raum, schwierige und widersprüchliche Führungsfragen zu thematisieren, die sich durch die Veränderung ergeben (z. B. die Balance von zurück- und vorausschauender Verantwortung, der Umgang mit Berechenbarkeitsanforderungen von außen und Offenheit für Abweichungen im Inneren, Ausgleich von Effizienz und Sorgfalt).

13.2 Entwickeln der Interventionsstrategie

Grundlage um Veränderungsprozesse zu gestalten ist eine Interventionsstrategie. Sie bestimmt das Vorgehen und wird im Verlauf regelmäßig überprüft und weiterentwickelt.

5 Ebenen einer Interventionsstrategie
Jede Intervention ist ein Versuch, durch externe Anstöße interne Entwicklungen in der Organisation zu erzeugen oder zu beschleunigen. Am Anfang eines Veränderungsprozesses sollte man sich mit den Beteiligten die Zeit nehmen, auf der Basis einer ersten Bestandsaufnahme eine Strategie zu entwickeln, die erste Ideen für sinnvolle Interventionen enthält.

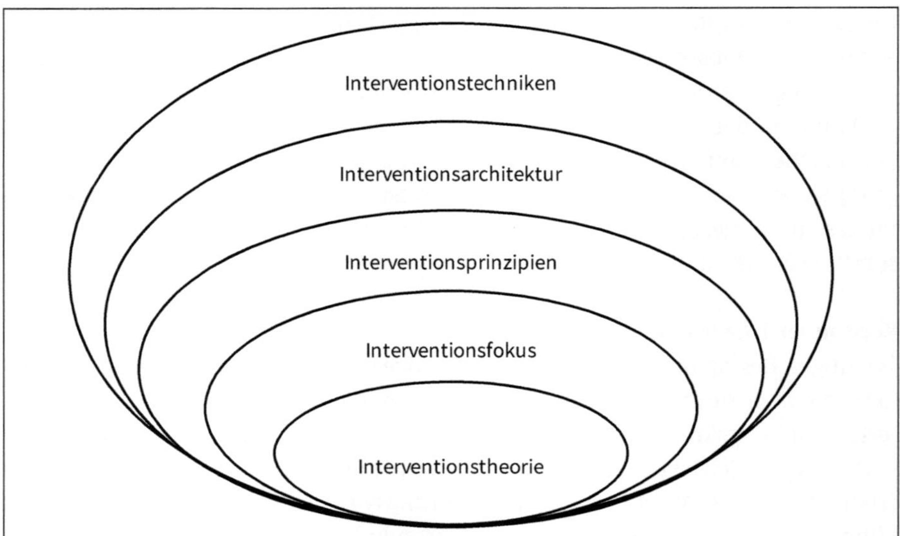

Abb. 53: Elemente der Interventionsstrategie (vgl. Groth, 2016)

In der Regel bringt der Auftraggeber immer schon eine bestimmte Problembeschreibung mit. Seine Vorstellungen von der gewünschten Intervention sind aber oft auf dem Boden der bisherigen Systemlogik entstanden und häufig Teil des Problems, weil damit Bewältigungsmuster wiederholt werden. Das Ziel bei der Entwicklung einer Interventionsstrategie ist es, den Blick für andere Erklärungsmöglichkeiten und Zusammenhänge zu weiten und auf dieser Basis ggf. zu anderen Beschreibungen zu kommen. Wie sieht ein gemeinsam getragenes Vorgehen aus, das eingespielte Muster wirklich verändern kann?

Bei der Entwicklung der Interventionsstrategie sind fünf Aspekte wichtig. Sie bauen aufeinander auf und bedingen sich wechselseitig (s. Abbildung 51; vgl. Groth, 2016):

1. Am Anfang steht die Entwicklung eines gemeinsamen Interventionsverständnisses:
   Was sind Möglichkeiten aber auch Grenzen beim Intervenieren bei nicht-trivialen Systemen? Was bedeutet das für die Gestaltung des Veränderungsprozesses?
2. Das Interventionsverständnis bildet die Grundlage für die Entwicklung erster Hypothesen über den Interventionsfokus:
   Wo sehen wir geeignete Ansatzpunkte? Wo werden wir wirksam?
   Setzen wir bei einzelnen Personen, organisationalen Strukturen, Kultur an? Muss sich die Spitze oder die operativen Arbeitsebene ändern?
3. Daraufhin werden Interventionsprinzipien festgelegt, um Einfluss auf die kollektive Achtsamkeit zu nehmen:
   Wie nehmen wir Einfluss? Was soll verstärkt, verringert oder ganz anders gemacht werden? (Geht es um weniger Festlegungen und mehr Entscheidungsspielräume; weniger Sagen und mehr Fragen, weniger Ergebnisorientierung und mehr Selbstbeobachtung der Zusammenarbeit?)
4. Schließlich wird eine Interventionsarchitektur konzipiert, die sachliche, zeitliche und soziale Erfordernisse berücksichtigt:
   Wann erfolgt was und wie? Wer muss im Veränderungsprozess wann mit wem kommunizieren, arbeiten, entscheiden?
5. All dies bildet die Basis, angemessene Interventionstechniken zu gestalten (vgl. Teil II).
   Welche Formate sind für das Vorhaben geeignet? Wie werden diese unserem Interventionsverständnis sowie unseren Hypothesen über die notwendigen Interventionsansatzpunkte, -prinzipien und -architektur gerecht?

14 Intervenieren in nicht-triviale Systeme

Um eine geeignete Interventionsstrategie zur Entwicklung der kollektiven Achtsamkeit zu erarbeiten, sollte sich die Steuerungsgruppe mit den Grundlagen der Intervention in soziale Systeme beschäftigen: Was sind Grenzen und Möglichkeiten unserer Interventionen (vgl. 14.1)? Welche Besonderheiten sind bei der Entwicklung der Kultur zu berücksichtigen (vgl. 14.2)? Welche Prinzipien ergeben sich daraus für die Gestaltung des Veränderungsprozesses (vgl. 14.3)?

14.1 Grenzen und Möglichkeiten des Intervenierens

Bei der gemeinsamen Entwicklung eines Interventionsverständnisses ist es wichtig, sich mit den Grenzen des Intervenierens in soziale Systeme auseinanderzusetzen. So paradox es klingt: Wenn man die Grenzen der Steuerbarkeit im Blick hält, erhöht dies die Wahrscheinlichkeit, dass der Prozess gelingt. Folgende Aspekte sind bei der Gestaltung von Veränderungsprozessen wesentlich:

Organisationen bringen ihre Entwicklungsmechanismen selbst hervor

Interventionen zur Entwicklung der kollektiven Achtsamkeit sollen die Irritationsfähigkeit der Organisation erhöhen. Die Sensitivität für Abweichungen sowie die Fähigkeit, aus diesen Irritationen Sinn zu erzeugen, soll gezielt entwickelt werden.

Die Irritationsfähigkeit hängt von der Gestaltung der Entscheidungsprämissen ab (s. Abschnitt 3.2). Sie sind das organisationale Wissen der Organisation, wie sie mit Irritationen und Abweichungen umgeht und wie Sinn produziert wird.

Entwicklungsmechanismen entstehen auch ohne steuernde Außeneinwirkung bzw. Interventionen immerzu. Man kann aber versuchen, diese natürliche Entwicklung durch bewusst gestaltete Interventionen zu fördern.

Interventionen befeuern Variation, Selektion und Stabilisierung

Organisationen lassen sich als nicht-triviale Systeme durch Interventionen nicht direkt steuern. Jede Intervention kann nicht mehr tun, als im System neue Möglichkeiten beobachtbar zu machen. Diese können im weiteren Verlauf aufgegriffen und zur Selbständerung genutzt werden oder auch nicht. Wie die Organisation also Sinn aus ihnen konstruiert, liegt nicht in den Händen derjenigen, die intervenieren. Entscheidend ist, auf welchen Boden die neuen Impulse fallen und wie sie interpretiert werden.

Wie jede andere Entwicklung erfolgt auch die Evolution der Entwicklungsmechanismen in einem Dreischritt aus Variation, Selektion und Stabilisierung (vgl. Luhmann, 1997; s. Abbildung 54):

- Kleine Abweichungen vom eingespielten Muster erzeugen Überraschungseffekte. Das System weicht selbst von seinem Verhalten ab und überrascht sich damit selbst (Variation).
- Wird die Abweichung als Überraschung beobachtet, lautet die Frage, welchen Sinn die Abweichung macht, also wie sie interpretiert werden kann. Ebenso können die Beobachtungen aber auch fallengelassen oder explizit als Ausnahme deklariert werden (Selektion).
- Bewährt sich eine Erwartungsstruktur, kann sie sich als neues Muster etablieren. Wird das Muster verworfen, bleibt zumindest das Wissen um die Möglichkeit. Sobald eine Variation zum bisherigen Systemzustand aufgegriffen wird, ist nichts mehr, wie es war. Das System muss mit dem neuen Wissen umgehen (Stabilisierung).

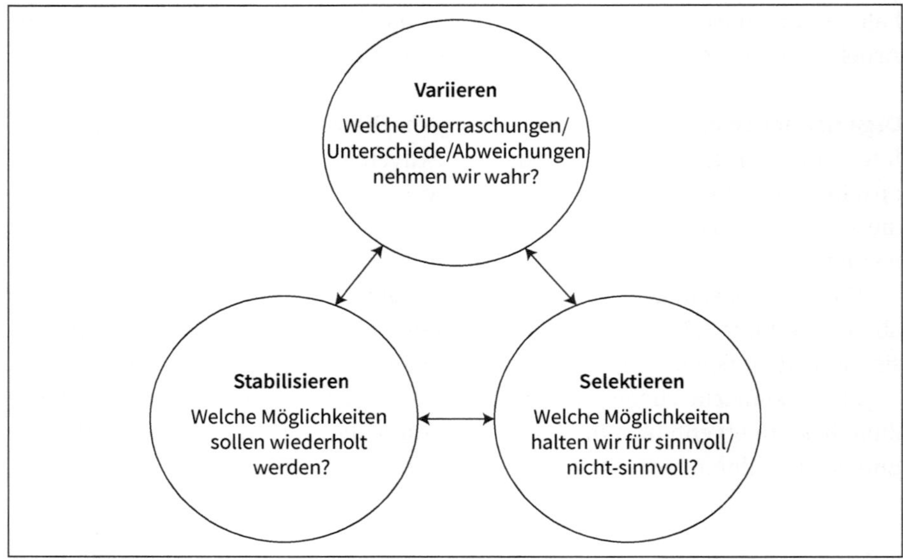

Abb. 54: Zusammenspiel von Variation, Selektion und Stabilisierung

Für die Gestaltung eines Interventionsdesigns ist es hilfreich, sich diese Unterscheidung vor Augen zu führen. Denn im Veränderungsprozess kommt es darauf an, die Variations-, Selektions- und Stabilisierungsmechanismen zu verändern, um die Evolution der Entwicklungsmechanismen wahrscheinlicher zu machen:

- Interventionen können zum Beispiel die Variation erhöhen, indem sie Alternativen zum Status quo sichtbar oder erfahrbar machen. Sie können ermöglichen, dass Mitarbeiter und Führungskräfte anderes Verhalten oder andere Formen der Zusammenarbeit auszuprobieren. Zum Beispiel erlaubt eine Musteranalyse kollektive Erfahrungen mit neuen Fragetechniken oder andere Zuschreibungsformen (Öffnen des Fensters zum System).
- Interventionen können auch die Selektionsleistungen verstärken, zum Beispiel indem sie den Dialog oder die Auseinandersetzung über herbeigeführte kleine Unterschiede bewusst fördern und damit die Aufmerksamkeit des Systems auf Variationen lenken. Ungestützt würden diese ersten kleinen Unterschiede vielleicht im Alltagsgeschäft untergehen. Bei Veränderungsprozessen empfiehlt es sich deshalb, die Beteiligten dazu aufzufordern, Verhaltensunterschiede zu benennen, um diese so bewusst zu verstärken.
- Schließlich können Interventionen darauf zielen, die Stabilisierung zu fördern. Es können zum Beispiel bewusst Foren mit den Zielgruppen geschaffen werden, die sich mit Alternativen, die sich in ersten »Tests« bewährt haben, auseinandersetzen. Dann haben sie Gelegenheit, sich explizit für etwas Neues zu entscheiden, sodass es sich zum Standard entwickeln kann.

Interventionen werden auf dem Boden der existierenden Systemlogik interpretiert

Interventionen sind für eine Organisation Variationen und stützen als solche die existierende Systemlogik. Was ist damit gemeint? Abweichungen sind ohne einen stabilen Systemzustand gar nicht zu denken. Nur wenn es eine bestimmte Erwartungsstruktur gibt, können Unterschiede in Form von Enttäuschungen registriert werden. Diese beobachteten Abweichungen vom Status quo fallen aber wiederum auf den Boden der existierenden Entwicklungsmechanismen und werden gemäß der bestehenden Systemlogik verarbeitet. Große Sprünge sind in organisationalen Entwicklungsprozessen deshalb eher unwahrscheinlich. Veränderungsprozesse können aus diesem Grund auch, wie bereits erläutert, nicht gesteuert, sondern lediglich befeuert werden.

Pläne und Interventionen haben also nur bedingt Einfluss auf die organisationale Entwicklung. Wie und ob sie aufgegriffen werden, kann niemand mit Gewissheit sagen. Sie werden zur »Nahrung« für die Systemevolution.

Für die bewusste Gestaltung nachhaltiger Veränderungsprozesse ist es sinnvoll, sich diese Dynamik vor Augen zu führen, die sich zum Beispiel in Normalisierungstendenzen zeigt. Neue Impulse werden in diesen Fällen als bekannt interpretiert (Das ist doch nicht neu!) und damit mögliche Impulse abgewehrt bzw. ihr Potenzial abgeschwächt. Oder eine neue Erfahrung wird mit der etablierten Logik interpretiert und ihr Irritationspotenzial so verringert.

Die Tendenz zur Normalisierung zeigt sich insbesondere, wenn es um die Umgestaltung der zugrunde liegenden Denkmodelle geht, also zum Beispiel bei der Entwicklung eines neuen Verständnis von Sicherheit von einer Logik I hin zu einer Logik II.

Neue Erkenntnisse werden schnell im Sinne der etablierten Logik interpretiert. Deshalb ist es in diesen Prozessen besonders wichtig, den Unterschied gut zu markieren und in Erinnerung zu rufen.

FALLBEISPIEL

Auswertung von Alternativen zur persönlichen Schuldzuschreibung

In einer Musteranalyse erarbeiten die Teilnehmer zum Beispiel Alternativen, wie sie aus Fehlern lernen. Anstatt den Irrtum einer Person zuzuschreiben, suchen sie nach Bedingungen im System, die den Fehler begünstigt haben. Diese neue Erkenntnis wird wiederum mit der bisher gültigen Zuschreibungspraxis interpretiert, was zu Unmut bei den Führungskräften führt. Sie befürchten nun, als Verursacher des Vorfalls beschuldigt zu werden. Erst das Explizitmachen des zugrunde liegenden Musters kann den Konflikt entschärfen und den Blick für andere Formen des Umgangs mit Fehlern frei machen. Das Beispiel zeigt, dass Entwicklungen eher schrittweise, organisch verlaufen und sorgsam beobachtet werden müssen. Die Möglichkeit großer Sprünge ist in jedem Fall begrenzt.

Nicht-Steuerbarkeit wird im Nachhinein kaschiert

In der Praxis wird die damit verbundene Nicht-Steuerbarkeit von Entwicklungsprozessen oft kaschiert. Wir schreiben Entwicklungen nachträglich Sinn zu und konstruieren unsere Vergangenheit so, als sei alles nach Plan gelaufen und entweder einem genialen Lenker zu verdanken oder (im negativen Fall) Schuld einer unzulänglichen Planung oder unfähigen Managern oder Beratern.

Veränderungen bedeuten einen Widerspruch zum Bestehenden

Jede Veränderung ist aus Systemsicht eine Zumutung. Auch dies sollte bei der Gestaltung von Veränderungsprozessen zur Entwicklung kollektiver Achtsamkeit berücksichtigt werden. Jede Neuentwicklung bedeutet einen Widerspruch zur Systemrationalität und erzeugt Unsicherheiten. Daher heißt jede Variante Nein zum bisher erzeugten Sinn. Innovationen sind aus Sicht der Organisation töricht (vgl. Luhmann, 2000) und stellen einen Angriff auf das Bewährte dar.

Insbesondere für eine Organisation mit einem hohen Sicherheitsanspruch stellen Interventionen ein Risiko dar. Sie rühren an tief verwurzelte Bewältigungsmuster im Umgang mit Unsicherheit, und über diese Muster legitimiert sich das Unternehmen gegenüber Kunden, der Politik und der Öffentlichkeit.

Während sich das Alte schon bewährt hat (zumindest auf einem bestimmten Niveau), bringt das Neue keine Garantie auf Erfolg. Das Aufgeben der Vorstellung, Sicherheit könne durch Kontrolle erzeugt werden, ist riskant. Ein Veränderungsversuch deckt die zuvor getroffenen Vereinfachungen und die darin liegende Unsicherheit schmerzlich auf und bedroht die Organisation in ihrem Selbstverständnis und ihrer Sicherheitsfiktion.

Hinzu kommt die Schwierigkeit, dass sicherheitsorientierte Organisationen im Laufe ihrer Geschichte häufig Neuem konservativ begegnen. Man besinnt sich eher auf die Optionen, die sich in der Vergangenheit bewährt haben. Dabei nimmt man eher in Kauf, Lernchancen zu vergeben, als dass man sich neuen, noch unbekannten Risiken aussetzt. Die Gestaltung des Veränderungsprozesses muss auch diesem Umstand Rechnung tragen und Raum schaffen, existierende Ambivalenzen und die damit verbundenen Emotionen zu thematisieren.

Sensible Beobachtung der Effekte und Nebeneffekte

Eine Intervention wird erst dann zur Intervention, wenn sie als solche beobachtet wird. Darin liegt eine weitere Einschränkung der Steuerbarkeit. Es gibt keine Sicherheit darüber, welches Verhalten als Steuerung beobachtet und wie es in der Folge erklärt und bewertet wird. So können Mitarbeiter etwa denken, dass ein Vorstoß zur Entwicklung der Sicherheitskultur mal wieder eine typische, symbolische Reaktion auf die jüngsten Ereignisse ist. Oder sie sehen die Bemühungen als die nächste Initiative, die nach kurzer Zeit wieder verebbt. Für solche Fälle hat die Organisation bereits Strategien entwickelt, damit diese Aktionen das operative Geschäft möglichst wenig irritieren.

Diese Einsicht sensibilisiert für spontane, emergente Entwicklungen im Prozess. Berücksichtigt man, dass Interventionen nicht steuerbar sind, wird das Gespür für unerwartete Entwicklungen und Deutungen geschärft. Damit werden die kontinuierliche Beobachtung der Effekte und Nebeneffekte der Interventionen sowie die Prozessreflexion zu wichtigen Elementen des Veränderungsprozesses.

Berücksichtigen von Mustern im Umgang mit Veränderungen

Jede Organisation bringt ihre eigenen Muster im Umgang mit Veränderungen hervor. Gerade in Großorganisationen haben sich oft Ideen und Aktionen voneinander gelöst und führen ein Eigenleben: Die Spitze beschäftigt sich mit neuen, vielversprechenden Ideen, die häufig durch den Vergleich mit anderen Mitbewerbern oder besonders erfolgreichen Unternehmen entstehen. Doch während die neuen

Impulse noch attraktiv und eindeutig richtig erscheinen, werden im Verlauf ihrer Umsetzung die Widersprüche und Mehrdeutigkeiten sichtbar, sodass sie zunehmend unattraktiv werden. Es entstehen Zweifel, ob es überhaupt die richtige Idee oder ob nicht eine andere besser für die Problemlösung geeignet sei. So entsteht das Muster, dass attraktive Ideen durch neue abgelöst werden, bevor die Vorhaben überhaupt umgesetzt worden sind. Die operative Ebene erlebt dies dann als Initiativenflut und richtet sich darauf ein. Jeder weiß, dass diese Ideen langfristig nur wenig Bestand haben und reagiert entsprechend. So spielt sich ein Muster ein, bei dem die Spitze den Eindruck permanenter Veränderung hat, während sich auf der operativen Ebene nur wenig ändert.

14.2 Entwicklung der Unternehmenskultur: Nur über Bande

Always think first of culture as your source of strength.
Edgar Schein 1999

Geht es um die Frage der Zuverlässigkeit, so sehen viele Unternehmen die Lösung in einer anderen Kultur: Wir brauchen eine Kultur der kollektiven Achtsamkeit, eine neue Sicherheits- oder Risikokultur, eine Qualitätskultur. Der Vorteil dieser Forderung ist, dass es meistens leichtfällt, selbst verschiedenste Interessensgruppen hinter dieser Problembeschreibung zu vereinen. Der Nachteil ist, dass in der Regel schwammig bleibt, was konkret verändert werden soll. Gerade diese Indifferenz macht es oft erst möglich, unterschiedliche, widersprüchliche Interessen auf ein Ziel einzuschwören.

Wenn in Veränderungsprozessen die Organisationskultur entwickelt werden soll, ist es deshalb sinnvoll, sich zunächst damit auseinanderzusetzen, was Kultur ist, welche Ansatzpunkte für die Kulturveränderung zur Verfügung stehen und was bei der Intervention beachtet werden sollte.

Kultur ist ein schwer zu fassendes Phänomen und wird häufig dann zum Thema, wenn man mit seinem Latein am Ende ist: Wir tun schon so viel (auf formaler Ebene) für Sicherheit, etwa Qualitäts- oder Risikomanagement. Aber wir werden nicht besser. Wir brauchen eine andere Kultur. Wir erreichen unsere Leute nicht mit ihren Einstellungen, sie verhalten sich anders, als wir es erwarten. Das ist eine Sache der Kultur.

Erfahrungsgemäß sind Diskussionen über dieses Thema häufig diffus, ziellos und mit stärkeren Affekten verbunden als dies bei formalen Entscheidungsfragen der Fall ist. Man ist sich einig, dass sich »die Kultur« verändern muss, weil sie das

Miteinander beeinflusst. Aber es fällt schwer, zu benennen, was man eigentlich genau meint. Außerdem unterscheiden sich die Ansichten stark, was verändert werden sollte und wo geeignete Ansatzpunkte sind. Die Folge sind Ratlosigkeit (Trauen wir uns das wirklich zu? Werden wir es schaffen, unsere eingespielten Gewohnheiten zu verändern?) oder frustrierende Dauerdiskussionen darüber, wie ein idealer Zustand auszusehen hätte.

Kulturentwicklung kann nur indirekt angestoßen werden

Ein Grund für diese Ratlosigkeit ist, dass Kultur eine indirekte Variable ist (vgl. Grubendorfer, 2016). Kultur bezeichnet die impliziten Regeln, die unbewusste Grammatik, die Muster und die Spielregeln, für die man sich nie explizit entschieden hat, die aber Einfluss auf Verhalten, Entscheidungen und die Zusammenarbeit haben. Dies begründet im Übrigen auch, warum kulturelle Verhaltensmuster eher mit Affekten belegt sind, zum Beispiel, wenn Gepflogenheiten oder Werte missachtet werden, was Empörung und Enttäuschung hervorruft, die kaum rational begründet werden können.

Für die Gestaltung von Veränderungsprozessen ist es wichtig zu berücksichtigen, dass Kultur als indirekte Variable nur über andere, direkte Elemente beeinflusst werden kann, sie kann also nur über Bande angespielt werden.

Direkte Variablen sind formal entscheidbare Prämissen, wie zum Beispiel Systeme und Abläufe, Kommunikationsroutinen, Personalauswahl und -entwicklung oder feste Rituale, die die Interaktionen strukturieren. Kultur gehört allerdings zu den nicht-entscheidbaren Entscheidungsprämissen. Sie regelt all das, was nicht formal angewiesen werden kann und entwickelt sich weiter, wenn das formale System verändert wird (s. Teil I).

Weil Kultur nur indirekt, also über die formal entscheidbaren Entscheidungsprämissen beeinflusst werden kann, ist damit zu rechnen, dass Kulturentwicklung langsam und wenig zielorientiert verläuft. Veränderungsprozesse, die Kulturentwicklung zum Ziel haben, brauchen deshalb im Vergleich zu Veränderungen der formalen Regeln und Abläufe einen längeren Atem (s. Abbildung 55).

Formales System (entscheidbar)	Kultur (nicht entscheidbar)
rational begründet	gekoppelt an Affekte
schnelle Veränderung	langsame Veränderung
an Zielen ausgerichtet	eher ungerichtet, entlang formaler Prämissen

Abb. 55: Veränderungslogik formaler und kultureller Prämissen (in Anlehnung an Grubendorfer, 2016)

Kultur kompensiert Defizite des formalen Systems
Kultur erfüllt eine wichtige Funktion in der Organisation, die bei Veränderungsprozessen berücksichtigt werden sollte: Sie kompensiert die Defizite des formalen Systems. Können Probleme nicht per Anweisung gelöst werden, müssen sie mithilfe kultureller Umgangsformen bearbeitet werden. Dies kann zum Beispiel der Fall sein, wenn Regeln nicht passen, weil die Realität komplex, widersprüchlich oder mehrdeutig ist. Starre Hierarchien und autoritäre Führung können zum Beispiel zur informellen Entwicklung von Seilschaften führen, weil sich sonst Entscheidungen nicht in der Organisation durchsetzen lassen. Inflexible Regeln und Vorgaben und eine komplexer werdende Realität verleiten zu subversiven Übergangslösungen, die sich einbürgern. Der offizielle Wertekanon (Sicherheit geht vor) wird stillschweigend unterwandert, wenn die Produktion oder das Kundenverhältnis Schaden erleiden würde.

Wenn der Ruf nach einer anderen Kultur laut wird, ist das ein Zeichen, dass das Formalsystem auf seiner Kehrseite Umgangsformen hervorgebracht hat, mit denen man nicht mehr einverstanden ist oder die Probleme verursachen, die das Überleben der Organisation gefährden. In Veränderungsprozessen ist es daher sinnvoll zu fragen, wofür die derzeitige Kultur funktional, und für welches Problem im Formalsystem sie bisher eine Lösung ist.

Erste Fragen in Kulturveränderungsprozessen

- Was ist charakteristisch für unsere derzeitige Kultur?
- Wofür ist die bestehende Kultur funktional?
- Welche Probleme und Widersprüche werden durch sie gelöst?
- Aus welchem Grund ist dieser Lösungsversuch derzeit ein Problem?
- Was soll anders sein in der neuen Kultur?
- Welchen Nutzen versprechen wir uns davon?

14.3 Selbstbeobachtung als Entwicklungsmotor

Selbstbeobachtung ist ein wichtiger Motor in Veränderungsprozessen, insbesondere dann, wenn die Kultur Gegenstand der Veränderung sein soll. Da Interventionen Kultur nur indirekt erreichen, erfordert der Veränderungsprozess eine kontinuierliche Beobachtung und fortwährendes Nachjustieren. Für den Prozess bedeutet das den gezielten Einbau von Beobachtungsmöglichkeiten 2. Ordnung, mit denen auf die Entwicklungen aus einer Art Außenperspektive geblickt werden kann: Erste Hypothesen führen zu Veränderungen an den offiziellen, formalen

Strukturen. Ihre Wirkung wird beobachtet und neue Hypothesen über weitere notwendige Veränderungen gebildet, die wiederum beobachtet werden, wie sie in die Systemevolution eingehen. Immer geht es darum, das, was bisher informell oder subversiv (also über Kultur) bearbeitet wurde und als dysfunktional angesehen wird, explizit zu entscheiden. Dann kann man wieder schauen, ob und wie diese Entscheidungen im Spiel aufgegriffen werden.

Muster im Fokus: Spielzüge zwischen den Personen beobachten

Bei der Selbstbeobachtung empfiehlt sich, die eingespielten Muster auf der sozialen Ebene zu betrachten. Das bedeutet, unseren gewohnten Fokus vom Verhalten der einzelnen Spieler auf die Spielzüge zwischen ihnen zu verschieben. Musterbeobachtung bedeutet, von den einzelnen Personen und ihren »Persönlichkeiten« und scheinbaren Eigenschaften zu abstrahieren und auf die soziale Ebene der Kommunikation zu gehen: Was sind typische Pässe zwischen den Personen im Team, zwischen Abteilungen an den Schnittstellen, zwischen Fachbereichen? Welche Auswirkungen hat das auf Verständigung, Informationsweitergabe, Entscheidungsfindung etc.?

Dies gilt auch für Führungsfragen. Statt das Verhalten einzelner Führungskräfte zu beobachten, interessiert die Analyse von Führung als sozialen Prozess: Wie wird was als Steuerungsversuch aufgegriffen mit welchem Effekt? Das Interesse gilt also der Einheit oder dem geschlossenen Kreislauf der Selbstorganisation: Wie trifft Führung Entscheidungen über Regeln, Instrumente, Pläne oder Ziele und wie werden diese Beschlüsse in der Mannschaft aufgegriffen?

Konkrete Situationen untersuchen

Darüber hinaus ist es hilfreich, konkrete Beispiele zu diskutieren. Generalisierungen sollte man vermeiden, weil es sich dabei um stark verdichtete Konstruktionen handelt, die implizite Annahmen beinhalten. Statt also zu sagen »Wir machen nach Fehlern eine Fehleranalyse« ist es besser, konkrete Situationen und das beobachtete Verhalten zu beschreiben: »Letzte Woche haben wir uns zusammengesetzt, um die fehlerhafte Ventilschaltung zu untersuchen. Mit dabei waren folgende Personen … Die Sitzung lief folgendermaßen ab …Wir haben dafür folgendes Formular benutzt …

Je konkreter die Musterbeobachtung erfolgt, umso besser. Methoden für die Selbstbeobachtung von Mustern sind zum Beispiel die Kultur-Dialoge oder die Musteranalyse (s. Teil II). Das Arbeiten an konkreten Beispielen ermöglicht es außerdem, über Ausnahmen und informelle bzw. kulturell eingespielte Abweichungen zu sprechen. Diese werden oft erst in den konkreten Situationsbeschreibungen bewusst: Wann machen wir es anders als vorgesehen? Was ist das Besondere an diesen Situationen? Was ist das Muster dahinter? Das Aussprechen impliziter kultureller Muster versetzt die Beteiligten in die Lage, sich für oder gegen sie zu entscheiden. Ausreißer haben darüber hinaus das Potenzial, zu irritieren und Entwicklungen anzustoßen.

Musterbeobachtung aus neuen Perspektiven ermöglichen
Gerade in Kulturentwicklungsprozessen ist es hilfreich, Orientierung für die Selbstbeobachtung zu bieten und Beobachtungen aus einer anderen Perspektive zu ermöglichen. Denn für sich ist Kultur schwer zu beobachten und zu beschreiben. In der Organisation erscheint sie als selbstverständlich, sichtbar wird Kultur eigentlich erst im Vergleich zu anderen. Dies wird zum Beispiel beim Besuch eines anderen Unternehmens deutlich, wenn man die Unterschiede zu spüren bekommt. Externen Beobachtern fällt es deshalb auch meistens leichter zu beschreiben, was den Unterschied ausmacht. Interventionen, die Kulturentwicklung zum Ziel haben, machen sich dies zunutze und schaffen bewusst Gelegenheiten, in denen die Mitglieder eine Außenposition einnehmen und ihre eingespielten Verhaltensweisen aus einer anderen Perspektive beobachten. Dies kann auf verschiedene Arten erfolgen: Zum Beispiel bekommen die Mitarbeiter den Auftrag, sich einen Tag lang wie Fremde im Betrieb zu verhalten und entsprechend naive Fragen zu stellen. Eine andere Möglichkeit ist es, die Prinzipien für kollektive Achtsamkeit zu nutzen, um die eigenen Praktiken und Erfahrungen aus einer anderen Perspektive zu untersuchen. Dies kann zum Beispiel in Form von Kultur-Dialogen erfolgen (vgl. Abschnitt 11.1).

14.4 Zusammenspiel der sachlichen, sozialen und zeitlichen Dimension

Interventionen zur Entwicklung der kollektiven Achtsamkeit regen Organisationen an, ihre bisherigen Sinnkonstruktionen zu revidieren, zu erweitern oder zu verfeinern. Sinn entsteht durch das Zusammenspiel von zeitlicher, sozialer und sachlicher Dimension:

- Bei der *sachlichen Dimension* interessieren die Inhalte. Es geht zum einen um die Themen, die im Veränderungsprozess im Vordergrund stehen (das Eine). Damit stellt sich zwangsläufig natürlich auch die Frage, was dadurch weniger Aufmerksamkeit bekommt (das Andere). Wenn zum Beispiel der Wunsch nach Risikominimierung im Fokus steht, was geschieht dann mit Themen wie Innovation etc.?
- Bei der *zeitlichen Dimension* steht die Unterscheidung von vorher und nachher im Vordergrund. Jeder Veränderungsprozess erzeugt neue Konstruktionen der eigenen Vergangenheit (Wo kommen wir her?) und künftigen Möglichkei-

ten (Wo wollen wir hin?). Diese Geschichten über das Vorher und das Nachher beeinflussen, in welchem Licht die Realität im Hier und Jetzt gesehen wird.

- Bei der *sozialen Dimension* geht es um die Gestaltung der Beziehungsebene zwischen den Personen. Wie werden die unterschiedlichen Perspektiven zusammengebracht? Welche Interessenskonflikte sind erwartbar und wie werden sie bearbeitet? Wie wird Verstehen zwischen den Beteiligten sichergestellt?

Bei der Interventionsgestaltung sollten deshalb immer alle drei Dimensionen in ihrem Wechselspiel berücksichtigt werden (vgl. Wimmer, Glatzel u. Lieckweg, 2015). Angesichts der gestiegenen Komplexität und der hohen Dynamik in Organisationen können Veränderungsprozesse in eine Schieflage geraten, sodass eine Dimension überbetont wird und andere aus dem Fokus geraten. Zum Beispiel erfahren in einer Phase bestimmte sachliche Themen eine hohe Aufmerksamkeit und die soziale Dimension des Prozesses wird aus den Augen verloren. Oder die zeitliche Dimension rückt zum Beispiel in Form von Zeitdruck in den Vordergrund und es werden die sachliche und soziale Dimension vernachlässigt, indem die inhaltliche Ausrichtung oder die Prozessqualität in den Hintergrund rücken.

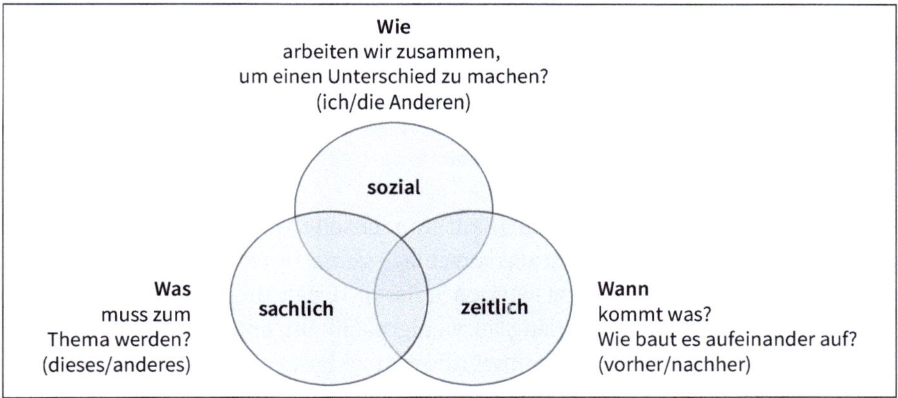

Abb. 56: Sachliche, zeitliche und soziale Dimension (in Anlehnung an Wimmer et al., 2015)

14.5 Die Rolle von Beratung

In komplexen Veränderungsprozessen, die die Selbstentwicklungsfähigkeit der Organisation zum Ziel haben, ist Beratung eine wichtige Ressource. Aus einer Außenposition unterstützt sie die Betroffenen, andere Problembeschreibungen zu generieren und angemessene Formen der Sinnerzeugung zu finden. Es geht darum, einen in sich lernfähigen Lernprozess zu gestalten, der die notwendige sachliche, soziale und zeitliche Dimension berücksichtigt. Dafür eignet sich ein systemisches Beratungsverständnis bzw. das Rollenverständnis von Beratung im dritten Modus (vgl. Wimmer, 2015; Wimmer, Glatzel u. Lieckweg, 2015).

Fokus auf inhaltliche Ebene reicht nicht aus

Für die Begleitung dieser Veränderungsprozesse reicht eine rein inhaltliche Fachberatung nicht aus. Diese zeichnet sich dadurch aus, dass sie konkretes Problemlösungswissen in Form von Instrumenten oder Systemen liefert, die soziale und zeitliche Dimension von Veränderungsprozessen nicht berücksichtigt. Durch die Beschränkung auf die inhaltlichen Aspekte reduziert diese Form der klassischen Expertenberatung organisationale Komplexität. Sie konzentriert sich auf die Sache und blendet Fragen der Anschlussfähigkeit sowie der Umsetzung in der sozialen Gemengelage mit den ganz normalen emotionalen Unwägbarkeiten, Machtspielen, Konflikten und Rücksichtnahmen aus. Es wird so getan, als seien Organisationen reines Mittel zum Zweck und Umsetzungsfragen auf dem Weg zum Ziel eine Angelegenheit der Entscheidungsträger, mit denen Beratung wenig zu tun hat.

Diese Haltung schafft zwar auch auf Kundenseite vordergründig entlastende Sicherheit, indem konkrete Lösungsvorschläge gemacht werden, die in der Organisation »nur« noch umgesetzt werden müssen. Erfahrungsgemäß führt dieser Beratungsansatz jedoch langfristig zu wenig nachhaltigen Veränderungen. »Der Kunde gewinnt damit über ein glaubwürdiges Machbarkeitsversprechen Zukunftsgewissheit. Er ist aber auch selbst schuld, wenn die gefundenen Lösungen nicht konsequent umgesetzt werden«. (Wimmer, 2015; S. 51). Die Herausforderung bei der Entwicklung der Sicherheits-, Qualitäts-, oder Risikokultur besteht darin, dass diese Prozesse häufig von den zuständigen Sicherheits-, Qualitäts-, oder Risikomanagern betreut werden sollen, die über Jahre in der Rolle der Fachexperten tätig gewesen sind. Die Begleitung von Kulturentwicklungsprozessen verlangt von ihnen nun ein Umdenken hin zu dem skizzierten systemischen Beratungsverständnis.

Expertenberatung	Systemische Organisationsberatung
Konzentration auf inhaltliche Ebene (Komplexitätsreduktion)	Integration von Sach-, Sozial-, und Zeitdimension (Komplexitätssteigerung)
Wissende beraten Unwissende	Ermöglichen von Beobachtungen 2. Ordnung
Liefern richtiger Lösungen (Benchmark-Wissen)	Liefern alternativer Problembeschreibungen und -erklärungen
Fokus auf Problemlösungswissen	Fokus auf die Entwicklung der Selbstlernfähigkeit
Reduktion von Unsicherheit durch Fokussieren auf Inhalte und frühe Festlegungen auf eindeutige Lösungen	Reduktion von Unsicherheit durch die Gestaltung einer Prozessdramaturgie, die Bewahren und Erneuern sorgsam balanciert

Abb. 57: Gegenüberstellung von Expertenberatung und systemischer Beratung

Orchestrieren von Sach-, Zeit- und Sozialdimension

Beratung muss also ein gelungenes und immer wieder reflektiertes Zusammenspiel von Zeit-, Sach-, und Sozialdimension berücksichtigen. Wimmer et al. bezeichnen diese Form als Beratung im dritten Modus (Wimmer, Glatzel u. Lieckweg, 2015):

- So muss Beratung auf der *inhaltlichen Ebene* unterstützen und ein fundiertes Interventionsverständnis liefern, das für die Bewältigung von Risiko und Komplexität angemessen ist. Gerade zu Beginn von Veränderungsprozessen besteht die Tendenz, das Neue zu normalisieren. Beratung ist hier jedoch »Hüter des Unterschieds«, ihre Aufgabe besteht darin, für anschlussfähige Irritationen für die Organisation zu sorgen.
- Neben dieser Arbeit an den mentalen Modellen muss der Veränderungsprozess die Auseinandersetzung mit alternativen Werkzeugen und ein Nachdenken über notwendige Veränderungen an den Systemen, Prozessen oder der Entscheidungsstruktur ermöglichen und dafür Impulse liefern.
- Auf *sozialer Ebene* geht es darum, vorwegzunehmen, wie sich die neuen Denk- und Arbeitsweisen, wie zum Beispiel größere Entscheidungsspielräume der Basis, ein neues Rollenverständnis von Führung und Experten, auf das soziale Miteinander auswirken, welche Unsicherheiten und vielleicht auch Überforderung entstehen und wie damit umgegangen werden soll.
- Auf der *zeitlichen Ebene* unterstützt Beratung, angemessene Zeithorizonte für die einzelnen Entwicklungsschritte zu finden und dafür zu sorgen, dass Veränderungen verarbeitbar bleiben und gerade bei Kulturentwicklungsprozessen der notwendige lange Atem gesichert ist. So können prägende Erfahrungen aus der Vergangenheit mit kurzfristig angelegten Veränderungsinitiativen aufgearbeitet und

gemeinsam überlegt werden, wie diese Muster verändert werden können, bei dem eine attraktive Idee die nächste ablöst, ohne dass diese umgesetzt werden.

Beratung als unmöglicher Beruf

Beratung ist ein unmöglicher Beruf (vgl. Willke, 1994). Sie kann Veränderungsprozesse nicht steuern und soll doch dabei unterstützen. Die einzige Möglichkeit von Beratung ist es, einen Prozess zu gestalten, der die Selbstbeobachtungs- und Selbstbeschreibungsmöglichkeiten des Klientensystems im erforderlichen Ausmaß weiterentwickelt, um zu angemessenen Problemlösungen zu kommen. Um der Nicht-Trivialität von Veränderungsprozessen Rechnung zu tragen, muss Beratung sich selbst gegenüber reflexiv bleiben: »Das besondere Geschick von Interventionsexperten besteht wohl zu einem guten Teil darin, ihre Diagnosen tatsächlich als vorläufige Konstruktionen zu behandeln und auf bestimmte Anzeichen hin zu revidieren – und dies so lange, bis sich jene besondere Qualität einer wechselseitig akzeptablen und brauchbaren Systemdiagnose herauskristallisiert, welche die Eigen-Operationen dieses Systems bezeichnet und generiert.« (Willke, 1994, S. 40).

14.6 Entwicklung eines gemeinsamen Interventionsverständnisses

Die Vorstellungen über die geeigneten Ansatzpunkte, Prinzipien und Architektur der Intervention können sehr unterschiedlich sein, je nachdem, welches Interventions- und Organisationsverständnis zugrunde gelegt wird. Gerade deshalb ist die Entwicklung eines gemeinsamen Verständnisses zu Beginn so wichtig. Geht es zum Beispiel um Kulturentwicklungsprozesse, trifft man in der Praxis oft auf vorgefertigte Lösungsideen, die beim einzelnen Mitarbeiter ansetzen. (Wir müssen die Mitarbeiter dazu motivieren, die von uns festgelegten Werte zu internalisieren und zu leben. Wir müssen den Leuten nochmals erklären, was wir von ihnen erwarten.)

Auftragsklärung

Bereits im Auftragsklärungsgespräch sollten deshalb einige wesentliche Aspekte reflektiert werden: Welche Möglichkeiten haben wir, Einfluss auf Kultur zu nehmen? Welche entscheidbaren Aspekte können wir beeinflussen? Welche Nebeneffekte erwarten wir uns davon? Welchen Einfluss kann die Entwicklung einzelner Mitarbeiter auf die Muster in der Organisation haben? Wie sieht also ein ausgewogener Interventionsfokus aus, der die Koevolution von Organisation und Individuen fördert?

Ein einziges Gespräch kann die Beantwortung dieser Fragen und die Entwicklung einer gemeinsamen Basis aber meistens nicht leisten. Es ist daher empfehlenswert, sich ausreichend Zeit für die Auftragsklärung zu lassen und zum Beispiel in einen ein- bis zweitägigen Workshop mit den wichtigsten Beteiligten zu investieren. Bei größer angelegten Veränderungsprozessen sollte eine erste Analysephase mit zahlreichen Selbstbeobachtungsmöglichkeiten auf verschiedenen Ebenen vorgeschaltet werden, um ausreichend Material für erste Hypothesen und verschiedene Problembeschreibungen zu sammeln.

Schrittweise Weiterentwicklung

Gerade in traditionell sehr sicherheitsorientierten Unternehmen, in denen mechanistische und kontrollorientierte Vorstellungen dominieren, ist die Entwicklung eines gemeinsam getragenen Interventionsverständnisses zu Beginn oft nicht möglich. Dies würde eine zu große Irritation für die Beteiligten darstellen. Solche Überforderungen führen erfahrungsgemäß dazu, dass die Überlegungen als zu komplex, zu theoretisch und zu wenig pragmatisch abgewehrt werden. Zu Beginn des Veränderungsprozesses muss man deshalb mit einem Widerspruch leben: Um der zu bewältigenden Komplexität gerecht zu werden, bräuchte es eigentlich ein angemessenes Interventionsverständnis, um die Organisation als komplexes System zu betrachten. Aber diese Auseinandersetzung würde zu Beginn bei den Beteiligten zu viel Unsicherheit erzeugen, sodass die Impulse keine Effekte haben und die alte Denkweise ggf. sogar noch verfestigen würden. Es braucht also mehr Zeit und gemeinsame Erfahrungen, um die eingefahrenen Denkmodelle zu hinterfragen und ein Gespür dafür zu entwickeln, was damit verbunden ist.

Prinzipien für den Veränderungsprozess

Es ist sinnvoll, sich in der Phase der Auftragsklärung bereits auf einige wichtige Grundprinzipien für die Interventionsgestaltung zu einigen (siehe Kasten). Darüber hinaus sollte im Steuerungskreis vereinbart werden, sich im Prozess regelmäßig Zeit für die Reflexion und (Weiter)Entwicklung eines gemeinsamen Interventionsverständnisses zu nehmen. Dies hört sich in der Theorie einfacher an, als es ist, denn häufig sieht das Führungsteam zu Beginn an dieser Stelle dafür keine Notwendigkeit.

Sieben Prinzipien für die Gestaltung von Kulturentwicklungsprozessen

1. Veränderungsprozesse verlaufen nicht linear und können nicht gesteuert werden. Jede Intervention fällt auf den Boden der existierenden Logik: *Schaffen Sie Gelegenheiten, um die Wirkung von Interventionen gemeinsam im Führungsteam oder einer Steuerungsgruppe zu reflektieren. Wie werden unsere Interventionen beobachtet, erklärt und bewertet? Was funktioniert und was nicht? Was müssen wir im Prozess nachjustieren?*

2. Interventionen müssen konkrete Erfahrungen mit der neuen Logik ermöglichen und diese Erfahrungen müssen gemeinsam ausgewertet werden (anfangen es zu tun, statt darüber zu reden):
Sorgen Sie im Veränderungsprozess gezielt für neue Erfahrungen im Umgang mit Komplexität und Risiko. Schaffen Sie darüber hinaus Möglichkeiten, kleine Unterschiede zu beobachten und auszuwerten, um sich auf dieser Grundlage für neue Wege zu entscheiden!
3. Interventionen bedeuteten ein Nein zum Bestehenden und erzeugen damit insbesondere in sicherheitsorientierten Unternehmen ungeliebte Unsicherheiten:
Schaffen Sie Raum, um mit der Veränderung verbundene Unsicherheiten und Emotionen zu bearbeiten!
4. Die existierende Kultur hat in der Vergangenheit das Überleben gesichert, indem sie Defizite des formalen Systems ausgeglichen hat:
Bringen Sie der bestehenden Kultur Wertschätzung entgegen. Fragen Sie, wofür die derzeitige Kultur eine Lösung ist!
5. Kultur kann »über Bande« angestoßen werden, Kulturentwicklung erfordert die Bereitschaft, das Formalsystem zu verändern:
Erarbeiten Sie gemeinsam Hypothesen über geeignete Ansatzpunkte für die Veränderung und beobachten Sie die Effekte Ihrer Maßnahmen: Welche Veränderungen im formalen System haben einen Effekt auf unsere Kultur?
6. Selbstbeobachtung ist ein entscheidender Motor für die Veränderung:
Entwickeln Sie Rituale zur fortwährenden Prüfung der organisatorischen Fitness!
7. Sachliche, soziale und zeitliche Dimensionen müssen berücksichtigt werden:
Achten Sie bei der Interventionsgestaltung auf die Ausgewogenheit dieser Aspekte!

15 Planen und Gestalten der Interventionsarchitektur

Bevor man beginnt, eine Interventionsarchitektur zu gestalten, sollte man sich über den Fokus sowie über wichtige Prinzipien der Intervention Gedanken machen.

15.1 Interventionsfokus: Wo werden wir wirksam?

Der erste Schritt besteht darin, den Fokus der geplanten Interventionen zu präzisieren.

Zum einen stellt sich die Frage nach den geeigneten Ansatzpunkten für die Intervention. Was muss sich auf der Ebene der Organisation verändern (die Kommunikations- und Entscheidungswege, die Stellenbesetzung oder die bestehenden Abläufe, Produktionsweisen, Instrumente oder Regeln oder Rollenerwartungen)? Und welche Entwicklungsnotwendigkeiten gibt es auf der Ebene des Individuums (notwendiges Training oder Kompetenzaufbau, Selbstreflexion etc.).

Es stellt sich auch die Frage, welche Zielgruppen in den Entwicklungsprozess einbezogen werden müssen und wie dies geschehen sollte (das Topmanagement, die Experten für Sicherheit, Qualität oder Risiko, betriebliche Führungskräfte oder bestimmte Mitarbeitergruppen).

Darüber hinaus gilt es zu entscheiden, von welcher Entwicklungsstrategie man sich langfristig die größten Effekte verspricht. Erscheint zum Beispiel eine eher zentral gesteuerte Entwicklungsstrategie als günstig (und machbar), die an der Spitze der Organisation ansetzt? Oder ist ein organisch-evolutionäres Vorgehen mit kleineren »Piloten« in einzelnen Bereichen realistischer?

15.1.1 Ansatzpunkt für die Entwicklung: Koevolution von Organisation und Individuum

Veränderungsprozesse, die Kultur indirekt beeinflussen wollen, benötigen ein ausgewogenes Maß an organisationalen und individuellen Entwicklungsmöglichkeiten. Organisationale Entwicklungsprozesse resultieren nicht einfach aus der Summe individueller Lernerfahrungen. Wir haben es bei der Organisation und ihren Mitgliedern mit zwei Systemebenen zu tun, die sich ihr Wissen wechselseitig zur Verfügung stellen.

Verhalten ist kontextsensitiv

Deshalb hat das reine Training individueller Kompetenzen erfahrungsgemäß wenig Effekt auf die Verhaltensmuster in der Organisation. Auch wenn Mitarbeiter oder Führungskräfte es eigentlich besser wissen, werden sie sich im Kontext der Organisation mit ihrem Verhalten an deren Rollenerwartungen und Spielregeln ausrichten. Personen verhalten sich kontextsensitiv und deshalb ist es ungewiss, ob ein trainiertes Verhalten später in der Praxis gezeigt werden wird. Auch auf Organisationsebene werden individuelle Verhaltensabweichungen oft ignoriert oder abgewehrt, statt sofort die bewährten Muster zu verändern.

FALLBEISPIEL

Kontextsensitivität im Umgang mit Fehlern

Die Kontextsensitivität von Verhalten zeigte sich zum Beispiel bei der Evaluation eines Hochschulseminars zum Umgang und Lernen von Fehlern, an dem viele junge Mediziner verschiedener Krankenhäuser teilnahmen. Die Teilnehmer gaben an, dass sich ihre Einstellung zu Fehlern und ihre Fähigkeit im Umgang mit ihnen durch das Seminar verändert habe. Die Frage, ob sie ihr Verhalten angesichts von Fehlgriffen in ihren Organisationen verändert hätte, beantworteten sie jedoch negativ. Der Grund dafür war, dass sich die Spielregeln im Umgang mit Fehlern in den Häusern nicht geändert hatte und ein offener, selbstkritischer Umgang mit eigenen Irrtümern in diesem Kontext riskant erschien.

Notwendige Koevolution von Organisation und Individuum

Immer ist es einerseits die Person und andererseits der Kontext des jeweiligen Sozialsystems, die Einfluss auf das gezeigte und beobachtete Verhalten haben. Organisationslernen kann nicht allein durch die Entwicklung der persönlichen mentalen Modelle oder den individuellen Kompetenzaufbau der einzelnen Mitarbeiter oder Führungskräfte erreicht werden. Noch sind Veränderungen auf Organisationsebene wahrscheinlich, wenn die Betroffenen das von ihnen erwartete Verhalten nicht ausführen können.

Interventionen müssen die Entwicklung beider Ebenen anstoßen und die Koevolution individueller Kompetenzen bzw. Einstellungen und organisationalen Spielregeln befeuern.

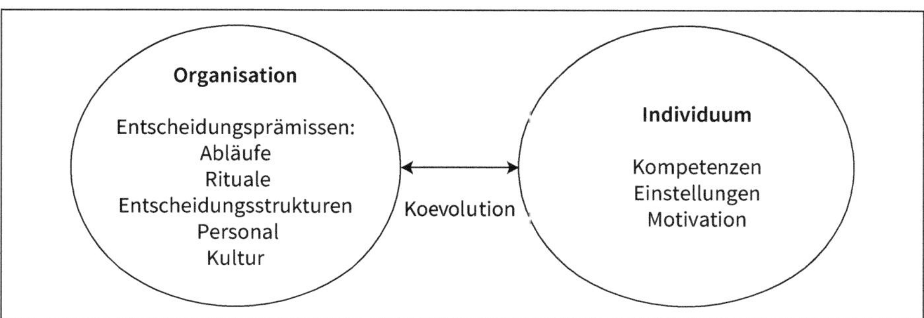

Abb. 58: Koevolution von individuellem und organisationalem Lernen

Abschied von individual-zentrierten Ansätzen

In der Praxis wird die Unterscheidung zwischen individueller und organisationaler Entwicklung nicht immer für notwendig erachtet. Für Praktiker, die es gewöhnt sind, Verhalten einzelnen Personen und ihrem Wissen, Können und ihren vermeintlichen Einstellungen zuzuschreiben, ist es nicht immer einfach, diese Differenzierung nachzuvollziehen. »Vielen fällt es schwer, sich überhaupt organisationales Wissen vorzustellen, also Wissen, das nicht in den Köpfen von Menschen gespeichert ist, sondern in den Operationsformen eines sozialen Systems. Organisationales und institutionelles Wissen steckt in den personenunabhängigen, anonymisierten Regelsystemen.« (Willke, 2000, S. 17). Man geht davon aus, dass die Organisation sich dann verändert, wenn sich die Einstellungen und die Kompetenzen der Mitarbeiter weiterentwickeln. Interventionen zielen dann einseitig auf das individuelle Lernen und lassen notwendige Veränderungen an den Entscheidungsprämissen auf Organisationsebene aus.

15.1.2 Zielgruppen im Veränderungsprozess

Die zweite Frage ist, welche Zielgruppen eingebunden werden müssen. Für die Entwicklung der kollektiven Achtsamkeit bzw. einer proaktiven Sicherheits- oder Risikokultur sind das vor allem vier Zielgruppen (s. Abbildung 59):

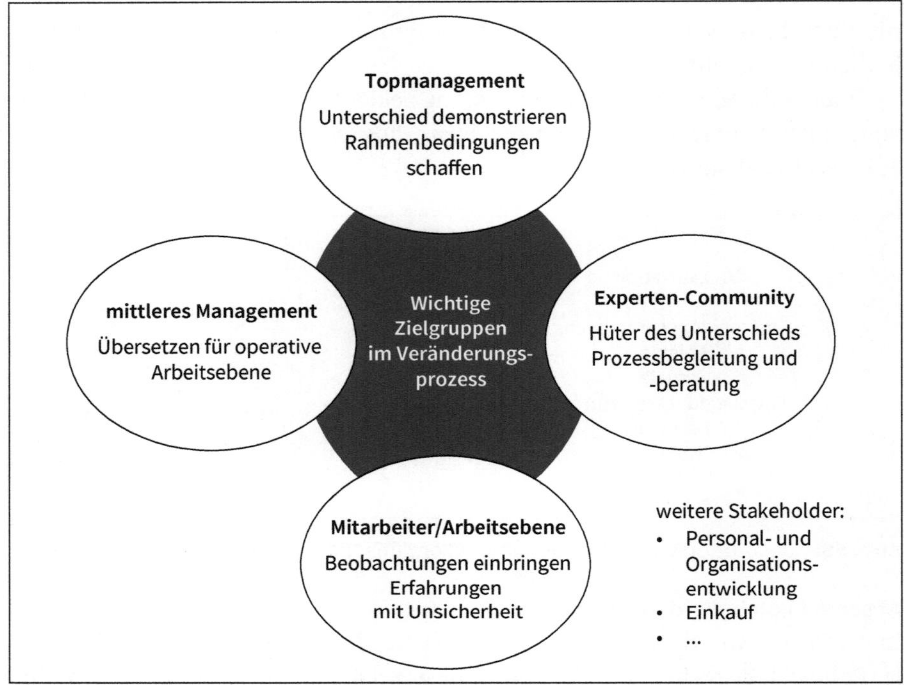

Abb. 59: Wichtige Zielgruppen im Veränderungsprozess

Die Rolle des Topmanagements

Wichtig für das Topmanagement ist es, die Leitplanken für den Veränderungsprozess festzulegen: Was wollen wir erreichen und warum? Wie wollen wir das erreichen?

Dafür ist es notwendig, dass die Unternehmensspitze die Gelegenheit bekommt, als Team eigene mentale Modelle zu reflektieren, ein gemeinsames Referenzsystem und Zielbild zu entwickeln und die eigene Rolle darin zu bestimmen: Wie sieht ein angemessener Umgang mit Risiken aus? Wie ist eine zuverlässige Organisation gestaltet? Welche Rolle spielen wir dabei?

All dies schafft eine Grundlage, Topführungskräften im Veränderungsprozess die Möglichkeit zu geben, das Zielbild zu vermitteln und den gewünschten Unterschied im eigenen Verhalten und den eigenen Entscheidungen für andere beobachtbar zu machen.

Führung lenkt Aufmerksamkeit in der Kulturentwicklung

Die Unternehmensführung hat bei der Kulturentwicklung wie bei allen Veränderungsprozessen eine besondere Funktion. Sie lenkt mit ihrem Verhalten Aufmerksamkeit und dieses Potenzial sollte gezielt genutzt werden (vgl. Abschnitt 6.9). Es ist wahrscheinlicher, dass das Verhalten von Führungskräften von der Belegschaft beobachtet und als relevant selektiert wird als das eines »normalen« Mitarbeiters. Das Verhalten der Unternehmensspitze hat in Veränderungsprozessen ein besonders hohes Irritationspotenzial, allerdings hat auch das Topmanagement wenig Einfluss darauf, wie das demonstrierte Verhalten interpretiert und bewertet wird und welche Absichten ihm zugeschrieben werden. Kulturprägend ist dabei vor allem das Verhalten in kritischen Situationen und wie Führungskräfte bei Interessenskonflikten und Dilemmata entscheiden.

Kontakt zum operativen Geschehen

Insbesondere in Großorganisationen kann man beobachten, dass das Topmanagement den Kontakt zum Operativen verloren hat. Es verliert das Gespür für die Mehrdeutigkeiten und Widersprüche, die auf der Arbeitsebene bewältigt werden müssen. Aus der Distanz ist für obere Führungskräfte schwer nachvollziehbar, warum wohldurchdachte Vorgaben, Konzepte und Pläne nicht umgesetzt werden oder welche Effekte strategische Entscheidungen über Belohnungssysteme, Sparmaßnahmen oder Umstrukturierungen auf die Zusammenarbeit haben. Deshalb ist es sinnvoll, Interventionen zu gestalten, die die Spitze wieder stärker mit dem Tagesgeschäft in Kontakt bringen und sie für die Herausforderungen an »vorderster Front« zu sensibilisieren. So wird der fortschreitenden Entkopplung von abstrakten Konzepten und konkreten operativen Erfahrungen entgegengewirkt. Die Unternehmensspitze lernt besser einzuschätzen, welche Auswirkungen die eigenen Entscheidungen auf das operative Geschäft haben und kann diese Perspektive in ihr Kalkül miteinbeziehen.

Ambivalente Rolle von Führung in Veränderungsprozessen

Aber die Rolle des Topmanagements in Veränderungs- bzw. Kulturentwicklungsprozessen ist in verschiedener Hinsicht auch ambivalent. Wir haben bereits diskutiert, dass in sicherheitsorientierten Unternehmen das Aufrechterhalten der Sicherheitsfiktion eine wichtige Aufgabe des Topmanagements ist, um das Überleben des Systems in seinen relevanten Umwelten wie Aufsichtsbehörden, Öffentlichkeit, Politik und Kunden zu sichern. Für diese Aufgabe ist ein Festhalten an trivialen Steuerungsvorstellungen bequemer, als sich selbst durch gezielte Interventionen immer wieder mit den operativen Unsicherheiten und Unwissen zu konfrontieren.

Ein weiterer Widerspruch besteht darin, dass die Unternehmensführung symbolisch für die Entscheidungen und Entscheidungsprämissen der Vergangenheit steht. Entweder hat die Leitung es bewusst gefördert, dass sich der gegenwärtige Zustand bzw. die aktuelle Kultur so und nicht anders entwickelt haben oder sie hat es zumindest zugelassen. In Entwicklungsprozessen kollektiver Achtsamkeit ist es deshalb sinnvoll, mit Führungsteams an ihrer Rolle im Prozess zu arbeiten: Welchen Anteil haben wir an der gegenwärtigen Kultur? Welche Möglichkeiten haben wir, ihre Weiterentwicklung zu fördern? Wie signalisieren wir als Team unserer Mannschaft, dass wir alle dahinterstehen und es ernst meinen?

Rolle des mittleren Managements: Übersetzung auf die Arbeitsebene

Today much of the routine work
of what is called middle management
is or can be programmed by the computer.
Mintzberg, 1973, S. 134

Das mittlere Management ist ein wichtiges Sprachrohr zur Belegschaft, von ihm sind in Veränderungsprozessen entscheidende Übersetzungsleistungen gefragt. Veränderungsanliegen müssen auf ihre Machbarkeit überprüft und es müssen die Voraussetzungen wie zum Beispiel die Entwicklung notwendiger Kompetenzen oder die Bereitstellung von Ressourcen geschaffen werden. Während der Fokus des Topmanagements eher auf die Außenwelt gerichtet ist, gilt die Aufmerksamkeit des mittleren Managements auf das Funktionieren des Inneren.

In den letzten Jahrzehnten hat das mittlere Management eine deutliche Aufwertung erhalten. Während in den 1970er- und 1980er-Jahren selbst Vordenker wie Mintzberg dem mittleren Management vor allem eine Kontrollfunktion zuschrieben und prognostizierten, dass der Entscheidungsbedarf im Zuge der zunehmenden Ausdifferenzierung der Systeme eher abnehmen würde oder durch Rechner ersetzt werden könne, hat sich dies deutlich geändert. Die mittleren Führungskräfte gelten als die »neuen, unsichtbaren Leistungsträger« in der Organisation (vgl. Hölterhoff et al., 2011).

Zwischen den Stühlen

Mittlere Führungskräfte befinden sich in einer Position zwischen der eindeutigen Welt der Ideen und Visionen der Unternehmensspitze und der widersprüchlichen und mehrdeutigen Erfahrungen mit den komplexen, unberechenbaren Bedingungen auf der Arbeitsebene. Aus dieser Position zwischen Führung und Untergebenen entspringen Rollenkonflikte. Im Hinblick auf die Entwicklung kollektiver Achtsamkeit besteht die besondere Herausforderung darin, die Diskrepanzen zwischen formaler Planung und Anforderungen der operativen Realität in Einklang zu bringen.

Zunehmende Entscheidungsnotwendigkeiten

Diese Aufgabe erhöht die Entscheidungsnotwendigkeiten vor allem bei operativen Führungskräften, die in direktem Kontakt mit der Arbeitsebene stehen. Sie erlebt die unvermeidbaren Mehrdeutigkeiten, Widersprüchlichkeit und unabsehbare Entwicklungen besonders deutlich. Einerseits machen die Mitglieder des mittleren Managements die Erfahrung, dass Entscheidungen eigentlich unentscheidbar sind. Andererseits sind sie aber auch mit dem Anspruch von oben konfrontiert, richtig und im Sinne der formalen Vorgaben Entschlüsse zu fassen: Ist es legitim, von der Regel abzuweichen? Wenn ja, wie weichen wir von Regeln ab? Was tun wir, wenn es schnell gehen muss?

Solche Entscheidungen in der Grauzone stehen für das mittlere Management an der Tagesordnung. Solange das höhere Management an der klassischen Steuerungslogik festhält, werden diese schwierigen Entscheidungslagen häufig tabuisiert. Doch wie wir bereits gezeigt haben, riskieren mittlere Führungskräfte ebenso wie operative Mitarbeiter mit dieser subversiven Strategie, dass sie im Nachhinein für die Regelabweichung verantwortlich gemacht werden, was ihre Bereitschaft verringert, eigenverantwortlich zu entscheiden.

Mittleres Management: Moderation der Sinnproduktion vor Ort

Da Entscheidungen zunehmend an den Ort des Geschehens verlagert werden, ist das mittlere Management in besonderem Maße gefordert. Teamleiter oder Schichtführer zum Beispiel müssen lernen, Probleme nicht fachlich zu lösen, sondern die Problemlöse- und Entscheidungsfähigkeit ihrer Teams zu erhöhen. Sie beeinflussen die Sinnproduktion vor Ort – im Umgang mit Kunden, Produktionsanlagen oder Lieferanten. Es hängt zu einem großen Teil von ihrem Selbstverständnis und ihren Kompetenzen ab, wie gemeinsam im Team Daten erzeugt, wie aus diesen Informationen erarbeitet werden und wie man zu Entscheidungen kommt. Für diesen Übergang von einer Fach- hin zu einer Führungsrolle bedarf es eines anderen Selbstverständnisses und die dafür notwendigen individuellen und sozialen Kompetenzen. Interventionen unterstützen gezielt den notwendigen Entwicklungsprozess und die Reflexion der in der Führungsrolle auftretenden Paradoxien, die sich für die mittlere Ebene ergeben.

Notwendige Übersetzungsleistungen

In Entwicklungsprozessen kollektiver Achtsamkeit sind mittlere Führungskräfte zwar nicht die zentralen Entscheider, aber sie sind ein Nadelöhr, durch das die Ideen aus der Spitze müssen, bevor sie umgesetzt werden. Während das Verhalten des Topmanagements eher symbolische Kraft hat und von den operativen Mitarbeitern auch misstrauisch beäugt wird, stehen die Teamleiter in direktem Kontakt zur Mannschaft und sind häufig deren Meinungsführer. Mittlere Führungskräfte werden zu *change agents*. Als »sensemaker and sensegiver« (vgl. Balogun u. Johnson, 2004), also Sinnstifter und Sinngeber, übersetzen sie die Veränderungsstrategie in die Perspektive der operativen Arbeitsebene. Dabei müssen sie Defizite ausgleichen, zum Beispiel wenn das Topmanagement stark entkoppelt ist, das Verhalten der Unternehmensspitze den öffentlichen Zielen widerspricht oder die Ideen für die operative Umsetzung zu abstrakt oder unbrauchbar erscheinen. »Especially in geographically dispersed organizations, senior managers become ›ghosts‹ in sensemaking of middle managers, rather than being active directions of change« (Balogun u. Johnson, 2004, E-Book). Interventionen zur Entwicklung der kollektiven Achtsamkeit sollten deshalb berücksichtigen, wie der Entkopplung der verschiedenen Perspektiven entgegengewirkt werden kann und Rückkopplungen zur Unternehmensspitze ermöglicht werden. Ein weiterer Aspekt ist, Freiräume und Zeit für die notwendigen Übersetzungsleistungen zu geben. Die Entwicklung einer angemessenen Sprache für die operative Arbeitsebene ist erfahrungsgemäß erfolgskritisch.

Die Rolle der Experten

Eine weitere wichtige Zielgruppe in Veränderungsprozessen sind jene Experten, die sich in der Organisation mit Zuverlässigkeitsfragen beschäftigen. Das können je nach Terminologie und Fokus Risikomanager, Qualitätsbeauftragte, Sicherheitsfachkräfte oder auch Human-Performance-Experten im Unternehmen sein. Die Entwicklung der kollektiven Achtsamkeit erfordert, die Rolle von Experten neu zu denken und positionieren.

Experten als »Hüter des Unterschieds«

Im Veränderungsprozess müssen auch Experten ihre eigenen Denkmodelle reflektieren und sich intensiv mit den Prinzipien kollektiver Achtsamkeit und den damit verbundenen Methoden auseinandersetzen. Sie müssen den Unterschied zwischen Logik I und II verstehen, erkennen und thematisieren. In der Zusammenarbeit mit Führungskräften und Mitarbeitern beobachten sie als »Hüter des Unterschieds« auch typische Normalisierungstendenzen.

Zeitgleich ist es erforderlich, dass sie die eigene Rolle im Zusammenspiel mit Führung überdenken und diese von Kontrollaufgaben hin zu einem partnerschaftlichen Verhältnis auf Augenhöhe weiterentwickeln. Dies erfordert intensive individuelle Kompetenzentwicklung ebenso wie gezieltes Wissensmanagement innerhalb der Experten-Community. Gerade hier müssen oft einige zentrale Prämissen infrage gestellt werden, wie zum Beispiel die organisationale Einbindung der Expertenabteilung und der Berichtswege. Darüber hinaus muss reflektiert werden, welche Personen sich für diese Aufgaben am besten eignen.

Vom Vollstrecker von Regeln zum Partner auf Augenhöhe
Für die Rolle des Experten gibt es kein Patentrezept, sie hängt vom jeweiligen Kontext ab. Es macht einen Unterschied, ob es um die Rolle von Risikomanagern in Banken oder in Krankenhäusern geht oder ob wir über die Positionierung von Qualitäts- und Sicherheitsexperten in Produktionsunternehmen sprechen. Trotzdem kann man bei all diesen Professionen einen Entwicklungstrend beobachten, der vom *law enforcer*, also einem Vollstrecker von Vorschriften, zum strategischen Partner auf Augenhöhe geht.

Risiko- und Sicherheitsexperten hatten in der Vergangenheit vor allem die Aufgabe, ihre Expertise einzubringen. Es war ihre Aufgabe, zu sagen, was richtig ist: Welche Regeln müssen eingehalten werden? Welche berechenbaren Risiken sind zu erwarten? Welche Schutzmaßnahmen müssen durchgeführt werden? Wie müssen welche Regularien erfüllt werden, um sich rechtskonform zu verhalten? Dieses Rollenverständnis wandelt sich zunehmend (s. Abbildung 60).

Vom Experten mit Lösungswissen …	… zum Moderator für Problemlösungsprozesse
sagt, wie es richtig ist	moderiert Problemlösungsprozesse
übernimmt die Verantwortung	berät die Führung
beurteilt Risiken	gestaltet Risikoentscheidungsprozesse
kontrolliert die Einhaltung von Regeln	sucht mit der Führung nach blinden Flecken
fokussiert Zuverlässigkeitsfragen	berücksichtigt den Kontext

Abb. 60: Neues Rollenverständnis von Risiko- und Sicherheitsexperten

FALLBEISPIEL

Wandel der Rolle des Risikomanagers in Banken
So sieht zum Beispiel der Ansatz des sogenannten unternehmensweiten Risikomanagements (vgl. www.coso.org) eine neue Rolle für Risikomanager in Banken. Dieser Ansatz hat nach der Finanzkrise 2008 stärkere Beachtung erfahren und verfolgt ein ganzheitliches Risikomanagement. Die zugrunde liegenden Gestaltungsprinzipien flossen darüber hinaus in die Definition der Mindestanforderungen an das Risikomanagement der Finanzaufsichtsbehörde ein (MaRisk). Auch Ratingagenturen prüfen die Einhaltung und nutzen die Ergebnisse für die Bewertung von Banken. Das unternehmensweite Risikomanagement sieht vor, dass Risikomanager nicht mehr länger nur eine Überwachungsfunktion für die Risiken einzelner Geschäftsfelder wie zum Beispiel Kredite haben, wie es bislang üblich war. Vielmehr sollen sie Partner und Berater für das Management sowie die unterschiedlichen Interessensgruppen der Organi-

sation sein. Ihre Aufgabe ist es, die Antizipation und Bearbeitung übergreifender Risiken zu fördern. Zudem wird mit der neuen Rolle des *Chief Risk Officer* diese Funktion im Topmanagement verankert. Die Verantwortung für das Risikomanagement wird dabei von der gesamten Führung getragen und kann nicht an den Positionsinhaber delegiert werden. Der Risikomanager hat diesem Verständnis zufolge eine verbindende Funktion, um die unterschiedlichen Perspektiven und das benötigte Wissen zusammenzubringen und Methoden bereitzuhalten, um die Risiken einzuschätzen.

Entwicklung der Rolle von Sicherheitsexperten
Ähnliche Bewegungen sind auch für andere Schwerpunkte zu beobachten. Im Arbeits- und Umweltschutz bemühen sich zum Beispiel viele Unternehmen darum, die Rolle des Sicherheitsexperten von einer eher kontrollierenden Funktion hin zu einem Partner auf Augenhöhe für das Management zu entwickeln. Anders als in der Vergangenheit sollen sie nicht mehr selbst die Probleme lösen und Verantwortung für Sicherheit übernehmen, sondern den gemeinsamen Prozess der Risikoabwägung und Problemlösung moderieren und die dafür notwendigen Denkmodelle und Methoden stellen.

Entwicklung neuer Kompetenzen

Für diese Anforderungen sind andere individuelle Kompetenzen nötig und diese setzen häufig auch andere Persönlichkeitsmerkmale als bei der alten Rollenerwartung voraus. Die Rolle des Sicherheitsexperten erfordert auch eine aktive Umgestaltung der Muster zwischen den Beteiligten, vor allem zwischen ihnen und den Führungskräften. Wurden Zuverlässigkeitsfragen bisher an Fachabteilungen delegiert, müssen Experten nun mit Führungskräften ein partnerschaftliches Verhältnis entwickeln. Von Ersteren erfordert dies viel: Sie benötigen Diplomatie und Erfahrung damit, wie verschiedene Perspektiven und Wissensträger zusammengebracht werden. Sie brauchen Erfahrungen in der Moderation von Risikoentscheidungen wie in der Gestaltung und Begleitung längerfristiger Veränderungsprozesse. Für ihre integrierende Funktion ist eher Generalisten- als Spezialisten-Know-how gefragt. Sie müssen mit Komplexität umgehen können, ohne sie fahrlässig zu vereinfachen. Außerdem brauchen Sicherheitsexperten ein Standing in der Organisation, um auch kontroverse Sichtweisen und Zweifel einbringen zu können. Für ihre Aufgabe benötigen sie einerseits umfassende Kenntnis vom Geschäft, ohne sich andererseits von der etablierten Geschäftslogik einnehmen zu lassen, denn sie müssen in der Lage sein, alternative Denkmodelle vorzuhalten.

Mitarbeiter

Mitarbeiter sind in Entwicklungsprozessen kollektiver Achtsamkeit eine unverzichtbare Ressource aufgrund ihrer operativen Erfahrungen und Beobachtungen. Mit der Bewegung von einer Logik I hin zu Logik II ändert sich die Erwartung an sie: Erwartete man bisher von ihnen, Vorgaben zu erfüllen und sich mit der eigenen Wahrnehmung weitestgehend zurückzuhalten, wird nun von ihnen gefordert, das eigene Urteilsvermögen, beobachtete Widersprüche und Wahrnehmungen als wertvolle Informationen einzubringen. Die Schwierigkeiten und Unsicherheiten, die mit dieser neuen Rollenerwartung einhergehen, müssen im Veränderungsprozess thematisiert werden. Gerade in sicherheitsorientierten Organisationen, die sich jahrzehntelang auf ein kontrollorientiertes Bewältigungsmuster verlassen haben, fühlen sich Mitarbeiter oft überfordert, eigenverantwortlich Entscheidungen zu treffen: Für diese Aufgaben bin ich nicht angetreten. Ich möchte, dass mir jemand sagt, was ich zu tun habe – das sind Kommentare, die man häufig zu Beginn von Veränderungsprozessen hört.

Es wäre verkürzt, diese Haltung allein auf ein mangelndes Bedürfnis nach Selbstverwirklichung einer alternden Mitarbeiterschaft zurückzuführen. Vielmehr ist diese Abwehr das Resultat der Sozialisation mit einer Systemlogik, die auf den Prinzipien einer Logik I basiert. Je stärker ein Masterplan suggeriert worden ist und je häufiger Mitarbeiter die Erfahrung gemacht haben, dass nach unerwarteten Ereignissen »Fehlentscheidungen« individuell sanktioniert werden, sinkt ihre Bereitschaft, ihren Standpunkt zu vertreten und Verantwortung für die eigenen Entscheidungen im Moment zu übernehmen. Dienst nach Vorschrift ist ein Verhalten, das nicht aufgrund einer persönlichen Einstellung entsteht, sondern durch die Systemlogik aktiv erzeugt wird.

15.1.3 Zentral-gesteuerte oder organisch-evolutionäre Entwicklungsstrategien

Mit der Frage nach der Zielgruppe stellt sich auch die Frage, welche Entwicklungsstrategie aussichtsreich erscheint. Verspricht man sich mehr von einer zentral-gesteuerten Vorgehensweise, die an der Spitze der Organisation ansetzt und das Veränderungsvorhaben von oben nach unten in das Unternehmen bringt? Oder entscheidet man sich für eine organisch-evolutionäre Strategie, die erst einmal mit einzelnen Piloten startet, die operativ beweisen müssen, dass sich das neue Vorgehen oder Verfahren in der Praxis bewährt? In der Regel ist es sinnvoll, die Vor- und Nachteile beider Strategien abzuwägen und eine passende Kombination zu finden:

- Für ein Top-down-Vorgehen spricht, dass das Veränderungsanliegen viel Aufmerksamkeit erfahren wird, sofern dieses Thema glaubhaft von der Spitze vertreten wird. Gleichzeitig riskiert man aber auch politische Rangeleien und frühe Normalisierungen. Bei Prozessen an der Spitze wollen erfahrungsgemäß viele Interessensgruppen mitreden, ihre Interessen wahren und einen eigenen Stempel hinterlassen. Veränderungsanliegen, die auf höchster Hierarchiestufe angesiedelt sind, stehen immer in Konkurrenz mit zahlreichen anderen Planungen. Gerät das Anliegen aus dem Fokus des Topmanagements, wird dies von der Belegschaft in der Regel sehr genau beobachtet. Der Schluss liegt dann nah, dass es sich nur um eine kurzfristige Initiative gehandelt hat und nun doch andere Dinge wichtiger sind – das Thema ist dann bereits verbrannt. Ein weiteres Risiko bei reinen Top-down-Strategien besteht auch darin, dass Ideen zerredet werden und abstrakt bleiben. Zur operativen Arbeitsebene dringen sie dann gar nicht erst vor oder sie werden abgewehrt. Ein solches Vorgehen verführt zu einem heroischen Habitus, der operative Widersprüche und Umsetzungsschwierigkeiten ausblendet. Häufig entsteht ein Reformismus: Bei der Spitze werden attraktive Ideen von neuen reizvollen Ideen abgelöst, ohne zu bemerken, dass operativ eigentlich alles beim Alten bleibt (vgl. Brunnson, 1993, Brunnson u. Olsen 1993).
- Ein organisch-evolutionäres Vorgehen hat den Vorteil, dass sich ein neues Bewältigungsmuster in einem Teilbereich zunächst operativ beweisen kann, ohne dass es gleich als Allzwecklösung unter hohem Erfolgsdruck steht und von allen Seiten kritisch beäugt wird. Der Nachteil ist allerdings, dass wichtige Führungsfragen nicht thematisiert werden können.

  Auf kurz oder lang werfen Veränderungsprozesse zur Entwicklung kollektiver Achtsamkeit grundlegende Führungsfragen auf, die von den einzelnen Bereichen nicht entschieden werden können und die Aufmerksamkeit sowie die Veränderungs- und Reflexionsbereitschaft der Unternehmensspitze erfordern. Themen sind zum Beispiel die Neugestaltung der Belohnungssysteme, die offizielle Bearbeitung des Konflikts von Effizienz und Sorgfalt bzw. Sicherheit, das Verhalten von Führung nach unerwünschten Ereignissen. Bleibt diese Auseinandersetzung langfristig aus, werden diese Widersprüche die Kulturentwicklung empfindlich stören.

Zentral-gesteuert	Organisch-evolutionär
hohe Aufmerksamkeit durch die Spitze zu Beginn	späte Entdeckung durch die Spitze
Risiko von Interessenskonflikten (Ressourcen, Aufmerksamkeit, Prioritäten)	geringes Interesse am Vorhaben

Zentral-gesteuert	Organisch-evolutionär
Chance für zentrale Weichenstellungen	notwendige Akzeptanz von Widersprüchen
hoher Erwartungs- und Erfolgsdruck (wenig Raum für Fehler zu Beginn)	geringer Erwartungsdruck (größere Fehlertoleranz zu Beginn)
Fokus auf Attraktivität und Neuheit der Idee	Fokus auf Anschlussfähigkeit und Umsetzungserfolge
Chance, flächendeckend gemeinsame Referenzen zu entwickeln	Gefahr, Folklore in der Organisation zu fördern
Topmanagement als Aufmerksamkeitslenker	Topmanagement bleibt außen vor
guter Zugang zu Ressourcen und unterstützender Infrastruktur	weniger Zugang zu Ressourcen und fehlende Infrastruktur
Veränderungsvorhaben repräsentiert durch einen (mächtigen) Sponsor	Veränderungsvorhaben entsteht aus einer konkreten Bedarfslage
empfindlich für Misserfolge und Personalwechsel	Kontinuität durch größere Toleranz gegenüber Fehlern

Abb. 61: Zentral-gesteuerte vs. organisch-evolutionäre Entwicklungsstrategie (vgl. Gebauer, 2007)

15.2 Interventionsprinzipien: Mehr, weniger, anders …

Bei der Bestimmung der Interventionsprinzipien geht es darum, erste Hypothesen darüber zu entwickeln, was die Maßnahmen erreichen sollen. Welche Verhaltensweisen sollen *verstärkt* werden? Welche Muster sollen *weniger* oder ganz unterlassen werden? Welche sollen *neu* entwickelt werden?

15.2.1 Erfahrungen mit neuen Mustern

Ein hilfreiches Interventionsprinzip für die Entwicklung der kollektiven Achtsamkeit besteht zum Beispiel darin, möglichst vielfältige Erfahrungen mit neuen Formen der Zusammenarbeit zu ermöglichen, die nach den Prinzipien für kollektive Achtsamkeit gebaut sind. Es werden Erfahrungen mit neuen Mustern geschaffen, in der Hoffnung, dass diese als attraktive Alternative ausgewählt werden und die alten Muster auf diesem Wege verblassen.

Ausgehend von diesem Prinzip werden Variations-, Selektions-, und Stabilisierungsmechanismen angelegt, um die Wahrscheinlichkeit, dass diese neuen Muster Halt in der Organisation finden, zu erhöhen:

- Die Zusammenarbeit im Lern- und Veränderungsprozess wird so gestaltet, »als ob« man bereits das Veränderungsziel erreicht hätte. Die Prinzipien für kollektive Achtsamkeit gelten dann ebenfalls für den Veränderungsprozess (Fördern der Zusammenarbeit in hierarchie- und fachübergreifenden Teams, Arbeit an konkreten Beispielen am Ort des Geschehens, hohe Aufmerksamkeit gegenüber kleinen Abweichungen und Fehlern, Bereitschaft, flexibel auf Veränderungen zu reagieren).
- Eine andere Möglichkeit ist es, gezielt neue Erfahrungen mit neuen Vorgehensweisen zu schaffen. Die Teilnahme an einer Musteranalyse fördert zum Beispiel Erfahrungen, wie eine andere Form der Fehlerzuschreibung aussieht, welche Fragen dafür notwendig sind und dass Fehlerlernen in einer offenen Atmosphäre auch in Anwesenheit von Führung und in einem formalen Setting möglich ist.
- Damit die Erfahrungen mit den neuen Mustern leichter in das Alltagshandeln einbezogen werden, braucht es regelmäßige Reflexionsschleifen. Neue Erfahrungen werden im Vergleich zu den bisherigen Erfahrungen ausgewertet und der Unterschied herausgearbeitet.
- Schließlich muss entschieden werden, ob das neue Verhalten in Zukunft als Erwartung verankert werden soll und was dies fördert. Aus diesem Grund ist es wichtig, im Veränderungsprozess Besprechungen mit den relevanten Entscheidungsträgern vorzusehen, wo solche Entscheidungen zur Stabilisierung und organisationalen Verankerung der neuen Erfahrungen getroffen werden können.

15.2.2 Abbau hinderlicher Muster

Ein einseitiger Fokus auf neue Muster ist jedoch wenig sinnvoll. Bestimme Verhaltensweisen stehen der Entwicklung gewünschter neuer Muster im Wege und müssen notwendigerweise bearbeitet werden. Die Frage nach hemmenden, hinderlichen Mustern sollte deshalb nicht nur zu Beginn, sondern auch im Verlauf des Veränderungsprozesses beantwortet werden:

- Welche Muster müssen wir abbauen, dass sich andere Muster besser entwickeln können?
- Was brauchen wir, um diese »störenden« Muster aufzugeben?

FALLBEISPIELE

Weniger Abweichungen von Regeln

Geht es um die Entwicklung der Sicherheitskultur, hegen Führungskräfte häufig den Wunsch, dass Regeln konsequenter umgesetzt werden. In einem laufenden Veränderungsprozess zur Entwicklung der Sicherheitskultur beklagten

sich die Führungskräfte, dass ihre Mitarbeiter sich nicht an Regeln hielten. Dieses Muster wollten sie gerne ändern.
Zunächst wurde das gewünschte, zu verstärkende Muster definiert: Mitarbeiter halten sich an Regeln und wenn diese nicht einzuhalten sind, kommunizieren sie das offen nach oben.
Auf dieser Basis wurde diskutiert, welche Muster das gewünschte Verhalten verhinderten. Dabei stellte sich heraus, dass Führungskräfte selbst jahrelang wenig Wert auf die Einhaltung von Sicherheitsregeln legten, sofern es keine unerwünschten Ereignisse gab. Vor allem im Konfliktfall, wenn es schnell gehen musste, hatten sich viele von ihnen angewöhnt, wegzuschauen und legitimierten damit das Verhalten ihrer Mitarbeiter. Die Folge dieser Diskussion war, dass das Führungsteam sich darauf verpflichtete, dieses Verhaltensmuster bei sich selbst zu verändern, sich gegenseitig diesbezüglich Rückmeldung zu geben und schwierige Situationen sowie Fort- und Rückschritte im Prozess gemeinsam im Führungskreis zu diskutieren.

Musterwechsel im Umgang mit Fehlern
Ein anderes Beispiel ist der Musterwechsel im Umgang mit Fehlern. In einem Unternehmen der chemischen Industrie erlebten Mitarbeiter die Bearbeitung von Fehlern als unfair, unberechenbar und wie ein Tribunal. Deshalb wurden Fehler mitunter vertuscht. Die Führung konnte diese Beobachtungen nicht nachvollziehen, weil sie sich stets bemühte, gerechte Entscheidungen zu treffen. Gemeinsam wurde herausgearbeitet, dass das hinderliche Muster in der Unberechenbarkeit der Fehlerzuschreibung lag. Das Team vereinbarte ein neues Vorgehen im Umgang mit Fehlern, das mehr Transparenz in der Bearbeitung schaffte und Grauzonen bei der Entscheidungsfindung offenlegte. So wurde der Prozess für die Mitarbeiter berechenbarer und Vertrauen beim gemeinsamen Lernen von Fehlern ließ sich leichter etablieren.

Interventionsprinzipien mithilfe des 5-Stufenmodells definieren

Interventionsprinzipien können im Veränderungsprozess wertvolle Orientierung schaffen, da festgehalten wird, welche Muster verstärkt und welche verringert werden sollen. Mit ihrer Hilfe kann eine gemeinsame Sprache entstehen. Es wird kommunizierbar, welche Muster künftig gewünscht sind und daran kann das individuelle Verhalten ausgerichtet werden.

Das 5-Stufenmodell (s. Teil II, Abschnitt 12.1.5) ist unserer Erfahrung nach eine gute Basis für die Vereinbarung einer Veränderungsstrategie. Führungsteams einigen sich in diesem Rahmen auf folgende Interventionsprinzipien (s. Abbildung 62):

- Abbau von typischen Mustern auf Stufe 1 und 2
- kritische Prüfung von Mustern auf Stufe 3 (Wo nutzen sie uns? Wo übertreiben wir dieses Muster?)
- (Weiter-)Entwicklung von Praktiken auf Stufe 4 und 5 (Wie erhöhen wir unser Irritationspotenzial?)

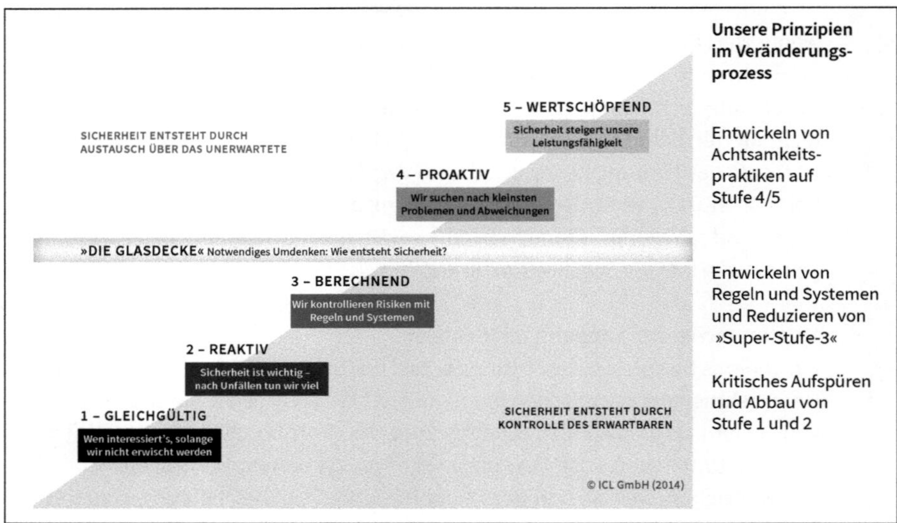

Abb. 62: Interventionsprinzipien auf der Basis des 5-Stufenmodells

15.3 Interventionsarchitektur: Was, wann und wie?

Interventionsfokus und -prinzipien bilden die Grundlage, eine konkrete Interventionsarchitektur für den Veränderungsprozess zu planen. Auch sie ist nicht in Stein gehauen und sollte auf der Basis der Erkenntnisse und Erfahrungen immer wieder justiert werden.

Mit der Gestaltung der Interventionsarchitektur stellt sich die Frage, wer wann am Veränderungsprozess beteiligt sein sollte und welche Zielgruppen wann auf welche Weise zusammengebracht werden sollten. Es geht hier weniger um einen detaillierten Projektplan, sondern um einen Überblick, um die Zusammenhänge der einzelnen Interventionen und die Art und Weise, wie die Interventionen im Verlauf Einfluss auf die Ergebnisse nehmen sollen, zu verdeutlichen: Wann wird was zum Thema? Wie bauen die Interventionen aufeinander auf? Wie werden die verschiedenen Perspektiven und Beteiligten zusammengeführt? Dabei lautet die Leitfrage nicht »Wer macht was bis wann?«, sondern vielmehr: »Wer muss wann worüber mit wem reden/lernen/reflektieren/entscheiden? Wie hängen die Dinge miteinander zusammen?«

Zusammenspiel von Sach-, Sozial- und Zeitdimension

Interventionsarchitekturen sind hilfreich, um möglichst viel Klarheit und Vertrauen über das Wie zu schaffen. Dies ist insbesondere zu Beginn eines Veränderungsprozesses förderlich, wenn die Unsicherheit bezüglich des Was noch groß ist.

Interventionsarchitekturen sind ein hilfreiches Instrument zur Planung im Führungskreis, zur internen Kommunikation und Information oder zum Erfahrungsaustausch unter Kollegen. Sie können zu einem wichtigen Bezugspunkt für alle Beteiligten werden und Orientierung durch ein gemeinsames Bild vom Veränderungsprozess geben. Die Architektur zeigt Zusammenhänge auf. (Wo erzeugt wer mit wem bewusst Variationen? Wo fördern wir die Selbstbeobachtung? Wo und von wem werden Entscheidungen getroffen?) Sie macht aber auch Lücken und blinde Flecken im Prozess sichtbar und schafft Verbindlichkeit im Verlauf. Ein Gerüst von Meilensteinen und Routinen konfrontiert die wichtigen Akteure immer wieder mit dem Veränderungsprozess. Mithilfe der Architektur können notwendige Aktivitäten antizipiert werden, um die Qualität und Nachhaltigkeit des Prozesses sicherzustellen. Eine Visualisierung macht für alle sichtbar, welche Investitionen an Ressourcen und Aufmerksamkeit für das Thema notwendig sind.

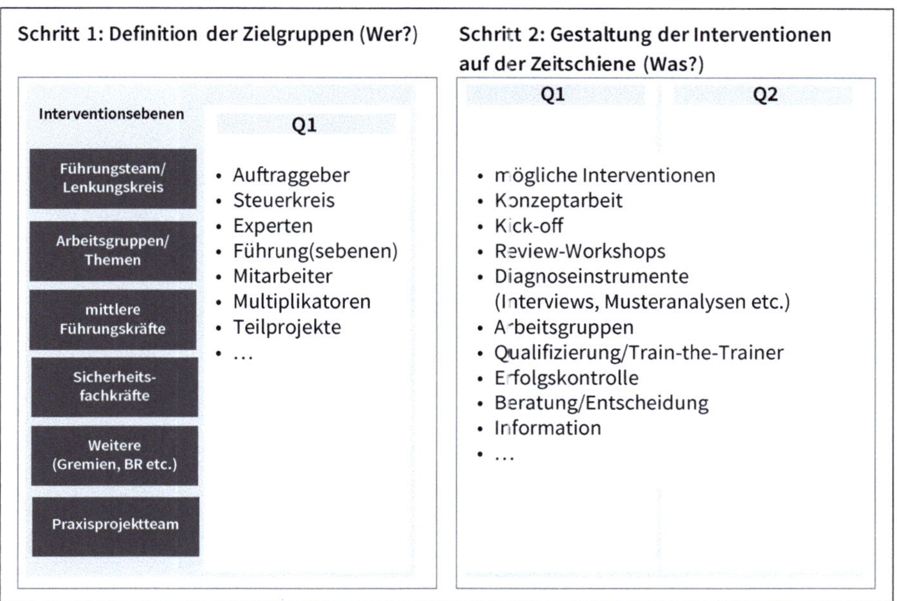

Abb. 63: Interventionsarchitektur: Definieren der Achsen

16 Aus der Praxis: Musterwechsel in der Sicherheitsarbeit

16.1 Ausgangslage und erste Hypothesen

FALLBEISPIEL

Es ist früher Abend an einem Novembertag. Der Abteilungsleiter eines Chemieunternehmens hat uns zu einem Erstgespräch gebeten, um uns kennenzulernen. Das Anliegen von Herrn Freitag ist es, die Sicherheitsleistungen seiner Abteilung mit ca. 1.000 Mitarbeitern zu verbessern. Was wir zu diesem Zeitpunkt noch nicht wissen: Diesem Gespräch wird ein mehr als dreijähriger Veränderungsprozess mit Führungskräften, Mitarbeitern und Experten aller Ebenen folgen. Der Prozess wird zur Verbesserung der Qualität der Sicherheitsarbeit sowie zu einer signifikanten Reduktion von kritischen Arbeits- und Umweltereignissen führen. In der Folge (re-)konstruieren wir den Verlauf und die schrittweise Entwicklung dieses gemeinsamen Such- und Lernprozesses.

Was war das Problem? Der Abteilungsleiter berichtet, dass sein Bereich im letzten Jahr durch zahlreiche meldepflichtige Arbeitsunfälle und Produktaustritte aufgefallen sei. Im Gesamtunternehmen existiert ein interner Vergleich der Sicherheitskennzahlen und in diesem Ranking belege seine Abteilung den letzten Platz. Die Abteilung stehe unter Druck. Sie habe – wie es im Unternehmen heißt – die rote Laterne an. Es werde erwartet, dass etwas unternommen würde, so könne es nicht weitergehen.

Herr Freitag wirkt enttäuscht und ratlos. In den letzten Jahren ist viel Energie und Aufwand in die Sicherheitsarbeit gesteckt worden. Doch immer wieder kommt es zu unerwünschten Sicherheitsereignissen. Teilweise seien es wirklich Schusseligkeiten, berichtet er. Die Mitarbeiter dächten einfach nicht nach, sie seien unachtsam oder hielten sich nicht an die Regeln. Viele Vorfälle seien für ihn einfach nicht nachvollziehbar. Müsste seine Abteilung vielleicht etwas ganz Grundlegendes in ihrem Vorgehen ändern?

Wir bitten ihn, konkreter zu werden: Was sind aus seiner Sicht konkrete Beispiele für das Problem? Was würden wir beobachten können? Wir bitten ihn, es

zu beschreiben, um besser verstehen zu können, wie er zu seinen Schlussfolgerungen kommt.
Er berichtet von einem jüngsten Ereignis: Ein Mitarbeiter, der sogar Sicherheitsbeauftragter war, benetzt sich mit einem chemischen Produkt. Doch statt diesen Vorfall zu melden, vertuscht er ihn. Eigentlich handelt es sich bei ihm um einen sehr kompetenten und zuverlässigen Mitarbeiter. Wie kann es sein, dass er sich so verhält?
In einem anderen Fall kommt es nach Wartungsarbeiten bei einer Anlage zu einer gefährlichen Reaktion. In der Ereignisuntersuchung stellt sich heraus, dass mehrere Mitarbeiter vorgeschriebene Prozessschritte nicht eingehalten haben, diese aber formal korrekt in der Dokumentation quittiert wurden. Warum setzen sich Mitarbeiter im Kollektiv über sicherheitsrelevante Standards hinweg?
Herr Freitag hat bereits eine konkrete Vorstellung für die notwendige Intervention: Die Sicherheitsbeauftragten müssten mobilisiert werden. Wenn sie sich selbst die nicht als Vorbild auf der Arbeitsebene verhalten, dann sei das doch ein Ansatzpunkt. Er denkt an ein oder zwei Großveranstaltungen mit allen Sicherheitsbeauftragten: Ob wir das Unternehmen als Berater bei diesen Veranstaltungen unterstützen könnten?
Wir bitten darum, noch einmal einen Schritt zurückzugehen, bevor wir uns auf eine bestimmte Intervention festlegen. Uns interessieren die bisherigen Problemlösungsversuche: Was haben Sie bereits unternommen? Wie hat das gewirkt?
Zum einen wurden Mitarbeiter in Newslettern und Sicherheitsbesprechungen ermahnt, sich an Regeln zu halten und achtsamer zu sein. Verstöße sollen fortan konsequenter bestraft werden. Darüber hinaus ist entschieden worden, einen neuen Sicherheitsmanager einzustellen, der die leitenden Führungskräfte auf Augenhöhe zu Sicherheitsfragen berät.
Doch die ersten schnellen Reaktionen auf die Missstände zeigten bisher wenig Wirkung. Im Gegenteil, sie erzeugten in der Belegschaft Widerstände. Die Ermahnungen wurden bisher als ungerechtfertigt angesehen: »Wir sind doch gut in Sicherheit. Wir tun eigentlich schon zu viel. Mehr geht nicht«, so der Tenor aus der Mitarbeiterschaft. Zudem kritisieren Betroffene den Stil der Botschaften aus dem Führungsteam: »Ist ja wieder klar: Nur weil jetzt etwas passiert ist, wird draufgehauen. Und dann kommen Ansagen in einer Art, wie Eltern mit ihren Kindern reden!« Auch die Neueinstellung eines Sicherheitsmanagers sehen die Mitarbeiter auf der Arbeitsebene kritisch: »Wir brauchen keinen Theoretiker. Wir benötigen jemand, der uns im operativen Geschäft unterstützt …«
Nach dieser ersten Bestandsaufnahme erläutern wir, wie wir als Berater über die Entwicklung der kollektiven Achtsamkeit bzw. Sicherheitskultur nachdenken. Aus unserer Sicht ist beispielsweise ein grundlegender Umdenkprozess notwendig, was auch bedeutet, mit dem Management an seinem Führungsverständnis sowie an Führungsfragen zu arbeiten. Herr Freitag reagiert auf unsere Ausführungen zögerlich: »Das ist doch alles sehr theoretisch. Wir brauchen jetzt

etwas sehr Konkretes. Wir müssen schnell etwas auf der Arbeitsebene tun und zeigen, dass unsere Ergebnisse besser werden. Dass Sicherheit etwas mit Führung zu tun hat, ist natürlich richtig. Aber ich kann das eigentlich nicht mehr hören. Darüber reden wir hier seit zehn Jahren. Und geändert hat sich bisher eigentlich nichts …«

Auftragsklärung als gemeinsamer Konstruktionsprozess

Das Beispiel steht für eine von vielen Auftragsklärungen, wenn es um die Entwicklung der Sicherheits- bzw. Risikokultur geht. In der Regel gibt es eine bestimmte (oft individual-zentrierte) Problemsicht und auch Vorstellungen, was getan werden muss. Diese Lösungsideen entspringen der vorhandenen, oft impliziten Systemlogik. Aufträge, die innerhalb dieser Logik vergeben werden, sind häufig – mit allem Respekt vor der Sichtweise und Kompetenz des Auftraggebers – auch Teil des Problems. Beratung kann hier einen wichtigen Beitrag leisten, durch andere Fragen neue Sichtweisen auf das Problem zu entwickeln, andere Erklärungen und Hypothesen für die Ereignisse zu finden und auf dieser Basis eine passende Interventionsstrategie zu entwickeln. Die Auftragsklärung wird zu einem gemeinsamen Konstruktionsprozess, um angemessen komplexe Problembeschreibungen zu entwickeln und darauf basierend weiterzuarbeiten. Das Beispiel zeigt aber auch, dass dies gerade zu Beginn ein Balanceakt ist, um einerseits anschlussfähig zu werden und andererseits durch alternative Problemkonstruktionen ausreichend stark zu irritieren.

Rückmelden erster Hypothesen

Nach dem Gespräch sammeln wir im Beraterteam zunächst erste Hypothesen und Überlegungen. In einem zweiten Gespräch spiegeln wir diese dem Abteilungsleiter zurück:

- Der bisherige Ansatz in der Sicherheitsarbeit ist offensichtlich an seine Grenzen gestoßen. Mehr-desselben frisst zwar mehr Ressourcen, hat aber keine Wirkung auf die Leistung. Im Gegenteil, Mitarbeiter verlieren die Motivation und sehen keinen Sinn mehr darin, sich für Sicherheit zu engagieren. Wir empfehlen deshalb, die bisherigen Muster gemeinsam zu untersuchen, um zu verstehen, wie sie entstehen und sie dann auf ihre Funktionalität hin zu überprüfen.
- Uns ist auch aufgefallen, dass Sicherheit eher als eine Frage der individuellen Achtsamkeit und Compliance betrachtet wird (»besser aufpassen«, »achtsamer sein«, »sich an Regeln halten«). Aus unserer Sicht erscheint es notwendig, gemeinsam über die möglichen, erfolgsversprechenden Ansatzpunkte für Interventionen nachzudenken. Denn unserer Meinung nach sind die Möglichkeiten begrenzt, direkt auf individuelle Einstellungen Einfluss zu nehmen. Wir würden deshalb gerne den Fokus verschieben und fragen, welche Muster

es auf der Ebene des sozialen Miteinanders gibt, die das Verhalten begünstigen und was geändert werden müsste, damit sich die Mitarbeiter dieser Abteilung anders verhalten.

- Offensichtlich gibt es den Wunsch nach einem grundlegenden Musterwechsel, aber es ist noch nicht klar, wie diese neue Qualität, Sicherheit zu erzeugen, aussehen kann. Auf der inhaltlichen Ebene erscheint es uns deshalb sinnvoll, sich mit den Prinzipien für kollektive Achtsamkeit auseinanderzusetzen, um eine gemeinsame Vorstellung zu entwickeln, wie eine andere Qualität bzw. ein Umdenken in der Sicherheitsarbeit aussehen kann und was dafür notwendig ist. Als gemeinsames Referenzmodell für diese Auseinandersetzung schlagen wir das 5-Stufenmodell vor (s. Teil II). In einem so heterogenen Umfeld eignet es sich aus unserer Sicht gut, um eine ausreichende Differenzierung und eine gemeinsame Sprache für verschiedene Muster im Umgang mit Unsicherheit zu etablieren.
- Unser Eindruck ist, dass das Führungsteam seinen Anteil bei der Aufrechterhaltung des Problems noch nicht sieht (oder nicht mehr sehen will) und sich so selbst aus dem Lern- und Veränderungsprozess ausklammert. Statt das Zusammenspiel von Führung und Belegschaft zu betrachten (Welche Muster erzeugen *wir*?), liegt der Fokus auf den Mitarbeitern (Was macht *ihr* da falsch?). Was also kann dazu beitragen, dass aus dem Ihr ein Wir wird? Wir schlagen deshalb vor, zunächst mit dem Führungsteam zu arbeiten, um eine generelle Bereitschaft bei den Führungskräften zu entwickeln, sich ebenfalls als Lernende im Prozess zu sehen. Eine Hypothese ist zu diesem Zeitpunkt, dass es bisher weder ein gemeinsames Zielbild, wie eine sicher arbeitende Organisationseinheit aussieht, noch ein gemeinsames Interventionsverständnis im Team gibt. Aus unserer Sicht muss das Leitungsteam deshalb zu Beginn Zeit investieren, um diese Vorstellungen gemeinsam zu entwickeln.
- Ein weiterer Eindruck ist, dass die Verantwortung für Sicherheit zu sehr an Experten delegiert wird. So interpretieren wir zumindest die bisher ergriffenen bzw. gewünschten Maßnahmen (Neueinstellung eines Sicherheitsexperten, Training der Sicherheitsbeauftragten auf der Arbeitsebene etc.). Was also wäre ein angemessener Weg, um dieses Muster zu irritieren?
- Für uns stellt sich auch die Frage nach der Veränderungsmotivation. Ist der Wunsch nach einem Musterwechsel vor allem eine Reaktion auf den äußeren Druck? Möchte die Leitung vor allem demonstrieren, dass etwas getan wird? Wie wird das von den Mitarbeitern aufgenommen? Unserer Erfahrung nach interpretieren Mitarbeiter solche reaktiven Maßnahmen schnell als rein symbolische Aktion – eine nächste, eher kurzfristig angelegte Initiative, mit der das Management demonstriert, dass es sich um das Problem kümmert. Wie also konnten die Voraussetzungen für einen nachhaltigen Veränderungsprozess geschaffen werden?

16.2 Phasen im Veränderungsprozess

16.2.1 Phase 1: Gemeinsame Referenzen entwickeln und den Prozess planen

Auf dieser Grundlage vereinbaren wir mit dem Abteilungsleiter zunächst das Vorgehen für die erste Planungsphase. Ihr Ziel ist weniger eine durch Experten getriebene Interventionsplanung, sondern die gemeinsame Entwicklung und Verankerung des Zielbildes und das gemeinsame Erarbeiten einer tragfähigen Vorgehensweise im Veränderungsprozess.

Zunächst führen wir Interviews mit Mitarbeitern und Führungskräften aus unterschiedlichen Betrieben und Fachbereichen, um ein möglichst breites Spektrum von Perspektiven und Erfahrungen zu erhalten (bisher hatten wir ja nur die Perspektive des Abteilungsleiters kennengelernt). Nach den Interviews wird ein gemeinsamer Kick-off-Workshop mit dem Führungsteam durchgeführt.

Interviews

Ziel der Interviews ist es, einen ersten Eindruck zu bekommen, wie Sicherheitsarbeit bzw. der Umgang mit Risiken auf den verschiedenen Ebenen erfahren wird, welche Herausforderungen die Beteiligten jeweils sehen und welche Muster sich abzeichnen. Dafür eignen sich erkundende, qualitative Leitfadeninterviews. In diesem Fall werden zehn einstündige Gespräche mit Betriebsleitern, Technikexperten, Mitarbeitern, Teamleitern und Sicherheitsbeauftragten geführt.

WERKZEUG

Beispielfragen für erkundende Erstinterviews

- Was ist Ihre Rolle, Funktion und Ihre Geschichte in dem Unternehmen?
- Was ist Ihr persönliches Anliegen in der Sicherheitsarbeit bzw. der Bearbeitung von Risiken?
- Welche Herausforderungen sehen Sie? Wo sehen Sie persönlich Klärungsbedarf? Was sind Beispiele dafür?
- Was gelingt Ihrer Meinung nach bereits besonders gut? Was sind Ihre Erklärungen, warum das funktioniert?
- Wie sieht Ihr ganz normaler Tagesablauf aus? Was machen Sie, wenn Sie morgens in die Firma kommen? Mit wem sprechen Sie, welche Meetings gibt es, was folgt darauf etc.? Wann und wo kommen Sicherheit bzw. Risiko ins Spiel?
- Beschreiben Sie ein Ereignis. Was ist passiert? Was sind mögliche Erklärungen? Wie haben Sie das Lernen aus Fehlern erlebt? Welche Verbesserungen wurden tatsächlich umgesetzt?

- Was sind aus Ihrer Sicht wichtige Spieler in der Organisation, wenn es um Sicherheit geht? Was tun die und wie arbeiten sie mit anderen zusammen?
- Wie erleben Sie Führung in puncto Sicherheit bzw. Umgang mit Risiken? Was ist beobachtbar, beschreiben Sie eine typische Situation.
- Was sind aus Ihrer Sicht wichtige Stellhebel für einen besseren Umgang mit Risiken? Was müsste getan werden, damit mehr »Sicherheit« entsteht?
- Was wurde bereits zur Verbesserung getan und wie hat das gewirkt?
- Was sind Ihre bisherigen Erfahrungen mit Veränderungen oder Initiativen? Was müssten Sie tun, damit Sicherheitsrisiken ausgeschlossen werden?
- Was würde aus Ihrer Sicht schlimmstenfalls passieren, wenn alles so bleibt, wie es ist?

Kick-off-Workshop mit dem Führungsteam

Ziel des Workshops ist es, mit dem oberen Führungsteam, bestehend aus den Betriebs- und Fachbereichsleitern, gemeinsame Referenzen zu entwickeln. Das Team setzt sich mit dem 5-Stufenmodell und den Prinzipien für kollektive Achtsamkeit auseinander. Erste Eindrücke aus den Interviews werden zurückgespiegelt und die Erkenntnisse gemeinsam in das Modell eingeordnet. Auf diese Weise wird der Unterschied der Sichtweisen über Sicherheit verdeutlicht und mithilfe von eigenen Beispielen aus dem Alltag illustriert. Das Managementteam reflektiert, welche Rolle Führung im Entwicklungsprozess hat und welche Herausforderungen und Ambivalenzen damit verbunden sind. Ein weiteres Thema ist das Planen des Veränderungsprozesses. Dafür setzt sich das Team mit wichtigen Prinzipien von Veränderung und Intervention auseinander, um ein gemeinsam getragenes Verständnis zu entwickeln. Ein wichtiger Aspekt bei diesen Diskussionen ist auch die Auseinandersetzung mit bisherigen Erfahrungen mit ähnlichen Vorhaben. Oftmals gibt es bereits zahlreiche Erfahrungen mit Veränderungsprozessen, die eher in Form von kurzfristigen Initiativen abgewickelt wurden und wenig effektiv waren. Das Führungsteam reflektiert diese Muster im Umgang mit Veränderung und diskutiert selbstkritisch: Was müssen wir tun, damit es dieses Mal anders wird? Was müssten wir tun, dass alles so bleibt wie bisher?

Leitfrage	Aspekte/Inhalte
Was macht uns Sorgen? Was muss sich ändern? Was passiert, wenn wir uns nicht ändern?	Entwickeln eines *Case for action*
Wie sieht hochzuverlässiges Organisieren aus?	• Auseinandersetzung mit den Prinzipien für kollektive Achtsamkeit bzw. Stufenmodell • erste Selbstbeobachtung der bisherigen Praxis aus dieser Perspektive (z. B. mit Risikokultur-Dialogen)

Leitfrage	Aspekte/Inhalte
Wie sieht das bei uns aus und was ist der Weg dahin?	• Konkretisieren des Zielbildes durch Beschreiben von Beispielen (Welches Verhalten sehen wir, wenn wir anders von Fehlern lernen? Was macht die Führung? Wie halten wir uns informiert?) • Beschreiben der notwendigen Schritte zum Ziel (inhaltlich, sozial, zeitlich)
Was ist unsere Rolle als Führungs-team im Kulturwandel?	• Erarbeiten konkreter Beispiele: Wie werden wir *im* und *am* System wirksam? • in welchen Situationen sorgen wir für einen sichtbaren Unterschied? • Stimmungsbild: Wie stehen wir zu dem Veränderungsanliegen?
Wie gestalten wir den Prozess dahin?	• Reflexion des eigenen Interventions-verständnisses • Einigung auf wichtige Gestaltungsprinzipien
Was ist mein persönlicher Beitrag zum Kulturwandel?	• persönliche Reflexion: Wie verändere ich mit meinem Verhalten beobachtbar die Situation zum Besseren? Was mache ich mehr/weniger/gleich?

Abb. 64: Leitfragen für den Kick-off-Workshop

Häufig erzeugt ein solcher Startworkshop im Führungsteam mehr Fragen als Antworten und ruft damit auch Unsicherheiten hervor. In unserem konkreten Fall zeigen sich die Führungskräfte überrascht, denn sie haben sich bisher gar nicht als Ansatzpunkt für den angestrebten Kulturwandel gesehen. Vielmehr erwarteten sie, einen konkreten Vorgehensvorschlag zu diskutieren, wie das Training bzw. die Mobilisierung der Sicherheitsfachkräfte gestaltet werden kann. Die Manager versprachen sich von diesem ersten Workshop, Methoden an die Hand zu bekommen, um das Verhalten und die Einstellungen ihrer Mitarbeiter verändern zu können. Stattdessen verlangt der Kick-off-Workshop von ihnen eine intensive Auseinandersetzung mit neuen Denkmodellen, die ihren bisherigen Vorstellungen teilweise widersprechen. Es wird sichtbar, dass es im Führungsteam unterschiedliche Meinungen gibt, wie Unsicherheiten und Risiken angemessen zu bearbeiten sind und dass es noch keinen gemeinsamen Nenner innerhalb der Gruppe gibt. So erklären sich auch die Ungeduld, der Unmut und die Verunsicherung, die in den Diskussionen immer wieder aufblitzen: Ich weiß gar nicht, was wir hier gerade tun. Warum müssen wir soviel Zeit dafür verwenden, uns mit dem Zielbild auseinanderzusetzen? Es ist doch klar, was wir wollen. Die Sicherheitskennzahlen müssen sich verbessern. Dafür müssen wir einen Weg finden, wie Mitarbeiter

Regeln auch befolgen und im Tagesgeschäft umsichtiger handeln. Sagen Sie uns, was wir mit unseren Mitarbeitern machen sollen. Wenn wir Ihre Empfehlung für sinnvoll halten, setzen wir das bei uns dann in eigener Verantwortung um.

Ambivalenzen der Auftraggeber bearbeiten

Für Berater ist es in solchen Momenten verführerisch, den Erwartungen zu entsprechen und die offenen Fragen als Expertenberater zu beantworten. Man erspart sich Unmut und erzeugt kurzfristige Sicherheit durch vermeintliches (Besser-)Wissen.

Für die Vorbereitung auf einen nachhaltigen Veränderungsprozess ist es jedoch notwendig, die Unsicherheiten und Ambivalenzen gemeinsam mit dem Führungsteam zu bearbeiten, anstatt sie zu kompensieren.

Es ist hilfreich, sich dabei die Gefühlslage der Auftraggeber zu Beginn eines solchen Veränderungsprozesses grundsätzlich als ambivalent vorzustellen: Warum kommen wir als Experten für die eigene Organisation nicht weiter? Haben wir vielleicht selbst etwas zum beklagten Zustand beigetragen? Zum einen erwarten die Auftraggeber eine andere Form der Unterstützung, denn eine Veränderung ist dringend nötig. Aber ein schneller Erfolg durch die Hilfe Fremder könnte auch den eigenen blinden Fleck oder das eigene Versagen offenlegen. Skepsis oder Abwehr sind in diesem frühen Stadium insofern als typische, folgerichtige Reaktion zu werten und haben eine schützende Funktion: Das ist viel zu theoretisch, was bedeutet das jetzt konkret? Das machen wir im Prinzip alles schon, das ist doch nicht neu. Das brauchen wir bei uns nicht, das ist eher etwas für andere Unternehmen, bei denen Sicherheit nochmal einen anderen Stellenwert hat. Bei uns haben wir es doch vor allem mit standardisierbaren Prozessen zu tun, da ist es durchaus möglich festzulegen, was richtig und was falsch ist …

In solchen Fällen ist es hilfreich, an konkreten Beispielen aus der eigenen Praxis zu arbeiten, um den Unterschied der zugrunde liegenden zwei Logiken herauszuarbeiten und um auf die Komplexität und die deshalb notwendigen Anpassungsleistungen aufmerksam zu machen. Die Herausforderung für die externen Berater oder Prozessbegleiter liegt dabei darin, den Unterschied zwischen Logik I und II immer mitzuführen und ggf. zu erläutern. Sie müssen Hüter des Unterschieds sein, ohne zum Missionar für eine Seite der Unterscheidung zu werden. Zum Beispiel können einzelne Themenaspekte herausgegriffen werden und gemeinsam beschrieben werden, wie das künftige Verhalten aussehen könnte: Wie lernen wir in Zukunft aus Fehlern und wie machen wir es heute? Was werden unsere Mitarbeiter dann anders machen? Wie unterstützen wir als Führungskräfte die offene Auseinandersetzung mit Fehlern? Wer sollte in der Ereignisuntersuchung oder Lessons-Learned-Besprechungen dabei sein? Worin besteht der Unterschied zwischen jetzt und zukünftig? Eine Orientierung bieten hierbei die von uns erarbeitete Systematik der Kultur-Dialoge (s. Abschnitt 12.1) oder die Methode »Blick zurück aus der Zukunft« (s. Abschnitt 10.2.3).

Auch das Warum steht zu Beginn solcher Prozesse noch infrage. Wie ernst ist das Problem überhaupt? Liegt die Schwierigkeit nicht eher darin, dass die Erwartungen an Sicherheit immer weiter hochgeschraubt werden? Wie viel Sicherheit ist überhaupt möglich, wir sind nun einmal in einem hochriskanten Umfeld unterwegs – wo gehobelt wird, fallen Späne. Dabei zeigt sich auch eine Sorge um die für den Veränderungsprozess notwendigen Ressourcen: Was sollen wir noch alles machen? Werden wir das durchhalten? Wir werden fürs Produzieren bezahlt, nicht für die letzte Verbesserung der Sicherheitskennzahlen. Andere Produktionsstandorte sind produktiver, da sie weniger Aufwand betreiben müssen. Führungskräfte haben häufig bereits Erfahrungen mit kurzfristig angelegten Initiativen oder Kampagnen gemacht, insbesondere, wenn es um Sicherheit geht. So ist es naheliegend, ähnliches auch diesem Veränderungsprozess zu unterstellen. Auch hier gilt es, die Zweifel offen anzusprechen und gemeinsam zu erörtern, warum die Veränderung überhaupt notwendig ist und welche konkreten Probleme bearbeitet werden sollen. Es ist hilfreich, die bisherigen Erfahrungen mit Veränderungsprozessen und die zugrunde liegenden Muster herauszuarbeiten, um zu überlegen, wie dieses Mal ein Unterschied bzw. ein Musterwechsel erreicht werden kann.

Erarbeiten der Interventionsstrategie

Das Erstgespräch, die Interviews sowie der Kick-off-Workshop mit dem Führungsteam in der ersten Phase bilden die Basis für die Entwicklung einer Interventionsstrategie mit einer konkreten Interventionsarchitektur. Im beschriebenen Fall braucht es ein weiteres, kontrovers geführtes Treffen im Leitungsteam, bis wir uns auf ein von allen getragenes Vorgehen einigen können.

Im vorausgegangenem Workshop war es bereits gelungen, das Führungsteam für seine Rolle im Kulturveränderungsprozess zu sensibilisieren und bei ihm die Bereitschaft zu erzeugen, sich selbst und das eigene Verhalten zum Gegenstand der Reflexion zu machen und dafür Zeit zu investieren. Es war deutlich geworden, dass es für einen nachhaltigen Kulturwandel nicht reicht, einzelne Mitarbeitergruppen zu trainieren oder zu motivieren, solange die etablierten Strukturen und Muster unangetastet bleiben.

Die Vorarbeit im Kick-off-Workshop schafft damit eine Grundlage, die ursprüngliche Problemlösungsidee zu erweitern. Statt die Sicherheitsbeauftragten in Großgruppenveranstaltungen zu mobilisieren, wird vereinbart, das beschriebene Delegationsmuster und die Rollenerwartungen an Sicherheitsexperten weiterzuentwickeln, vom Kontrolleur hin zum Prozessbegleiter für komplexe Problemlösungsfindungsprozesse. Darüber hinaus werden für die kommende Phase Workshops für weitere, intensive Musterbeobachtungen geplant, um notwendige Entwicklungspotenziale auf Organisationsebene aufzuzeigen. Außerdem einigt sich das Führungsteam auf einige Prinzipien für die Gestaltung des Veränderungsprozesses (s. Kasten).

PRINZIPIEN FÜR DEN VERÄNDERUNGSPROZESS

5-Stufenmodell als gemeinsame Referenz

- Die fünf Grundmuster dienen als Brille und gemeinsame Sprache für die Beobachtung und Bewertung von Verhaltensmustern.
- Veränderungsstrategie dabei ist:
  - Stufe 1 und 2-Verhaltensmuster werden nicht länger toleriert
  - solide Stufe 3 wird geschaffen und »Super-Stufe-3«-Verhaltensmuster werden reduziert
  - Stufe 4 und 5-Verhaltensmuster werden weitere entwickelt und verstärkt.

Gestalten des Veränderungsprozesses »als ob«

- Der Veränderungsprozess schafft Erfahrungen und Erlebnisse mit Stufe 4/5-Verhalten.
- Das Führungsteam verhält sich so, »als ob« die gewünschte Kultur bereits bestehen würde.
- Die Interventionen lösen eine beobachtbare Veränderung der eingespielten Verhaltensweisen aus (z. B. Teilnehmerzusammensetzung, Qualität der Zusammenarbeit, Wertschätzen unterschiedlicher Perspektiven, Aufmerksamkeit für Abweichungen).

Bereitschaft für Veränderungen *im* und *am* System

- Suche nach Verbesserungspotenzialen auf der Ebene organisationaler Strukturen und Systeme sowie auf der Ebene des persönlichen Verhaltens
- Befeuern der Koevolution beider Ansatzpunkte.

Erzeugen von flächendeckenden schnellen und beobachtbaren Veränderungen

- breite Beteiligung der verschiedenen Mitarbeitergruppen
- Möglichkeiten zur fortwährenden Beobachtung von Fort- und Rückschritten.

Nachhaltige Veränderung

- Überforderung vermeiden und Energie auf längere Sicht erhalten
- Unterschiede zu kurzfristigen Initiativen hervorheben.

Fokus auf Qualität der Zusammenarbeit bzw. der Systemfitness

- Blick umlenken von schnellen Verbesserungen der Ergebnisse hin zu mehr Aufmerksamkeit auf die Qualität der Zusammenarbeit und des Nutzens der Systeme
- Führung hält Kurs, auch wenn sich kurzfristig die Ergebnisse nicht verbessern oder wenn sie sich sogar vorübergehend verschlechtern.

16.2.2 Phase 2: Muster beobachten und Maßnahmen ableiten

Auf der Grundlage der Ergebnisse der ersten Phase werden folgende Interventionen für den nächsten Schritt festgelegt:

Regelmäßige Lern- und Reflexionsworkshops im Lenkungskreis

Für den Veränderungsprozess wird ein Lenkungskreis eingerichtet, der aus allen oberen Führungskräften besteht, die sich selbst als Lernende im Prozess betrachten. In regelmäßigen Lern- und Reflexionsworkshops konkretisieren die Betriebs- und Fachbereichsleiter gemeinsam ihre Vorstellungen vom Zielbild und schärfen ihre eigene Rolle im Veränderungsprozess: Wie machen wir als Führungsteam mit unserem Verhalten einen beobachtbaren Unterschied? Erkenntnisse aus dem Prozess werden gemeinsam interpretiert und ausgewertet, Möglichkeiten der eigenen Einflussnahme diskutiert und Entscheidungen über notwendige Maßnahmen getroffen. Diese Treffen bieten die Möglichkeit, widersprüchliche Führungsfragen sowohl in inhaltlicher als auch sozialer Hinsicht zu reflektieren und neue Zugänge dafür zu entwickeln (vgl. dazu Teil I).

Entwickeln eines Multiplikatoren-Teams als Botschafter und Vorbild

Der Veränderungsprozess soll schnell Flächenwirkung haben, um Veränderungen im Arbeitsalltag beobachtbar zu machen und zu signalisieren, dass sich etwas tut. Aber gleich zu Beginn ist es nicht möglich, sofort alle Mitarbeiter zu erreichen und es ist wenig zielführend, sich auf eine bestimmte Mitarbeitergruppe wie zum Beispiel die Sicherheitsexperten zu beschränken. Deshalb wird ein gemischtes Multiplikatoren-Team etabliert, um einen Unterschied zum eingeschwungenen Zustand zu machen. Dieses besteht aus Mitarbeitern mit fachlicher Expertise, Sicherheitsbeauftragten, Teamleitern, Technikern und auch einigen höheren Führungskräften. Sie bekommen den Auftrag, sich bewusst anders zu verhalten und werden dafür entsprechend geschult. Sie sollen so tun, »als ob« es bereits die gewünschte Sicherheitskultur gäbe, die durch den Veränderungsprozess erreicht werden soll. Dafür erlernen sie Fragetechniken, den Umgang mit schwierigen Situationen usw. Zudem geben sie dem Lenkungskreis Feedback über Entwicklungen auf der Arbeitsebene und informieren ihre Kollegen über den Veränderungsprozess. Auf Wunsch können Multiplikatoren auch die Durchführung von Mitarbeiter-Workshops als Ko-Moderatoren begleiten und erhalten dafür ein entsprechendes Training.

Mitarbeiter-Workshops: Beobachten von Mustern und Erfahrungen »als ob«

Ziel der Mitarbeiter-Workshops ist es, etwa ein Viertel der Belegschaft bereits sehr früh in den Veränderungsprozess einzubinden. Als Experten des operativen Geschehens unterstützen Mitarbeiter der Arbeitsebene den Prozess, bestehende Muster zu erkunden. Als Methoden zur Selbstbeobachtung dienen Kultur-Dialoge und Musteranalysen (s. ausführlich Teil II).

- Mithilfe der Kultur-Dialoge verschaffen sich die Teilnehmer ein möglichst breites Bild über relevante Aspekte der Sicherheitskultur. Die Dialoge strukturieren den Austausch konkreter Alltagserfahrungen in gemischten, hierarchie- und fachübergreifenden Teams und etablieren das 5-Stufenmodell als gemeinsame Beobachtungsgrundlage und Sprache. Neben einer ersten Standortbestimmung (Wo stehen wir? Was sind geeignete Ansatzpunkte für Verbesserungen?) fördert die Diskussion konkreter Beispiele die Auseinandersetzung mit den zugrunde liegenden Logiken, ohne akademisch zu werden. Die Teilnehmer ergründen die Themen aus unterschiedlichen Perspektiven und erfahren dabei gleichzeitig, wie ein wertschätzender Austausch auch widersprüchlicher Sichtweisen funktioniert, selbst wenn Führungskräfte im Raum sind.
- Während die Musterbeobachtung mit den Kultur-Dialogen über eine breite Themenpalette erfolgt, unternehmen die Musteranalysen eine Tiefenbohrung. Anhand eines einzelnen unerwarteten Ereignisses werden die Verhaltensmuster ergründet. Aber es geht nicht nur um das Identifizieren von Verbesserungsmöglichkeiten. Die Analyse fördert die kollektive Sensitivität für Abweichungen im Alltag. Die Teilnehmer erfahren die Komplexität und Unberechenbarkeit von Arbeitssituationen und wie wichtig die bewusste Gestaltung von kollektivem Sensemaking ist, um schwierige Situationen angemessen zu bewältigen. Zeitgleich erleben die Teilnehmer, wie ein Lernen aus Fehlern auf einem anderen Niveau aussehen kann und welche Gestaltungselemente, welche Haltung und Fragetechniken dafür notwendig sind. Diese Impulse haben das Potenzial – so unsere Hypothese bei der Interventionsgestaltung –, die Entwicklung der eigenen Routinen zum Lernen aus Fehlern auf lange Sicht zu fördern.

Sicherheitsexperten und Mitarbeiter als Ko-Moderatoren

Ein weiterer wichtiger Ansatzpunkt sind die Sicherheitsexperten. Sie bekommen im Veränderungsprozess frühzeitig die Gelegenheit, in einer neuen Rolle sichtbar zu werden und neue Muster zu erproben. Anders als bei einem klassischen, kas-

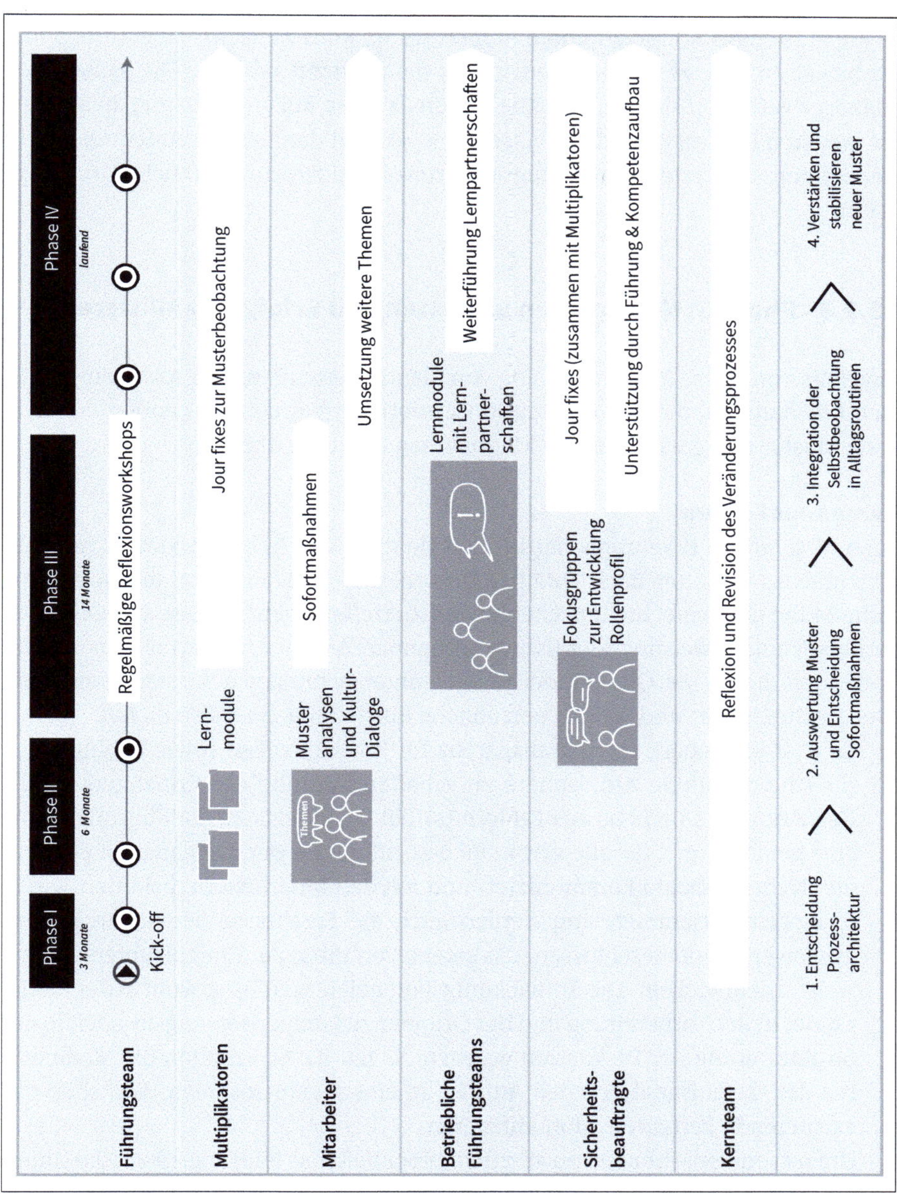

Abb. 65: Interventionsarchitektur Fallbeispiel I

kadenförmigen Vorgehen (erst eine explizite Entscheidung über die neue Rolle und dann schrittweise Entwicklung und Umsetzung) wird hier also ein evolutionärer Weg gewählt: Ausgewählte Sicherheitsmanager und -beauftragte werden befähigt, sich als Ko-Moderatoren in ihrer neuen Rolle zunächst zu erproben und zu beweisen. Dieses Vorgehen entspricht dem Prinzip »als ob«: Die Sicherheitsmanager verhalten sich so, als gäbe es bereits diese Rollenerwartung an sie. Erst im weiteren Prozessverlauf (s. Phase 3 und 4) wird dann eine Neudefinition vorgenommen. Die ersten Umsetzungserfahrungen bilden eine hilfreiche Grundlage dafür.

16.2.3 Phase 3: Maßnahmen umsetzen und Erfolge stabilisieren

Ergebnis von Phase 2 ist ein Katalog von identifizierten Mustern sowie empfohlenen Maßnahmen, die im Lenkungskreis priorisiert wurden. Es werden drei zentrale Muster und entsprechende Maßnahmen herausgearbeitet.

Lernen aus Fehlern
Eine wesentliche Erkenntnis betrifft den Umgang von Führungskräften mit Fehlern und das Verhalten nach Unfällen. Obwohl sich das Führungsteam alle erdenkliche Mühe gibt, gerechte Entscheidungen zu treffen, werden diese von Mitarbeitern als Schuldzuweisung oder als unberechenbare Ad-hoc-Urteile wahrgenommen. Außerdem hängt die Qualität der Ereignisuntersuchungen sehr stark davon ab, wer sie durchführt und welche persönliche Einstellung diese Person hat.

- Es wird vereinbart, mehr Transparenz für Konsequenzen sowie Bedingungen für eine angstfreie Atmosphäre zu schaffen. Mithilfe der Prinzipien für die Gestaltung des Lernens aus Fehlern (s. Teil II) entwickeln die Führungskräfte eine gemeinsame, für alle verbindliche Leitlinie für den Umgang mit Fehlern, die flächendeckend kommuniziert und mit den Mitarbeitern diskutiert wird.
- In diesem Zusammenhang werden auch die Ergebnisse der Musteranalyse ausgewertet und beschlossen, das eigene Verfahren zur Ereignisuntersuchung weiterzuentwickeln. Die Entwicklungspotenziale werden sowohl in der Moderation, in der Vorbereitung und der Gruppenzusammensetzung als auch in der Strukturierung der Diskussion gesehen (s. Teil II). So erhalten die Moderatoren der Ereignisanalysen den Auftrag, in einem gemeinsamen Workshop das existierende Verfahren zu modifizieren.
- Um ressourcenschonend zu arbeiten, beschließt das Führungsteam, die Untersuchung von Beinahe-Unfällen selektiver zu gestalten (das Prinzip lautet Klasse statt Masse). Statt alle Beinahe-Unfälle eher oberflächlich zu erforschen, soll für ausgewählte Ereignisse mit besonders hohem Risikopotenzial mehr Zeit in die Analyse zugrunde liegender Muster investiert werden.
- Ein weiterer Beschluss besteht darin, auf Ergebnisse fokussierte Vergleiche in der Abteilung abzuschaffen. Dies ist ein wichtiges Signal der Führungsmann-

schaft: Wir interessieren uns in den ersten Jahren des Veränderungsprozesses vor allem für die Qualitätsverbesserung unserer Sicherheitsarbeit. Darauf richtet sich unsere Aufmerksamkeit und nicht auf die quantitativen Kennzahlen.

Sicherstellen der Nachhaltigkeit der Veränderung

Die Phase der Musterbeobachtung führt auch vor Augen, dass die Motivation zur Veränderung sehr unterschiedlich ist. Viele Mitarbeiter äußern Zweifel, dass der Veränderungsprozess doch wieder eine nächste kurzlebige Initiative ist, und tun das, was sie im Laufe der Zeit gelernt haben – sie warten erst einmal ab. Als wichtiges Nadelöhr werden dabei die betrieblichen Führungskräfte gesehen, die entscheidende Übersetzungsleistungen erbringen müssen. Zudem soll das 5-Stufenmodell als gemeinsame Referenz noch stärker in den Alltag integriert werden.

- Der Lenkungskreis macht sich dafür stark, die betrieblichen Führungskräfte auf der Arbeitsebene noch stärker in den Veränderungsprozess einzubeziehen. So wird ein sechsmonatiger Lernprozess entwickelt. Der Prozess beinhaltet je zwei Workshops für jedes betriebliche Führungsteam sowie selbstorganisierte Lernpartnerschaften. Ziel ist, dass die Führungsteams auf der Arbeitsebene ihren Auftrag noch besser verstehen und annehmen, eine gemeinsame Vorstellung vom Zielbild der Sicherheitskultur entwickeln und auf ihre eigene Arbeitssituation anwenden. Sie selbst – so die Hypothese – können am besten beurteilen, welche Maßnahmen am wirkungsvollsten sind.
- Der Lenkungskreis verpflichtet sich dazu, das 5-Stufenmodell und die Entwicklungsrichtung selbst in den Diskussionen mit Mitarbeitern häufiger zur Sprache zu bringen und als gemeinsame Referenz zu nutzen. Zudem wird das Modell durch Plakate, einer Plattform im Intranet und im Newsletter noch stärker verankert.
- In diesem Zusammenhang wird auch ein Jour fixe mit den Multiplikatoren beschlossen. Ziel ist es, die Musterbeobachtung zu einer Alltagsroutine werden zu lassen. Jede Woche gibt es einen festen Termin für ein Beobachtungsritual. Jeder Multiplikator nimmt mindestens einmal im Monat an einem dieser Treffen teil, das vom Sicherheitsmanager moderiert wird. Es gibt einen festen Ablauf, der einen effizienten Austausch von Erfahrungen und Beobachtungen sowie das Ableiten von konkreten Maßnahmen ermöglicht. Orientierung für die Diskussion liefert auch hier das 5-Stufenmodell: Wo sehen wir noch Verhalten auf Stufe 1 und 2? Was können wir dagegen tun? Wo erleben wir zeitintensive aber unproduktive Formalismen und wie können wir das ändern (»Super«-Stufe 3)? Wo erleben wir Verhalten und Praktiken auf Stufe 4 und 5 und wie können wir diese weiter ausbauen?

Weiterentwickeln von Prozessen und Ritualen

Ein weiteres beobachtetes Muster ist, dass an wichtigen Schnittstellen viele Informationen verlorengehen. Mitarbeiter und Führungskräfte hatten in den Workshops herausgearbeitet, dass die vorhandenen Prozesse nicht immer zu einer Erhöhung der Achtsamkeit beitragen, sondern eher eine zeitintensive Formalie darstellen.

- Es wird vereinbart, verbindliche Rituale einzuführen bzw. weiterzuentwickeln, um sich an neuralgischen Punkten wie Schichtübergaben oder interdisziplinären Planungsprozessen besser informiert zu halten.
- Zudem wird beschlossen, das betriebsübergreifende Lernen stärker zu fördern. Dafür wird ein Ritual für das Lernen aus Fehlern anderer Bereiche entwickelt (s. Teil II). Best Practices und Erfahrungen aus den einzelnen Einheiten sollen fortan regelmäßig im Lenkungskreis mit anderen geteilt werden.
- Der Lenkungskreis beschließt, gemeinsam vorhandene Regeln auf ihre Brauchbarkeit zu überprüfen. Mitarbeiter als Kenner des operativen Geschehens werden in den Morgenrunden und anderen Besprechungen immer wieder dazu aufgefordert, dysfunktionale Regeln oder Instrumente zu melden, um diese weiterzuentwickeln oder abzuschaffen. Ein besonderes Augenmerk gilt dabei dem Umgang mit Betriebsanweisungen und der Gestaltung von Checklisten.

16.2.4 Phase 4: Selbstlernfähigkeit in der Organisation verankern

Nach zwei Jahren verzeichnete der Bereich eine deutliche Verbesserung der Sicherheitskennzahlen. Seit einigen Monaten gab es keine meldepflichtigen Unfälle mehr und auch die Anzahl der Produktaustritte war deutlich zurückgegangen.

Ziel der 4. Phase ist es nun, den Veränderungsprozess zu verstetigen. Bisher wurde er durch zahlreiche externe Impulse wie Workshops oder Trainings getragen und immer wieder aufs Neue angestoßen. Nun gilt es, diese Anstöße zurückzufahren und die kontinuierliche Selbstbeobachtung und Entwicklung von innen heraus stärker zu aktivieren.

Dieser Übergang wird durch ein Kostensenkungsprogramm erschwert, das zeitgleich im Konzern beschlossen wird und von den Einheiten umgesetzt werden muss. In der nächsten Zeit werden weniger Ressourcen zur Verfügung stehen, es kann weniger in Sicherheit investiert und anstehende technische Verbesserungen müssen zurückgestellt werden.

Im Lenkungskreis diskutieren wir die damit einhergehenden Risiken für den Veränderungsprozess: Mitarbeiter können dies schnell als eine Bestätigung des reaktiven Musters interpretieren: Da sieht man es mal wieder. Wenn es eng wird, gerät Sicherheit bei Führung aus dem Fokus!

Aus externer Beratersicht nehmen wir nach diesen ersten zwei Jahren intensiver Arbeit auch erste schwache Signale für Ermüdungserscheinungen wahr. Kommentare wie »Jetzt müssen wir den Aufwand aber auch mal wieder zurückfahren« machen uns hellhörig. Wird der Veränderungsprozess doch wie alle vorhergehenden Maßnahmen noch als kurzfristige Initiative gesehen und nicht als ein langfristiger, stetiger Prozess zur Entwicklung der Selbstlernfähigkeit? Führen der abnehmende Druck oder die Verschiebung der Aufmerksamkeit auf Kosten nun vielleicht auch dazu, das die Energie für Veränderung versiegt?

Wir spiegeln unsere Beobachtungen und Hypothesen dem Führungsteam zurück und diskutieren gemeinsam folgende Fragen:

- Wie schaffen wir es, mit weniger Aufwand kontinuierliches Lernen und die Aufmerksamkeit für Sicherheit bzw. die Bearbeitung von Risiko auf hohem Niveau zu erhalten?
- Wie vermitteln wir unseren Mitarbeitern, dass wir es weiterhin mit dem Kulturwandel ernst meinen? Woran können sie es im Alltag erleben und erkennen?
- Wie vermitteln wir notwendige Einsparungen, die auch die Sicherheit betreffen, sodass Mitarbeiter Verständnis dafür entwickeln? Welche Handlungsmöglichkeiten haben wir trotz Kostendruck, die Aufmerksamkeit weiterhin auf Sicherheitsfragen zu lenken?

Die Diskussion mündet im Lenkungskreis zu folgenden Überlegungen und Maßnahmen:

- Wir benötigen für die Aufrechterhaltung des Veränderungsprozesses zwei Energiequellen im Sinne eines Hybridantriebs: Zum einen verlagern wir die Umsetzung in die Betriebe und ins Alltagsgeschäft. Aber wir sorgen gleichzeitig für Stimulation auf Abteilungsebene (durch Beobachtungsrituale wie Jour fixes, Training zu Spezialthemen, Impulse zur Gestaltung von Systemen und Prozessen, Verpflichtung, von Ereignissen anderer systematisch zu lernen)?
- Wir konzentrieren uns im Veränderungsprozess auf bestimmte Punkte, die wenig kosten aber hohe Wirkung auf die Aufmerksamkeit haben (die Verbesserung der Qualität ausgewählter Prozesse, das Gestalten von Checklisten und Schichtübergaben, das Beibehalten der Jour fixes, die Verbesserung der Qualität der Ereignisuntersuchungen, Einhalten der Leitlinien zum Umgang mit Fehlern).
- Wir erläutern unseren Mitarbeitern, warum geplante technische Investitionen in Sicherheit zurückgestellt werden müssen und erörtern gemeinsam, wie die notwendigen Arbeiten trotzdem sicher erledigt werden können. Wenn die Sicherheit nicht gewährleistet ist, führen wir die Arbeit nicht durch.

- Wir führen die Lernpartnerschaften weiter, um in den Betrieben notwendige Verbesserungen aus eigener Kraft zu bearbeiten und anzustoßen.
- Wir nutzen reguläre Besprechungsroutinen, um die Aufmerksamkeit für den Veränderungsprozess und die gemeinsamen Referenzen auf hohem Niveau zu sichern.
- Wir nutzen die Reflexions- und Lernworkshops im Führungsteam, um Schwerpunkte zu setzen und Entwicklungen im Veränderungsprozess im Blick zu halten.
- Wir investieren in das Teamtraining für ausgewählte Achtsamkeitspraktiken, von denen wir uns einen großen Nutzen versprechen (Durchführung von Simulationen, Gun Drills).
- Wir führen eine Großgruppenveranstaltung nach einem Jahr durch (Erinnern und Auffrischen des Unterschieds, Arbeiten gegen Normalisierungstendenzen, Teilen der Erfahrungen über die Betriebe hinweg, Entstehen neuer Veränderungsmotivation, Identifizieren von Erfolgen und Stabilisierung, Teilen der Erfahrungen auch mit anderen Abteilungen).

16.3 Erfahrungen im Verlauf

Zum Zeitpunkt des Erscheinens dieses Buches ist der Bereich seit mehr als zwei Jahren unfallfrei und hat die Produktaustritte um mehr als die Hälfte reduziert. Wir begleiten den Lenkungskreis nach wie vor bei der regelmäßigen Selbstbeobachtung. Der laufende Veränderungsprozess wird von den Führungskräften getrieben und durch die verantwortlichen Sicherheitsfachkräfte begleitet.

Abschließend fassen wir einige Erfahrungen zusammen, die wir im Verlauf dieses Falls gesammelt haben, die aber auch für andere Veränderungsprozesse dieser Art relevant sind:

Umgang mit Widerständen

Kulturentwicklungsprozesse, die in Tiefe und Breite der über Jahre gefestigten Routinen eingreifen, stellen sowohl die etablierten Vorstellungen (Landkarte) wie auch die Professionalität der Beteiligten infrage. Immer besteht Gefahr, etwas Neues oder Anderes als Kränkung der bisherigen Bemühungen aller zu empfinden. Zweifel, Unsicherheiten, Ambivalenzen und der Eindruck, etwas Fremdes und Unpassendes verordnet zu bekommen, zeigen sich in hitzig geführten Diskussionen oder resigniertem, passivem Verhalten. Das gemeinsame Ziel und die gemeinsamen Referenzen müssen zu Beginn noch reifen und konkreter werden, was den Prozess am Anfang instabil macht. Das zeigt sich typischerweise in einem Hin- und Her zwischen Ablehnung und Interesse für das Neue. In einer solchen Gemengelage kann es durchaus schwierig sein, die entsprechende Weitsicht mitzubringen und die notwendigen Entscheidungen durchzusetzen, um überhaupt starten zu können. Führen sich Führungskräfte und Mitarbeiter den Aufwand für einen nachhaltigen Veränderungsprozess vor Augen, ist das für viele abschreckend. In dem geschilderten Fall war es günstig, dass der Abteilungsleiter Herr Freitag bereits viel Erfahrung mit Veränderungsprozessen hatte und um die beschriebene Dynamik am Anfang wusste. So gelang es ihm, Entscheidungen zwar nicht autoritär anzuordnen, aber an entscheidenden Stellen doch klar die Richtung vorzugeben und damit Orientierung zu erzeugen. Dazu gehörte auch, dass Herr Freitag Position bezog, wenn Führungskräfte das Vorhaben öffentlich torpedierten. Dann suchte er mit ihnen gemeinsam nach Lösungen für die zugrunde liegenden Probleme und blieb konsequent. Unfaire Angriffe oder Machtspiele einzelner wurden gemeinsam mit den Beratern am runden Tisch in einer streitbaren aber respektvollen Atmosphäre bereinigt. Solche Schlüsselszenen hatten Signalwirkung und frühere Skeptiker oder Gegner konnten als Mitgestalter gewonnen werden.

Arbeiten am Unterschied überfordert

Insbesondere in sicherheitsorientierten und technikgetriebenen Organisationen erfordert die Auseinandersetzung mit einer Logik II viel und dies kann für einige der Beteiligten durchaus eine Überforderung darstellen. Auch wenn der Unterschied theoretisch einleuchtet, gibt es viele gute Argumente, die eine mechanistische Beschreibung der Zusammenhänge attraktiv machen. Sie suggeriert Sicherheit und entspricht der eingespielten Systemrationalität. Oder es fehlt schlicht an der Bereitschaft oder an intellektuellen Fähigkeiten, diesen Unterschied zu begreifen. Das Nutzen des 5-Stufenmodells mit der Glasdecke hat sich in diesen Fällen als hilfreich erwiesen, diese Inhalte zu transportieren. Aber es erfordert immer noch viel Fingerspitzengefühl, um sie alltagsnah zu vermitteln. In unserer Beratungspraxis war es oft hilfreich, mit den Mitarbeitern eigene, sehr konkrete Verhaltensbeispiele für die unterschiedlichen Muster zu entwickeln. Was macht ein Sicherheitsbeauftragter auf der Stufe 1 oder 2, wenn er eine Ereignisuntersuchung durchführt? Was macht er auf einer Stufe 3? Was würde er machen, wenn er Stufe 3 übertreibt? Was wäre eine typische Frage auf Stufe 4?

Die Arbeit an der Kulturveränderung ist ebenso anspruchsvoll für die begleitenden internen oder externen Berater. Sie müssen gut hinhören, welche Logik implizit zugrunde gelegt wird und diese ansprechen. Auch hier ist das 5-Stufenmodell oder eine vergleichbare Referenz hilfreich. So läuft man nicht selbst Gefahr, über richtig oder falsch, Logik I oder II urteilen zu müssen und einen persönlichen Konflikt zu riskieren. Vielmehr ist es möglich, auf die beschriebenen

Grundmuster zu verweisen: Wo ist diese Aussage oder Verhaltensweise Ihrer Sicht nach einzuordnen? Was können wir davon lernen?

Darüber hinaus hat sich die Arbeit mit Symbolen und Bildern als hilfreich erwiesen. So haben wir in den ersten Multiplikatoren-Workshops einen Cartoonisten gebeten, sprechende Bilder für den Unterschied, das 5-Stufenmodell und einige Kernaussagen des Veränderungsprozesses zu zeichnen. Diese Illustrationen wurden dann von den Führungskräften und den Beratern zur Erläuterung und Kommunikation auf der Arbeitsebene vielfach genutzt.

Umgang mit schleichender Normalisierung

Der Veränderungsprozess war darauf angelegt, selbst in seiner Gestaltung einen Unterschied zur bestehenden Kultur zu machen. Solche Ideen fallen, wie bereits beschrieben, immer auf den Boden des Bestehenden. So ist es nicht verwunderlich, dass es immer wieder zu Normalisierungstendenzen kommt, die diese Bemühungen nivellieren: Müssen wir als Führungskräfte wirklich bei den Lernmodulen für die betrieblichen Führungskräfte dabei sein (die Mitarbeiter werden sich nicht öffnen)? Können wir die Mitarbeiterworkshops auch ohne Schichtmitarbeiter durchführen (das wäre deutlich einfacher für die Organisation)? Können wir die Befragung der einzelnen Beteiligten in der Musteranalyse nicht weglassen und eine offene, gemeinsame Diskussion führen?

Beratung hat hier die wichtige Aufgabe, solche Tendenzen zu erkennen, auf sie aufmerksam zu machen und Lösungen zu finden, die einerseits anschlussfähig sind und andererseits den Unterschied nicht nivellieren.

Neben der Normalisierung ist immer auch damit zu rechnen, dass die Angebote gemäß der existierenden Logik interpretiert werden. In unserem Fall führte dies im Verlauf zu etlichen Störungen. So wurde zum Beispiel die Idee, eine Musteranalyse durchzuführen, von vielen Mitarbeitern sofort als ein Versuch interpretiert, ein Tribunal zu veranstalten. Der Betriebsrat wurde aktiviert, um das Vorhaben zu stoppen. Ein anderes Beispiel dafür ist die Einführung der »Fünf Fragen nach ›Schuld‹«. Ziel dieser Fragetechnik ist es, die Verantwortungszuschreibung von der Person auf das System zu verlagern (s. Teil II). Einige Mitarbeiter verstanden aber unser Wortspiel nicht, das »Schuld« in Anführungsstriche setzte und die klassische individuelle Zuschreibung dekonstruieren sollte. Sie interpretierten es als einen weiteren perfiden Versuch des Managements, einzelne Schuldige zu suchen. So bewirkte diese Aktivität genau das Gegenteil dessen, was wir erreichen wollten. Wir nutzten die Gelegenheit, um den Unterschied nochmals zu erläutern. Nach dieser Erfahrung haben wir als Berater dazugelernt, dass Wortspiele bei solch sensiblen Themen unangebracht sind. Wir nennen die Fragetechnik heute »Fünf Fragen nach Verantwortung«.

Umgang mit Rückschlägen

Rückschläge sind in einem solchen Veränderungsprozess vorprogrammiert. Gerade zu Beginn bestand in unserem Fall die Herausforderung darin, dass zum einen viel Aufwand für den Veränderungsprozess betrieben wurde, die Ergebniskennzahlen im ersten Jahr aber weiterhin schlecht blieben. Jedes neue Ereignis war Zunder für die ohnehin noch große Unsicherheit hinsichtlich des Prozesses. Ein wichtiger Schritt war hier ein frühzeitiges Erwartungsmanagement. Bereits im Kick-off bereiteten wir die Führungskräfte darauf vor, dass die Ergebnisse sich nicht von heute auf morgen verbessern würden und wie sie damit umgehen könnten. Wir vereinbarten, dass wir gerade zu Beginn mehr auf kleine Unterschiede bei den Prozessindikatoren (s. Teil I) achten wollten, anstatt uns durch die Ergebnisse verunsichern zu lassen. Aber dieses Konstrukt ist natürlich nicht langfristig zu halten. Der Prozess bekam neuen Aufwind, als im zweiten Jahr eine deutliche Kehrtwende auf Ergebnisseite beobachtet werden konnte. Damit stieg das Vertrauen in den Prozess deutlich an.

Als Berater agierten wir als Sparringspartner nach jedem neuen Ereignis. Gemeinsam mit dem Kernteam und Lenkungskreis diskutierten wir die zugrunde liegenden Muster des Ereignisses, welche Erklärungen es für diese Muster gab und wie sich die Führung im Nachgang im Sinne des Musterwechsels verhalten konnte.

Neue Lernimpulse durch Selbst- und Fremdbeobachtung

Ein Erfolgsfaktor für das Vorgehen bestand darin, dass die Musterbeobachtung und -bewertung nicht durch externe Berater durchgeführt wurde, sondern diese Kompetenz in der Belegschaft selbst aufgebaut wurde. Wir als Berater lieferten lediglich die Brille und das Setting, mit der die Belegschaft die eigenen Muster beobachtete und bewertete. So kam es in den Auswertungen auch nicht zu den typischen Abwehrreaktionen. Alle Befunde kamen aus der Mannschaft.

Bei der Auswertung der Muster kam es jedoch zu Konflikten zwischen Beratern und Klient. Der Lenkungskreis fühlte sich mit der Fülle an Erkenntnissen alleingelassen und erwartete vom Beraterteam, dass es stärker bei der Auswertung behilflich war und aus Expertensicht eine Priorisierung und auch eine Bewertung vornahm. Wir nahmen diese Kritik ernst und kamen der Aufforderung nach. Offenbar war es aus externer Sicht leichter, die Erkenntnisse zu strukturieren. Fortan spielte es sich ein, dass wir als Berater in regelmäßigen Abständen unsere eigenen Musterbeobachtungen über den Veränderungsprozess und mögliche Erklärungen einspielten, was vom Lenkungskreis als hilfreich empfunden wurde und zu intensiven Diskussionen führte.

Unterstützung durch die Sicherheitsexperten

Eine entscheidende Stütze im Veränderungsprozess waren der neu eingestellte Sicherheitsmanager und sein Team. Die frühe Einbindung der Sicherheitsexperten als Ko-Moderatoren führt dazu, dass diese sich im Verlauf zu kompetenten Prozessbegleitern und Hüter des Unterschieds im Musterwechsel entwickelten. Heute arbeiten sie als geschätzte Sparringspartner auf Augenhöhe mit den Führungskräften und beraten die einzelnen Bereiche. Durch die frühzeitige Einbindung verfügen sie über ein Methodenrepertoire für die Zusammenarbeit mit den Betroffenen an Mustern. Der frühe Einsatz als Ko-Moderatoren stimulierte eine intensive Auseinandersetzung mit den zugrunde liegenden mentalen Modellen, Fragetechniken und dem Ausbau der eigenen Rolle vom wissenden Experten zum Begleiter in Problemlösungsprozessen. Diese Entwicklung schaffte die notwendige Voraussetzung, die externe Begleitung zurückzufahren und in kompetente, interne Hände zu legen.

Mitführen: Wo sind wir wirksam geworden?

Gerade wenn sich die ersten gewünschten Wirkungen im Veränderungsprozess zeigen, ist es wichtig, die Frage zu stellen, wie man sich die beobachteten positiven Effekte erklärt: Haben wir es mit eher unspezifischen Effekten zu tun, zum Beispiel aufgrund der erhöhten Aufmerksamkeit zu Beginn des Prozesses, den zahlreichen Workshops und Trainings? Wo vermuten wir spezifische Effekte, also tiefer greifende Wirkungen, die durch Veränderungen am System erzeugt wurden und die zu einer konstanten Aufmerksamkeitserhöhung führen, auch wenn es keine äußere, externe Stärkung mehr gibt?

Dabei ist unsere Erfahrung, dass in Kulturentwicklungsprozessen die Bereitschaft, die bestehenden Programme, Instrumente oder Kommunikationswege zu verändern, oft erst entwickelt werden muss. Es dauerte sehr lange, wenn es um die Veränderung oder Einführung konkreter Praktiken und Rituale ging, wie zum Beispiel die Schichtübergabe oder das Verfahren zur Ereignisanalyse. So wurden im Prozess auch etliche Verbesserungsvorschläge wie die Einführung eines Rituals zur Entscheidungsfindung im Moment vor Ort oder ein Ritual für die Schichtübergabe in der Gruppe abgelehnt, obwohl diese aus unserer (externen) Sicht sinnvoll erschienen.

Symbolische Wirkung des Führungsteams

Eine immer mitlaufende Frage war, wie sich das obere Führungsteam (also der Lenkungskreis) verhält und was sich dabei beobachten lässt: Wo treten die Manager auf? Auf was lenken sie die Aufmerksamkeit? An welchen Stellen bekennen sie Farbe hinsichtlich des Veränderungsprozesses? Wie zeigen sie, dass sie als

Team ein gemeinsames Ziel verfolgen und sich zu gemeinsamen Standards verpflichten?

So engagierten sich die Mitglieder des Lenkungskreises in der Rolle als Multiplikator, nahmen an Mitarbeiterworkshops und Musteranalysen teil, diskutierten mit ihren Mitarbeitern die Ziele und Erkenntnisse des Veränderungsprozesses. Auch dabei waren sich nicht alle immer einig über das richtige Maß. Ein Beispiel sind die Lernmodule für die Führungskräfte. Auf unseren Vorschlag, sie könnten eine aktive Rolle in den Lernmodulen spielen, reagierten einige von ihnen zurückhaltend: Müssen wir dabei sein? Ist das überhaupt gut für eine offene Diskussion, wenn wir dabei sind? Schließlich einigten wir uns auf einen Mittelweg: Alle oberen Führungskräfte verpflichteten sich, zu Beginn des Lernprozesses den Auftrag mit ihren betrieblichen Führungskräften zu klären und zum Abschluss die Ergebnisberichte abzunehmen. Am Ende blieben alle Betriebsleiter die gesamte Zeit dabei und nutzten die Lernmodule als eine Gelegenheit zur Teamentwicklung.

Ausweitung der Erfahrungen?

Der hier skizzierte Fall ist ein gutes Beispiel für ein evolutionäres Vorgehen. Es handelt sich um eine Abteilung von knapp 1.000 Mitarbeitern in einem Chemiekonzern. Die Einflussmöglichkeiten auf das Konzernmanagement des Bereichs waren begrenzt. So wurde der angestoßene Veränderungsprozess von den Zentralbereichen für Sicherheits- und Umweltschutz zu Beginn kritisch gesehen: Das Definieren einer neuen informellen Multiplikatoren-Rolle, das Nutzen des 5-Stufenmodells als gemeinsame Referenz oder das Verwenden von Methoden, die noch nicht den Konzernstandards entsprachen, wurde misstrauisch beäugt. Auch die Grundannahme unseres Ansatzes, dass Sicherheit auf einem hohen Niveau nicht alleine durch Technik und Regelbefolgung zu erzielen ist, sowie der Fokus auf kollektive Achtsamkeitspraktiken statt auf individuelle Belehrung oder Sensibilisierung erschien den Konzernfachbereichen suspekt.

Auf der anderen Seite maßen sie dem betreffenden Bereich wenig Bedeutung zu, sodass das Vorgehen geduldet wurde. Zu Beginn des Veränderungsprozesses hatte dies den Vorteil, dass der Prozess nur unter geringem Erfolgsdruck stand (aus Konzernsicht). Er bekam die notwendige Zeit, um nachhaltige Ergebnisse hervorzubringen. Langfristig führte die Nichtbeachtung durch die Konzernleitung bei den beteiligten Akteuren jedoch auch zu Unmut. Nachdem sich die Erfolge in den Sicherheitskennzahlen verstetigten, sahen sie ihre Erfolge und positiven Erfahrungen nicht ausreichend gewürdigt. Erst nach mehr als drei Jahren und sich weiter etablierten positiven Entwicklungen wurden die Zentralabteilungen und das Topmanagement auf den Ansatz aufmerksam.

Zur Zeit gibt es erste Vorstöße, ein Standardprogramm zu entwickeln, das wesentlich auf den Prozesserfahrungen der Abteilung fußt.

Dieses Beispiel zeigt das Potenzial eines evolutionären Vorgehens, bei dem alternative Muster wie in einem Inkubator entwickelt und erprobt werden können. Im Rückblick erscheinen viele Schlüsselsituationen als Weichenstellung im Prozess, die unter anderen Bedingungen den Erfolg aber auch hätten gefährden können.

17 Aus der Praxis: Integrierter Lernprozess für das Topmanagement

17.1 Ausgangslage und erste Hypothesen

Bei diesem Beispiel handelt sich um einen diversifizierten, global agierenden Industriekonzern mit über 100.000 Mitarbeitern, den wir über mehr als sechs Jahre bei der Weiterentwicklung der Sicherheits- und Qualitätskultur begleitet haben. Anders als im ersten Fall beschreiben wir keine evolutionäre Entwicklungsstrategie, sondern einen zentral-gesteuerten Veränderungsprozess, der von der Spitze des Unternehmens top-down initiiert wurde.

Die Ausgangslage in dem traditionellen Konzern war zu Beginn der gemeinsamen Arbeit folgende:

- Der Konzern verfolgte zu diesem Zeitpunkt eine neue Innovations- und Wachstumsstrategie. Der Bau neuer Produktionsstätten unter anderen in den Schwellenländern erhöhte die Unsicherheit und Komplexität, da man mit den Bedingungen in diesen Regionen wenig vertraut war.
- Die Organisation war geprägt durch eine konservative, hierarchisch geprägte, zentralistische Arbeits- und Führungskultur mit autokratischem Führungsstil. Es hatten sich für klassisch-hierarchische Organisationen typische Muster zwischen Führungskräften und Mitarbeitern eingespielt. Zum Beispiel schützten Mitarbeiter ihre Vorgesetzten vor schlechten Nachrichten und Führungskräfte vermieden es, näher nachzufragen. Bei Fehlern wurde reflexhaft nach Schuldigen gesucht. Kommunikation wurde insgesamt eher vermieden, insbesondere von unten nach oben. In der Konzernspitze zeigte sich dies zum Beispiel darin, dass man lange an Präsentationen feilte, um dem Management Vorschläge und Verbesserungsideen zu unterbreiten und sich in alle Richtungen absicherte. Gelegenheiten für informelle Kommunikation waren rar.
- Die Entwicklung von Führungskräften, insbesondere der Topebene, steckte ebenso wie andere Aspekte der Kulturentwicklung noch in den Kinderschuhen. Erst in den letzten Jahren gab es erste Vorstöße, auch die oberen Füh-

rungskräfte systematischer weiterzuentwickeln und neben Fachqualifikationen auch Führungsfähigkeiten zu fördern.
- Qualität und Sicherheit waren zu diesem Zeitpunkt bereits wichtige Unternehmensziele. Qualität war für das Unternehmen ein primäres Unterscheidungsmerkmal gegenüber anderen Mitbewerbern. Sicherheit war in den Statuten als festes Unternehmensziel definiert.

17.2 Phasen im Veränderungsprozess

Der hier beschriebene Veränderungsprozess erfuhr im Verlauf zahlreiche Wendungen, teilweise wegen äußerer Einflüsse wie zum Beispiel die Finanzkrise im Herbst 2008, teilweise aufgrund von Erfahrungen und Entwicklungen im Prozess, die ein Nachjustieren im Vorgehen notwendig machten. Abbildung 66 zeigt die wichtigsten Phasen im Entwicklungsprozess, dessen Verlauf wir im Folgenden näher beschreiben.

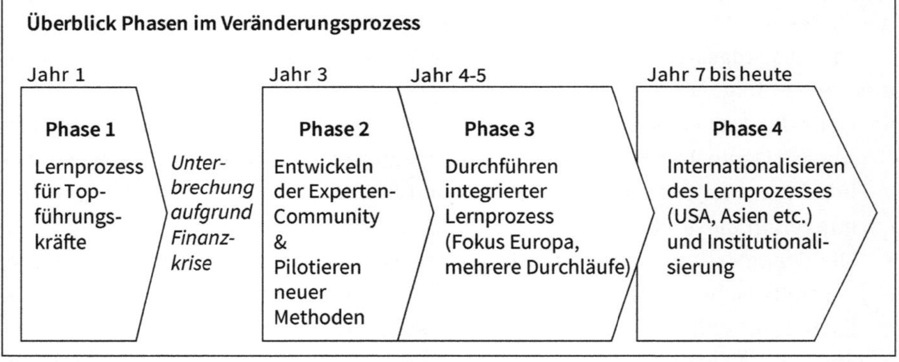

Abb. 66: Verlauf des Veränderungsprozesses

17.3 Phase 1: Lernprozess für Topführungskräfte

Der Kulturentwicklungsprozess begann im Jahr 2007, in dem der Konzern einen ersten Vorstoß zur gezielten Entwicklung der Qualitäts- und Performancekultur unternahm und wir als externe Berater beauftragt wurden, diesen Prozess zu begleiten.

Kontext und Anlass

Konkreter Anlass waren Qualitätsprobleme bei der Produktverarbeitung eines Bauteils, die eine kostenintensive Rückrufaktion bei einem wichtigen Großkunden nach sich zogen. Hinzu kam, dass der Vorstandsvorsitzende lange Zeit nicht über die bereits länger schwelenden Probleme bei der Herstellung des Einbauteils in Kenntnis gesetzt wurde. Erst als der CEO des Großkunden sich verärgert persönlich an ihn wandte, erfuhr er von den Missständen. Das Ereignis hinterließ Fragezeichen bei der Unternehmensspitze: Wie konnte es sein, dass es trotz zahlreicher Qualitätsinstrumente und -prozesse wie Six Sigma, EFQM, Kaizen oder TQM in einigen Bereichen immer wieder zu Qualitätsproblemen kam? Wie kam es, dass die Spitze so spät von dieser nicht nur kostenintensiven, sondern auch reputationsschädigenden Misere erfuhr? In diesen Zeitraum ereignete sich ein weiterer schwerwiegender Vorfall, der diesmal die Arbeits- und Umweltsicherheit betraf. Bei einem Werksbrand kamen mehrere Menschen ums Leben. Die Medien spekulierten über Fehler und mögliches Missmanagement und so sorgte der Fall auch in der Öffentlichkeit für Entrüstung. Der Vorstandsvorsitzende beauftragte den Leiter der Strategieabteilung und die interne Akademie für Topführungskräfte, das interne Qualitätsmanagement zu überprüfen und notwendige Maßnahmen zu ergreifen.

Auftragsklärung und Interventionsplanung

Die erste Idee der Auftraggeber bestand darin, ein Programm für Qualitätsexperten zu entwickeln. Diese sollten ein gemeinsames Qualitätsleitbild erstellen, um dieses dann in einem Handbuch mit notwendigen Instrumenten und Methoden für die Arbeitsebene zu operationalisieren.

In diesem Kernteam beschäftigten wir uns mit den zugrunde liegenden Mustern der beiden unerwünschten Großereignisse und stellten einige Ähnlichkeiten fest. Auch bei dem jüngsten Vorfall gab es zahlreiche Sicherheitssysteme und -vorgaben, die aber das Ereignis nicht verhindern konnten. In beiden Fällen waren die Probleme bzw. Risiken bereits auf der Arbeitsebene bekannt, aber das Management erhielt darüber keine Rückmeldung. So wurde uns bei der Auftragsklärung schnell klar, dass diese Zuverlässigkeitsprobleme nicht als reines Expertenthema bearbeitet werden mussten, sondern als übergreifende Führungsfrage. Ein offener Umgang mit Fehlern, so diskutieren wir in der Auftragsklärung, sei weniger eine Fachfrage, die durch Experten gelöst werden könne, sondern eine Führungsfrage, die gemeinsam mit dem Management erörtert werden müsse.

Gemeinsam mit unseren Auftraggebern entwickelten wir daraufhin einen Lernprozess, in dem sich Führungskräfte und Experten gemeinsam einen neuen Zugang zu diesen Fragen erarbeiteten. Sicherheits- und Qualitätsfragen sollten übergreifend als Thema der zuverlässigen Leistungsfähigkeit behandelt werden. Die Prinzipien für kollektive Achtsamkeit boten dafür eine Folie, um die bisherigen Praktiken und kulturellen Umgangsformen aus einer anderen Perspektive zu betrachten. Wie kann das Zusammenspiel und Potenzial vorhandener Qualitäts- und Sicherheitsinstrumente mithilfe anderer Formen des Organisierens besser ausgeschöpft werden? Welche Voraussetzungen sind dafür notwendig und welchen Beitrag müssen Führungskräfte bzw. Qualitäts- und Sicherheitsexperten dazu leisten?

Das international ausgerichtete Programm richtete sich an höhere Führungskräfte sowie deren Qualitäts- und Sicherheitsexperten, die in besonders riskanten oder von Unsicherheit gekennzeichneten Bereichen tätig waren. Zur Zielgruppe gehörten Führungskräfte sowie deren Experten, die den Bau neuer Produktionsstätten auf der »grünen Wiese« verantworteten, die komplexe IT-Projekte steuerten oder die Werke mit hohen Risiken für die Arbeits- und Umweltsicherheit leiteten.

Das Lernprogramm sollte einen Unterschied zur bisherigen Kultur machen: So war es zu diesem Zeitpunkt für die Beteiligten zum Beispiel noch ungewohnt, dass Führungskräfte der obersten Ebenen mit den Experten für Qualität und Sicherheit, die in der Hierarchie weiter unten angesiedelt waren, gemeinsam an einem Lernprogramm teilnahmen. Auch das Zusammenbringen der Disziplinen Qualität und Sicherheit sorgte für Irritation, denn bisher wurde Sicherheit als ein Personalthema bearbeitet und Qualität als eine Frage der Produktion.

17.3.1 Der Lernprozess

Der Lernprozess war auf sechs Monate angelegt und bestand aus drei Lernmodulen mit Feldarbeitsphasen dazwischen (s. Abbildung 65). Die Lernmodule lieferten Impulse und gaben Gelegenheit zur Reflexion. In den Praxisphasen bearbeiteten die Teilnehmer eine konkrete Fragestellung in ihrem Verantwortungsbereich. Dafür bildeten sie gemischte Teams von fünf bis sechs Personen, die gemeinsam ein Thema bearbeiten und umsetzen sollten.

Lernmodul 1: Kick-off

Der Prozess startete mit einem Kick-off-Workshop. Die Teilnehmer setzten sich mit den Prinzipien kollektiver Achtsamkeit auseinander und formulierten ein Veränderungsanliegen. In der ersten, dazugehörigen Feldarbeitsphase bekamen die Teilnehmer die Aufgabe, die eigenen Praktiken und Muster in ihren Verantwortungsbereichen aus der Perspektive kollektiver Achtsamkeit zu beobachten. Diese Phase der Selbstbeobachtung provozierte eine bewusste Verlangsamung im Suchprozess nach alternativen Ansätzen. Statt direkt nach Lösungen zu suchen, bekamen Führungskräfte und Qualitäts- und Sicherheitsexperten die Gelegenheit, sich von ihren gewohnten Denkmodellen und der allgemeinen Steuerungslogik zu lösen und die anstehenden Probleme in einem neuen Licht zu betrachten: Was trägt alles zum Problem bei? Wie bauen sie sich schrittweise auf? Welche kollektiven Überzeugungen, Erwartungen, wechselseitigen Zuschreibungen liegen diesen Mustern zugrunde? Wo haben wir bereits Praktiken, die nach den Prinzipien kollektiver Achtsamkeit gebaut sind? An welchen Stellen ist es sinnvoll, sie weiterzuentwickeln?

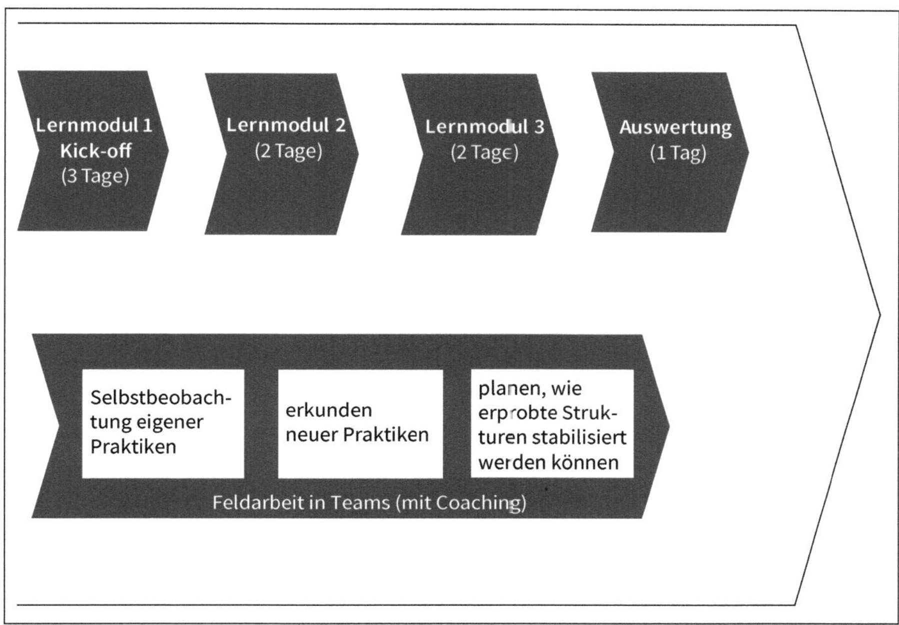

Abb. 67: Lernprozess für Topführungskräfte (Phase 1)

Für diese kritische Nabelschau lernten die Teilnehmer in Lernmodul 1 verschiedene Methoden zur Selbstbeobachtung kennen, wie zum Beispiel das Vorgehen Musteranalyse oder qualitative Interview- bzw. Fragetechniken. Sie hatten auch die Möglichkeit, Rücksprache mit den Beratern zu halten, um ihr Vorhaben oder die gewählte Methode durchzusprechen.

Lernmodul 2: Auswerten der Beobachtungen

Das Ziel von Lernmodul 2 bestand darin, auf der Basis der gesammelten Beobachtungen konkrete Maßnahmen zu planen, um sie in der zweiten Feldarbeitsphase zu pilotieren. Dafür berichteten die Teilnehmer von ihren Beobachtungen und reflektierten diese gemeinsam auf der Grundlage der Prinzipien kollektiver Achtsamkeit. Einige Teams planten zum Beispiel neue Schichtübergabeprozesse oder sie erprobten andere Berichtsverfahren, indem abstrakte Unfallstatistiken durch Berichte mit qualitativen Fehleranalysen ersetzt wurden. Außerdem wurde diskutiert, wie diese

Informationen an das Management weitergeleitet werden konnten. Führungskräfte nahmen sich außerdem vor, Produktionsstätten und Standorte öfter persönlich zu besuchen, um im Dialog mit den Mitarbeitern ein besseres Bild von der Lage zu bekommen und explizit nach Abweichungen zu fragen. Andere Praxisteams wollten die interdisziplinäre Zusammenarbeit in Planungs- und Problemlösungsprozessen stärken, wiederum andere das Lernen aus Fehlern in ihrem Bereich verbessern. Für die Planung ihres Vorhabens setzten sich die Teilnehmer im Lernmodul 2 auch mit den Prinzipien zur Gestaltung von Veränderungsprozessen auseinander.

Lernmodul 3: Auswertung erster Praxiserfahrungen
Ziel von Lernmodul 3 war es, die ersten Umsetzungserfahrungen auszuwerten und kritisch zu reflektieren: Was ist uns gut gelungen? Was war bisher schwierig bei der Umsetzung? Gemeinsam wurde nach möglichen Erklärungen gesucht. Die kritische Reflexion sollte bewusst Schwierigkeiten ans Licht fördern, die in der Umsetzung unvermeidbar sind. Das Zulassen und aktive Suchen nach Widerspruch, vielfältigen Beobachtungen, mehrdeutigen Interpretationen sowie das Infragestellen einmal getroffener Entscheidungen oder Entscheidungsstrukturen erhöht die Unsicherheit und Komplexität. Führungsparadoxien werden sichtbar und werfen viele Fragen auf: Wie können wir unsere Arbeit organisieren, um Erneuerungs- und Stabilitätsbedürfnisse, zentrale und dezentrale Zugriffe, Effizienz- und Zuverlässigkeitsansprüche etc. in ein gutes Verhältnis zu bringen? Wie passt der Fokus auf Zuverlässigkeit zu unserer Innovationsstrategie? Wie können wir einerseits auf Abweichungen achten, ohne zu negativ zu werden oder ggf. gar eine pessimistische, risikoaverse Haltung zu fördern? Wie erzeugen wir eine Balance zwischen Sicherheitsbewusstsein und Risikoappetit?

17.3.2 Evaluation der Ergebnisse und Erfahrungen im Verlauf

Ein halbes Jahr nach dem Lernprogramm wurden die Teilnehmer mithilfe von qualitativen Interviews zu den Effekten auf individueller sowie auf organisationaler Ebene befragt:

- Viele Manager berichteten, dass sie ihren persönlichen Führungsstil verändert hätten. Zum Beispiel fragten sie mehr nach operativen Details und gaben sich nicht mit abstrakten Antworten zufrieden. Sie suchten das Gespräch mit Mitarbeitern auf der Arbeitsebene und nutzten die Fragetechniken, die sie gelernt hatten oder sie widmeten möglichen Warnsignalen im operativen Geschäft mehr Aufmerksamkeit. Sie gaben an, Kommunikationsanlässe bewusster zu gestalten, indem sie Mitarbeitern mehr Raum einräumten, ihre Befürchtungen zu adressieren oder Problemlösungsideen einzubringen.

- Darüber hinaus nannten einige Teilnehmer konkrete Situationen, in denen sie mittels kollektiver Achtsamkeitstechniken einen Kostenvorteil erzielen konnten. Eine Topführungskraft etwa berichtete, dass sie beim Bau einer Produktionsstätte eigene ungute Bauchgefühle ernst nahm und Vorkehrungen für eine mögliche Bauverzögerung treffen ließ. So wurden Folgeakquisitionen sowie Personaleinstellungen hinausgezögert, die unser Gesprächspartner auf 15 Millionen Dollar bezifferte.

Neben diesen Effekten aufgrund individuellen Führungserhaltens berichteten die Manager auch von Veränderungen im sozialen Miteinander.

- Zahlreiche Teilnehmer etablierten multidisziplinäre Gesprächsroutinen, um komplexe Fragestellungen besser zu lösen. Einer Führungskraft erschien der geplante Koordinationsprozess für eine neue Produktionsstrecke zu einfach. Es wurde eine Besprechungsroutine mit allen Beteiligten eingeführt, um die wechselseitigen Abhängigkeiten und die Komplexität des Prozesses besser zu erfassen. So wurde eine angemessenere Lösung gefunden. In einem anderen Fall wurden die Prinzipien kollektiver Achtsamkeit für die Gestaltung der Zusammenarbeit mit Kunden genutzt, um Missverständnissen vorzubeugen, die schnell zu kostenintensiven Materialengpässen führen können. In einem IT-Projekt wurden übergreifende Projektbesprechungen häufiger durchgeführt, um den Austausch zu fördern. Dies trug dazu bei, dass anspruchsvolle Fristen eingehalten werden konnten. In einem anderen Fall wurde eine Besprechungsroutine zwischen Konstruktion, Einrichtung und Service eingeführt, um schneller kritischen Entwicklungen auf die Spur zu kommen und adäquat reagieren zu können. Die interviewte Führungskraft bezifferte den Wert für eine auf diesem Weg gefundene Projektlösung auf 10 Millionen Euro pro Jahr.

Schwierige Übersetzung auf der Arbeitsebene

Dieser erste Vorstoß war ein anspruchsvoller Prozess mit vielen wertvollen Lernerfahrungen. Er erzeugte aber auch unvermeidbare Verunsicherungen, Unklarheiten und Widerstände. Während die Teilnehmer in den Lernmodulen dem Ansatz grundsätzlich zustimmten, erfuhren sie in der Praxisphase, wie schwierig es war, die Prinzipien für kollektive Achtsamkeit in den eigenen Alltag zu übersetzen. Zurück im praktischen Tun waren sie mit der über Jahre eingespielten Systemlogik konfrontiert, was zu vielen Fragen führte. Eine zentrale Herausforderung bestand darin, wie die neuen Impulse auf der Arbeitsebene übersetzt werden können: Wie schaffen wir es, die Mitarbeiter zu achtsamen Verhalten anzuregen? Wie bringen wir den Ansatz in die Fläche?

Eine theoretische Vermittlung der Prinzipien konnte nicht der richtige Weg sein. Die Prinzipien mussten in konkrete Maßnahmen und Praktiken umgewandelt werden und dafür hatte der Lernprozess bisher nur wenig Unterstützung geboten. Bei der Konzeption des Programms hatten wir den Übersetzungsprozess, der vor allem in den Praxisphasen stattfand, bewusst sehr offen gestaltet und die Organisation den Teilnehmern überlassen. Die Überlegung dahinter war, dass ihnen möglichst freie Hand gewährt werden sollte, um das Vorgehen auf ihre speziellen Bedürfnisse anpassen zu können. Tatsächlich verstärkte diese Freiheit bei der Übersetzung aber die Unsicherheit. Eine wichtige Lernerfahrung für uns war im Nachhinein, dass eine stärkere Strukturierung in Form von Moderation, einfachen Modellen zum Erläutern des Unterschieds der zwei Logiken, konkreten Beispielen für die Übersetzungsarbeit oder strukturierende Methoden zur Selbstbeobachtung hilfreich gewesen wären.

Normalisierungstendenzen

Wir stellten auch fest, dass die Normalisierungstendenzen vor Ort in den Organisationseinheiten stärker als erwartet waren. Während im Lernmodul die offene Thematisierung von Fehlern, das Fragen nach Überraschungen oder das Gespräch mit den Mitarbeitern auf der Arbeitsebene noch als attraktive Alternative erschienen, sah dies ganz anders aus, als die Teilnehmer wieder mit der eingespielten Systemlogik konfrontiert wurden.

Ein Team hatte sich zum Beispiel vorgenommen, zu einigen ausgewählten Ereignissen kleine Musteranalysen zu machen, um mehr über den Kontext zu lernen. Doch zurück im gewohnten Trott erschien das Vorhaben als Widerspruch zum bisherigen Führungsverständnis: Ist es wirklich sinnvoll, dass wir uns als Führungskraft mit den Ereignissen in dieser Detailtiefe beschäftigen? Können wir die Analyse nicht an Untergebene delegieren und uns dann die Ergebnisse berichten lassen? Wird es unsere Mitarbeiter nicht eher einschüchtern, wenn wir sie nach Fehlern fragen? Ist es nicht ohnehin zu negativ, über Fehler zu sprechen? Wäre es nicht besser, über Erfolge mit ihnen zu sprechen?

Im Nachhinein reflektierte dieses Team selbstkritisch, wie es sein ursprüngliches Vorhaben Schritt für Schritt normalisiert hatte: Wir haben die Analyse an Auszubildende delegiert, die uns wie immer eine schön aufbereitete, schlüssige Präsentation geliefert haben. Wir selbst haben nur wenig aus dem Ereignis lernen können und haben weiterhin wenig Kontakt zur Arbeitsebene. Wie gelingt es uns künftig, eine angstfreie Atmosphäre zu erzeugen, um gemeinsam mit Mitarbeitern als »Experten der Situation« Qualitätsfehler, Produktionsstörungen oder Unfälle thematisieren zu können?

Offenbar brauchte es ein intensiveres Coaching oder eine Betreuung vor Ort, um diese Tendenzen bewusst zu machen und überhaupt erste praktische Erfahrungen zu ermöglichen. Unser Eindruck war, dass das Verständnis für das Vorhaben im Alltag über die Zeit verwässerte. Der Lernprozess sah bisher aber keine

Interventionen vor, die für die kontinuierliche Erinnerung und Vergemeinschaftung der neuen Erfahrungen und Denkmodelle sorgte. Die Führungskräfte kehrten zurück in ihren Alltag und waren mit den neuen Impulsen und Lernerfahrungen auf sich allein gestellt.

Stabilisieren der Veränderungen
Die Auswertung zeigte uns auch, dass es sich bei den genannten Veränderungen auf organisationaler Ebene wie zum Beispiel der Einsatz eines multidisziplinären Teams eher um sporadische Mustervariationen handelte, die von einzelnen Personen abhingen und die es noch als Routinen zu stabilisieren galt. Die neuen Formen waren mit anderen Worten noch nicht als Entscheidungsprämissen institutionalisiert. Dies erhöhte aus unserer Sicht die Wahrscheinlichkeit, dass in wirklich kritischen Situationen auf alte Muster zurückgegriffen würde. Zwar hatten wir mit den Teilnehmern grundlegende Prinzipien zur Gestaltung nachhaltiger Veränderungsprozesse diskutiert und wichtige Gestaltungselemente für ihre Vorhaben herausgearbeitet. Offenbar waren diese Impulse aber noch nicht aufgenommen worden.

17.3.3 Unerwartete Pausierung und Wiederaufnahme

Die Reflexion der Prozesserfahrungen führten zu einer grundlegenden Überarbeitung des Programms, das im folgenden Jahr erneut durchgeführt werden sollte. Doch durch die Finanzkrise Ende 2008 kam es anderes, als erwartet. Der Konzern geriet in eine akute finanzielle Schieflage und das Programm wurde vorläufig ausgesetzt.

Lernprozess als Überförderung?
Interessant war in diesem Zusammenhang, dass andere, eher klassische Fortbildungsprogramme für das Management, wenn auch in geringerem Umfang, weitergeführt wurden. Für uns als Berater war dies ein Zeichen, dass es noch nicht genügend Zutrauen in den Ansatz gab. Denn aus inhaltlicher Sicht wäre gerade die Auseinandersetzung mit den Prinzipien für kollektive Achtsamkeit und einem angemessenen Management des Unerwarteten in dieser Krisensituation sinnvoll gewesen.

Eine mögliche Erklärung bestand darin, dass die renommierten Business-School-Programme zu diesem Zeitpunkt weniger Unsicherheit und Irritation erzeugten. Die klassische Steuerungslogik sowie heroische Managementvorstellungen bleiben in diesen klassenraumbasierten Seminaren unangetastet (vgl. Mintzberg, 2004). Diese Fortbildungsprogramme suggerieren Eindeutigkeit und konfrontieren nicht mit den unvermeidbaren Widersprüchen und Mehrdeutigkeiten, die zwangsläufig bei der

Umsetzung entstehen. So wird in Zeiten großer Verunsicherung und Unwissen kurzfristig das Gefühl von Sicherheit und Gewissheit generiert.

Neuanfang

Doch die Unterbrechung bedeutete nicht das Ende des Veränderungsprozesses. Rückblickend bildete die Pause einen Neuanfang: Ein Jahr später meldeten sich unsere Auftraggeber erneut und nahmen den Faden wieder auf. Diesmal stand die Arbeitssicherheit im Fokus. Wir vereinbarten einen ersten Auftragsklärungstermin mit dem Zentralbereichsleiter für Arbeitssicherheit sowie der Leiterin der hausinternen Akademie für Führungskräfte.

Der Auftrag kam vom Personalvorstand. Den Konzern belasteten zahlreiche tödliche und schwere Arbeitsunfälle. Die vorhandenen Instrumente und Maßnahmen in der Sicherheitsarbeit zeigten nicht die erwartete Wirkung und der Vorstand vertrat die Meinung, dass Führungskräfte der Arbeitssicherheit mehr Aufmerksamkeit zollen und Sicherheit in ihren strategischen Entscheidungen berücksichtigen müssten. Aus diesem Grund sollte ein Lernprogramm für Topführungskräfte entwickelt werden, um sie für ihre Verantwortung in der Arbeitssicherheit zu sensibilisieren, damit sie die Entwicklung einer Sicherheitskultur voranbringen.

17.3.4 Analyseworkshop und erste Hypothesen

Wir reflektierten zunächst unsere bisherigen Erfahrungen, die wir in Phase 1 gesammelt hatten. Eine intensive Unterstützung für die Übersetzung in der Fläche erschien uns sinnvoll. Um das Problem besser zu verstehen, vereinbarten wir als einen ersten Schritt einen gemeinsamen Analyseworkshop mit den leitenden Sicherheitsexperten der verschiedenen Geschäftsfelder. Die Diskussionen dienten als Grundlage für die gemeinsame Erarbeitung von ersten Hypothesen:

Die existierenden Sicherheitssysteme und -prozesse haben zu wenig Einfluss auf die operative Arbeit

Obwohl es zahlreiche Systeme und Prozesse für das Management der Arbeitssicherheit gab, wurde deren Potenzial bislang unzureichend genutzt. Aus Sicht der Sicherheitsexperten waren die vorhandenen Systeme wenig in den Alltag integriert und wurden oft nur parallel zum »eigentlichen« Geschäft berücksichtigt. Auch die Führungskräfte trugen ihnen zufolge zu diesem Muster bei. Sie interessierten sich wenig für die Systemnutzung und das wurde von Mitarbeitern wahrgenommen. Für viele Manager war die Pflege der Systeme Aufgabe der Sicherheitsexperten und diente vor allem der nachträglichen Rechtssicherheit und den Verpflichtungen gegenüber Auditoren und Revisoren.

Das Lernen aus Fehlern wird der Komplexität der Ereignisse nicht gerecht

Aus Sicht unserer Gesprächspartner wurde zu wenig aus Vorfällen gelernt. Die durchgeführten Unfallanalysen wurden der Komplexität der Geschehnisse oft nicht gerecht, denn sie waren noch sehr auf die beteiligten Personen konzentriert, die schnell als Schuldige erscheinen. Außerdem wurde vorrangig nach technischen Ursachen gesucht. Offenbar mangelte es noch an den Bedingungen für einen offenen Umgang mit Fehlern sowie gemeinsamen konkreten Erfahrungen, wie Fehler oder Ereignisse als Fenster zum (sozialen) System genutzt werden können.

Der Interessenkonflikt Sicherheit versus Profitabilität wird implizit bearbeitet

Eine Hypothese lautete, dass der Interessenkonflikt Sicherheit versus Effizienz nicht offengelegt wurde. Führungskräfte beteuerten, ihnen sei Sicherheit wichtig, aber unser Eindruck war, dass der unvermeidbare Konflikt zwischen Sicherheit und Profitabilität bisher ausgeblendet wurde. Notwendige Entscheidungen im Spannungsfeld von Produktion oder Sicherheit wurden dann im Einzelfall ad hoc entschieden oder der Arbeitsebene überlassen. Für uns war der Umgang mit diesem Interessenkonflikt eine wichtige Führungsaufgabe und daher Thema für den Lernprozess: Wie erreichen wir eine angemessene Balance zwischen Sicherheit und Effizienz? Wie geben wir unseren Mitarbeitern Orientierung bei schwierigen Entscheidungen?

Bearbeitung von Sicherheitsfragen ist keine Frage der Kultur, sondern abhängig von Personen

Das Verantwortungsbewusstsein von Führungskräften wurde noch sehr unterschiedlich wahrgenommen. Arbeitssicherheit, so die Diagnose unserer Gesprächspartner, hatte bei Managemententscheidungen wie zum Beispiel in Planungsprozessen oder Budgetentscheidungen geringe Priorität. Das Verhalten von Führungskräften bezüglich Sicherheit war abhängig von den persönlichen Vorerfahrungen und weniger eine Frage der gemeinsamen Konvention oder Kultur. Im Unternehmen gab es viele Führungskräfte, die ihre gesamte Laufbahn dort verbracht haben und denen es schwerfiel, sich Alternativen zur gegenwärtigen Form des Organisierens vorzustellen. Dies war bei Führungskräften mit Erfahrungen in anderen Organisationen nicht der Fall. Sie zeigten sich bezüglich alternativer Führungsformen flexibler.

Es gibt noch kein gemeinsam getragenes Zielbild, wie sicheres Organisieren aussehen kann

Die gemeinsamen Diskussionen zeigten auch, dass es sowohl bei den oberen Führungskräften als auch bei den Sicherheitsexperten keine gemeinsame Vorstellung gab, was jenseits von Kontrolle und Verwarnungen geschehen müsste, um die Sicherheitsleistungen zu verbessern. Uns wurde klar, dass die Erarbeitung eines gemeinsamen Zielbilds sowie die Auseinandersetzung mit dem Unterschied von

Logik I und II auch in diesem Fall eine wichtige Rolle spielen würde. Dabei erschien es uns sinnvoll, zunächst mit den Sicherheitsexperten zu beginnen. Wenn Sicherheitsexperten künftig Führungskräfte zu Fragen der Sicherheitskultur auf Augenhöhe beraten sollten, war ein kollektiv getragenes Verständnis nötig, wie Sicherheit entsteht und welche Einflussmöglichkeiten bestehen. Bisher war die Expertise für Sicherheit im Konzern dezentral verteilt. Deshalb erschien die Entwicklung einer übergreifenden Experten-Community sinnvoll, um in einer solchen Gruppe gemeinsame Referenzen, Vorgehensweisen sowie ein gemeinsames Selbstverständnis zu entwickeln. Im Laufe der Jahre hatte sich bei den Sicherheitsexperten viel Frustration aufgebaut. In der Vergangenheit mussten sie mitunter widersprüchliches Verhalten von Führungskräften ausgleichen und dabei zuschauen, wie höhere Führungskräfte der Produktion den Vorrang gaben, sich selbst nicht an Sicherheitsstandards hielten, abfällige Kommentare über Sicherheit machten und nach schweren Unfällen nicht sofort verfügbar waren.

Ihr statt Wir

Das Topmanagement hatte bisher wenig Tuchfühlung mit der Arbeitsebene und umgekehrt. Eine Folge war, dass die Verantwortung für Sicherheit eher bei »den Anderen« gesehen wurde. Die Führungskräfte meinten, dass Sicherheit vor allem vom Mitarbeiterverhalten abhinge und Mitarbeiter sahen die Führung in der Pflicht, für bessere Arbeitsbedingungen zu sorgen. Diese Beobachtung bestärkte uns in der Annahme, dass ein separates Programm für Topführungskräfte das eingespielte Muster »Ihr statt Wir« eher verstärken würde als es zu verändern. Ein wichtiges Prinzip für die Interventionsgestaltung musste folglich sein, die Management- mit der Arbeitsebene zusammenzuführen. Diese Erkenntnis passte auch zu unseren Erfahrungen aus der ersten Phase, wo die praktische Übersetzung der Erkenntnisse für die Arbeitsebene das Nadelöhr darstellte. Der Lernprozess musste einen Raum schaffen, in dem sich Führungskräfte mit Mitarbeitern ein gemeinsam ein Bild von den eingespielten Bewältigungsmustern machen konnten. In diesem Zusammenhang erschien es uns hilfreich, das 5-Stufenmodell als Brille für die Selbstbeobachtung zu etablieren (s. Abschnitt 12.1.3). So konnten die theoretischen Prinzipien für kollektive Achtsamkeit auf einfache Art und Weise vermittelt werden, die auch für die Arbeitsebene nachvollziehbar war.

Die Haltung gegenüber dem Topmanagement ist vorsichtig, man möchte nicht scheitern

Eine weitere Beobachtung bestand in einem vorsichtigen Umgang mit dem Topmanagement seitens der Sicherheitsfachkräfte. Es gab viele Befürchtungen, mit dem Vorhaben zu scheitern und niemand wollte dafür verantwortlich gemacht werden. Jedem war bewusst, dass eine Intervention an der Spitze eine hohe Sichtbarkeit hatte und ein Scheitern sollte auf alle Fälle ausgeschlossen werden. (Für uns war dies auch ein Beispiel für die derzeitige Kultur im Umgang mit Fehlern.) So verhielten sich die Beteiligten in der Planungsphase noch zurückhaltend und vorsichtig. Niemand wollte sich aus dem Fenster lehnen und sich eindeutig positionieren. Um einen langfristigen und nachhaltigen Veränderungsprozess anzustoßen, brauchten wir aber klare Befürworter, sowohl von Seiten der Führung als auch von Seite der Experten. Offenbar mussten wir zunächst Sicherheit im Umgang mit Methoden und Ansätzen in einer kleinen Gruppe von Multiplikatoren erzeugen und auch erste Erfolge vorweisen, bevor wir an das Topmanagement herantreten konnten.

17.3.5 Interventionsprinzipien und Vorgehen

Auf der Grundlage dieser Beobachtungen und Hypothesen vereinbarten wir folgende Interventionsprinzipien für den Lernprozess:

- Bewusstes Verbinden von Führungs- und Arbeitsebene, um gemeinsam die Bewältigungsmuster im Umgang mit Komplexität zu beobachten und zu verbessern (Praktizieren einer Wir-Haltung im Prozess)
- 5-Stufenmodell und die Prinzipien kollektiver Achtsamkeit als Zielbild und gemeinsames Referenzmodell für die Selbstbeobachtung im Lernprozess
- Entwickeln der Rolle und der Kompetenzen der Sicherheitsexperten, um mit Topführungskräften in einen Dialog auf Augenhöhe treten zu können
- Erfahrungen mit neuen Mustern im Umgang mit Fehlern ermöglichen
- Möglichkeiten schaffen, um sich mit widersprüchlichen Entscheidungslagen im Spannungsfeld von Sicherheit und Profitabilität, Regeln und Regelabweichung etc. auseinanderzusetzen.

Auf dieser Grundlage wurde ein zweistufiges Vorgehen erarbeitet:

1. Der erste Schritt bestand aus einer Workshopserie mit ausgewählten Sicherheitsexperten. Diese setzten sich mit den Ansätzen und Methoden zur Entwicklung kollektiver Achtsamkeit auseinander. Darüber hinaus erprobten sie das Vorgehen in Pilotprojekten.
   Ziel dieses Schritts war es, gemeinsame Referenzen in einer Multiplikatorengruppe zu entwickeln – ein möglicher Auftakt für das Entstehen einer übergreifenden Experten-Community. Zeitgleich sollten durch diese Vorarbeiten Unsicherheiten abgebaut werden. In drei Pilotprozessen wurde zunächst mit dem Ansatz und möglichen Methoden experimentiert, bevor man sich einer größeren Öffentlichkeit aussetzt.

2. Auf der Basis dieser Erfahrungen wurde in einem zweiten Schritt ein integriertes Lernprogramm für Topführungskräfte, Experten und Mitarbeiter konzipiert und durchgeführt.

17.4 Phase 2: Entwickeln der Experten-Community und Pilotierung der Methoden

Diese Phase verfolgte vier Ziele:

1. gemeinsame Konzeption eines integrierten Lernprozesses mit ausgewählten, erfahrenen Sicherheitsexperten als Sounding Board
2. entwickeln eines gemeinsam getragenen Verständnisses vom Zielbild in dieser Experten-Community
3. erproben der Methoden in drei Pilotprojekten
4. auswerten der Erfahrungen gemeinsam mit dem Vorstand und Entscheidung über das weitere Vorgehen in Phase 3.

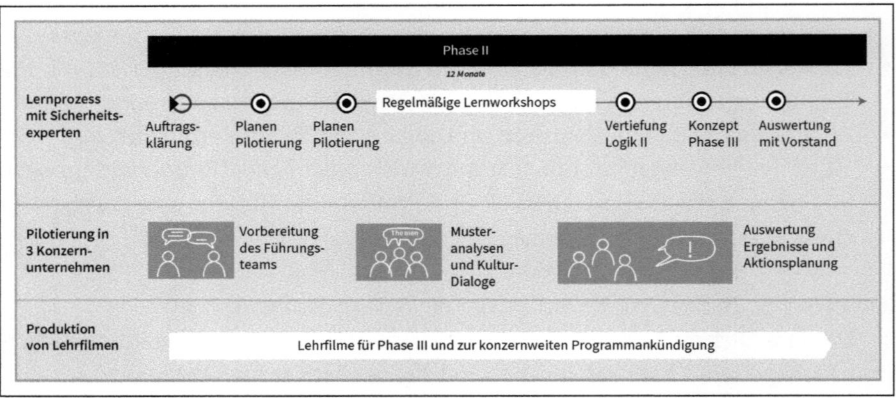

Abb. 68: Phase 2 zur Vorbereitung des integrierten Lernprozesses

Workshops mit Sicherheitsexperten

Die Lernworkshops mit Sicherheitsfachkräften sollten die vorhandene dezentrale Expertise zusammenbringen und weiterentwickeln. Wir arbeiteten mit einer Gruppe von zwanzig ausgewählten Sicherheitsexperten, die sich auch als Multiplikatoren für den Folgeprozess eigneten. In sechs aufeinander folgenden Workshops setzten sich die Teilnehmer intensiv mit den Prinzipien kollektiver Achtsamkeit auseinander, testeten das 5-Stufenmodell als gemeinsame Referenz und erprobten mögliche Methoden zur Entwicklung der Sicherheitskultur. Das Team entschied sich, eine Kombination aus Kultur-Dialogen und Musteranalyse in drei Konzernunternehmen verschiedener Geschäftsfeldzugehörigkeit zu pilotieren, um die Wirkung zu testen. Die Kultur-Dialoge wurden als hilfreiches Werkzeug angenommen, um die gemeinsame Diskussion über die derzeitige Sicherheitskultur zu strukturieren, ihr eine Richtung zu geben und als Unterstützung für die Übersetzung auf die Arbeitsebene. Von den Musteranalysen versprach sich das Team, einen neuen Zugang zum Lernen aus Fehlern zu bekommen. Konkrete Erfahrungen mit einer anderen Form des Fehlerlernens sollten Anstoß für die Weiterentwicklung der Fehlerkultur sein (ausführlicher zu den Methoden vgl. Teil II).

Dem Teilnehmerkreis gelang es, im Konzern drei Geschäftsführer zu gewinnen, die Interesse an einer Pilotierung in ihrem Verantwortungsbereich hatten. In weiteren Lernworkshops bereiteten sich die Sicherheitsexperten intensiv darauf vor, die Moderation des Prozesses in der Rolle als Komoderator zu unterstützen.

Pilotierung in den drei Konzernunternehmen

Das gemeinsam entwickelte Vorgehen wurde nun in den drei ausgewählten Konzernunternehmen pilotiert. Mit einer festen Produktionsstätte, einer Großbaustelle sowie einem Lager wählten die Sicherheitsexperten bewusst unterschiedliche Arbeitskontexte aus, denn das Verfahren musste sich für sehr unterschiedliche Arbeitsbedingungen eignen. In jedem dieser Unternehmen gab es zunächst ein ausführliches Vorbereitungstreffen mit der Geschäftsführung. Anschließend wurden jeweils ein Kultur-Dialog sowie eine Musteranalyse durchgeführt. Im Anschluss daran wurden die Ergebnisse in einem weiteren Meeting dem Leitungskreis sowie ausgewählten Mitarbeitern zurückgespiegelt.

Produktion von Lehrfilmen

Neben der Erprobung der Methoden sollte in der Pilotphase anschauliches Lehrmaterial für die Lernmodule der folgenden Phase produziert werden. So begleitete ein Filmteam die Workshops, um anschließend entsprechende Lehrfilme zu produzieren. Sie illustrierten zum Beispiel, wie die Teilnehmer in der Musteranalyse zusammen aus Fehlern lernten und was wichtige Prinzipien für diese Zusammenarbeit waren. Die Filme zeigten auch, was die Teilnehmer über die zugrunde liegenden Muster des jeweiligen Falls erfuhren und welche Verbesserungsansätze sie in Erwägung zogen. Dieses Material stellte in der Folgephase ein wichtiges Hilfsmittel dar, um das ungewöhnliche Vorgehen nachvollziehbar zu machen. Es wurde zum einen für Beobachtungsaufgaben zur Mustererkennung mit dem Topmanagement genutzt und diente zur Erläuterung des Vorgehens. Mithilfe der Filme sollten die neuen Erfahrungen verstärkt werden, um die ersten Erkenntnisse zu verfestigen. Die implizite Botschaft der Filme war: Fehlerlernen in einer

Atmosphäre ohne Schuldzuweisungen kann auch bei uns funktionieren, denn offenbar hat es in unserer Organisation bereits geklappt.

Entscheidungsworkshop mit dem Personalvorstand

Den Abschluss von Phase 2 bildete ein Entscheidungsworkshop mit den beteiligten Teams und dem Personalvorstand. Jedes Team präsentierte den von ihm erprobten Ansatz und das gemeinsam entwickelte Konzept für den integrierten Lernprozess. Mithilfe der Filme konnten die Erlebnisse praxisnah vermittelt werden. Das Treffen mündete in der Entscheidung für den nächsten Schritt: Der integrierte Lernprozess wird für den Gesamtkonzern umgesetzt und der Personalvorstand unterstützt das Programm als Sponsor. Das Programm wird auf der jährlichen Klausur der Topmanager prominent angekündigt, damit es die notwendige Aufmerksamkeit in der Führungsmannschaft bekommt.

17.5 Phase 3: Durchführung des integrierten Lernprozesses

Nun waren die Voraussetzungen für die Durchführung des integrierten Lernprozesses geschaffen. Das notwendige Zutrauen in das Vorgehen und die zugrunde liegenden Denkmodelle war vorhanden und es gab bereits eine interne Multiplikatorengruppe, die den Prozess befürwortete und von sich aus antrieb.

Ziel dieses Prozesses war es, die für Sicherheitsarbeit wichtigen Zielgruppen zusammenzuführen:

- Die Verantwortung der Topführungskräfte für die Entwicklung der Sicherheitskultur sollte gestärkt werden und sie sollten für ihre Rolle sensibilisiert werden.
- Zudem sollte die Expertise zur weiteren Entwicklung der Sicherheitskultur bei den zuständigen Sicherheitsfachkräften aufgebaut werden und sie sollten Gelegenheit haben, sich im Prozess in einer anderen Rolle zu zeigen.
- Der Prozess sollte den offenen Dialog zwischen Führungs-, Sicherheitsfachkräften und Mitarbeitern über die Verbesserung der Arbeitssicherheit fördern und strukturieren.
- Auf dieser Basis sollten Aktionspläne erarbeitet und bereits erste Veränderungen der Sicherheitskultur in den Pilotbereichen sichtbar werden.

Jedes Jahr fand ein Durchlauf statt, eingebettet in einen längerfristigen Veränderungsprozess. Ein Durchlauf startete mit zielgruppenspezifischen Lernmodulen für Topführungs- sowie Sicherheitsfachkräfte. Jeder Manager verpflichtete sich auf ein Projekt im eigenen Verantwortungsbereich. Ziel eines Praxisprojekts war es, in einem ausgewählten Bereich zu beginnen, die Sicherheitskultur zu entwickeln. Für jedes Projekt wurde ein Team zusammengestellt: Es bestand aus ausgewählten Führungskräften der betreffenden Einheit, der verantwortlichen Sicherheitsfachkraft sowie weiteren Führungskräften des Geschäftsfelds, dem das Konzernunternehmen angehörte. Ziel war es, Vertreter der hierarchischen Weisungskette bis zur Geschäftsfeldleitung in den Prozess einzubeziehen. Im Anschluss an die Projektphase wurden die Erfahrungen mit allen Teilnehmern in einer Großgruppenkonferenz ausgewertet. Abbildungen 67 und 68 zeigen den Ablauf eines Durchlaufs sowie die verschiedenen Rollen im Prozess.

Lernmodul für Topführungskräfte

Die Aufgabe der Topführungskräfte im Lernprozess besteht darin, ein Praxisprojekt in ihrem Verantwortungsbereich voranzubringen und dabei für einen für ihre Mitarbeiter sichtbaren Unterschied in ihrem Verhalten zu sorgen. In einem eintägigen Workshop bereiten sie sich auf diese Aufgabe vor. Hier setzen sie sich mit den Prinzipien kollektiver Achtsamkeit, dem Stufenmodell und dem Unterschied

Integrierter Lernprozess

Vorgespräche zur Identifizierung der Praxisprojekte und -teams	Lernmodul für Top FK	Lernmodul für Experten	Kick-off Praxisprojekte	**Praxisprojekte in operativen Bereichen:** Selbstbeobachtung der Sicherheitskultur und Planen des Veränderungsprozess	Auswertung
Aktivitäten	Topführungskräfte reflektieren ihre Rolle im Kulturwandel und planen Praxisprojekte	Sicherheitsfachkräfte werden in Methoden geschult und als Moderatoren für Projekte ausgebildet	jedes Team plant sein Praxisprojekt, Sensibilisierung »intakter« Führungsteams“	Praxisprojektteams starten einen Veränderungsprozess Vorgehen • Vorbereitungstreffen im Leitungsteam • Musteranalyse und Risikokultur-Dialoge zur Selbstbeobachtung • Auswertungsworkshop • Planungsworkshop	alle Teilnehmer werten ihre Erkenntnisse aus, stellen erste Ergebnisse vor und setzen sich klare Ziele
Teilnehmer	15 - 20 Führungskräfte der Ebene 1	25 Sicherheitsfachkräfte der Projektbereiche	Führungsteam des Pilotbereichs und Sicherheitsfachkraft	Führungsteam des Pilotbereichs und Sicherheitsfachkraft, FK anderer Bereiche ausgewählte Mitarbeiter, operative Führungskräfte und Experten, die in gemischten Teams in Kultur-Dialogen und Musteranalysen als Experten des operativen Geschehens mitarbeiten	alle Teilnehmer und »Alumni«

Abb. 69: Integrierter Lernprozess (ein Durchlauf pro Jahr)

zwischen Logik I und Logik II auseinander entwickeln, auf dieser Grundlage ein gemeinsames Zielbild und verpflichten sich darauf. Die Manager nutzen die in den Pilotprojekten generierten Lehrfilme als Fallstudien und diskutieren gemeinsam, wie angemessene Reaktionen und Entscheidungen im Rahmen einer Logik II aussehen würden und reflektieren ihr eigenes Führungsverhalten. Darüber hinaus bestimmen sie ihre Rolle im Veränderungsprozess. Sie üben Fragetechniken und überlegen gemeinsam, wie sie sich in schwierigen, widersprüchlichen Situationen, wie zum Beispiel nach Regelverstößen, angemessen verhalten können. Zum Abschluss verpflichtet sich jeder Teilnehmer zu einer aktiven Patenschaft für ein Praxisprojekt und bestimmt das zu bearbeitende Thema.

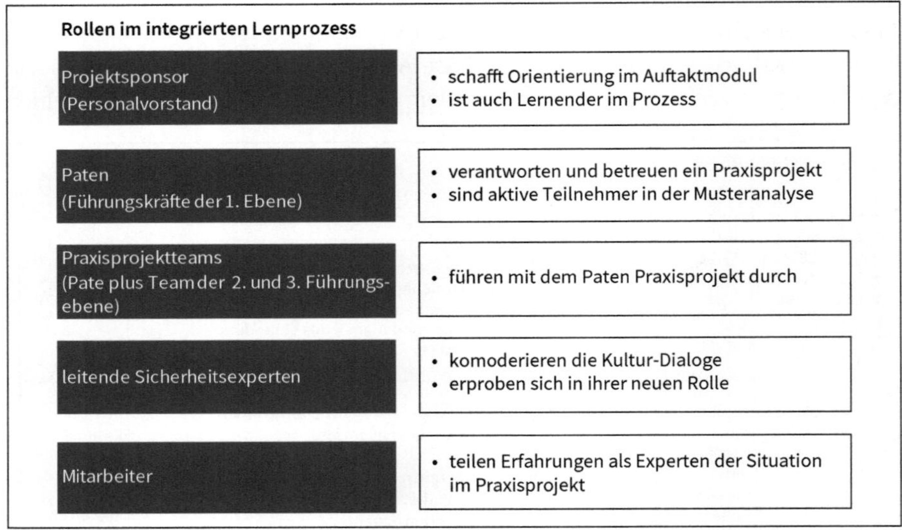

Abb. 70: Rollen im integrierten Lernprozess

Expertenmodul

Flankierend zum Modul für das Topmanagement findet ein Workshop für ausgewählte Sicherheitsexperten statt. In Praxisprojekten sollen sie als Komoderatoren fungieren, vor allem bei den Kultur-Dialogen sowie den Musteranalysen.

In diesem Teil setzen sie sich deshalb intensiv mit dem Stufenmodell auseinander (Wie erkläre ich es? Wie reagiere ich auf kritische Fragen?), lernen die Instrumente zur Entwicklung der Sicherheitskultur kennen, üben sich in der Moderation, reflektieren ihre eigene Rolle als Sicherheitsfachkraft und erproben den Umgang mit schwierigen Situationen im Alltag (Wie reagiere ich auf typische Delegationstendenzen? Wie komme ich in meine Rolle? Was sind typische Verführungen im Alltag und wie gehe ich mit ihnen um?)

Kick-off-Meeting für Praxisprojekte

Die Aufgabe der Praxisprojektteams ist es, in einem ausgewählten Bereich, zum Beispiel einem Werk, einer Baustelle oder einer Serviceeinheit die Entwicklung der Sicherheitskultur anzustoßen. Ein Team besteht neben dem Projektpaten aus weiteren Führungskräften der 2. und 3. Führungsebene. Das Projekt ist mit Führungskräften besetzt, die auch im Alltag zusammenarbeiten und durch ihr Verhalten und Entscheidungen die Sicherheitskultur beeinflussen. Es wird eine kollektive Lernerfahrung im Team angestoßen, um die Wahrscheinlichkeit zu erhöhen, dass die gemeinsamen Referenzen und Erfahrungen auch im normalen Arbeitsalltag eine Veränderung im sozialen Miteinander erzeugen.

Im Kick-off-Meeting bekommen die Teams das Rüstzeug, um während des Praxisprojekts für eine beobachtbare Verbesserung zu sorgen. Auch sie entwickeln mithilfe der Prinzipien kollektiver Achtsamkeit und dem Stufenmodell ein gemeinsames Zielbild, setzen sich mit den zu bearbeitenden Widersprüchen auseinander und lernen die Methoden kennen. Die Teams reflektieren ihre Rolle im Veränderungsprozess und üben den Umgang mit schwierigen, kritischen Schlüsselsituationen, in denen ihr Verhalten als Führungskraft beobachtet wird.

Durchführung Praxisprojekte

Die Praxisprojekte dienen als eine Art Labor. Die Beteiligten haben die Gelegenheit, sich bereits so zu verhalten, als hätten sie bereits die gewünschte Sicherheitskultur umgesetzt. Die Führungskräfte demonstrieren hier, dass sie Sicherheit die notwendige Aufmerksamkeit schenken. Sie interessieren sich für das operative Geschehen, indem sie an den Musteranalysen teilnehmen und einzelne unerwartete Ereignisse als Fenster zum System nutzen. In den Workshops nutzen sie die Gelegenheit, den Mitarbeitern ihr Anliegen zu erläutern, die Sicherheitskultur weiterzuentwickeln. Durch ihr Verhalten und die Fragen, die sie stellen, demonstrieren sie einen deutlichen Unterschied in ihrem Verhalten. Die Sicherheitsexperten werden als Moderatoren aktiv und unterstützen die Übersetzungsarbeit in die Praxis mit den Mitarbeitern. Die verschiedenen Settings sind so konstruiert, dass die Mitarbeiter von der Arbeitsebene Gehör finden und die Vielfalt ihrer Perspektiven genutzt wird.

Jedes Praxisprojekt dauert etwa drei Monate. Es beginnt mit einem ausführlichen Vorbereitungstreffen im Managementteam. Dann werden Kultur-Dialoge und Musteranalysen durchgeführt, deren Ergebnisse in einem gemeinsamen Auswertungsworkshop mit dem Praxisprojektteam reflektiert werden. In einem weiteren Treffen entwickelt das Team die Prozessarchitektur für den Veränderungsprozess.

Auswertungsworkshop: Blick zurück und nach vorn
Die Erfahrungen in den Praxisprojekten werden schließlich in einer Großgruppenkonferenz ausgewertet, zu der alle Betroffene des Lernprozesses eingeladen werden. Dazu gehören auch ehemalige Teilnehmer aus vorangegangenen Durchläufen des Lernprogramms sowie weitere ausgewählte Mitarbeiter der Konzernunternehmen, die im Veränderungsprozess eine besonders aktive Rolle hatten.

Ziel des Workshops ist zum einen die Auswertung der Erfahrungen in den Praxisprojekten: Wie haben wir die Zusammenarbeit erlebt? Wie haben wir uns als Führungskräfte anders verhalten und was waren die Effekte? Welche ersten, sichtbaren Wirkungen haben wir erzeugt? Was war schwierig und wie erklären wir uns das?

Ziel dieses Blicks zurück ist die Vergemeinschaftung und das Teilen von Erfahrungen, das bewusste Beobachten und Verstärken von kleinen Unterschieden. Jede Topführungskraft berichtet zunächst kurz von ihren Lernerfahrungen: Was habe ich persönlich gelernt? Was hat mich überrascht? Welche Erfahrungen möchte ich hier mit der Gruppe teilen? Im Großgruppenformat Open Space haben die Teilnehmer dann die Gelegenheit, ihre Erfahrungen mit anderen zu diskutieren.

Es geht in der Konferenz aber auch um den Blick in die Zukunft. Dafür bringt jedes Praxisprojektteam eine konkrete Fragestellung mit, die mit Kollegen anderer Bereiche in Form einer kollegialen Fallberatung bearbeitet wird (vgl. Abschnitt 11.2.1). Das kann zum Beispiel die Frage sein, wie man Mitarbeitern helfen kann, im Moment legitimierte Entscheidungen zu treffen, wie Schichtübergaben achtsamer gestaltet werden können, wie in Zeiten finanzieller Engpässe trotzdem die Aufmerksamkeit für Sicherheit aufrechterhalten werden kann. Wie wird der offene Umgang mit Fehlern gefördert? Wie werden Erfahrungen aus der Musteranalyse in ein Format übertragen, in dem man im Arbeitsalltag aus Fehlern lernt?

Auf der Basis der Einzelthemen überlegt die Gesamtgruppe schließlich, welche übergreifenden Unterstützungsleistungen den Kulturwandel fördern.

17.6 Phase 4: Internalisierung und Institutionalisierung

Die ersten beiden Durchläufe konzentrierten sich zunächst auf den deutschen und nordeuropäischen Raum. Nach zwei Jahren hatte mindestens ein Vorstandsmitglied jedes Geschäftsfelds am Lernprogramm teilgenommen und auch weitere Führungskräfte der obersten beiden Führungsebenen hatten Verantwortung für Praxisprojekte übernommen. Mittlerweile genießt das Lernprogramm unter Topführungskräften und Mitarbeitern einen guten Ruf, insbesondere wegen des hohen Anwendungsbezugs.

So entscheidet der Personalvorstand, den nächsten Schritt zu gehen und das Programm auch interkontinental auszurollen, zum Beispiel in Nordamerika, Indien und China.

Die Entscheidung stellt das Team zur Programmplanung zurzeit vor neue Herausforderungen und die Auswertung der ersten Erfahrungen steht noch aus: Passt das Vorgehen zum Beispiel zu den jeweiligen nationalen Kulturen? Welche Anpassungen sind notwendig, ohne das Ziel zu verwässern? Wie können lokale Moderatoren geschult werden, die in der Landessprache praktisch arbeiten und den Veränderungsprozess in den Regionen weiter begleiten können? Wie geht man mit möglichen Vorbehalten in den Regionen gegenüber einer Initiative, die von der Zentrale ausgeht, um? Wie gelingt es uns bei einem limitierten Budget, neben dem Aufbruch in neue Länder die Stabilisierung des Kulturwandels in den europäischen Einheiten weiter zu unterstützen?

Zeitgleich werden zusätzliche interne Ressourcen aufgebaut, um den Kulturwandel als langfristigen Prozess von innen heraus zu stabilisieren und von externer Unterstützung unabhängiger zu machen – ein wichtiger und folgerichtiger nächster Schritt für die nachhaltige Entwicklung. So wird in weitere interne Ressourcen investiert, die den Prozess unterstützen. Die Rolle der externen Beratung verschiebt sich so mehr zu der von Coaches. Die internen Prozessbegleiter werden für ihre Aufgabe geschult und im Prozessverlauf beratend unterstützt, um erwartbaren Normalisierungstendenzen entgegenzuwirken.

17.7 Erfahrungen im Verlauf

Bei einem groß angelegten Veränderungsprozess wie wir ihn hier beschrieben haben, ist es schwer, die Effekte glaubhaft zu bestimmen. Es gibt viele Wechselwirkungen mit anderen Prozessen, Initiativen und Projekten in der Sicherheitsarbeit, sodass es vermessen wäre, Verbesserungen in den Sicherheitskennzahlen linear dem hier dargestellten Veränderungsprozess zuzuschreiben. In den Jahren des laufenden Veränderungsprozesses verzeichnet der Konzern eine Halbierung der Anzahl der meldepflichtigen Unfälle.

Im Folgenden reflektieren wir weitere Erfahrungen im Verlauf des Veränderungsprozesses.

Arbeiten gegen das Delegationsmuster

Eine grundlegende Herausforderung im laufenden Gesamtprozess ist es, eine sichtbare Verbesserung in den eingespielten Verhaltensweisen zu erreichen und zu erhalten. Es gilt, Normalisierungstendenzen zu erkennen und Lösungen zu finden.

Ein Beispiel dafür ist die Frage, wie ein angemessener Umgang mit dem bisherigen Delegationsmuster aussehen kann. Gerade im integrierten Lernprozess mit den anderen Hierarchieebenen war die Verführung für das Topmanagement groß, sich aus dem Prozess zu stehlen, wie dies bei einem exklusiven Programm für die Spitzenkräfte der Fall gewesen wäre. Wie also konnte es gelingen, dass sie auch bei diesem Lernprozess ihre Rolle im Sinne der neuen Kultur glaubwürdig annehmen? Sie sollten sich selbst als Lernende verstehen, die Arbeit der Projektteams aktiv unterstützten und in der Arbeit mit ihren Mitarbeitern den neuen Ansatz vorleben.

Um den Delegierungstendenzen entgegenzusteuern, war es wichtig, dieses Muster gemeinsam mit den Führungskräften im Vorfeld zu reflektieren. Und trotzdem kam es im Prozessverlauf immer wieder zu Situationen, in denen das eingespielte Verhalten durchblitzte, das sich in kurzfristigen Absagen oder Zweifeln äußerte: Ich würde ja gerne kommen, aber ich schaffe es jetzt leider doch nicht. Ist es nicht zielführender, wenn meine Leute erst mal ohne mich diskutieren und mir nachher berichten? Störe ich nicht nur die offene Atmosphäre?

In vielen Fällen gelang es, die Führungskräfte davon zu überzeugen, dass ihre aktive Teilnahme wichtig war. Aber jede Absage führte auch zu Zweifeln beim Planungsteam, ob wir mit dem integrierten Lernprozess am Ende doch wieder »nur« den Unterbau erreichen und die Spitze außen vorlassen würden.

Externe Beratung spielte an dieser Stelle eine wichtige Rolle. Aus einer von der Hierarchie unabhängigen Außenperspektive fällt es leichter, an die zentralen Prinzipien des Lernprozesses zu erinnern und die Effekte ihres Verhaltens gemeinsam mit den Topführungskräften zu reflektieren. So konnten Delegationstendenzen in einigen Fällen auch dazu genutzt werden, diese Muster zu erkennen und an ihnen zu arbeiten. Dementsprechend bemerkte ein Vorstand in der Abschlussrunde einer Musteranalyse: Ich hätte diesen Termin eigentlich am liebsten abgesagt. Aber heute war für mich der beste Tag in der gesamten Woche.

Tabuisierung des Widerspruchs von Sicherheit und Effizienz

Ein schwieriges Thema im Lernprozess ist immer wieder die Frage einer angemessenen Balance von Profitabilität und Sicherheit. In einigen Einheiten war es schon auf der Arbeitsebene schwierig, dieses Thema anzusprechen. Mitarbeiter konnten damit zunächst wenig anfangen. In einigen Fällen förderten die gemeinsamen Diskussionen eher zufällig zutage, dass Mitarbeiter selbstverständlich davon ausgingen, Produktivität oder Kundenorientierung ginge im Zweifelsfall vor und dass bei Engpässen oder im Einzelfall »natürlich« wichtige Sicherheitsregeln unterwandert werden müssten.

Das Offenlegen dieser Annahmen führte beim Management zu unterschiedlichen Reaktionen. In einigen Fällen löste diese Erkenntnis Nachdenklichkeit und erste Überlegungen aus, wie künftig bewusster mit dem Widerspruch umgegangen werden kann. In anderen Fällen aber wurde aufgrund des offenen Aussprechens des bisher tabuisierten Widerspruchs Unmut laut. Im Auswertungsworkshop spiegelten wir dem Management einer technischen Serviceeinheit zurück, dass ihre Außendienstmitarbeiter davon ausgingen, Kundenorientierung und Vertrieb stehe für das Management an oberster Stelle und von ihnen werde im Zweifelsfall erwartet, vor Ort Kompromisse in Sachen Sicherheit zu machen. Die Frage, was Führung tun kann, um diese widersprüchlichen Interessen zu bearbeiten, führte zunächst zu heftigen, auch emotionalen, abwehrenden Diskussionen. Offenbar wurde der Umgang mit diesem Interessenskonflikt bisher inoffiziell im Einzelfall gelöst. Für den Kulturwandel ist es aber notwendig, gemeinsam zu überlegen, wie ein guter Ausgleich von Effizienz und Sicherheit aussehen kann, anstatt den Konflikt auszublenden.

Sicherheitskultur als eine Facette einer High-Performance-Kultur

Ein Lernziel war es, Sicherheitskultur als eine spezielle Facette organisationaler Leistung zu betrachten und ihre Entwicklung so zu einer Frage der Wertschöpfung und damit zur Aufgabe der Unternehmensführung zu machen.

Aus diesem Grund wurden in der ersten Phase mit Sicherheit und Qualität zwei Themen zusammengeführt, die in der Organisation bisher getrennt als Fachfragen bearbeitet worden waren. Auch bei der Neukonzeption des Programms diskutierten wir, wie wir Sicherheitskultur mit anderen Fragen wie Qualität, Risikomanagement oder auch Innovation kombinieren können, um herauszustellen, dass es sich um einen weiteren Aspekt der generellen Arbeits- und Führungskultur handelte. Aber diese Vorstöße wurden von den Sicherheitsexperten vehement abgelehnt, denn sie befürchteten, Sicherheit werde nicht genügend Beachtung finden und das Management werde sich dann nur für produktions- und geschäftsorientierte Fragestellungen interessieren.

Der berechtigte Einwand führte zu der bewussten Entscheidung, den Aspekt der Sicherheitskultur zunächst in den Vordergrund zu stellen. Doch die Frage kam nach einiger Zeit wieder hoch. Diesmal wurde sie jedoch nicht von den externen Beratern vorgebracht, sondern von den Führungskräften selbst: Unsere Fragen, die wir hier diskutierten, drehen sich nicht um Sicherheit. Die Art und Weise, wie wir uns informieren, wie wir aus Frühwarnsignalen Sinn generieren und wie wir von Fehlern lernen, hat großen Einfluss auf die Produktivität, die Qualität und auf die kontinuierliche Verbesserung. Das Thema, das wir hier bewegen, ist viel größer: Es geht um generelle Fragen unserer Führungs- und Arbeitskultur.

Umgang mit Skepsis und Unsicherheit

Wie in jedem Veränderungsprozess herrschte auch bei diesem Prozess zu Beginn viel Skepsis. Die Sicherheitsexperten vereinte der Unmut über die existierende Kultur. Sie hatten wenig Hoffnung, dass sich etwas verändern und dass sie Gehör finden würden. Auch sie hatten über Jahre ein ausgeprägt mechanistisches Weltbild entwickelt und sich in ihrer Rolle als Experten eingerichtet. So war es eine anspruchsvolle Aufgabe, mit ihnen gemeinsam eine andere Sichtweise zu entwickeln. Auffällig dabei war, dass die Teilnehmer selbst nach intensiver gemeinsamer Reflexion dazu neigten, in die eingespielte Denkart zurückzufallen. So brauchte es viel Wiederholung und die Auseinandersetzung mit konkreten Alltagsbeispielen, um das Verbesserungsanliegen zu verdeutlichen und mental zu verankern.

Die Sicherheitsexperten übten, wie sie anderen Führungskräften oder Mitarbeitern die neue Arbeitsweise erläutern oder wie sie mit kritischen Fragen zum Sicherheitsverständnis sowie zum angestrebten Veränderungsprozess umgehen könnten.

Eine weitere und beabsichtigte Quelle für Unsicherheit und Irritation war die Form der Zusammenarbeit im Lernprozess. Vor allem bei den Musteranalysen regte sich Widerstand: Wir haben den Unfall doch bereits analysiert. Wir kennen die (technische) Ursache. Wir werden nicht mehr viel Neues herausfinden. Ich bezweifle, dass sich der ganze Aufwand lohnt.

In diesen Fällen waren die Pilotprojekte und die Filme hilfreich, denn sie vermittelten den Teilnehmern Sicherheit. Je mehr Führungskräfte ihre positiven Erfahrungen mit den Methoden teilten, umso weniger wurde der Prozess später infrage gestellt.

Häufige Personalwechsel irritieren das Fortkommen

Gerade zu Beginn ist die Idee von Veränderungsprozessen mit Einzelpersonen verknüpft, die für den Prozess symbolisch einstehen. Deshalb stören Personalwechsel auf der Entscheiderebene die Verstetigung von Veränderungsprozessen empfindlich. Sie gefährden die schrittweise Stabilisierung und führen zu Verunsicherungen und Verzögerungen. Wird der oder die Neue dem Programm die notwendige Aufmerksamkeit schenken? Welche mentalen Modelle wird diese Person mitbringen? Wird sie sich hinter unsere Ziele und den Ansatz stellen oder wird sie sich (zum Beispiel aus politischen Gründen) abgrenzen?

Der beschriebene Prozess musste etliche Personalwechsel verkraften: So schied der Personalvorstand und ursprüngliche Sponsor unerwartet aus gesundheitlichen Gründen aus dem Unternehmen aus. Damit stand das gesamte Programm kurzzeitig auf der Kippe. Hilfreich war, dass der scheidende Vorstand dem neuen das Programm übergab und mit ihm eine Weiterführung vereinbarte. So konnte nach einer kurzen Phase der Verunsicherung die Kontinuität gewährleistet werden.

Auch bei der internen Prozessbegleitung gab es mehrfache Wechsel, die verarbeitet werden mussten. Parallel zum Lernprozess wurde eine Restrukturierung angestoßen, die nicht nur die Aufmerksamkeit der Beteiligten band, sondern auch zu häufigem Personalwechsel in den Praxisprojekten führte. Entscheidend in diesen Phasen war, ausdrücklich für einige personelle Konstanten auf Auftraggeberseite zu sorgen. Diese Manager konnten das Ursprungsanliegen intern entsprechend vertreten und hatten einen Überblick über den Prozess.

Fokussierung der Aufmerksamkeit trotz konkurrierender Aktivitäten

Veränderungsprozesse konkurrieren mit anderen Aktivitäten in der Organisation. Die Aufmerksamkeit wurde abgezogen durch andere Entwicklungen, wie zum Beispiel ein laufendes Restrukturierungsprogramm. Eine wichtige Frage im Veränderungsprozess lautete deshalb, wie die Führungskräfte mit diesen Interessenskonflikten umgehen würden. Denn genau darin bestand die Chance, eine beobachtbare und glaubwürdige Veränderung bei der Belegschaft auszulösen: Wie schaffen wir es, die Aufmerksamkeit für die Entwicklung der Sicherheitskultur auf hohem Niveau zu erhalten trotz des Restrukturierungsprozesses und anderer unternehmerischen Herausforderungen? Wie zeigen wir, dass wir Sicherheit auch dann wichtig nehmen, wenn es eng wird?

Aufbau notwendiger Change-Management-Kompetenzen

Der beschriebene Lernprozess hatte zum Ziel, Topführungskräfte für ihre Verantwortung für die Arbeitssicherheit zu sensibilisieren und ihnen Instrumente an die Hand zu geben, um die Sicherheitskultur in ihren Bereichen weiterzuentwickeln. Doch der Prozess musste noch mehr leisten, weil konkrete Veränderungen auf der Arbeitsebene erzeugt werden sollten.

Damit ergaben sich auch neue Herausforderungen, die vor allem die Umsetzung und Stabilisierung der Veränderungen betrafen. So mündeten die Praxisprojekte in den lokalen Einheiten in einem Aktionsplan. Einige Bereiche, die bereits über Erfahrungen mit Veränderungsprozessen verfügten, begannen mit der Umsetzung. Dafür gab es genügend Rückendeckung und Aufmerksamkeit von der Spitze, was die Umsetzung erleichterte.

Andere Bereiche aber verfügten über weniger gut eingespielte Erneuerungsmechanismen und taten sich bei der Umsetzung schwer. Ihnen fehlte das Knowhow und die Erfahrung, einen solchen Veränderungsprozess zu bewältigen und immer wieder neu zu beleben. Sie benötigten kompetente Prozessbegleitung in der Umsetzungsphase, die durch den Zentralbereich für Sicherheit nicht geleistet werden konnte. Es fehlte an internen Kompetenzen für die Begleitung des Umsetzungsprozesses und es erschien kontraproduktiv, dieses Defizit mit externen Beratern zu kompensieren. Schließlich ging es um die Entwicklung der organisationalen Veränderungsfähigkeit und den Aufbau der dafür notwendigen Kompetenzen. Daher wurde ein Curriculum für interne Prozessbegleiter entwickelt, um ausgewählte Sicherheitsexperten für diese Aufgabe auszubilden. Das Programm umfasste eine Vertiefung des Unterschieds von Logik I und II sowie im Umgang mit den Methoden. Es umfasste aber auch generelle Kompetenzen für Veränderungsmanager, wie zum Beispiel das Durchführen von Auftragsklärungen, das Planen von Interventionsarchitekturen, die Arbeit mit Führungskräften verschiedener Ebenen usw.

Erzeugen von Nachhaltigkeit durch Stabilisierung

Eine Frage, die in diesem laufenden Prozess noch stiefmütterlich behandelt wird, ist die der Stabilisierung. Sie wurde bisher ausgeblendet und externe Anregungen zum Aufbau eines Trainingscurriculums für die operative Ebene, regelmäßige Community-Treffen mit stützender Erinnerungs- und Reflexionsfunktion etc. wurden noch nicht aufgegriffen. Die Auftraggeber in der Unternehmenszentrale sehen ihre Aufgabe darin, neue Impulse zu setzen und weniger in der Unterstützung der lokalen Einheiten bei der Umsetzung. Ihrerseits gibt es wenig Bereitschaft, Ressourcen für die Stabilisierung der Veränderungen zur Verfügung zu stellen. Die Verantwortung für die Stabilisierung liegt in dieser Logik bei den einzelnen Einheiten vor Ort. Doch ohne übergreifende Maßnahmen, Entscheidungsroutinen und unterstützende Instrumente besteht die Gefahr, dass die Veränderungsimpulse in den lokalen Einheiten langfristig keinen oder nur sporadisch Halt finden. Eine angemessene stabilisierende Maßnahme der Zentrale wäre zum Beispiel, Erinnerungsanker im Veränderungsprozess zu schaffen: Die wichtigsten Akteure des Veränderungsprozesses werden in regelmäßigen Abständen zusammengebracht, um die Erfolge zu stabilisieren, Rückschritte zu reflektieren und den Prozess zu justieren. Aus solchen Veranstaltungen können notwendige Systemveränderungen abgeleitet werden, um sie übergreifend umzusetzen.

Ein weiteres stabilisierendes Element ist auch die Einrichtung einer übergreifenden Steuerungsgruppe bestehend aus oberen Führungskräften und leitenden Sicherheitsexperten, die ein Entscheidungsgremium für den Kulturentwicklungsprozess bildet. In diesem Gremium können die Erfahrungen der lokalen Einheiten ausgewertet und notwendige strukturelle Entscheidungen getroffen werden. Neben der kontinuierlichen Pflege eines Pools von Prozessbegleitern stabilisiert ein Curriculum für den Kompetenzaufbau der betrieblichen Führungs- und Sicherheitsfachkräfte die Umsetzung auch auf lokaler Ebene zusätzlich.

18 Zusammenfassung: 10 Gebote zur Interventionsgestaltung

Abschließend und basierend auf den vorangegangenen Überlegungen schlagen wir zehn Prinzipien zur Gestaltung von Veränderungsprozessen zur kollektiven Achtsamkeit vor:

ZUSAMMENFASSUNG

1. **Sorgen Sie für die Entwicklung eines gemeinsamen Zielbildes im Führungsteam.**
   Erarbeiten Sie mit dem Führungsteam, wie sicheres Organisieren künftig aussehen soll und was die Rolle von Führung in diesem »neuen Spiel« ist. Sorgen Sie für regelmäßige Reflexionsschleifen in der Führungsmannschaft, um Fort- und Rückschritte auf dem Weg zum Ziel zu verfolgen.
2. **Schaffen Sie frühzeitig Situationen, um neue Verhaltensmuster auszuprobieren und zu reflektieren.**
   Machen Sie etwas anders, statt darüber zu reden. Gestalten Sie Arbeitssettings, die den Prinzipien für kollektive Achtsamkeit folgen und in denen Mitarbeiter und Führungskräfte Erfahrungen sammeln können.
3. **Arbeiten Sie sowohl *im* System als auch *am* System.**
   Vereinbaren Sie, welches Verhalten Sie künftig (im System) voneinander erwarten und welche organisationalen Veränderungen (am System) dafür notwendig sind.
4. **Fokussieren Sie sich auf beobachtbare Veränderungen – die notwendigen Einstellungsveränderungen folgen automatisch.**
   Versuchen Sie nicht, in die Köpfe Ihrer Mitarbeiter einzudringen, sondern vereinbaren Sie konkretes, beobachtbares Verhalten. Konzentrieren Sie sich dabei auf einige wenige, kritische Verhaltensänderungen.
5. **Entwickeln Sie informelle Meinungsführer.**
   Lassen Sie insbesondere kritische Personen nicht links liegen, sondern sprechen Sie deren Ambivalenzen offen an.

6. **Unterstützen Sie Experten dabei, im Veränderungsprozess eine neue Rolle auszuüben.**
   Ermöglichen Sie es Experten, sich in der Rolle als Prozessbegleiter zu erproben und bauen Sie die dafür notwendigen Kompetenzen auf. Institutionalisieren Sie diese neue Rolle Schritt für Schritt im Alltag.
7. **Machen Sie kleine Unterschiede schnell sichtbar, um sie zu verstärken.**
   Nutzen Sie jede Gelegenheit, um über kleine Unterschiede zu sprechen und damit die Richtung vorzugeben.
8. **Sorgen Sie für übergreifenden Erfahrungsaustausch zur Reflexion.**
   Schaffen Sie Gelegenheiten für übergreifendes Lernen und Austausch, um die neuen Erfahrungen zu stabilisieren und an die gemeinsamen Ziele und Ambitionen zu erinnern.
9. **Machen Sie Selbstbeobachtung zur Routine.**
   Suchen Sie nach Möglichkeiten, Selbstbeobachtung Schritt für Schritt in die Alltagsroutinen und -besprechungen einzubauen. Zuverlässigkeit erfordert dauerhaftes Fitnesstraining!
10. **Gestalten Sie den Veränderungsprozess generell so, dass er einen Unterschied zu bisherigen Mustern darstellt und Erfahrungen mit neuen Mustern ermöglicht.**

Literatur

Ansoff, Igor H. (1975): Managing Strategic Surprise by Response to Weak Signals. In: California Management Review 18, No. 2, S. 21–33

Argyris, C./Schön, D. (1999): Die Lernende Organisation: Grundlagen, Methode, Praxis, Klett-Cotta, Stuttgart.

Armstrong, John Scott (Hrsg.) (2001): Principles of Forecasting. A Handbook for Researchers and Practitioners. Kluwer Academic Publisher: Norwell: MA.

Arnoldi, Jakob (2009): Risk. Polity Press: Cambridge.

Arnoldi, Jakob (2011): Alles Geld verdampft. Finanzkrise in der Weltrisikogesellschaft. Suhrkamp: Frankfurt am Main.

Ashby, William Ross (1956): An Introduction to Cybernetics. Chapman & Hall: London.

Audretsch, David Bruce (1995): Innovation and Industry Evolution. MIT Press: Cambridge.

Baecker, Dirk (1992): Fehldiagnose »Überkomplexität« , http://www.gdi.ch/de/Think-Tank/Trend-News/Vor-23-Jahren-Fehldiagnose-Ueberkomplexitaet (abgerufen 29.12.2016).

Baecker, Dirk (1994): Postheroisches Management: Ein Vademecum. Merve: Berlin.

Baecker, Dirk (2003): Organisation als System. Suhrkamp: Frankfurt am Main.

Baecker, Dirk (2008): Studien zur nächsten Gesellschaft. Suhrkamp: Frankfurt am Main.

Baecker, Dirk (2011): Organisation und Störung. Suhrkamp: Frankfurt am Main.

BaFin: Konsultation 02/2016 – MaRisk-Novelle 2016. Übersendung eines Konsultationsentwurfs. GZ: BA 54-FR 2210-2016/0008 2016/0056411, (18.02.2016).

Balogun, Julia/Johnson, Gerry (2004): Organizational Restructuring and Middle Manager Sensemaking. In: Academy of Management Journal, 47 (4), 2004, S. 523–549.

Bartlett, Christopher A./Ghoshal, Sumantra (1989): Managing across Borders. The Transnational Solution. Harvard Business Press: Boston, MA.

Beck, Ulrich (1986): Risikogesellschaft. Auf dem Weg in eine andere Moderne. Suhrkamp: Frankfurt am Main.

Beck, Ulrich (2008): Weltrisikogesellschaft. Auf der Suche nach der verlorenen Sicherheit. Suhrkamp: Frankfurt am Main.

Becker, W. S./Burke, M. J. (2012): The staff ride: An approach to qualitative data generation and analysis. In: Organizational Research Methods, 15, S. 316–335.

Becker, W. S./Burke, M. J. (2014): Instructional Staff Rides for Management Learning and Education, In: Academy of Management Learning & Education, 2014, Vol. 13, No. 4, S. 510–524.

Bohmer, A. B. et al. (2012): The implementation of a perioperative checklist increases patients' perioperative safety and staff satisfaction. In: Acta Anaesthesiol Scand 2012; 56, S. 332–338.

Boin, Ronald Arjen /'t Hart, Paul/Stern, Eric/Sundelius, Bengt (2005): The Politics of Crisis Management. Public Leadership under Pressure. Cambridge University Press: Cambridge, England.

Boin, Roland Arjen/Kofman-Bos, C./Overdijk, W. (2004): Crisis Simulations. Exploring Tomorrow's Vulnerabilities and Threats. In: Simulation & Gaming 35 (3), 2004, S. 378–392.

Bonß, Wolfgang (1995): Vom Risiko. Unsicherheit und Ungewißheit in der Moderne. Hamburger Edition: Hamburg.

Borchard A./Schwappach DL/Barbir A/Bezzola P. (2012): A systematic review of the effectiveness, compliance, and critical factors for implementation of safety checklists in surgery. In: Ann Surg. 2012 Dec;256(6), S. 925–33.

Bougen, Philip David (2003): Catastrophe Risk. In: Economy and Society, 32 (2), 2003, S. 253–272.

Bourrier, Mathilde (1996): Organizing Maintenance Work at two American Nuclear Power-Plants. In: Journal of Contingencies and Crisis Management 4 (2), 1996, S. 104–112.

Breuer, Henning/Schulz, J. (2012): Learning from the future – modeling scenarios based onnormativity, performativity and transparency. Presented at The XXIII ISPIM-Conference – Action for Innovation: Innovating from Experience – Barcelona, Spainon 17–20 June 2012, www.ispim.org

Breuer, Henning/Lüdeke-Freund, Florian (2016). Values-Based Innovation Management. Innovating By What We Care About. Palgrave Macmillan: London.

Breuer, Henning/Gebauer, Annette (2011): Mindfulness for Innovation. Future Scenarios and High Reliability Organizing Preparing for Unforseeable. SKM Conference for Competence-based Strategic Management Linz, Austria, S. 1–18.

Brückner, Fabian/Wolff, Stephan (2015): Die Produktion von Unsicherheit . Nicht-intendierte Folgen des operationellen Risikomanagements in Banken. In: Apelt, Maja/Senge, Constanze (Hrsg.): Organisation und Unsicherheit. Springer VS: Wiesbaden 2015, S. 139–159.

Brunsson, Nils (1993): Ideas and Actions. Justification and Hypocrisy as Alternatives to Control. In: Accounting Organizations and Society, 18 (6), 1993, S. 489–506.

Brunsson, Nils/Olsen, Johan P. (1993): The Reforming Organization. Routledge: London1993.

Byrne, Ruth M. J. (2005): The Rational Imagination. How People Create Alternatives to Reality. MA: MIT Press: Cambridge.

Chade-Meng Tan (1982): Search Inside Yourself: Das etwas andere Glücks-Coaching. Arkana: München.

Cirka, C.C./Corrigall, E.A. (2010). Expanding possibilities through metaphor: Breaking biases to improve crisis management. Journal of Management Education, 34 (2), 2010, S. 303–323.

Collins, Jim (2001): Good to great. Why some companies make the leap ... and others don't. Harper Business: New York.

Collins, Jim (2009): How the mighty fall: And why some Companies never give in. Collins Business Essentials, Harper Collins Business: New York.

Colville, Ian/Brown, Andrew D./Pye, Annie (2012): Simplexity: Sensemaking, Organizingand Storytelling for our Time. In: Human Relations, 65 (1), 2012, S. 5–15.

Conklin, Todd (2012): Pre-Accident Investigations: An Introduction to Organizational Safety 1st Edition. CRC Press: Boca Raton.

Covey, Stephan M.R. (2006): The SPEED of Trust: The One Thing That Changes Everything. FreePress: New York.

Crosby, Philip B. (1979): Quality is Free. The Art of Making Quality Certain. McGraw-Hill:New York.

Cullati S/Licker M-J/Francis P/Degiorgi A, Bezzola P/Courvoisier DS et al. (2014): Implementation of the Surgical Safety Checklist in Switzerland and Perceptions of Its Benefits: Cross-Sectional Survey. In: PLoS ONE 9(7): e101915. doi:10.1371/journal.pone.0101915

Cullati S/Le Du S/Raë A-C/Micallef M/Khabiri E, et al. (2013) Is the Surgical Safety Checklist successfully conducted? An observational study of social interactions in the operating rooms of a tertiary hospital. In: BMJ Quality & Safety 22, S. 639–646.

Deis, J. N./Smith, K. M./Warren, M. D./Throop, P. G./Hickson, G. B./Joers, B. J./ Deshpande, J. K. (2008): Transforming the Morbidity and Mortality Conference into an Instrument for Systemwide Improvement. Advances in Patient Safety, 2 (8), 2008. http://www.ahrq.gov/downloads/pub/advances2/vol2/advances-deis_82.pdf (abgerufen: 7.03.2017).

Dekker, Sidney (2008): Just Culture. Balancing Safety and Accountability. Ashgate Publishing.

Dekker, Sidney (2014): The Field Guide to Understanding Human Error. Ashgate Publishing Limited.

Dekker, Sidney W. A./Nyce, James M. (2013): Just culture: »Evidence«, power andalgorithms. In: Journal of Hospital Administration, 2 (3), 2013.

Deming, W. Edward (1982): Out of the Crisis. Massachusetts Institute of Technology: Cambridge.

Denning, Stephen (2005): The Leader's Guide to Storytelling. Mastering the Art & Disciplineof Business Narrative. Jossey-Bass: San Francisco, CA.

DGUV: Ausblick auf die nächste Präventionskampagne zur Kultur der Prävention. http://www.dguv.de/de/praevention/kampagnen/praev_kampagnen/ausblick/index.jsp (abgerufen: 4.09.2016).

Dörner, Dietrich (1989): Die Logik des Mißlingens. Strategisches Denken in komplexen Situationen. Rowohlt: Reinbeck b. Hamburg.

Dörner, Dietrich (2008): Emotion un Handeln. In: Badke-Schaub, Hofinger, G., Lauche, B. (Hrsg): Human Factors, Psychologie des sicheren Handelns, Springer: Berlin.

Douglas, Mary (1992): Risk and Blame. Essays in Cultural Theory. Routledge: Abingdon,Oxon.

Duncan, Acheson J. (1989): Quality Control and Industrial Statistics, John Wiley & Sons, Ltd.: New Jersey.

Elliott, G. K. (2010): Causes of the Deepwater Horizon oil spill in the Gulf of Mexico. www.news.suite101.com/article.cfm/causes-of-the-deepwater-horizon-oil-spill-in-the-gulf-of-mexico-a238207 (abgerufen: 11.10.2010).

Elliott, Dominic/Schwartz, Ethné/Herbane, Brahim (2010): Business Continuity Management Approach. Routledge: London.

Esposito, Elena (2009): Die Zukunft der Futures. Die Zeit des Geldes in der Finanzwelt und Gesellschaft. Carl-Auer: Heidelberg.

Falk, Torsten (2016): Achtsamkeitstraining: Klar im Kopf , http://news.sap.com/germany/klar-im-kopf (abgerufen: 30.12.2016).

Flin, Rhona/Mearns, Kathryn/O' Conner, Paul/Bryden, Robin (2000): Measuring Safety Climate: Identifying the Common Features. In: Safety Science, 34 (1-3), 2000, S. 177–192.

Fleming, Mark (2001): Safety Culture Maturity Model. Report 2000/049. Health and Safety Executive. Colegate, Norwich. http://www.hse.gov.uk/research/otopdf/2000/oto00049.pdf

Fleming, Mark (2000): Developing a draft safety culture maturity model. Suffolk. HSE Books.

Foerster, Heinz v. (1985): Sicht und Einsicht. Versuche zu einer operativen Erkenntnistheorie.Vieweg + Teubner: Wiesbaden.

Foerster, Heinz v. (1993): Wissen und Gewissen. Versuch einer Brücke. Suhrkamp: Frankfurt am Main.

Franz, Hans W./Kopp, Hans W./Kohlhage, Andreas (2003) (Hrsg): Kollegiale Fallberatung: State of the Art und organisationale Praxis, EHP-Praxis Taschenbuch: Bergisch Gladbach.

Furman, Ben (1999): Es ist nie zu spät, eine glückliche Kindheit zu haben. Borgmann-Verlag: Dortmund.

Garvin, David A. (1984): What does »Product Quality« really mean? In: Sloan Management Review, Fall 1984, S. 25–45.

Gawande, Atul (2011): The Checklist Manifesto. How to Get Things Right. Profile Books: London 2011. (ebook)

Gebauer, Annette (2007): Einführung von Corporate Universities. Rekonstruktion der Entwicklungsverläufe in Deutschland. Carl-Auer-Verlag: Heidelberg.

Gebauer, Annette (2010a): Aus Katastrophen lernen. Staff Rides zur Analyse kollektiver Muster der Unachtsamkeit. In: Wirtschaft und Weiterbildung, 10, 2010, S. 21–27.

Gebauer, Annette (2010b): Der Ansatz High-Reliability-Organizing. Wege zu einer Kultur kollektiver Achtsamkeit, In: Personalführung, 10, 2010, S. 50–59.

Gebauer, Annette (2013): Mindful Organizing as a Paradigm to Develop Managers. In: Journal of Management Education, April 2013 (37), S. 203–228.

Gebauer, Annette (2014): Kollektive Achtsamkeit am Filmset. In: Personalführung 02, 2014, S. 34–42.

Gebauer, Annette/Kiel-Dixon, Ursula (2009): Das Nein zur eigenen Wahrnehmung ermöglichen. In: High Reliability in Extremsituationen. In: Organisationsentwicklung, 3, 2009, S. 40–49.

Gigerenzer, Gerd (1991): »How to Make Cognitive Illusions Disappear: Beyond »Heuristics and Biases«. In: European Review of Social Psychology, 2, 1991, S. 83–115.
Gigerenzer, Gerd (2007): Gut Feelings: The Intelligence of the Unconscious. Penguin: London, England.
Gigerenzer, Gerd (2013): Risiko. Wie man die richtigen Entscheidungen trifft. Verlagsgruppe Random House: New York City.
Groth, Torsten (2015): Wer ist Hase und wer ist Igel? Irritation systemtheoretisch reflektiert, In: Supervision 1, 2015, S. 9–16.
Grubendorfer, Christina (2016): Einführung in systemtheoretische Konzepte der Unternehmenskultur. Carl-Auer: Heidelberg

Handelsblatt (2013): Auto, Flugzeug, Bahn. Welches Verkehrsmittel ist das sicherste?, http://www.handelsblatt.com/technik/das-technologie-update/frage-der-woche/auto-flugzeug-bahn-welches-verkehrsmittel-ist-das-sicherste/8479152.html (abgerufen: 01.01.2017).
Haynes, Alex B. et al. (2009): A Surgical Safety Checklist to Reduce Morbidity and Mortality in a Global Population. In: N Engl J Med (January) 360, 2009, S. 491–499.
Hirokawa, Randy Y./Rost, Kathryn M. (1992): Effective Group Decision Making in Organizations. Field Test of the Vigilant Interaction Theory. In: Management Communication Quarterly, 5 (3), 1992, S. 267–288.
Hölterhoff, Marcel et al. (2011): Das mittlere Management. Die unsichtbaren Leistungsträger. Stiftung Jürgen Meyer: Köln.
Hollnagel, Erik (2014): Safety-I and Safety-II. The Past and Future of Safety Management. Ashgate.
Hollnagel, Erik/Woods, David D./Leveson, Nancy (Hrsg.) (2006): Resilience Engineering. Concepts and Precepts. Ashgate: Aldershot, UK.
Hollnagel, Erik/Pariès, Jean/Woods, David D./Wreathall, John (Hrsg.) (2010): Resilience Engineering in Practice. A Guidebook, Ashgate: Farnham, UK.
Hollnagel, Eric/Wears/Robert L./Braithwaite, Jeffrey (2015): From Safety-I to Safety-II: A White Paper. https://www.england.nhs.uk/signuptosafety/wp-content/uploads/sites/16/2015/10/safety-1-safety-2-whte-papr.pdf (abgerufen: 29.12.2016)
Hudson, Patrick T.W. (2001): Safety Management and Safety Culture: The Long, Hard and Winding Road. In: Pearse, Warwick/Gallagher, Clare/Bluff, Liz (Hrsg.): Occupational Health & Safety Management Systems. Crown Content: Melbourne, Australia 2001, S. 3–32.

Janis, Irving Lester (1972): Victims of Groupthink. Houghton Mifflin Company: Boston.
Janis, Irving Lester (1982): Decision-Making under Stress. In: Goldberger, Leo/Breznitz, Shlomo (Hrsg.): Handbook of Stress. Theoretical and Clinical Aspects, NY: Free Press: New York, S. 69–80.

Kabat-Zinn, Jon (1982): An outpatient program in behavioral medicine for chronic pain patients based on the practice of mindfulness meditation: Theoretical considerations and preliminary results. In: General Hospital Psychiatry. 4 (1), 1982, S. 33–47.

Käfer, Martin (1999): Das Arbeitsschutzsystem bei DuPont de Nemours. Arbeitspapier 10, Hans-Böckler-Stiftung: Düsseldorf.

Kahneman, Daniel/Slovic, Paul/Tversky, Amos (1982) (Hrsg.) Judgment under uncertainty: Heuristics and biases. New York: Cambridge University Press.

Kahneman, Daniel/Miller, Dale T. (1986): Norm Theory: Comparing Reality to its Alternatives. In: Psychological Review, 93 (2), 1986, S. 136–153.

Kahneman, Daniel/Klein, Gary (2009): Conditions for Intuitive Expertise. A Failure to Disagree. In: American Psychologist, 64 (6), 2009, S. 515–526.

Kane, Kathleen R./Goldgehn, Leslie A. (2011): Beyond »The Total Organization«. A Graduate-Level Simulation. In: Journal of Management Education, 35 (6), 2011, S. 836–858.

Kearns R.J, et al. (2011): The introduction of a surgical safety checklist in a tertiary referral obstetric centre. In: BMJ Qual Saf 2011; 20, S. 818–22.

Klein, Gary A. (1999): Sources of Power: How People Make Decisions. MIT Press Paperback Edition: Cambridge.

Kosow, Hannah/Gaßner, Robert (2008): Methoden der Zukunfts- und Szenarioanalyse. Überblick, Bewertung und Auswahlkriterien. Werkstatt Bericht Nr. 103, Institut für Zukunftsstudien und Technologiebewertung Berlin 2008.

Kruse, Peter (2004): next practice. Erfolgreiches Management von Instabilität. Gabal: Offenbach.

Kühl, Stefan (2016): Leitbilder erarbeiten. Eine kurze organisationstheoretisch informierte Handreichung. Springer: Heidelberg.

Lagadec, Patrick (2000): Ruptures Créatrices. Editions d' Organisation, Les Echos: Paris, France 2000.

Langer, Ellen J. (1975): The Illusion of Control. In: Journal of Personality and Social Psychology, 32 (2), 1975, S. 311–328.

Langer, Ellen J. (1982): The Illusion of Control. In: Kahneman, Daniel/Slovic, Paul/Tversky, Amos (Hrsg.): Judgment under uncertainty: Heuristics and biases.Cambridge University Press: New York 1982, S. 231–239.

Langer, Ellen. J. (1989): Mindfulness. Da Capo Press: Cambridge, MA.

La Porte, Todd R. (1988): The United States air traffic system: Increasing reliability in the midst of rapid growth. In: Mayntz, Renate/Hughes, Thomas P. (Hrsg.): The Development of Large Technical Systems. Westview Press: Boulder, CO, S. 215–244.

La Porte, Todd R./Consolini, Paula (1991): Working in Practice But Not in Theory: Theoretical Challenges of »High Reliability Organizations«. In: Journal of PublicAdministration Research and Theory, 1 (1), 1991, S. 19–48.

Lay, Elizabeth/Branlat, Matthieu (2013): Sending up a FLARE: Enhancing resilience in industrial maintenance through the timely mobilization of remote experts. In: Herrera, Ivonne/Maarten Schraagen, Jan/Vorm, Johan van der/Woods, David (Hrsg.): Proceeding 5th Symposium on Resilience Engineering, Manging trade-offs; 24th-27th June 2013 at Soesterberg, Netherlands: Resilience Engeneering Association, Sophia Antipolis: Cedex France 2014, S. 167–172. http://www.resilience-engineering-association.org/wp-content/uploads/2016/09/Frontpage-REA5SYM-proceedings-030916.pdf (abgerufen: 7.03.2017)

Lay, Elizabeth/Branlat, Matthieu/Woods, Z. (2015): A practitioner's experiences operationalizing Resilience Engineering. In: Reliability Engineering & System Safety. 141, 2015, S. 63–73. DOI: 10.1016/j.ress.2015.03.015.

Leendertz, Ariane (2015): Das Komplexitätssyndrom. Gesellschaftliche »Komplexität« als intellektuelle und politische Herausforderung in den 1970er-Jahren. In: MPIfG Discussion Paper 15/7, Max-Planck-Institut für Gesellschaftsforschung, Köln 2015.

Lewis, Michael (2010): The Big Short – Wie eine Handvoll Trader die Welt verzockte. Campus Verlag: Frankfurt am Main.

Lietaer, Bernard (2009): Erhöhte Unfallgefahr. In: brand eins, 1, 2009, S. 154–161.

Liker, Jeffrey K. (2004): The Toyota Way. 14 Management Principles From The World's Greatest Manufacturer. McGraw-Hill: New York-Chicago-San Francisco.

Luhmann, Niklas (1984): Soziale Systeme. Grundriß einer allgemeinen Theorie. Suhrkamp: Frankfurt am Main.

Luhmann, Niklas (1990): Risiko und Gefahr. In: Soziologische Aufklärung 5, Konstruktivistische Perspektiven, Westdeutscher Verlag: Opladen, S. 131–169.

Luhmann, Niklas (1991): Soziologie des Risikos, DeGruyter: Berlin.

Luhmann, Niklas (1997): »Die Gesellschaft der Gesellschaft«, Bd. 2. Suhrkamp: Frankfurt am Main.

Luhmann, Niklas (2000): Organisation und Entscheidung. Westdeutscher Verlag: Opladen.

Luhmann, Niklas (2003): Soziologie des Risikos. De Gruyter: Berlin.

Luhmann, Niklas (2008): Die Moral der Gesellschaft, Suhrkamp: Frankfurt.

Lyall, S. (2010): In BP's record. A history of boldness and costly bunders, in: The New York Times Reprints, www.nytimes.com/2010/07/13/business/energy-environment/13bprisk.[online]html?dbk = &pagewanted = print (nicht mehr abrufbar).

Lyng, Stephen (Hrsg.) (2005): Edgework. the Sociology of Risk-Taking. Routledge: New York-London.

Manuele, Fred A. (2011): Reviewing Heinrich. Dislodging Two Myths From the Practice of Safety. In: Professional Safety, October 2011, S. 52–61

March, James G. (1991): Exploration and Exploitation in Organizational Learning. In: Organization Science, 2 (1), 1991, S. 71–87.

Marcus, Alfred (1995): Managing with Danger. In: Organization & Environment, 9 (2), 1995, S. 139–151.

Mayer, Bernd M. (2003): Systemische Managementtrainings. Carl-Auer: Heidelberg.

McDonald, Kimberly S./Mansour-Cole, Dina (2000): Change Requires Intensive Care: An Experiential Exercise for Learners in University and Corporate Settings. In: Journal of Management Education, 24 (1), 2000, S. 127–148.

Mintzberg, Henry (1973): The Nature of Managerial Work. Harper & Row: New. York, 1973.

Mintzberg, Henry (2004): Managers Not MBAs. A Hard Look at the Soft Practice of Managing and Management Development, Berrett-Koehler Publishers: San Francisco.

Mintzberg, Henry/Ahlstrand, Bruce/Lampel, Joseph (1999): Strategy Safari. Eine Reise durch die Wildnis des strategischen Managements. Ueberreuter: Wien.

Minx, Eckard/Böhlke, Ewald (2006): Denken in alternativen Zukünften. In: IPZukunftsfragen (61), Dezember 2006, S. 14–22.

Nagamine, Janet/Williams, Mark (2005): Quality Tools: Root Cause Analysis (RCA) and Failure Modes and Effects Analysis (FMEA): IN: The Hospitalist, May 1, 2005 [online] http://www.the-hospitalist.org/article/quality-tools-root-cause-analysis-rca-and-failure-modes-and-effects-analysis-fmea/3/ (abgerufen: 1.01.2017)

Nohria, Nitin (2006): Risk, Uncertainty, and Doubt. In: Harvard Business Review, 84 (2), 2006, S. 39–40.

Oswald, Margit E./Grosjean, Stefan (2004): Confirmation bias. In: Pohl, Rüdiger F. (Hrsg.): Cognitive Illusions. A Handbook on Fallacies and Biases in Thinking, Judgement and Memory: Psychology Press: Hove-New York, S. 79–96.

O' Toole, James/Bennis, Warren (2009): What's Needed Next. A Culture of Candor. In: Harvard Business Review, 87 (6), 2009, S. 54–61.

Parker, Dianne/Lawrie, Matthew/Hudson Patrick A. (2006): Framework for Understanding the Development of Organisational Safety Culture. In: Safety Science, 44 (6), 2006, S. 551–562.

Pearson, Christine M./Clair, Judith A. (1998): Reframing Crisis Management. In: Academy of Management Review, 23 (1), 1998, S. 59–76.

Perrow, Charles (1994): Normal Accidents. Living with High-Risk Technologies. NY: BasicBooks: New York.

Pina e Cunha, Miguel/Vieira da Cunha, João/Cabral-Cardoso, Carlos (2004): Looking for Complication: Four Approaches to Management Education. In: Journal of Management Education, 28 (1), 2004, S. 88–103.

Preußig, Jörg (2015): Agiles Projektmanagement: Scrum, Use Cases, Task Boards & Co. Haufe TaschenGuide: Freiburg.

Reason, James T. (1990): Human error. Cambridge University Press: New York.

Reason, James T. (1997): Managing the Risks of Organisational Accidents. Ashgate: Aldershot.

Reilly, Anna H. (1992): Understanding Resistance to Change: The Jefferson Company Exercise. In: Journal of Management Education, 16 (3), 1992, S. 314–326.

Revans, Reginald (1980): Action learning: New techniques for management. Blond & Briggs: London, England.

Roberts, Karlene H. (1990): Some Characteristics of one Type High-Reliability Organization. In: Organization Science, 1, 1990, S. 160–176.

Roberts, Karlene H. (1993): New Challenges to Understanding Organizations. Macmillan: New York.

Robertson, William G. (1987): The Staff Ride. Washington, DC: United States Army Center of Military History.

Robertson, Brian J. (2016): Holacracy: Ein revolutionäres Management-System für eine volatile Welt. Franz Vahlen: München.

Rochlin, Gene I./La Porte, Todd R./Roberts, Karlene (1987): The self-designing high-reliability organization. Aircraft carrier flight operations at sea. In: Naval WarCollege Review, 40, 1987, S. 76–90.

Roe, Emery/Schulman, Paul R. (2008): High Reliability Management. Operating on the Edge. CA: Stanford University Press: Stanford, CA.

Rollag, Keith/Parise, Salvatore (2005): The Bikestuff Simulation: Experiencing the Challenge of Organizational Change. In: Journal of Management Education, 29 (5), 2005, S. 769–787.

Rosenthal, Uriel (2003): September 11: Public Administration and the Study of Crisis and Crisis Management. In: Administration & Society, 35 (2), 2003, S. 129–143.

Roux-Dufort, Cristophe (2007): Is Crisis Management (Only) a Management of Exceptions? In: Journal of Contingencies and Crisis Management, 15 (2), 2007, S. 105–114.

Sadler-Smith, Eugene/Burke, Lisa A. (2009): Fostering Intuition in Management Education. Activities and Resources. In: Journal of Management Education, 33 (2), 2009, S. 239–262.

Schamer, Otto (2009): Theorie U. Von der Zukunft her führen: Presencing als soziale Technik. Carl Auer: Heidelberg.

Schein, Edgar H. (1995): Unternehmenskultur: Ein Handbuch für Führungskräfte. Campus: Frankfurt.

Schein, Edgar H. (1999): The Corporate Culture Survival Guide. Jossey-Bass: San Francisco, CA.

Schein, Edgar H. (2013): Humble Inquiry: The Gentle Art of Asking Instead of Telling. Berrett-Koehler Publisher: San Francisco.

Schoemaker, Paul J. H. (1995): Scenario planning A tool for strategic thinking. In: Sloan Management Review, 36 (2), 1995, S. 25–40.

Schoemaker, Paul J. H./Gunther, Robert E. (2002): Profiting from Uncertainty: Strategies for Succeeding No Matter What the Future Brings. Free Press: London, England.

Schulman, Paul R. (1993): The analysis of high reliability organizations: A comparative framework. In: Roberts, Karlene H. (Hrsg.): New challenges to understanding organizations, Macmillan: New York, S. 33–54.

Seitz, Janine (2015): Sicherheit – ein Megatrend. [online] https://www.zukunftsinstitut.de/artikel/tup-digital/05-cyber-insecurity/06 specials/sicherheit-ein-megatrend/ (abgerufen: 04.09.2016)

Sharpe, Virginia (2003): Promoting patient safety: An ethical basis for policy deliberation; Hastings Center Report 2003, p. 2–19.

Simon, Fritz B. (1995): Unterschiede, die Unterschiede machen. Klinische Epistemologie:-Grundlage einer systemischen Psychiatrie und Psychosomatik. Suhrkamp: Frankfurt am Main.

Simon, F. B. (2004):Gemeinsam sind wir blöd!? Die Intelligenz von Unternehmen, Managern und Märkten. Carl-Auer Verlag: Heidelberg.

Simon, F. B. (2007):Einführung in die systemische Organisationstheorie. Carl-Auer Verlag: Heidelberg.

Simon, F. B., (Hrsg.) (2009):Vor dem Spiel ist nach dem Spiel. Systemische Aspekte des Fußballs. Carl-Auer Verlag: Heidelberg.

Snook, S.A. (2000): Friendly Fire: The Accidental Shootdown of U.S. Black Hawks over Northern Iraq, Princton University Press: New Jersey.

Steinmüller, Angela/Steinmüller, Karlheinz (2004): Wild Cards. Wenn das Unwahrscheinliche eintritt. Hamburg

Taleb, Nassim N. (2008): The Black Swan. The Impact of the Highly Improbable. Penguin: London.

Taleb, Nassim N. (2012): Antifragile: Things that gain from Disorder, Random House & Penguin: New York.

Teece, David J. (2009): Dynamic Capabilities & strategic management. Organizing for Innovation and Growth. Oxford University Press: Oxford, England.

Tversky, Amos/Kahneman, Daniel (1974): Judgment under Uncertainty: Heuristics and Biases. In: Science, 185, 1974, S. 1124–1131.

Vaughan, Diane (1996): The Challenger Launch Decision. Risky Technology, Culture and Deviance at NASA. University of Chicago Press: Chicago, IL.

Vogus, Timothy J./Welbourne, Theresa M. (2003): Structuring for high reliability: HR practices and mindful processes in reliability-seeking organizations. In: Journal of Organizational Behavior, 24 (7), 2003, S. 877–903.

Vogus, Timothy J./Sutcliffe, Kathleen M (2007): The Safety Organizing Scale: development and validation of a behavioral measure of safety culture in hospital nursing units. In: Med Care. 2007 Jan. 45 (1), S. 46–54.

Vogus, Timothy J./Sutcliffe, Kathleen M./Weick, Karl E. (2010): Doing no harm: Enabling, enacting, and elaborating a culture of safety in health care. In: Academy of Management Perspectives, 24 (4), 2010, S. 60–78.

Weick, Karl E. (1984): The social psychology of organizing. NY: McGraw-Hill: New York.

Weick, Karl E. (1990): The Vulnerable System: An Analysis of the Tenerife Air Disaster. In: Journal of Management, 16 (3), 1990, S. 571–593.

Weick, Karl E. (1993): The Collapse of Sensemaking in Organizations: The Mann Gulch Disaster. Administrative Science Quarterly, 38, 1993, S. 628–652.

Weick, Karl E. (1995): Sensemaking in Organizations. Thousand Oaks: Sage, California.

Weick, Karl E. (2009): Making Sense of the Organization: the impermanent Organization. John Wiley: West Sussex.

Weick, Karl E. (2005): The Experience of Theorizing: Sensemaking as Topic and Resource. In: Smith, Ken G./Hitt Michael A. (Hrsg.): Great Minds in Management. The Process of Theory Development. Oxford UP: Oxford, New York, S. 394–413.

Weick, Karl. E. (2007): Drop your Tools: On reconfiguring Management Education. In: Journal of Management Education 31 (1), S. 5–16.

Weick, Karl E. (2011): Organizing for Transient Reliability: The Production of Dynamic Non-Events. In: Journal of Contingencies and Crisis Management, 19 (1), 2011, S. 21–27.

Weick, Karl E./Roberts, Karlene H. (1993): Collective Mind in Organizations: Heedful Interrelating on Flight Decks. In: Administrative Science Quarterly, 38 (3), 1993, S. 357–381.

Weick, Karl E./Sutcliffe, Kathleen M. (2001): Managing the Unexpected. Assuring High Performance in an Age of Complexity. Jossey-Bass: San Francisco, CA.

Weick, Karl E./Sutcliffe, Kathleen M. (2003): Hospitals as Cultures of Entrapment: A Re-Analyses of the Bristol Royal Infirmary. In: California Management Review, 45 (2), 2003, S. 73–84.

Weick, Karl E./Sutcliffe, Kathleen M. (2015): Managing the Unexpected. Sustained Performance in a Complex World. Jossey-Bass: San Francisco, CA 2001. (ebook)

Weick, Karl E./Sutcliffe, Kathleen M./Obstfeld, David (1999): Organizing for High Reliability: Processes of Collective Mindfulness. In: Sutton, Robert I./Staw, Barry M. (Hrsg.): Research in Organizational Behavior (21), CT: Elsevier Science/ JAI Press: Greenwich, S. 81–123.

Werner, Emmy E./Smith, Ruth S. (1992): Overcoming the Odds: High Risk Children from Birth to Adulthood, Cornell University Press: New York.

Westrum , Ron (2004): A typology of organisational cultures. In: Quality and Safety in Healthcare 13 (Suppl. II), ii22–ii27.

Westrum, Ron (1993). Cultures with requisite imagination. In: Wise, J.A., Hopkin, V.D., Stager, P. (Hrsg.): Verification and Validation of Complex Systems: Human Factors Issues. Springer: New York.

Willke, Helmut (1994): Systemtheorie. 2. Interventionstheorie. Grundzüge einer Theorie der Intervention in komplexe Systeme. UTB: Stuttgart 1994.

Willke, Helmut (2000): Nagelprobe des Wissensmanagements: Zum Zusammenspiel von personalem und organisationalem Wissen. In: Götz, K. (Hrsg.): Wissensmanagement. Zwischen Wissen und Nicht-Wissen, Rainer Hampp Verlag: München, S. 15–32.

Wilson, Ian (1975): Presentation in front oft he American Association for the Advancement of Science. http://horizon.unc.edu/projects/seminars/futurizing/action.asp (abgerufen: 7.03.2017).

Wimmer, R. (2004): Organisation und Beratung. Systemtheoretische Perspektiven für die Praxis, Carl Auer: Heidelberg.

Wimmer, Rudolf (2015): Beratung im Dritten Modus – ein Vorschlag zur Weiterentwicklung systemischer Organisationsberatung, In: Zeitschrift für Organisationsentwicklung und Gemeindeberatung, Heft 15, 2015, S. 44–55

Wimmer, Rudolf/Glatzel Katrin/Lieckweg, Tanja (2015): Beratung im dritten Modus. Die Kunst, Komplexität zu nutzen. Carl-Auer: Heidelberg.

Wolf, Stephan/Brückner, Fabian (2014): Die Produktion von Unsicherheit: nicht-intendierte Folgen des operationellen Risikomanagements in Banken. In: Organisation und Unsicherheit 2015, S. 139–158.

Stichwortverzeichnis

Die Autorin

Dr. Annette Gebauer ist systemische Organisationsberaterin und Inhaberin der Beratung Interventions for Corporate Learning (ICL) mit Sitz in Berlin. Ihre Arbeit fußt auf dem von Karl E. Weick und Kathleen Sutcliffe begründeten Management-Ansatz »High Reliability Organizing« (HRO), den sie für die praktische Umsetzung in Management und Beratung konkretisiert hat. Gebauer unterstützt zahlreiche internationale Unternehmen in Veränderungsprozessen zur nachhaltigen Kulturentwicklung sowie zur Steigerung der organisationalen Lern- und Leistungsfähigkeit.

PI13757554
9811009